U0632896

航空装备维修保障精细化管理理论研究与创新实践

主编 张 楠 张学峰 姚晓军

国防工业出版社

·北京·

内 容 简 介

本书着力在航空装备维修保障精细化管理内容体系和信息系统构建以及在维修实践具体实施方案构想上进行创新研究,研究架构由目标计划、环节流程、质量标准、过程监控和考核评估体系形成的精细化管理内容体系和由数据统计、数据更新、数据处理、状态报告、办公服务和决策支持系统形成的精细化管理信息系统,尝试给出部队维修保障作业、维修保障管理、维修质量控制、维修保障训练和院校维修人才培养、企业航空维修保障精细化管理方案构想。

图书在版编目(CIP)数据

航空装备维修保障精细化管理理论研究与创新实践/张楠,张学峰,姚晓军主编.—北京:国防工业出版社,2014.6

ISBN 978-7-118-09395-7

Ⅰ.①航… Ⅱ.①张…②张…③姚… Ⅲ.①航空装备-维修-管理 Ⅳ.①V241

中国版本图书馆 CIP 数据核字(2014)第 128617 号

※

国防工业出版社出版发行

(北京市海淀区紫竹院南路 23 号 邮政编码 100048)

北京嘉恒彩色印刷有限责任公司

新华书店经售

*

开本 710×960 1/16 印张 25¼ 字数 500 千字

2014 年 6 月第 1 版第 1 次印刷 印数 1—2000 册 定价 75.00 元

(本书如有印装错误,我社负责调换)

国防书店:(010)88540777　　　　发行邮购:(010)88540776

发行传真:(010)88540755　　　　发行业务:(010)88540717

本书编委会名单

主　编　　张　楠　　张学峰　　姚晓军

副主编　　史　越　　郭　赞　　张彦忠　　张　成
　　　　　李天辉

编　委　　宋守春　　张鹏涛　　杨俊超　　杨达玲
　　　　　延　静　　何荣光　　傅开宇　　祝　娜
　　　　　王建昆　　邵　悦　　王　珏

前　言

　　精细化管理是源于发达国家的一种企业管理理念和管理方法，它是社会化大生产和社会分工细化对现代管理的客观诉求。"精"，就是要聚精汇要，抓住管理环节的核心关键；"细"，就是要致细增益，抓住工作流程的规范执行；"化"，就是要通过规则的系统化，运用程序化、标准化、数据化和信息化的手段，使组织管理各单元精确、细致、高效、协同和持续运行。这种管理是建立在常规管理的基础上，以精益求精为行动的价值取向，以精心细致为管理的基本要求，通过建立科学的量化标准、合理的工作流程、规范的操作程序、严密的过程监控，将任务和责任具体化、明确化、程式化，从而实现管理各单元简捷、高效、精确、可靠。

　　这种管理的基本思想，通俗的讲，就是把复杂的问题简单化，把简单的问题流程化，把流程的问题定量化，把定量的问题信息化，把信息的问题可控化，从系统和细节的角度出发，系统思维、细节展开，一环套一环，一化接一化，环环紧扣，逐级改善，精准细致，精益求精。这一思想的核心是用规章制度和质量标准规范人的行为，强化制度意识、标准意识、质量意识，把经验转变为规则，将规则训练成习惯，从"人管人"向"制度管人"、"流程管事"转变，最终实现管理模式"从经验到规范、从规范到精细、从精细到高效"的转变，使全体人员在明确的质量标准、完备的规章制度、规范的工作流程的控制下，养成一种自觉按职责负责、按流程执行、按标准工作、按规章办事的良好习惯和优良作风。

　　从精细化管理的形成与发展看，由最初泰勒的"科学管理"、戴明的"质量管理"、丰田的"精益生产"，到今天刘先明的精细管理工程、汪中求的细节决定成败以及流程再造、精益思想、约束理论等演变，究其本质都拥有一个共同的灵魂——科学与效率。所不同的是，泰勒由于时代的局限只注重到工人的现场操作，戴明扩大到质量的每一根神经末梢，丰田生产方式则系统地延伸到了企业的生产系统，而后来的发展都在试图使精细化管理理论贯穿于管理的全部系统。

　　今天，精细化管理的思想已为中国企业界广泛接受，成为中国企业日常管理工作的一个基本意识。不仅是企业界，各类非盈利组织如医院、院校、军队等组织也把精细化管理作为提高工作质量的一种理论，运用到工作中指导自己的工作实践,提升日常管理水平。与此同时,精细化管理也受到了各国军队的高度重视。2006年,美国空军启动了"21世纪精细化管理计划";同年,印度空军"精益后勤"改革开始试行;2009年,以色列国防军在空军装备维修领域实施代号为"收获季节"的"十年增效计划";英国皇家空军也在几年前就着手推行了名为"前方精益计划"的精细化管理改革,等等。这些国家的空军在推进转型建设的过程中,不约而同地选择了精细化管理作为缩短业务周期、节约使用能源、提高战斗力的重要举措。特别是2008年,美国空军又提出了精细化管理的最新构想,发布了《21世纪美国空军精细化管理手册》,作为开展持续流程改进的指导性文件,将精细化管理融入到空军的整体建设中,旨在保持其空军在天空、太空、网空的非对称优势与作战能力。从国内外推行精细化管理的各行各业实践效果看,实践表明精细化管理的确是一种增强工作执行力、提高工作质量与效益的科学管理模式,能真正实现从经验型到科学型、随意化到规范化、外延式到内涵式,归根结底是粗放管理到精细管理的根本转变,从而产生出巨大的经济效益和深远的社会效应。这些新动向,很值得我们去思考、去探究。

航空装备维修保障工作是一项复杂的系统工程,能否有序、高效地组织和管理维修保障工作,直接关系到飞机准备质量、保障效能和飞行安全。现阶段空军航空装备维修保障管理仍然存在不精、不准、不细、不严的问题,因维修管理不善、人为差错等造成重大损失的事件时有发生,推行精细化管理或许不失为一种破解之法。航空装备维修保障实施精细化管理,目前还是一项开创性、探索性工作。因此,研究探索精细化管理在航空装备维修保障中的理论指导和实践应用,在航空装备维修管理、维修作业、维修安全和保障训练等方面,有目的、有选择、有改进地运用精细化的思想理念和工具方法,通过应用先进技术手段、健全人员岗位能力标准、拓展信息系统管理功能,力求精确掌握飞机状态、精准调配保障资源和精细控制保障流程,让符合标准的人员在正确的时机、用适用的工具、按科学的流程实施维修保障,是一项意义深远的应用理论研究课题,应该说是实现航空装备维修保障精心维护、精益维修、精细管理、精确保障的一条科学途径。

本书编著者认为,航空装备维修保障精细化管理,就是要以精心精益、细致细密、持续改进为理念,依据法规制度、依据质量标准,管住工作流程、管住控制过程、管住作业行为,确保维修保障简捷、高效、安全、可靠。具体操作起来,就是将分散在条例、细则、规程、标准等现行法规中的内容要求和程序方法,细化量化成责任明确、标准清晰、流程简捷、管控精准、操作性强的体系文件,做到每项工作什么时间干、谁来干、怎么干、怎么检查把关、怎么控制风险都清楚明了。

本书由基础理论、系统方法、应用动态和创新实践四部分组成。基础理论部分,提炼论述精细化管理的基本概念、核心思想和主要理论;系统方法部分,归纳阐述精细化管理的思维方法、技术方法和实施方法;应用动态部分,实证研究精细化管理在军队建设、企业发展、院校教育等领域实际应用的发展动态;创新实践部分,探索研究精细化管理在航空装备维修保障领域创新实践的现实意义、思想原则、主体内容和实践案例,并尝试给出具体实施方案。

本书着重在精细化管理的思想、理论和方法的系统提炼和科学阐释以及在军队管理领域、企业生产领域和院校教育领域推行精细化管理应用启示上进行深入研究,力求凝炼出精细化管理的主题思想、核心理论和系统方法,提炼出促动思想转变、促进理论应用和促使学习借鉴的经验启示。

本书着力在航空装备维修保障精细化管理内容体系和信息系统构建以及在维修实践具体实施方案构想上进行创新研究,研究架构由目标计划、环节流程、质量标准、过程监控和考核评估体系形成的精细化管理内容体系和由数据统计、数据更新、数据处理、状态报告、办公服务和决策支持系统形成的精细化管理信息系统,尝试给出部队维修保障作业、维修保障管理、维修质量控制、维修保障训练和院校维修人才培养、企业航空维修保障精细化管理方案构想。

本书由9章内容组成。第1章,精细化管理概念,主要阐述精细化管理的内涵与外延、形成发展和主要特征。第2章,精细化管理思想,主要凝炼精细化管理的基本思想、观点和原则。第3章,精细化管理理论,主要梳理科学管理、全面质量管理、目标管理、细节管理、流程再造、精益管理等精细化管理理论和精细管理工程等。第4章,精细化管理方法,主要归纳精细化管理的思维方法、技术方法和实施方法。第5章,精细化管理的应用与启示,主要提炼精细化管理在军队管理领域、企业生产领域和院校教育领域的应用与启示。第6章,实施航空装备维修保障精细化管理的必要性,主要论述航空装备维修保障实施精细化管理的现实意义和作用价值。第7章,航空装备维修保障精细化管理的内容体系,主要研究航空装备维修保障精细化管理所包含的主要内容、中心工作和关键事项。第8章,航空装备维修保障精细化管理的信息系统,主要研究航空装备维修保障精细化管理信息系统的体系框架、基本构成和内涵建设的方法途径。第9章,航空装备维修保障精细化管理的方案构想,顶层设计航空装备维修保障行业领域精细化管理实施方案。

在本书的编著过程中,得到空军装备部外场部、空军工程大学等单位领导和专家学者,以及广州军区空军、沈阳军区空军等航空兵部队高级工程师的大力支持和审读把关,我们对他们的辛勤劳动和大力支持表示诚挚谢意。同时,本书参考、吸纳了国内外、军内外相关领域专家学者和企业家的理论研究成果,我们对这些成果的创造者表示敬意,并对这些成果为本书提供参考和引用深表谢意。

　　有关精细化管理特别是在航空装备维修保障领域推行精细化的许多理论和实际问题还需要进一步研究和探索,由于作者知识和经验的局限性,错误和疏漏之处在所难免,恳请读者批评指正。

编 著 者

二〇一四年四月

目 录

第1章 精细化管理概念

精细化管理是针对粗放型、集约型管理方式的局限与不足而提出的，对现有管理模式通过分类、细化、简并、延伸，进行优化、重组、整合，从而促使各岗位严密、细致、充分、能动、和谐，进而形成科学、合理、周密、简明、高效，具有模块化结构管理格局特点的一种新型管理模式。诠释精细化管理，是对精细化管理科学内涵与外延理解的关键，也是精细化管理理论走向成功实践的第一步。只有准确理解和把握精细化管理的本质内容，精细化管理理论才能发挥其应有的指导作用，具体实践才能真正找到正确的方向。

1.1 精细化管理的研究背景

从 19 世纪中期开始，随着现代科学技术的快速发展，西方国家的经济实力和发展水平全面超越中国，这一时期也是西方管理理论蓬勃发展和系统成型的阶段。而中国直至改革开放之前，由于受战争、传统的重农轻商意识以及苏联的影响，企业缺乏有效的市场竞争推动，管理水平普遍低下，没能产生科学的管理理论和方法。

改革开放之后，随着市场竞争的日趋激烈，企业界和学术界才开始关注真正意义上的企业管理问题以及西方管理思想。但这个过程非常缓慢，直到 1997 年，我国颁布的学科学位目录中，才首次将管理学科从经济学科中独立出来，成为一个独立的学科门类，也是从 1997 年开始，我国的管理教育才开始起步、全面发展。

随后，学术界开始将大量的西方管理理论和方法传播到国内。与此同时，企业界也掀起了一股全面学习西方管理理论和方法的热潮，全面质量管理、ISO9000、流程再造、零库存管理、无边界管理、SCM、CRM、ERP……，但是，在学习和实践的过程中，很多企业发现，学习西方管理理论和方法的努力完全失败或颇得要领但管理基础不配套。原因何在呢？

西方管理理论发展到今天，绝非闭门造车，而是从优秀企业的长期实践中总结发展而来，大致经历了三个阶段：

(1) 古典管理理论时期(19 世纪末到 20 世纪 30 年代)，以科学管理理论、组织管理理论为代表。

(2) 中期管理理论时期(20 世纪 30 年代到 50 年代)，以行为管理理论、定量管理理论为代表。

(3) 现代管理理论时期(20 世纪 50 年代以后)，以系统管理理论、权变管理理论、质量管理理论为代表。

可以发现，我国企业学习的西方管理理论都是现代管理理论的观点和方法，也就是说，我国企业没有经受过"科学管理理论"的洗礼。没有经历"科学管理"时代，自然就不具备实施更为先进的管理理论和方法的基础，即或勉强实施，也如空中楼阁，无法达到预期的目的。总而言之，我国企业缺乏科学管理理论的实践，缺少实践当代先进管理方法的基础，这是中西方企业管理水平差异的根本原因。

随着中国加入 WTO，我国企业不得不与世界跨国大公司同台竞技。但是照搬西方某一种先进的管理理论或方法，不可能全面地、实质性地解决所有的管理问题，于是，精细化管理就顺应时代地被提了出来。

虽然，从现代管理模式的发展趋势来看(图 1-1)，精细化管理不是最先进的管理理念和方法，但这种理念和方法符合我国现阶段企业管理的实际情况，是一种很实在、很有效的管理模式。我们不可能逾越其他模式，一下子直接跨入个性化自主管理模式，那样会欲速则不达，很难取得实效。

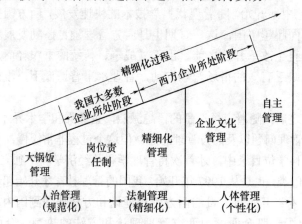

图 1-1　现代管理模式的发展趋势

值得欣慰的是，今天精细化管理的思想已被中国企业界广泛接受，成为中国企业日常管理工作的一个基本意识。不仅是企业界，各类非盈利组织如医院、学校甚至地方政府，也把精细化管理作为提高工作质量的一种理论，运用到工作中指导自己的工作实践。就是人民军队，也有越来越多的军兵种部队，开始运用精细化管理的理论来提升部队日常管理水平。

1.2 精细化管理的内涵外延

精细化，顾名思义就是追求"精"和"细"。精者，去粗也，不断提炼，精心筛选，从而找到解决问题的最佳方案；细者，入微也，究其根由，由粗及细，从而找到事物的内在联系和规律性。"细"是精细化的必经途径，"精"是精细化的自然结果。但精细化管理作为一种现代管理思想，其具体内涵又是指什么呢？

精细化管理是源于发达国家的一种企业管理理念和管理方法，它是社会分工的精细化，以及服务质量的精细化对现代管理的必然要求，是建立在常规管理的基础上，以精益求精为行动的价值取向，以精心细致为管理过程的基本要求，以精品卓越的管理结果为衡量标准。

所以说，精细化管理从概念上讲：它是一种管理理念和管理方法，它通过建立科学的量化标准，合理的工作流程，规范的操作程序，以及规范的系统化和细化，使战略清晰化、目标具体化、实施流程化、工作标准化、执行规范化、信息数据化，最终实现管理各单元精确、高效、协同和持续运行。

从精细化管理的概念能够看出，其内涵着重强调以下几点：

(1) 精细化管理不仅仅是一种管理理念，还是一种精益求精的管理文化、一种认真负责的态度，其核心就是用制度和标准规范人的行为习惯，用责任和任务的落实培养人的执行文化。

(2) 精细化管理是一系列科学的管理方法，这个方法就是用科学的量化标准、易执行的工作程序代替过去笼统的、模糊的管理要求，将所做的工作流程化、定量化、标准化，让工作更加具体、更加明确，而且可以测量。

(3) 实施精细化管理的目的，就是让单位的战略清晰化、目标具体化、实施流程化、管理规范化、工作标准化、信息数据化，它强调个人工作与单位战略目标的紧密结合，将管理责任具体化、明确化，将单位的战略规划有效地落实到每个工作环节、每个单位、每个人，并在实际工作中得到切实落实。

(4) 精细化管理关注的重点，是管理的各单元和各运行环节，是基于原有管理之上的改进、提升和优化，是将常规管理引向深入的一种思想和模式，不是另起炉灶、另搞一套。

精细化管理是一种管理理念和思想，不特指某种具体的管理方法。因此，精细化管理的外延极其广阔，凡是有助于精、细或既精又细的管理方法都可以包括其中，其涵盖了早先科学管理之父泰勒在科学管理方面的一些做法，以及后来出现的各种各样的一系列先进管理理论、方法和技术。

由于对精细化管理认识上的差异，不免有人会陷入误区，因此，我们在理解精细化管理理念时，应注意以下几个方面的问题：

(1) 精细化管理不等于只重视细节。精细化不应仅仅局限于对细节的重视，而是探索如何才能达到精细化管理，应强调把每一件最平凡的工作做好、做细、做实、做深、做透，着重培养和树立一种追求卓越的精神、求真务实的科学态度、精益求精的工作作风，进而将这种理念应用到工作中的方方面面。

(2) 精细化程度与企业或单位发展阶段有关。并不是每一个企业或单位在任何时期都需要精细化管理。企业或单位应在全面了解国际形势以及我国企业或行业领域总体发展水平的基础上，根据自身的发展阶段与管理水平，决定本企业或单位当前应该进行什么样的管理决策和发展方向，真正找到适合本企业或单位发展的管理理论和方法。

(3) 精细化管理不等于量化管理。精细化不完全等同于量化。第一，两者目的不同。精细化管理以提高企业经营绩效为目的。量化管理以衡量部门差异、员工差异、计划与执行差异为目的。量化管理在实施过程中倾向于考核，而精细化管理在实施过程中倾向于保持企业战略一致性、提升工作效率。第二，两者管理的重点不同。精细化管理过程中，企业的每个业务流程形成一个个紧密相联的管理闭环，这些闭环之间环环相扣，梳理与疏导闭环中的节点是精细化管理的重点。而量化管理过程中，为了保证指标考核的公正与科学，要求重点要放在那些可以区分差异的工作环节上。第三，两者对问题的关注程度不同。量化管理往往需要将某些不可量化的指标使用可量化的指标替代，方便执行量化功能。而精细化管理则在量化管理的基础上梳理与疏通流程，找到关键点，更好地解决问题。在精细化管理中，往往蕴涵着量化管理。

(4) 精细化管理没有统一模式和标准答案。精细化管理强调的是"不断地改善和创新，不折不扣地执行"，也就是说，要不断地发现问题、思考问题、解决问题，其是一个永续精进的过程，同时，又要尽力做到没有借口地贯彻现有规章制度、工作程序、规范、标准以及上级的指示、决议，因此，不可能存在一个统一的精细化管理模式和标准答案。

(5) 当心精细化管理的陷阱。单位在实施精细化管理的同时，也应清醒地认识到，精细化不是抽象化，否则将掉入陷阱。一是数字陷阱。精细化更多的是要用数字说话，但沉溺于数字，往往会被数字假象所迷惑，而导致战略决策的失误。二是效率陷阱。为了单一追求精细化，管理中一些冗赘的环节和步骤都变得不可缺省，不可避免地会出现精细化导致效率降低的极端现象。三是执行陷阱。精细化的管理要落到实处，离不开人的执行。但很多时候，一些设计非常精良的精细化管理细则却难以得到良好的实施。问题的关键在于其操作性设计不尽合理，没有充分考虑到执行人的反应，致使精细化管理只能停留在纸面上、口头上。

管理按通俗的理解就是管"人"理"事"，管人的目的也是为了理"事"，通过理"事"，也就是对工作过程中的事的处理，最终使工作结果稳定而良好，为组织的健康持续发展打下坚实的内部基础。精细化作为一种管理理念、技术和方法，是在追求从"管"到"理"的转变。"管"是靠人来负责监督，"理"则是靠规则来自动运行。苹果公司失去了乔布斯，依然占据着绝对的优势，因为乔布斯的思想理念已经转变成了一套规则，甚至进而形成了一种文化，融入了苹果管理的方方面面，有没有乔布斯这个人已经变得不重要了。国内万科的王石，登山、游学，貌似不务正业，可万科照样是万科，并没有分崩离析。这就是精细化管理的效用。因此，通过精细化手段、工具、方法，并不断持续改善，就会构建起并落实好一套精细完备而符合规律的规则，用它来代替管理者的主观意志，从人治走向法制。

综上所述，归纳起来看：什么是精细化管理呢？通俗地说，精细化管理是一种工作过程质量控制和改善的管理技术，也是一种管理哲学、一套管理系统和相应的管理工具。通过管理规则的系统化和细化，使组织管理各单元精确、协同和高效运行，目的是推动组织内部不同人员的工作品质在稳定可控的基础上不断提高。

说它是一套管理系统，是因为它是由一系列管理要素有机组成的一套体系。精细化管理的实现不是靠某一要素的改变来实现的，而是通过系统的建立和完善来实现的。这套系统是由五个相互支撑而又相互约束的子系统构成(见图1-2)，它

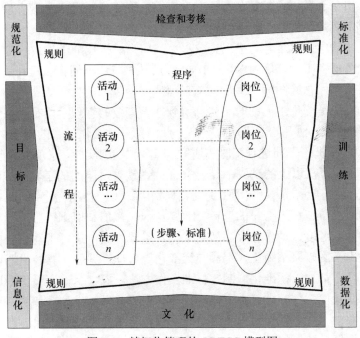

图 1-2　精细化管理的 ORTCC 模型图

5

们是目标系统(Objective)、规则系统(Rules)、训练系统(Training)、检查考核系统(Check)、单位文化系统(Culture)，简称为 ORTCC。工作质量的稳定和改善不是某一要素作用的结果，而是这五个相互独立但又相互作用的子系统构成的大系统作用的结果。

说它是与这一管理系统相适应的管理工具，是因为它的实现必须要有管理工具的支持，否则要稳定地提高工作质量只是无源之水，因为管理工具是稳定的管理要素的体现，是科学的解决手段。在这里我们对管理工具作一个陈述：管理工具是对管理问题固化的解决手段和解决方案，包括理论、模型、模板、格式、方法、思考方式、路径等。理论如六西格玛、瓶颈理论、彼得原理等，方法如 PDCA 循环法、5W1H 思考法等，模板格式如图、表、卡等。

1.3 精细化管理的形成发展

1.3.1 精细化管理的起源

精细化管理作为一种管理理念，其起源可以追溯至美国泰勒的工时(动作)研究。泰勒是美国古典管理学家，科学管理的创始人，被管理界誉为科学管理之父。其出身于美国费拉德尔菲亚一家富有家庭，在接受中学教育后，进入埃克塞特市菲利普斯•埃克塞特专科学校学习；1874 年，考入哈佛大学法律系，不久因眼疾辍学；1875 年，进入企业水力工厂当机械技师学徒；1878 年到米德互尔钢铁公司当工人，后为领班；1884 年后从领班、车间工长，到负责全厂维修的总机械师、总绘图师，最后任总工程师。

泰勒在还是一位工人的时候就意识到缺乏有效的管理手段是提高生产率的严重障碍，为此，他开始着手研究提高企业内部具体工作效率的问题。1881 年，25 岁的泰勒在机工车间进行工时的研究，即金属切削实验，这项实验延续了 26 年，进行了 3 万次以上的试验，多达 360t 的钢铁被试验用的工具削成碎末，总费用超过 15 万美元，从而发现了提高金属切削加工产量的高速钢，并取得了各种机床的适当转速和进刀量的资料。1898 年他又在伯利恒钢铁厂进行铲挖作业实验。他从疲劳度、动作频率、铲挖工具容量等方面，进行了动作分析、时间分析，提出了后来概括为工作定额与标准化等原理，并将工具、机器、材料以及作业环境，都加以标准化，制定标准操作方法，探索了一套最优搬运方法、最优步距及最优工休间歇。由于他进行的一系列分析与设计，使从事铲挖作业工人的人数由 500 名减少到 104 名，并且改进了堆料和堆积现象，在搬运作业上一名工人每天搬运的铁块由 12.7t 提高为 48.3t，提高了近 3 倍。后来，泰勒不断在工厂进行实地试验，研究和分析工人的操作方法和动作所花费的时间，逐渐形成其管理体系，并于 1911 年出版了《科学管理原理》一书，系统阐述了科学管理理论。

科学管理理论的主要思想包括：①工作定额原理；②挑选头等工人；③标准化原理；④计件工资制；⑤劳资双方的密切合作；⑥建立专门计划层；⑦职能工长制；⑧例外原则。这些思想使人们认识到了管理是一门建立在明确规则和原则之上的科学。《科学管理原理》是世界上第一本精细化管理的著作，标志着一个管理新时代的到来，它的出现从此使管理真正成为一门科学并得到发展。

1.3.2 精细化管理的产生

作为现代工业化时代的一个管理概念和方法，精细化管理产生于由日本丰田公司的丰田英二和大野耐一在 20 世纪 50 年代提出的精益生产模式。第二次世界大战以后，日本经济萧条，缺少资金和外汇，技术水平也与欧美相距甚远，当时的生产量仅为美国的几十分之一，汽车工业远远落后于美国和欧洲，应该怎样发展日本的汽车工业？是照搬美国的大规模生产方式，还是按照日本的国情，另谋出路？丰田公司选择了后者。于是，1950 年，丰田英二在考察了美国底特律福特公司之后，与公司副总裁大野耐一合作，根据日本的国情，经过一系列的探索和实验，最终找出了一套适合日本经济环境的独特生产方式及生产管理方式，并取得了巨大成功。随后，日本企业以精益思想相号召，切实改进产品质量，大幅降低生产成本，推动了日本经济快速发展。

起初，丰田公司不想让别的汽车公司，特别是不想让先进国家的汽车制造企业轻易地了解它，始终未给外界留下一个完整的概念，而只是一直片面强调和推行"以看板为核心的准时化生产方式"或"包括人的因素的自动化"，因而，外界对丰田生产方式的认识也一直停留在 JIT(准时生产)、Kanban(看板)、Zero Inventories(零库存)等一些支离破碎的概念上，难以对丰田生产方式核心内涵有一个整体了解，更别说在本企业推广应用了，这也是为什么看似成功的理论无法在很多企业推行的重要原因。

后来，随着丰田公司加强国外合资厂管理以及整合供应商的需要，丰田公司开始将自己的生产方式和管理方法进行清晰化、规范化，于是丰田生产方式的创造者大野耐一出版了《丰田生产方式》一书，全面介绍了丰田生产方式，即通过及时制生产、标准化操作、均衡化生产、全面质量管理、并行工程、充分协作的团队工作方式和集成的供应链关系管理，实现多品种、小批量、高质量和低消耗的精益生产模式，这其实是一套同时提高效率和质量的管理系统。

丰田公司的成功，引起了美国汽车行业和管理界的震惊和高度重视，美国麻省理工学院的丹尼尔•琼斯(Daniel T.Jones)教授从 1985 年起开始了一项"国际汽车项目"(IMVP)研究，在对 17 个国家 90 多家汽车企业进行了比较分析后，在 20 世纪 90 年代相继出版了《改变世界的机器(The Machine That Changed The World)》和《精益思想(Lean Thinking)》两部著作，其中揭示的精益生产理念开始在全球引起轰动和传播。

1.3.3　精细化管理的发展

第二次世界大战后，美日之间市场争夺愈演愈烈，日本企业为了生存以及牢固占领欧美市场，想方设法提高产品竞争力，提高产品质量，降低生产成本。于是，品质控制、无缺陷运动、全面质量管理、精益生产等精细化管理方法应运而生。除了大野耐一为代表的精益生产创始者、美国麻省理工学院的丹尼尔•琼斯教授外，对精细化管理做出杰出贡献的管理学家还有约瑟夫•朱兰、戴明、克劳士比、德鲁克、哈默和钱皮等。另外，随着中国加入 WTO，我国企业对先进的、适合国内实际情况的管理理论的需求也越来越迫切，于是相关的学者积极展开了对精细化管理的研究和探索，使精细化管理得到了进一步的发展。

1. 约瑟夫•朱兰的贡献

约瑟夫•朱兰也是一位世界著名的质量管理大师，其出身于罗马尼亚一个贫苦家庭，后移民至美国。日本天皇为表彰他"对于日本质量管理的发展以及促进日美友谊所做的贡献"而授予其"勋二等瑞宝章"勋章。美国总统为表彰他在"为企业提供管理产品和过程质量的基本原理和方法从而提升其在全球市场上的竞争力"方面所做的毕生努力而授予其国家技术勋章。早在 1928 年，也就是朱兰 24 岁时，他就完成了一本名为《生产问题的统计方法应用》的小手册。1951 年他出版了《朱兰质量控制手册》。这本书被称为当今世界质量控制科学的名著，为奠定全面质量管理的理论基础和基本方法做出了卓越的贡献。他所提出的质量三部曲是对全面质量管理的最大贡献，由此他被称为"质量之父"。

朱兰的质量三部曲理论将管理过程分为三个步骤：质量计划、质量控制和质量改进。

1) 质量计划

这一步骤是为有能力满足质量标准化的工作程序而建立的。方法是：确定顾客，明确顾客要求，开发具有满足顾客需求特征的产品，建立产品目标，开发流程，满足产品目标，证明流程能力。

2) 质量控制

质量控制活动是为达到和保持质量而进行控制的技术措施和管理措施方面的活动，可以为掌握何时采取必要措施纠正质量问题提供参考和依据，是"三部曲"中的重要环节。所做的主要工作有：选择控制点，选择测量单位，设置测量，建立性能标准，测实际性能，分析标准与实际性能的区别，采取纠正措施。

3）质量改进

质量改进是使效果达到前所未有的水平的突破过程，该过程遵循 PDCA 循环的规律。在质量改进的过程中往往能够挖掘出更合理和有效的管理方式。所做的主要工作有：确定改进项目，组织项目团队，发现原因，找出解决方案，证明措施的有效性，处理文化冲突，对取得的成果采取控制程序。

2. 戴明的贡献

戴明是世界著名的质量管理专家，他因对世界质量管理发展做出的卓越贡献而享誉全球。其出身于美国爱荷华州，从小家境比较贫寒。在求学期间，戴明曾经在芝加哥的西电公司做兼职。当时，他就已经意识到统计在管理过程中的重要性。第二次世界大战时期，他开始给美国军方的工程师和有关人员讲授质量控制的课程，但由于是小范围地传播质量管理理论，所以他的理念在美国不为人知。第二次世界大战后，戴明被邀请到日本讲授统计质量管理，对日本的制造行业产生了巨大的影响。以戴明命名的"戴明品质奖"，至今仍是日本品质管理的最高荣誉。

戴明的质量管理理论集中体现在《领导职责的十四条》中，其管理理论为全面质量管理理论的形成奠定了最为核心的理论基础。

第一条：要有一个改善产品和服务的长期目标，而不是只顾眼前利益的短期观点。为此，要投入和挖掘各种资源。

第二条：要有一个新的管理思想，不允许出现交货延迟或差错和有缺陷的产品。

第三条：要有一个从一开始就把质量控制进产品中的办法，而不要依靠检验去保证产品质量。

第四条：要有一个最小成本的全面考虑。在原材料、标准件和零部件的采购上不要只以价格高低来决定对象。

第五条：要有一个识别体系和非体系原因的措施。85%的质量问题和浪费现象是由于体系的原因，15%的是由于岗位上的原因。

第六条：要有一个更全面、更有效的岗位培训。不只是培训现场操作者怎样干，还要告诉他们为什么要这样干。

第七条：要有一个新的领导方式，不只是管，更重要的是帮，领导自己也要有个新风格。

第八条：要在组织内有一个新风气。消除员工不敢提问题、提建议的恐惧心理。

第九条：要在部门间有一个协作的态度。帮助从事研制开发、销售的人员多了解制造部门的问题。

第十条：要有一个激励、教导员工提高质量和生产率的好办法。不能只对他们喊口号、下指标。

第十一条：要有一个随时检查工时定额和工作标准有效性的程序，并且要看它们是真正帮助员工干好工作，还是妨碍员工提高劳动生产率。

第十二条：要把重大的责任从数量上转到质量上，要使员工都能感到他们的技艺和本领受到尊重。

第十三条：要有一个强而有效的教育培训计划，以使员工能够跟上原材料、产品设计、加工工艺和机器设备的变化。

第十四条：要在领导层内建立一种结构，推动全体员工都来参加经营管理的改革。

3. 彼得·德鲁克、菲利普·克劳士比、哈默和钱皮的贡献

美国管理大师"现代管理之父"彼得·德鲁克，1954年在其《管理的实践》一书中提出并论述了目标管理理论，又在其1973年出版的《管理：任务、责任、实践》一书中对这一理论作了较为全面、系统的阐述。这套理论是一个全面管理系统，它用系统的方法，使许多关键点与各类活动结合起来，高效地实现个人目标和组织目标。具体地说，它是一种通过科学制定目标、实施目标、依据目标进行考核评价来实施组织管理任务的过程。它是以目标为导向、以人为中心、以成果为标准，使组织和个人取得最佳业绩的现代管理方法，它量化了组织的愿景、使命和目标，从而使组织的目标具体化、可视化。

被誉为全球质量管理大师的美国管理思想家菲利普·克劳士比，20世纪60年代提出了一套质量管理理论——零缺陷管理理论。这一理论主张发挥人的主观能动性来进行管理，生产者、工作者要努力使自己的产品、业务没有缺点，并向着高质量标准目标奋斗。他要求生产工作者从一开始就本着严肃认真的态度，把工作做得准确无误，在生产中从产品的质量、成本等方面的要求来合理安排，而不是依靠事后的检验来纠正。特别强调预防系统控制和过程控制，第一次就把事情做对，并符合组织所承诺的顾客要求。

1990年，克尔·哈默和詹姆斯·钱皮在《企业再造：公司管理革命宣言》一书中提出了业务流程再造理论。哈默和钱皮提醒世人：我们现在习以为常的企业流程，多是根据早年的观念发展而成的，有些甚至是20世纪初已存在的事务。许多流程其实早已没有价值，但我们习以为常，仍继续遵循。若想真正利用信息技术，就要以新的观念，重新设计作业流程，除去不必要的步骤、不增值的

部分。就要对业务流程进行根本性的再思考和彻底的再设计，以便在成本、质量、服务和速度等衡量企业绩效的重要指标上取得显著进展，其实质在于构造卓越的业务流程。

4. 国内精细化管理的发展

尽管精细化管理的思想源于日本的精益生产理念，但第一次提出"精细化管理"这一表述的则是在杨希冈、袁文刚 2000 年撰写的《精细化管理结硕果》一文中。该文指出"精细化管理"是四川希望集团董事长刘永行结合自身创业的实际情况提出的，"精"就是精心、精明，"细"就是量化、细化。

精细化管理的概念提出后，学界对其产生了浓厚兴趣，一些专家学者和业内人士纷纷投入到精细化管理的研究之中，对精细化管理展开了理论和实践上的探索。其中，比较有代表性的有舒化鲁、刘先明、汪中求等。

舒化鲁进行了企业规范化管理的研究。他把目标管理、平衡记分卡、关键绩效指标法等三种源自西方的管理技术和中国传统文化融合，把中国的大易理论和五行理论这两种古老的思辩理论，与源自西方的流程管理技术结合，创造了企业流程竞争力打造技术，使企业规范化管理的系统实施有了完整的技术工具。

刘先明提出了精细管理工程的概念，给出了"六精五细"的思路与方法，对企业的管理像实施工程一样进行精细化改造。对于精细管理工程的实施，刘先明指出：要建设精细管理工程的程序和方法；要与应用现代化手段相结合(精细管理工程与信息化的关系)，与目标管理相结合(精细管理工程与企业目标管理的关系)；需要不断完善、不断创新。

汪中求将精细化管理作为一种管理理念正式提了出来，研究如何将现有的科学管理理论与精细化管理相结合；并于 2004 年和 2005 年，出版了《细节决定成败》、《精细化管理》两本书，系统地阐述了精细化管理的概念、内涵、原则及方法，并给出一些基本规则和操作思路。

最近几年，学界和企业管理领域对精细化管理的认识和实践又有了深入发展，认为：精细化管理的实质就是持续改善，持续改善要向五个方向努力。一是规则意识的持续改善；二是发展需要的持续改善；三是人员训练的持续改善；四是考核监督的持续改善；五是文化建设的持续改善。没有完美的管理体系，只有不断改善不断趋于完美的管理体系。

另外，2008 年美国空军也提出了精细化管理的最新构想，发布了《21 世纪美国空军精细化管理手册》，全面实行精细化管理，实质上就是通过对核心流程、主导流程和使能流程(即为核心流程提供所需资源与能力的辅助流程)的持续改进，将持续流程改进融入到空军的整体建设中，始终保持其空军在天空、太空、网空的非对称优势与作战能力。这些新动向，很值得我们去思考、去探究。

综述起来，国内的研究主要有以下一些观点：

(1) 精细化管理是管理者用来调整产品、服务和运营过程的技术方法，它以专业化为前提、系统化为保证、数据化为标准、信息化为手段，把服务者的焦点聚焦到满足被服务者的需求上，以获得更高效率、更多效益和更强竞争力。

(2) 精细化管理就是要用具体、明确的量化标准取代笼统、模糊的管理要求，把抽象的战略、决策转化为具体的、明确的发展举措，是针对过去"粗放式"的管理方式提出的，是管理上的精耕细作。精细化管理强调目标的细化、分解、落实，强调数量化和精确化，以提高组织经营绩效为目的。通过细化组织战略目标，保证组织战略能够在各个环节有效贯彻并发挥作用；通过细化组织的管理单元，明确管理目标，改进管理方式，确保精细化管理理念得到落实。

(3) 精细化管理既是一种管理理念，又是一种管理方法和管理工程。其内涵是企业在规范化和标准化的基础上，对其生产流程、管理流程进行科学细化和合理优化的过程，实现"组织结构专业化、工作方式标准化、管理制度化、员工职业化"。

(4) 精细化管理是以"精细、细致、深入、规范"为特征的全面管理模式。从理论层面看，精细化管理是管理的一种理念，促成组织的管理达到一种"精细"的境界，指明了管理的方向；从实践层面看，它是组织提高其管理水平的重要方法和途径。

虽然精细化管理的概念和观点众说纷纭，但较为普遍和基本认同的观点是：精细化管理是通过规则的系统化和细化，运用程序化、标准化、量化和信息化的手段，使组织管理各单元精确、高效、协同、持续运行的一种管理理念和管理方法。

总而言之，从上述发展历程看，可以发现这些管理理论和管理方法，有着一个共同的特点，那就是把减少浪费、追求高效和追求卓越作为终极目标，把明确目标、规范标准、控制过程、量化考核作为基本方法。所不同的是，泰勒注重的是工人的现场规范操作，德鲁克注重质量目标，朱兰将质量管理过程分为计划、控制、改进三步曲，克劳士比强调第一次把事情做对做好，戴明将质量扩大到每一根神经末梢，丰田生产方式则系统地延伸到了企业的生产系统，而我国提出的精细化管理，则试图使其理论贯穿于各自行业领域管理的整个系统。归纳起来，精细化管理从20世纪初提出发展到今天，已逐渐形成了一个集理念、技术、方法于一体的庞大理论与工具体系，可用图1-3总体描述。

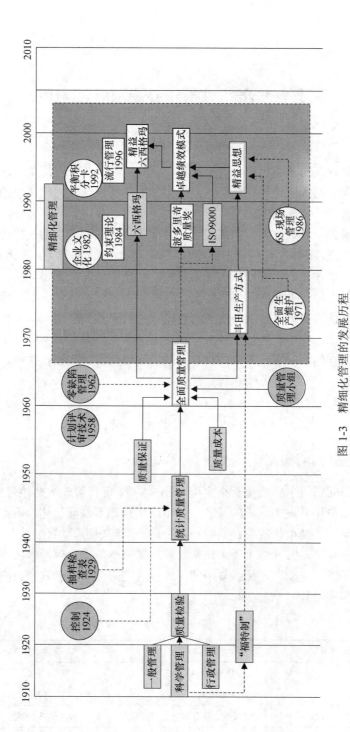

图 1-3　精细化管理的发展历程

13

第2章 精细化管理思想

精细化管理的基本思想，通俗的讲，就是把复杂的问题简单化，把简单的问题流程化，把流程的问题定量化，把定量的问题信息化，把信息的问题可控化，从系统和细节的角度出发，系统思维、细节展开，一环套一环，一化接一化，环环紧扣，逐级改善，精准细致，精益求精，从而实现精细化管理。作为一种管理思想，其核心是用规章制度和质量标准规范人的行为，强化制度意识、标准意识、质量意识，把经验转变为规则，将规则训练成习惯，从"人管人"向"制度管人"、"流程管事"转变，旨在实现目标具体化、实施流程化、工作标准化、信息数据化，最终实现管理模式"从经验到规范、从规范到精细、从精细到精品"的转变，使全体人员在明确的质量标准、完备的规章制度、规范的工作流程的控制下，养成一种自觉地按职责负责、按流程执行、按标准工作、按规章办事的良好习惯和优秀文化。

2.1 基 本 思 想

2.1.1 复杂问题简单化

将复杂问题简单化就是直指实质，抓住本质。现代管理大师德鲁克曾说过："系统地简单化是人类进步的基础。"精细化管理不是繁琐化，不是复杂化，只能是简单化。简单化的关键是要把复杂问题的需求进行细化分解，然后再一个一个地去解决。细分的小需求比复杂需求简单得多，也容易解决得多。等把所有的小需求都完成了，那么复杂的问题也就迎刃而解了。通常，简化问题可以分七个步骤进行，见表2-1。

表2-1 简化问题的七个步骤

关键问题	想法由来	改进可能性
做什么？	目的对吗？	可删减
为什么做？	不做行吗？	可删减
在哪儿做？	有更好的位置吗？	合并，和/或，改变顺序

关键问题	想法由来	改进可能性
在何时做？	为何选这个时候做？	合并，和/或，改变顺序
由谁来做？	其他人做不可以吗？	合并，和/或，改变顺序
怎样做？	是最合适的方法吗？	简化
怎样做好？	是否达到标准？	固化

简单与复杂，反映着事物的不同状态。世界所有事物都可以用简单或复杂来描述。简单与复杂也是一对矛盾，哲学上称之为对立统一，两者之间可以互为转化。科学探索的根本目的，就是将世界上的复杂问题尽可能转化为简单问题。爱因斯坦曾说过：科学的原则就是最简单性的原则。简单构成复杂，简单是复杂的根基；复杂源于简单，最后也将回归简单。从复杂中洞见简单，需要智慧，更需要创新。工作中应善于化复杂为简单，多用减法，少用或不用加法，进而简化思路，简化步骤，简化方案，聚精会神，直奔主旨，抓住本质，找出复杂问题的关键点。

2.1.2　简单问题流程化

由于简单的问题容易解决，所以往往不能引起人们的注意，常常按照习惯做法或自认为应该做的方法进行处理，这样，只有那些经验丰富和对业务熟悉的人员才能高效地完成工作，新人则容易工作效率低下或失误。而现时代的各行各业都是一个系统组织，追求效率的最大化，强调各部门、各环节、各个成员、各个工作单元之间要良好地衔接配合。因此，只有将简单的问题流程化，找出各关键点相互间的有机联系，才能使每个人清楚自身的责任、工作方法及整个工作的过程，实现整个流程的协同动作，实现各环节之间的高效链接，把工作链、执行链变为责任链，提高组织系统的结构性效率。

精细化管理，说白了就是一种过程控制管理，而且是持续改善型的过程控制管理，其控制的核心是质量和效率。比如，针对航空装备维护、保养、监测、排故、定检换发、修理和飞行保障等一项项具体工作，研究制定作业工序组合顺序合理、阶段划分科学、环节设定高效、质量标准明确，最终使航空维修保障作业实现精细化管理目标。再比如，通过建立航空机务指挥中心，理顺跨部门的管理工作流程，将航空维修保障所涉及的飞行指挥、机务、航材、军通、油料及运输保障等方面一项项具体工作，有机地联系起来，尽可能地缩短信息流动的路径，从而达到提升管理效能的精细化管理目标。

2.1.3 流程问题定量化

标准化是流程管理中的一个重要环节，而标准只有量化，才能操作，否则就与没有标准区别不大。精细化管理与传统管理的一个显著差别就是数字化和量化。只有将流程中每一个环节的工作都分解为可以量化的数字指标后，管理工作才能变得更加精确化，才能发现凭借个人直觉和经验而无法察觉的缺陷与不足，最大限度地排除人为因素和不确定因素的干扰。所以说，将流程问题定量化，制定出量化指标，进行标准化、数量化改造，是提高管理和运营效率的有效方法。这一方法针对管理中的每一个环节、每一个部门、每一个岗位，制定细致化、科学化、数量化的标准，并严格按照标准实施管理，可以极大地提高工作效率，让企业以最少的投入获得最大的产出。同时，流程定量化还为企业实现信息化打下坚实基础。量化和标准化，是现代管理和现代社会的突出特征。只有规范的量化，才叫标准，才能操作，才能考核。

美国有一个叫做"熊猫"的连锁中餐馆，它的总营业额已经达到了 10 多亿美元，已经形成了品牌效益。它为什么会成功呢？中餐与麦当劳、肯德基等西式快餐相比，产品味道的稳定性是最大的问题。中国的中餐厨师各自为政，根据自己的经验和判断进行烹饪，他们垄断生产技术，所有的经验诀窍都装在自己的大脑中。同样一个菜，不同厨师做出来的味道各异，甚至一个厨师在不同时间炒出的菜味道也不同，从管理的角度来评价，我们把这种情况称为质量不一致不稳定。这种不一致不稳定不仅仅存在于菜品上，服务、环境等也缺乏一致性和稳定性，可能张三服务水平高一些，李四服务水平一般，王五可能又服务不到位。但在"熊猫"连锁店，这一切不复存在。这里所有工作人员都有严格的工作规定和工作标准，所有人都按照管理者制定好的工作手册进行工作，一切事物都按事前的设计由团队配合协作完成。在后台的生产车间，配送中心将每一样菜品都按标准数量进行生产和搭配，如鱼香肉丝的配料和佐料，瘦肉、木耳、胡萝卜、泡椒末、葱、姜、蒜、食用油、酱油、高汤、香醋、盐、白糖的数量多少都全部准备好，不需要厨师按自己的个人判断随意添加。所有配料佐料数量明确，没有加盐少许的概念。其中有人专门负责配料，有人专门负责切片，有人专门负责装盒，所有这些工作都是细分到个人身上的，大家只要按照管理者交给自己的工作手册来执行，完成自己手中的工作就可以了。在这里，每一项工作都有操作规范和标准，比如盐放几克，放在盒子的什么位置，香油放几克，辣椒放几克等。而配菜的生产也是如此，配菜的厚薄、尺寸、重量，都有着严格的规定，因为细小的变化，都有可能影响到菜品的最后口感，甚至是最后的"炒菜"动作，操作人员也只需要按照执行手册上面的指导，将炒锅当中的菜品按规定的油温热度，以及翻炒次数进行加工、装盘即可。这样做的意义就在于，任何一家店面、任何一位厨师最后出品的菜肴，都是同一个口味，这对于公司的品牌建设，有着非常重大的推动意义。

正是这种把流程问题定量化管理思路的严格执行，保证了所有员工炒出的鱼香肉丝都是一个味道，不管华人、黑人、白种人都一样，就算是从来没有下过厨的新人，经过训练后也能达到与经验丰富的厨师相同的水平，产品的质量具有高度的一致性和稳定性。

2.1.4 定量问题信息化

信息化是企业采用各种信息系统对企业的设计、生产、制造、经营等过程进行精细化管理的现代管理方式，能够有效地提高管理效率，为决策层提供准确的数据信息，使企业迅速做出最优决策，以适应瞬息万变的市场环境，实现最大的经济效益。因此，在定量化的基础上，利用计算机、互联网等信息技术开发各种管理信息系统和决策信息系统，全面实现定量问题信息化，可以促进信息在企业内部的顺畅流通，减少中间环节，优化企业的组织结构，提高企业应对市场的能力，实现企业开发、设计、制造、营销及管理的高度集成化，增强企业生产的柔性、敏捷性和适应性，提高企业决策的科学性、正确性，最终能够使精细化管理真正得以实现。不仅企业如此，各行各业的许多实践已经证明其他行业也是如此。

如果离开了信息化这个平台，量化的问题就会变得很繁琐。只有充分发挥信息系统的作用，真正实现信息化，精细化管理才能真正得以实现，精细化管理的具体实施才能更加简洁方便。信息化是发展和培养以现代计算机和通信技术为主的智能化管理，并让其服务于单位建设发展的过程。要想实现信息智能化，必须具备传递有效、获取方便、利用顺手的特征。对企业来说，将现代信息技术与先进的管理理念相融合，转变生产方式、经营方式、业务流程、传统管理方式和组织方式，可以极大地提升企业的工作效率。再具体地说，管理信息化是各类管理信息的集成，其核心要素是数据平台的建设和数据的深度挖掘。通过信息管理系统把企业的设计、采购、生产、制造、财务、营销、经营、管理等各个环节集成起来，共享信息和资源，同时利用现代的技术手段来寻找自己的潜在客户，就可以有效地支撑企业的决策系统，达到降低库存、提高生产效能和质量、快速应变的目的，增强企业的市场竞争力。信息带动管理的转变对企业成长有着全方位影响，它将彻底改变企业原有的经营思想、经营方法、经营模式。通过业务模式创新、产品技术创新，或对各种资源加大投入，借助信息化提供的强有力的方法和手段，就能实现企业不同成长阶段与信息化工具的有机结合。

2.1.5　信息问题可控化

任何管理都是以实现组织战略目标、提高效益为目的。只有信息反馈及时、准确，而且可以控制，才能做到正确决策和持续改进。这就需要以工作过程为主线，以质量控制为重点，利用计算机硬件、软件、网络通信设备以及其他办公设备，进行信息的收集、传输、加工、储存、更新和维护，从而形成环节质量标准化、执行过程受控化、监控方式综合化、考评评估自动化的精细化管理模式，并在此技术上，建构以提高工作效率和效益为目的，支持顶层宏观决策、中层精细控制、基层精细运作的集成化精细化管理信息系统。

精细化管理的核心功能之一就是控制工作质量，确保员工工作质量能够按照组织要求完成，使组织管理在一个稳定的基础之上来进行改善和提高。管理没有控制就没有改善，更没有提高，如果昨天取得的成绩，今天又发生变化，恢复到原来的状态，管理就会在低水平上徘徊，难以对现有工作质量进行有效控制，这也正是目前许多单位不断发生问题，无法取得管理进步的主要原因。精细化管理是通过对员工工作质量进行有效控制来实现管理的持续改善的，它对工作过程的控制分为三个阶段实现：第一阶段，事前控制。实际工作开始之前，通过目标、规则、训练三个影响工作质量的因素进行控制，侧重点在于预先防范。通过明确目标，使员工了解工作的目的和结果，引导员工从思想和行为上与组织保持一致来实现事前控制；通过制定清晰的岗位职责、管理流程和员工工作程序来进行事前控制，明确员工应该做的事，明确组织成员怎么做事和做事应该达到的规定要求；通过有效而到位的训练，将该岗位的管理要求从文件的文字要求转变为员工可以理解和执行的操作行为。第二阶段，事中控制。在工作进行过程中，管理者亲临现场，按照管理文件的规定对员工工作行为进行检查和督导并记录，并以现场矫正和纠偏来保证工作质量，以此实现事中控制，侧重点在于督导。第三阶段，事后控制。一般是按照管理规则，尤其是员工工作的内容、步骤和标准进行评估，以确定员工完成工作的数量和质量。重点在于矫正偏差，以奖励和处罚来确保员工按照规定来完成工作，确保工作质量。

如果再把文化作为一种软性的管理手段，以价值理念、价值取向、行业精神和传统风尚作为驱动，通过对员工思想产生影响，改变员工观念来实现员工自动自发保证和提高工作质量，这样，就可以做到全过程控制，就可以在管理的各个阶段都发挥影响，在每个环节都产生作用，最终提高员工职业化素质，实现工作质量的自动控制和自发改善。

2.2 基 本 观 点

2.2.1 明确目标的价值取向

任何管理活动都是围绕相应的目标开展的。所谓管理目标，就是根据一种理念，结合自身的实际和特点所形成的价值导向和追求，是系列活动的中心和集合点，决定着活动的方向和所要达到的根本目的。

目标是引导组织一切活动的基础，是组织管理活动的目的和出发点。组织目标就是实现其宗旨所要达到的预期成果，没有目标的组织是没有希望的组织。组织目标就是组织发展的终极方向，是指引组织航向的"灯塔"，是激励组织成员不断前行的精神动力。

组织的一切活动，都是围绕组织目标进行的，没有目标，一切都无从谈起，目标是其他所有因素的基础。对于一个团队来说，如果奋斗目标缺失了，那么这个团队就会陷入混乱之中。美国金融巨头约翰·皮尔庞特·摩根曾经说过："如果没有共同的奋斗目标，那么就算是最优秀的人员组成了一个团队，他们也会陷入恐惧和迷茫中。"所以，对于一个团队而言，制定出具有共同价值取向并且科学合理的奋斗目标是非常重要的。

制定组织目标的最终目的是通过目标使个人与组织保持一致。在整个精细化管理系统中，目标是决定质量能否稳定和提升的最重要的一个子系统。

2.2.2 坚持流程的持续改进

在精细化管理中，流程的持续改进是一项经常性的工作，其目的就是通过对现有流程的不断整合、调整，持续地提高流程运行效率和组织管理水平。

通常，流程的设计只是针对某种条件下的工作需求，只能满足某个特定阶段的任务需要。一旦条件或环境发生变化时，就必须根据新的条件或需求对流程进行改进，否则流程就会因为不能适应新的需求而阻碍组织发展。因此，可以说，流程的改进是持续的，不是一劳永逸的。

但是，在进行流程改进时，管理人员往往会产生一种误区，就是想一次性地、一劳永逸地对所有流程进行全面而彻底的改进，这不但会耗费过多的组织资源，而且还难以满足组织不断发展变化的需要。这主要是管理人员没有意识到流程的改进是一个周而复始、持续前进的循环。

流程的持续改进往往涉及组织多个部门的各方面工作，因此，在流程改进时，应充分体现系统化的思想，注重整体流程的最优化，不应只关注于某个局部最优，而应注意整个流程的均衡协调，这样，才能全面有序地做好流程改进工作，使流程变得越来越简单、高效、便捷、流畅，最大限度地实现各种资源的优化配置与整合共享。

2.2.3 严格标准的规范执行

标准是精细化管理的基础。有了标准，精细化管理的推进才有客观依据，有了标准的规范执行，精细化管理才能落在实处。精细化管理要做到细而不乱、细而不杂、细而不繁，就必须使各项工作都能按照标准规范执行。

通常，标准是对工作中最好的、最容易的、最安全的作业方式和方法的固化。对标准的规范执行意味着后来者不需要花费过多的时间和精力就可以用到最好的方式和方法。而且，生产流程、操作规程、技术、设备都能严格按照标准执行的话，就可以保证生产过程的同一性，确保产品的质量都符合标准要求。

标准的规范执行还可以最大限度地避免由各种意外因素而产生的各种事故或突发事件，持续地按照同一质量要求进行生产。一旦出现任何问题，就可以通过追踪标准规范执行的方法来还原操作过程，这样，就可以清晰地厘清发生问题的责任，进而制定出有针对性的措施，更好地促进精细化管理的改进。

2.2.4 注重过程的科学管控

实施精细化管理，绝不是对组织精细化管理方法的照搬和移植，而是要结合自身特点，按照精细化管理的管理理念去构建包括目标体系、环节体系、标准体系、监控体系、考核体系、信息系统六大部分内容的精细化管理运行体系。这六个体系是相辅相成的一个整体，其中目标体系是依据和牵引，环节体系是基础，标准体系是保证，监控体系、考核体系是手段，信息系统是支撑。

建立目标体系，重点是解决组织上的目标分解和细化问题，目的是将组织目标变成工作环节目标和单位(个人)目标；建立环节体系，重点解决完成总目标需要哪些环节、先干什么、后干什么，突出抓住核心问题；建立标准体系，重点是解决干到什么程度，达到什么质量要求的问题；建立监控体系，重点解决关键环节和过程实施的有效反馈与监察监控；建立考核体系，重点解决怎么考核，什么时机考核，考核结果如何处理的问题；建立信息系统，重点解决如何实施高效、便捷管理的问题。

科学管控，说白了就是合理地检查和考核。检查是对工作过程进行控制，考核是对工作结果进行控制。检查和考核是从事中和事后确保工作会按照目标的引导、规则的规定和员工所受的训练来开展工作，从而使工作质量得到保障。在管理实践中，检查和考核起着指挥棒的作用，检查和考核指向哪里，组织和员工的工作重心就指向哪里，相应的工作质量就会得到改善。因此，检查和考核是保障员工会按照工作目标、工作规定的步骤和标准以及他所接受的训练来开展工作的组织约束行为，是决定做事质量能否稳定和提升的管理系统中重要的一个子系统。

2.2.5　把握管理的主要特征

第一，强调数据化、精确性。有了数据化，则精确性即其应有之意。在数据化、精确性的前提下，严谨成为了一种习惯性的行为，在管理上的每一个执行细节上都可以做到精确化、数据化。而这些数据化、精确性的资料可以成为管理者进行决策的重要依据，使决策更具科学性和可操作性。精细化管理不再像粗放型管理那样采用"差不多"的说法，而更多的是要依靠严谨的行为。

第二，强调改进和完善管理流程。精细化管理不是一蹴而就的，而是一个不断改善、不断提高的过程。精细化管理没有固定的模式，也不能照搬别人的，而是要从管理的实践经验中不断地总结，不断地提升。精细化的管理要顺应内外部环境的变化而相应作出变化，以建立完美的流程为中心，强调不断地改善，把精细化管理体现在流程的每一个环节中。

第三，强调持续不断的自我改进和创新。非数据不精，非创新不细，创新是自我改进的永恒主题。没有创新，则谈不到自我改进，精细化管理强调在创新中不断地否定自我，不断地发展进步。

精细化管理的主要特征可以用精、准、细、严四个字来概括。

精——精益求精，追求最好，不仅把工作做精，且把工作做到极致，挑战极限。准——准确的信息与决策，准确的数据与计量，准确的时间衔接和正确的工作方法。细——工作细化、操作细化、管理细化、考核评估细化，特别是执行细化。严——严格执行标准和制度，严格监管，严格控制偏差。这是使精细化变为事实的关键性条件，体现为执行过程之中和监督检查的力度。

精、准、细、严这四个字囊括了精细化管理过程的各个环节。精是目标，要求最好；准是决策，要求准确；细是细化，要求重视细节；严是控制偏差，要求一丝不苟。这四个字是精细化从理念变为事实的关键的四个字，也就是说，推行精细化管理，必须扎扎实实地在这四个字上下功夫。

2.3 基本原则

2.3.1 精简细分

化繁为简是管理追求的永恒主题,只有精简,才能抓住本质,只有细分,才能有效控制。精简细分是精细化管理的主要方法。但实现精简细分绝非易事,需要组织上下共同进行彻底的心理革命,尤其是管理团队必须具备精简细分的能力,持续追求系统化、规范化、细节化、流程化的管理思维和实践,在复杂精细和简单实用之间找到一个有机的结合点,跳出"为管理而管理"的怪圈,实现由"管人做好工作"到提高管理贡献率的转变。细分并非越细越好,一定要有个底线的尺度。细化程度要把握两点:一是可不可以再细分,二是需不需要再细分。

2.3.2 整合重构

精细化管理的根本目的就是改变组织现状,提高组织的运行效率和核心竞争力。为此,需要对长期以来人们熟视无睹的整个运行过程和管理模式进行重新思考,对各个方面、各个环节进行全面的研究和分析,打破原有的部门和工序限制,彻底变革其中不合理、不必要的环节,进行全面的整合重构。比如企业,就要以顾客为中心重新考虑经营目标和战略方向,设计全新的企业经营流程,并面向经营流程设置组织机构,实现企业的整合重构,从而使时间、成本、质量、服务、速度和环境这些要素得以大幅度的改善和提高。

2.3.3 优化再造

精细化管理的精髓就是避免浪费,减少相同的、无效的操作环节。具体来说就是对已有的业务流程进行重新认识,在实践中不断寻找问题、发现问题,不断地梳理、优化和改进流程,取消流程中所有不必要的工作环节和内容,合并必要的工作,重新安排工作顺序和步骤,简化所需的工作环节,消除流程运作复杂、效率低下等问题,使流程取得突破性的改进,实现整体最优。一切用数据说话、用数据分析、用数据要求、用数据检验。用数据明确要求,知道怎样做是正确的;用数据明确标准,知道做到什么程度是正确的;用数据明确目标,知道任务的重要程度和工作的方向;用数据明确计划,知道工作的流程、步骤和分配的资源;用数据扫描环境,知道工作环节和条件;用数据检验执行,知道执行与目标、要求的偏差，执行与计划的距离；用数据推演数据，做好数据的精算与内部推演；用数据连接数据，使组织内部数据彼此相关联。

2.3.4 环节链接

组织内部都具有分工协作和前后工序关系的部门与环节，它们之间的配合与协作需要很高的精密性。精细化管理就是系统解决组织管理过程中各环节紧密链接与匹配的有效途径。精细化管理按总体目标将整个运行过程重新划分为多个紧密相关的环节，每一个环节都是相互链接的，如果前一个流程不精细，后一个流程就可能跟着出问题，所以，必须建立良性互动、部门协作的管理机制，使每个环节的链接都精细到位，各员工之间、各部门之间都必须提倡协作精神，提高精细化管理意识。

2.3.5 责任执行

执行是精细化管理落实的关键。但在管理实践中，执行不到位、执行力弱是一个常见的问题。执行不到位的原因复杂多样，但一般来说，执行不到位的主要原因是责任不明确，可执行性差。虽然每个组织都意识到岗位责任的重要性，也都对每个岗位明确了具体责任。但这种岗位责任的明确往往是笼统的、定性的一般性要求，没有标准的工作流程，没有操作方法说明，没有明确的执行标准和考核标准，这就使得工作人员无法清晰地了解相关责任，也就无法精确地执行责任。因此，必须将岗位责任细化、工作流程细化、操作方法细化、执行标准量化、考核标准量化，做到目标、标准具有可实现性，流程具有可操作性，规章制度具有可执行性，执行结果具有可考核性，这样才能保证责任的有效执行。

2.3.6 协同高效

精细化管理的一个重要理念是细化，但当把所有的工作都沿着细化的路子走下去的时候，如果忽视协同性，往往会出现两种情况：彼此交叉和各行其是。彼此交叉是属于两者共管但又都不想管的现象；各行其是是由于工作本身的难易、时间多少、人员能力的高低等多种因素的影响，造成进度上的不匹配、快的等慢的等现象。分工越细，交点就越多，越要加强协调与沟通，越需要明确责任人与工作、工作与工作、环节与环节之间的协同关系。因此，为了保证工作高质、高效完成，就必须从总体上对各个部门进行协同管理，使各部门之间能够相互配合、紧密协作，协调一致地、高效地完成工作。

2.3.7 精益求精

精细化管理关注的是尽力做到尽善尽美，不断创造管理奇迹，其追求的是长期的发展和长远的利益。精细化管理是一个持续推进、不断完善、永无止境的过程，从来就没有一步到位的精细化管理。随着环境的逐渐变化和人们认识水平的不断提升，现行的一些精细管理做法，也许不再适用、不再精细，这就需要对现行管理做法及时做出改进。虽然做到尽善尽美只是一种美好的愿望，是不可能达到的，但保持精益求精的理念，持续地对尽善尽美进行追求，却能使组织成为一个永远充满活力、不断进步的组织。

第3章　精细化管理理论

从精细化管理的形成与发展看，由最初泰勒的"科学管理"、戴明的"质量管理"、丰田的"精益生产"，到今天刘先明的精细管理工程、汪中求的细节决定成败以及流程再造、精益思想、约束理论等演变，究其本质都拥有一个共同的灵魂——系统与细节、科学与效率、质量与效益。所不同的是，泰勒由于时代的局限只注重到工人的现场操作，戴明扩大到质量的每一根神经末梢，丰田生产方式则系统地延伸到了企业的生产系统，而后来的发展都在试图使精细化管理理论贯穿于管理的全部系统。

3.1　科学管理理论

1911年，泰勒出版了《科学管理原理》一书，提出了科学管理理论，其核心内容是如何提高劳动生产效率，强调工作步骤和工作方法的标准化、定量化，强调对工人的培训和训练。这可以看作是世界上第一本精细化管理著作。其主要思想包括：

1. 工作定额原理

泰勒提出要制定出有科学依据的"合理日工作量"，其方法是选择合适且技术熟练的工人；研究这些人在工作中使用的基本操作或动作的精确序列，以及每个人所使用的工具；用秒表记录每一基本动作所需时间，加上必要的休息时间和延误时间，找出做每一步工作的最快方法；消除所有错误动作、缓慢动作和无效动作；将最快最好的动作和最佳工具组合在一起，成为一个序列，从而确定工人的"合理日工作量"，即劳动定额；最后，根据定额完成情况，实行差别计件工资制，使工人的贡献大小与工资高低紧密挂钩。

2. 挑选头等工人

泰勒指出，为了最大限度地提高生产率，对某一项工作，企业管理者必须找出最适宜干这项工作的人，同时还要最大限度地挖掘最适宜于这项工作的人的最大潜力，才有可能达到最高效率。因此，对任何一项工作都必须挑选出"第一流的工人"，即头等工人。然后再对第一流的工人利用作业原理和时间原理进行动作优化，以使其达到最高效率。

3．标准化原理

在经验管理时期，对工人在劳动中使用什么样的工具、怎样操作机器，缺乏科学研究，没有统一标准，只是凭借师傅的传授或个人的逐步摸索。泰勒认为，要想用科学管理代替个人经验，一个很重要的措施就是实行工具标准化、操作标准化、劳动动作标准化、劳动环境标准化等标准化管理。只有实行标准化，才能使工人使用更有效的工具，采用更有效的工作方法，从而达到提高劳动生产率的目的；只有实现标准化，才能使工人在标准设备、标准条件下工作，才能对其工作成绩进行公正合理的衡量。

4．计件工资制

即按照工人是否完成定额而采用不同的工资率。如果工人能够保质保量地完成定额，就按高的工资率付酬，以资鼓励；如果工人的生产没有达到定额就将全部工作量按低的工资率付给，并给以警告，如不改进，就要被解雇。

5．劳资双方的密切合作

要使劳资双方进行密切合作，关键不在于制定什么制度和方法，而是要使劳资双方在思想和观念上发生根本转变。一旦劳资双方都把注意力放在提高劳动生产率上，则不但工人可以多拿工资，而且资本家也可以多拿利润，从而能够实现双方"最大限度的富裕"。

6．建立专门计划层

泰勒把计划的职能和执行的职能分开，改变了凭经验工作的方法，代之以科学的工作方法，即找出标准，制定标准，然后按标准办事。具体来说，计划部门要制定科学的定额、标准化的操作方法和工具，拟订计划，并对工人发布指令和命令；在现场，工人或工头则从事执行的职能，按照计划部门制定的操作方法，使用规定的标准工具，从事实际操作，不能自作主张、自行其是；最后，计划部门把标准和实际情况进行比较，以便进行有效的控制等工作。泰勒的这种管理方法使得管理思想向前迈出了一大步，将分工理论进一步拓展到了管理领域。

3.2　全面质量管理理论

全面质量管理(Total Quality Management，TQM)理论是由美国通用电器公司工程师费根堡姆于 20 世纪 50 年代提出的，他认为质量应该是整个企业全体员工的责任，所有人员应该都具有质量的概念和承担质量的责任。因此，全面质量管理的核心思想是在一个企业内部各个部门中做出质量发展、质量保持、质量改进计划，从而以最为经济的水平进行生产与服务，使用户或消费者获得最大的满意。此后，经过几十年的发展与实践，现在的全面质量管理已经远远超出了一般意义上的企业质量管理领域，成为一种综合的、全面的经营管理方式和理念，风靡全球各行各业。1986 年，国际标准化组织(ISO)把全面质量管理的内容和要求进行了标准化，并于 1987 年 3 月正式颁布了 ISO9000 系列标准。可以看出，我们通常所熟悉的 ISO9000 系列标准，实际上是对原来全面质量管理研究成果的标准化。全面质量管理并不等同于质量管理，它是质量管理的更高境界。全面质量管理将组织的所有管理职能纳入质量管理的范畴，强调一个组织以质量为中心、全员参与以及全过程质量管理，充分体现一切为用户服务、一切以预防为主、一切用数据说话、一切按 P-D-C-A 循环。其主要思想包括：

1．以顾客为中心

顾客的满意和认同是长期赢得市场、创造价值的关键。因此，必须把以顾客为中心的思想贯穿到整个企业业务流程的管理中，从市场调查、产品设计、试制、生产、检验、仓储、销售，到售后服务的各个环节都应牢固树立"顾客第一"的思想。

2．领导层重视

企业的决策层必须对质量管理给予足够的重视，都参与到质量管理的活动中来，这样才能够使组织中的所有成员和资源都融入到全面质量管理之中。

3．全员参与

应使企业全体员工清晰地了解企业的目标、策略，并获得他们的充分认同，并让全体员工知道达成企业目标给自身所带来的利益，激发所有人员积极参与到质量管理中来，以此全面提升质量管理。

4．PDCA 循环

把全面质量管理所涉及的所有资源和活动作为一个过程，并利用戴明提出的 PDCA 循环方法(戴明循环，见图 3-1)，即计划(Plan)—实施(Do)—检查(Check) —

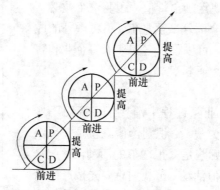

图 3-1　PDCA 循环

处理(Action)，将注意力集中到产品生产和质量管理的全过程，每经一次循环，解决一批质量问题，使产品质量和工作质量达到一个新的水平，然后再进入下一循环，不断提升产品质量和工作质量。戴明循环既是一个循序渐进的流程，也是一个反复且可量化的过程。

5．持续改进

全面质量管理的精神就是一种永远不能满足的追求，质量总能得到改进，"没有最好，只有更好"。在这种观念的指导下，企业持续不断地改进产品或服务的质量和可靠性，确保企业获得难以模仿的竞争优势。

6．以数据为基础

全面质量管理对数据和信息进行合乎逻辑的分析、加工、处理，再结合专业技术和实际情况，对存在的问题作出正确判断并采取有效措施加以改进。

3.3 精 益 理 论

精益理论的核心思想是以"消灭一切浪费"为着眼点，设法在生产过程中消除任何无用的动作、避免无用的努力、拒绝无用的材料，消灭不能给产品或服务的最终用户带来好处的所有活动，同时持续不断地寻找并贯彻改进的方法。也就是说，围绕客户提出的"价值"，优化设计价值流图，优化牵动价值流链，优化节俭价值流动成本，使之消除浪费，尽善尽美。其主要思想包括：

1．正确地确定价值

就是以客户的观点来确定企业从设计到生产、交付的全部过程，实现客户需求的最大满足。采用精益生产，企业应以客户为中心来审视企业的产品设计、制造过程、服务项目等，这时将会发现太多浪费——从不满足客户需求到过多的功能、多余的非增值消耗。而消除这些浪费的直接受益者既包括客户也包括企业。同时，以客户观点确定价值，还要求企业必须将生产全过程中的多余消耗减至最低，不将额外的成本转嫁给客户。因此，可以说，它实际上将企业和客户的利益统一成为一个有机整体。

2．识别价值流

精益理论将所有业务过程中消耗了资源而不增加产品价值的活动视为浪费。识别价值流就是发现浪费和消灭浪费，找出哪些是真正增值的活动，哪些是可以立即去掉的非增值活动。分析时，要先按产品族为单位画出当前的价值流图(如图 3-2 所示)，然后以

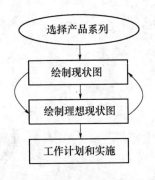

图 3-2 价值流图示意图

客户的观点分析每一个活动的必要性,即按照最终客户的观点全面考察价值流、寻求全过程整体最佳,特别是要推敲部门之间交接的过程,那里往往存在着更多的浪费。此外,需要注意的是价值流并不是从自己企业的内部开始的,而是向前延伸到供应商,向后延长到向客户交付的活动。

3. 流动

指使创造产品价值的各个活动(步骤)流动起来。由于根深蒂固的传统观念和做法,如部门分工(部门间交接和转移时的等待)、大批量生产(机床旁边等待的在制品)等,阻断了本应“动”起来的价值流。精益理论将所有的停滞视为浪费,号召“所有人都必须和部门化的、批量生产的思想作斗争”,用持续改进、及时化生产等方法在任何批量生产条件下创造价值的连续流动。为此,丰田公司创造了一系列的管理模式。例如,实施全面质量管理和六西格玛管理,对每个过程和每个产品进行严格控制,避免失误、废品和返工造成的过程中断、回流,实现连续流动;提倡5S、全员维修管理,确保环境整洁、设备完好,为“价值流”流动创造前提条件,使用适当规模的人力和设备,避免瓶颈造成的阻塞。

4. 拉动

就是按客户的需求进行生产,使客户精确地在他们需要的时间内得到需要的产品。丰田公司是通过实施及时化生产实现拉动的。实行拉动以后,企业的生产和客户的需求直接对应,消除了过早、过量的投入,从而减少了大量的库存和现场在制品,大大压缩了提前期。此外,拉动原则还确保企业具备了当客户一旦需要,就能立即进行设计、制造客户真正需要的产品的能力,可使企业抛开预测,直接按客户的实际需要进行生产。流动和拉动可以使产品开发时间减少50%、生产周期降低90%、订货周期减少75%,这对传统的生产方式来说是难以想象的。

5. 尽善尽美

就是“通过尽善尽美的价值创造过程(包括设计、制造和对产品或服务整个生命周期的支持)为客户提供尽善尽美的价值”。它要求企业必须不断地用价值流分析方法找出更隐蔽的浪费,作进一步改进;而改进的结果必然是价值流动速度的增加。因此,如果说正确地确定价值是精益生产的基本观点、识别价值流是精益生产的准备和入门、流动和拉动是精益生产实现价值的根本,那么,“尽善尽美”就是精益生产创造奇迹的保证。事实上,尽善尽美是永远达不到的,但持续地对尽善尽美进行追求,却能使企业成为一个永远充满活力、不断进步的企业。

6. 精益质量管理模式

1985 年,美国麻省理工学院的琼斯教授等对日本丰田公司的做法进行了研究，认为丰田公司采取及时制生产、标准化操作、均衡化生产、全面质量管理，找出无效劳动和浪费现象并着手加以消除的理念和方法很好，并把这一生产方式定名为精益生产。并在借鉴吸收精益生产方式的基础上，经过总结和提炼，围绕企业生产作业系统的质量、效益、成本、综合改善这个目标，又形成了精益质量管理模式。这一模式由 5 个子系统组成，如图 3-3 所示，分别为员工职业化、生产系统化、工序标准化、度量精细化、改进持续化，从而使精益质量管理形成体系。

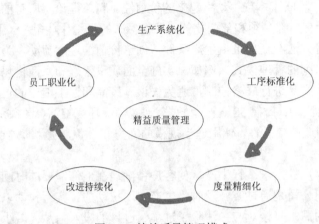

图 3-3　精益质量管理模式

　　说穿了，精益管理是一种思想，它关注细节，致力于减少浪费、增加价值，核心是以较少的人力物力财力和较短的时间，尽可能创造出较大的利益。将精益思想引入航空装备维修保障领域，对维修工作的计划、实施、评估全过程的每一项工作、每一个步骤重新审视，判断其是否有价值以及价值的大小，进行合理取舍，确保从源头上、过程中消除浪费，实现投入最小资源，创造更大价值。

3.4　六西格玛管理理论

　　六西格玛(6σ)管理理论是摩托罗拉公司 1986 年提出的。当时，受日本企业的竞争和美国同行的挤压，摩托罗拉公司因质量等问题而面临倒闭的危险，于是摩托罗拉公司提出要进行全面质量管理，实施了名为六西格玛的方案，且取得了显著效果。

　　六西格玛管理是一套系统的、集成的业务改进方法体系，是旨在持续改进业务流程，实现客户满意的管理方法，是以追求零缺陷和卓越目标而进行的质量管理和改进活动。它通过流程改进实现无缺陷的过程设计，通过对过程的界定、测量、分析、改进、控制，消除过程缺陷和无价值作业，从而提高质量和服务、降低成本、缩短运转周期，达到客户完全满意，增强竞争力的目的。

σ是统计学里的一个单位，表示标准偏差，或度量某个流程当中质量偏差及波动的大小。σ前面的数字叫σ水平，代表流程达到的完美程度或质量水平。表 3-1 是西格玛值对应的合格率。可以看出，在 4σ水平下，合格率为 99.38%，百万次测试中缺陷次数为 6210 次，当达到 6σ水平时，合格率为 99.99966%，百万次测试中缺陷次数仅为 3.4 次，几乎达到零缺陷，近乎完美。

表 3-1   西格玛值所对应的合格率

西格玛水平	百万次机会中的缺陷数	合格率/%
2σ	308700	69.15
3σ	66810	93.32
4σ	6210	99.38
5σ	223	99.977
6σ	3.4	99.99966

六西格玛管理理论的主要思想包括：

1．以顾客为关注焦点

"以顾客为中心，体现顾客与企业双赢"，是六西格玛管理的基本价值观。它提倡企业深入了解顾客当前和未来的要求与期望，关注其动态变化，以此驱动质量改进，消除缺陷，减少浪费和不必要的作业，满足并超越顾客要求，从而建立良好的顾客关系。

2．基于数据和事实进行科学决策

六西格玛管理强调一切用数据和事实说话，它要求一开始就界定和测量出各种指标，然后用统计方法进行分析和探测，确定显著影响关键指标的各种因素，并通过改进，获得优化的结果。

3．聚焦于流程改进

设计产品和服务，测量绩效并进行分析、改进和控制，以至经营企业等，都是通过流程进行的。有流程就会有变异，六西格玛能够改进流程，有效减少执行中的变异或走样。流程改进是六西格玛取得成功的基础。

4．突出全员参与管理

质量管理工程往往非常浩大，单凭一个部门，或一些专门人员，是难以胜任的。在这种情况下，六西格玛管理为企业提供了一种让全员参与改进质量的方法，让所有人都来参与改进质量管理。

5．有预见的积极管理

六西格玛管理包括一系列工具和实践经验，它用动态的、及时反应的、有预见的、积极的管理方式取代那些被动的习惯，促使企业在追求完美而不出错的竞争环境下，快速向前发展。

6．无边界合作

六西格玛管理能够衡量出工作流程中各部分、各系统间的相互联系性和依赖性。无边界合作要求消除层级间、部门间乃至合作伙伴间的沟通壁垒，面向业务流程，提高过程运转效益。这种合作并不是要求无条件的个人牺牲，而是要在为顾客创造价值的基础上，使各利益相关方取长补短、互惠互利。

7．追求卓越

在六西格玛管理中，追求卓越不再是一句空泛的口号，它明确要求 100 万次机会中只允许有 3.4 次错误，超过 3.4 次，则达不到标准，就要进行改进，这就是持续不断地追求卓越。

8．遵循 DMAIC 改进方法

DMAIC 方法由 5 个要素构成，分别是界定(Define)、测量(Measure)、分析(Analysis)、改进(Improve)、控制(Control)，如图 3-4 所示。它是一个螺旋上升的动态过程，以此不断促进质量提高，让整个流程趋于卓越和完美。

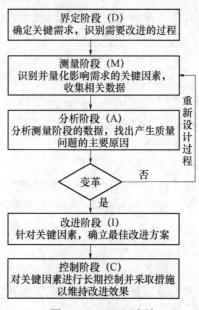

图 3-4　DMAIC 方法

总体来讲,六西格玛理论来源于数理统计中的正态分布律在管理中的应用,主要用于控制波动,解决质量稳定性问题,核心是通过对工作流程中关键环节的动态数据和结果差错进行统计、分析、改进,使工作差错率控制在百万分之三点四(即 0.0034‰)范围内,几乎接近完美。在航空装备维修保障领域运用六西格玛理论,对维修保障工作流程中关键环节的动态数据和结果差错进行实时统计,并利用数学模型,对出现差错的原因进行数据化分析,制定相应的解决对策,消除导致误差的因素,稳定工作质量,保证维修安全。

3.5 5S 管理理论

1955 年,日本为加强对企业生产现场生产要素(人员、机器、材料、方法、测量、环境)的管理,提出了"整理、整顿"的管理要求。之后,又将"清扫、清洁、素养"列为控制要素,于 1986 年正式提出了"5S"管理理论。

5S 管理理论是指对生产现场各生产要素所处的状态不断进行整理(Seiri)、整顿(Seiton)、清扫(Seiso)、清洁(Seiketsu)和提高素养(Shitsuke)。因这 5 个词的首字母都是"S",所以,通常简称为 5S。

各个企业在引入 5S 管理理论的过程中,根据自身特点,常常对其进行丰富和完善,如增加安全(Safety)要素,就形成了 6S,增加节约(Save)要素,就成了 7S,增加服务(Service)要素,就成了 8S。但不管如何变化,这些都是从 5S 理论中衍生出来的。5S 之间的相互关系如图 3-5 所示。

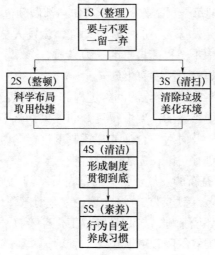

图 3-5　5S 之间的相互关系

整理，是指区分需要与不需要的事、物，然后对不需要的事、物加以处理；整顿，是把需要的事、物加以定量和定位，进行科学合理的布置和摆放；清扫，是根据整理、整顿的结果，将工作场所内看得见和看不见的地方打扫干净，把不需要的物品彻底清除出去，或者标示出来放在仓库；清洁，是在整理、整顿、清扫等工作完成之后，认真维护已取得的成果，使其保持完美和最佳状态；素养，是指通过多种形式的宣传教育，提高全员按章办事的意识和文明礼貌的水准，促使每名成员养成良好的工作习惯。

5S能有效解决工作现场凌乱无序的状况，提升单位及个人的工作能力与素质，有效改善文件、资料、档案、工具、器械的管理，使工序简洁化、人性化、标准化，提高工作效率和团队业绩。

5S看似比较简单，但要长期坚持却比较困难，要将其彻底贯彻推行应该把握以下几个原则：

1. 坚持宏观要求与精细执行的统一

5S理论并不深奥，取得成功的关键在于能否精细执行、关注细节。由于受传统文化等因素的影响，虽然在管理实践中制定了各项规章制度，但在贯彻落实的过程中却常常停留在宏观要求及指导，缺乏精细的执行手段和方法，因此，推行5S管理，必须将每一条规章制度、每一个标准要求细化为操作性强、针对性强的具体举措，紧盯细节，精益求精。

2. 突出从严要求与以人为本的统一

5S强调"只有起点，没有终点"、"只有更好，没有最好"，通过整理、整顿、清扫、清洁，在循环往复、潜移默化中塑造人、培养人。不仅要注重按章办事、从严要求，把每一项工作、每一项任务都做到位，更要注重"塑造人、培养人"的理念，充分发挥人员的主观能动性，激发人员参与5S的热情，在完成各项任务的过程中不断提高自身的能力素质。

3. 兼顾刚性要求与动态完善的统一

推行5S是一个不断发展变化的动态过程。有一些规章制度虽然是刚性的、死板的，但并不是一成不变的，要取得良好的效果，就必须针对现场管理中出现的新情况、新问题，及时对不合适的规章制度进行调整和完善，对不符合实际的工作方法和流程进行更改，完善手段措施。

目前，5S理论又有新的发展，常见的是在其基础上又增加了一个S——安全，被称之为6S管理。综述起来，这一理论就是对工作现场进行规范化管理，为实施其他管理提供环境基础，核心是维持工作环境整洁有序，提高效率，确保安全。在航空装备维修保障领域运用6S管理，从维修现场最基本的物品摆放、人员行动路线，到设备定位标识、资料集中管理等，都进行明确，确保工具设备摆放科学合理，存取使用便捷，减少碰挂、丢失、损坏、污染等问题，可以达到工作现场规范有序、降低故障或事故率、提高使用效益的目的，同时，以打造干净明亮、可视性强的现场环境作为突破口，通过改造环境来影响人、教育人，促进环境优化—管理工作改善—人员良好习惯养成三者的良性循环。

3.6　流程再造理论

20 世纪 90 年代，企业过分强调劳动分工和局部最优化的弊端日渐显现，且又面临市场全球化、技术更新快、顾客需求个性化等挑战，迫切需要做出改变。在这种背景下，1993 年，迈克尔·哈默与詹姆斯·钱皮合作出版了《再造企业——管理革命的宣言》一书，明确提出了流程再造理论(Business Process Reengineering，BPR)。流程再造理论是对企业的业务流程作根本性的思考和彻底性的重建，其目的是在成本、质量、服务和速度等方面取得显著的改善，使得企业能最大限度地适应以顾客、竞争、变化为特征的现代企业经营环境。

从流程再造理论的概念可以看出，其核心特征为：

1．根本性思考

即在再造过程中，企业人员必须自问一些问题，如"我们为什么要做现在的工作？"、"我们为什么要用现在的方式做这份工作？"、"为什么必须是由我们而不是别人来做这份工作？"等。通过对这些根本性问题的仔细思考，企业可能发现自己赖以存在或运转的商业假设是过时的甚至错误的。

2．彻底性再设计

就是要对企业进行重新构造，彻底改造现行的组织结构和组织形式，寻找新的业务流程，而不是对企业进行改良、增强或调整。

3．显著改善

就是流程再造不是要取得小的、局部的改善，而是要使企业业绩有显著增长、突飞猛进，如大幅降低成本、减少生产周期、提高产品质量等。

4．流程

流程再造追求的不是局部的部门效益的提升，而是横贯企业各个部门的整体的流程再造和全面优化，需要打破原有的部门界限和职能界限，变"部门职能型管理"为"流程导向型管理"，为完成流程的最终任务而共同努力。

美国的几位学者用流程再造生命周期(Process Reengineering Life Cycle，PRLC)方法对整个流程再造的实施过程进行了分析，其过程可以分为四个阶段：

1) 准备阶段

首先要对组织的运作进行仔细观察，考察是否有必要采用 BPR 改革，避免组织因过大的变化而冒太大的风险；其次对现有业务进行评估，搞清楚目前的状态能否满足市场需要，确定是否实施流程再造；决定实施流程再造后，预估企业未来的发展方向和经营前景，组建 BPR 实施团队。

2) 分析阶段

通过模拟现有流程的运作加深 BPR 团队对目前流程的理解，认清业务流程中存在的问题，以帮助整个团队更好地制定计划，以便从旧的流程转向新的流程和实现人员、组织结构、信息需求、技术使用方面的改革。

3) 设计阶段

对现有业务流程进行完整描述，划分流程的组成部分，分析流程产生问题的原因，然后在考虑各个方面因素影响的情况下，依据新的信息需要，设计新的流程步骤、组织结构、新的技术规格、新的人事管理制度及企业文化等，并形成多个设计方案，以供企业选择。

4) 实施阶段

依据设计方案，开发和使用新的信息系统和信息技术，重新组织人力资源，修订相关的规章制度，根据新的流程对人员进行培训，并在新的流程运行之后，对其特性进行评估和加以改进，并随时根据业务或需求变化，为下一次流程的优化和再造做好新的准备，使流程再造的这几个阶段形成一个不断反馈和优化的闭环，从而提高企业适应不断变化的外部市场环境的能力。

概括起来，流程管理强调的是以流程为中心，对工作全过程全要素进行科学化、规范化管理，核心是着眼实现单位目标任务，对跨部门或岗位工作的各个环节进行规范、协调、控制和持续优化，达到提高整体质量效益的目的。在航空装备维修保障领域运用流程管理工具和方法，对现行的维修组织管理流程进行梳理规范、持续优化和局部改造，能够有效弥补职能式管理层级多、横向协作能力差、各自为政、推诿扯皮等问题；将流程管理融入传统的职能式管理中，能够创建纵横融合的维修管理机制，横向以流程来协同和优化各部门、各岗位之间的工作，纵向以职能来培育和提升各部门、各岗位的专业能力，整体提高维修管理水平。

3.7 目标管理理论

目标管理(Management by Objectives，MBO)的提出者德鲁克认为，企业的目的和任务必须转化为总目标，然后对总目标进行分解，使各级职能部门确定自己的目标。企业管理人员必须通过目标对下级进行领导并以此来保证企业总目标。如果没有方向一致的分目标来指导每个人的工作，则企业的规模越大，人员越多时，发生冲突和浪费的可能性就越大。只有每个管理人员和工人都完成了自己的分目标，整个企业的总目标才有完成的希望。他还主张：在目标实施阶段，应充分信任下级人员，实行权力下放和民主协商，使下级人员进行自我控制，独立自主地完成各自的任务。德鲁克的主张在企业界和管理学界产生了极大的影响，对形成和推广目标管理起到了巨大的推动作用。

所以说，目标管理就是指企业的最高领导层根据企业面临的形势和社会需要，制定出一定时期内企业经营活动所要达到的总目标，然后层层落实，要求下属各部门主管人员以至每个员工根据上级制定的目标和保证措施，形成一个目标体系，并把目标完成的情况作为各部门或个人考核的依据。其主要思想包括：

1. 目标管理是参与管理的一种形式

目标的完成者同时也是目标的制定者，即由上级与下级在一起共同确定目标。首先确定出总目标，然后对总目标进行分解，逐步展开，通过上下协商，制定出企业各部门、各车间直至每个员工的目标，用总目标指导分目标，用分目标保证总目标，形成一个"目标——手段"链。

2. 强调"自我控制"

德鲁克认为，员工是愿意负责的，是愿意在工作中发挥自己的聪明才智和创造性的。目标管理的主旨在于，用"自我控制的管理"代替"压制性的管理"。这种自我控制可以成为更强烈的动力，推动员工尽自己最大的力量把工作做好，而不仅仅是"过得去"就行了。

3. 促使下放权力

集权和分权的矛盾是组织的基本矛盾之一，唯恐失去控制是阻碍大胆授权的主要原因之一。推行目标管理有助于协调这一对矛盾，促使权力下放，有助于在保持有效控制的前提下，把局面搞得更有生气。

4. 注重成果第一

采用传统的管理方法评价员工表现时，往往容易根据印象、本人的思想和对某些问题的态度等定性因素来评价。而目标管理由于有了一套完善的目标考核体系，从而能够按员工的实际贡献大小如实地评价一个人。同时，目标管理还力求将企业目标与个人目标更密切地结合在一起，以增强员工在工作中的满足感。这对于调动员工积极性，增强企业凝聚力起到了很好的作用。

3.8　零缺陷管理理论

零缺陷(Zero Defects，ZD)管理是由美国菲利浦·克劳士比在 20 世纪 60 年代初提出的，并率先在美国进行推广。后来传至日本，在制造业中得到全面推广，造就了日本产品在 20 世纪 70、80 年代风靡世界的市场奇迹。20 世纪 90

年代，这一理论又进一步拓展到包括服务业在内的工商业所有领域，如全球著名的跨国集团 GE、IBM、摩托罗拉、惠普等，并取得了丰硕成果。零缺陷管理的思想主张企业要发挥人的主观能动性来进行经营管理，生产者、工作者要努力使自己的产品、业务和工作没有缺陷，并向着高标准的目标而奋斗。它要求生产工作者从一开始就要本着严肃认真的态度把工作做得准确无误，在生产中要按照产品的质量、成本与消耗、交货期等各方面的要求进行合理安排，而不是依靠事后的检验来纠正。零缺陷特别强调预防系统控制和过程控制，要求第一次就把事情做正确，使产品符合对顾客的承诺要求。零缺陷管理理论可以总结为：一个中心、两个基本点、三个需要和四项基本原则。

1. 一个中心

指的是第一次就把事情做正确，其中包含了三层含义：正确的事、正确的做事和第一次做正确。因此，要做到第一次就把事情做对，三个因素缺一不可。每个人都坚持第一次做对，不让缺陷发生或流至下道工序或其他岗位，那么工作中就可以减少很多处理缺陷和失误造成的成本，工作质量和工作效率也可以大幅度提高，经济效益也会显著增长。

2. 两个基本点

指的是有用的和可信赖的。有用的是一种结果导向的思维，我们做任何事情首先想到它有用，必须站在客户的角度来审视最终的结果是否有用。但是，如果做的每件事情都有用，也未必可靠。因此，零缺陷管理追求的是既有用又可靠的结果。

3. 三个需要

分别是指：客户的需要、员工的需要和供应商的需要。这三个需要形成了一个整体的价值链，必须统一看待客户、员工和供应商的需要，做到使客户满意(投诉减少、退货率减少、索赔减少、订单增多)、员工满意(工作积极性增加、员工流失率减少)、供应商满意(持续提供优质的原材料、升级为合作伙伴)。

4. 四项基本原则

原则一：质量=符合要求。质量不是一味地追求好，而是要做到完全符合客户的要求，因此，首先要明确客户的确定要求，其次是努力做到满足客户要求，而不是抛开客户要求片面追求质量的好。

原则二：系统=预防。检验不能产生质量，预防才能产生质量。检验是在过程结束后把不符合要求的产品挑选出来，而不是促进改进。预防发生在过程的设计阶段，包括沟通、计划、验证，能够逐步消除出现不符合项的可能性。通过预防产生质量，要求资源的配置能保证工作正确完成，而不是把资源浪费在问题的查找和补救上。

原则三：工作标准=零缺陷。零缺陷的工作标准意味着我们每一次和任何时候都要满足工作过程的全部要求，绝不向不符合要求的情形妥协，必须具备避免双重标准、绝不允许有错误的基本思想。

原则四：衡量=不符合要求的代价。质量是用不符合要求的代价(金钱)来衡量的，而不是用指数。指数只是把不符合项用相关数据进行软处理的方法。如果用某些方法处理数据，那么管理者将永远不会采取行动，而通过展示不符合项的货币价值，就能够加深管理者对问题的认识，积极采取改进措施。

3.9　约束理论

约束理论是由以色列物理学家高德拉特于 20 世纪 80 年代中期提出的，是一种帮助找出和改进系统的约束条件(瓶颈)，使系统效能最大化的管理理论。最初，高德拉特针对当时企业过时的管理思想和做法，出版了第一本约束理论专著《目标》，提出了一套紧紧围绕瓶颈环节组织生产经营活动的管理思路和操作方法。该书受到了全球的普遍欢迎，约束理论由此开始广泛传播。后来，高德拉特发现企业生产系统瓶颈环节突破之后，制约企业经营成效的主要因素是根植于管理者意识中的传统管理思想和做法，基于此，高德拉特对约束理论又进行了完善和优化，于 1987 年正式提出了约束理论。

约束理论着眼于系统全局的优化，可以帮助企业识别出在实现目标的过程中存在哪些约束条件，并进一步指出如何实施必要的改进以消除这些约束，从而更有效地实现目标。其核心步骤包括：

1. 找出系统的约束条件

首先，进行深入细致的调查研究。由于约束条件是潜在的，要找出它就不能仅凭感觉和经验，必须进行大量的数据化工作，进行深入细致的归纳分析。任何没有经过数据论证和验证的结论都不能算是正确的结论。其次，确定约束条件的类型。约束理论将约束条件分为物理约束条件、市场约束条件和方针约束条件等 3 种。物理约束条件是由装置、设备、人力资源引起的；市场约束条件是因需求、客户等市场因素产生的；方针约束条件是公司的方针和制度成为约束条件。

2. 挖尽约束条件的潜能

找出约束条件后，就要选择合适的方针和措施，最大限度地挖掘约束条件的潜能，减小其不良影响。通常使用的方法有：①最大程度地利用时间，消除瓶颈环节的闲置时间；②使瓶颈环节只用于增值作业；③将不必要在瓶颈环节生产的作业转移到非瓶颈环节；④减少瓶颈作业的生产调整准备时间和加工时间；⑤简化设计、减少产品的零件数目；⑥将质量检验设在瓶颈设备之前，降低瓶颈阻滞；⑦提高瓶颈环节的工作效率。

3．使非约束条件服从约束条件

当发现约束条件后，首先要使非约束条件服从约束条件，减少当前的浪费，然后再去着力解决约束条件的问题。非约束条件能力的增强虽然不能提升系统整体的功能，但却能减少浪费，这也是系统得以优化的重要方法。这也从战略上告诉我们，保证企业各部分发展的相对平衡，同样是提高效益的可选之策，因此，不但要对企业进行局部调整，还要对企业政策、文化等进行系统改进。

4．提高约束条件的能力

步骤 2 是使约束条件的能力最大限度地发挥出来，属于挖掘潜力的行为。步骤 3 是让非约束条件服从约束条件，是一种迁就的办法。而这个步骤则是通过一系列措施提升约束条件的能力，是解决问题的根本办法。通常使用流程再造、提高人员能力素质等方法，往往需要从体制、机制、政策制度等方面进行变革，能够彻底解决存在的问题。

5．寻找系统新的约束条件

这一步骤又回到步骤 1，再找出新的约束条件并予以解决。

从这 5 个步骤可以看出，从发现约束条件、初次改变约束条件、初次整体优化、彻底解决约束条件，到寻找新的约束条件，这 5 个步骤构成了一个循环，实现了整体上的优化，同时也是系统效能不断提升的过程。

归纳起来看，约束理论强调从系统全局的角度，查找和消除工作流程中的弱项，发挥整体效能，核心是找出和改进工作流程中的瓶颈，使系统效能最大化。这一理论通常也叫木桶理论或弱环理论，也就是一只水桶能盛多少水，取决于最短的那块木板，要增加容量不是补长板而是补短板；一个金属链条中，决定拉力强度的是最弱的链环，增加链条拉力强度不是补最强的链环而是补最弱的链环。任何一个现实系统中，总是关键的极少数要素约束或制约着普通的绝大多数，只有抓住关键的极少数约束要素或薄弱环节进行持续改善，才能提升系统效能。

在航空装备维修保障领域运用约束理论，就是要使管理者站在全局的高度，对维修保障工作流程中关键环节的质量效益进行监测，找到工作流程中的"短板"和薄弱环节，分析查找问题原因，进而制定有针对性的措施办法，达到工作流程整体效能最优。

3.10 细节管理理论

细节管理，又称"纳米管理"，是一种理念，一种文化，就是注重细微环节及其相互关系的管理。它是源于发达国家的一种企业管理理念，它是社会分工的精细化，以及服务质量的精细化对现代管理的必然要求，是建立在常规管理的基础上，并将常规管理引向深入的基本思想和管理模式，是一种以最大限度地减少管理所占用的资源和降低管理成本为主要目标的管理方式。细节管理，就是在观念意识、战略决策、制定规则、执行任务、考核绩效、信息反馈过程中，重视细节、关注细节、体现细节、分解细化环节，把细节意识贯穿于管理的全过程。这一理论认为，管理本身实际上就是一门处理细节的艺术。细节，作为一种反映事物内在联系和本质的微小事务和情节，本身即具有一种预测的功能，通过一些具体的小事和细节，可以反映整个组织系统的运行情况。

2004 年，北京博士德管理顾问有限公司首席管理顾问汪中求，推出《细节决定成败》一书，提出"精细化管理时代——细节决定成败"的观点，"被誉为扎在当今社会浮躁穴位上的一根银针"，在全国范围内掀起"细节管理"研究与实践的热潮。他的主要观点是：

精细化管理时代已经到来，一定要注重细节，把小事做细。

——天下大事，必做于细，必须从改变观念着手。任何大事都是从注重小事入手，细节的变化，更能体现观念上的更新和进步。战略上举重若轻，战术上举轻若重。所谓绝招，是用细节的功夫堆砌出来的。使人疲惫的不是远方的高山，而是鞋里的一粒沙子。战略一定要从细节中来，再回到细节中去；宏观一定要从微观中来，再回到微观中去。中国绝不缺少雄韬伟略的战略家，缺少的是精益求精的执行者；绝不缺少各类规章、管理制度，缺少的是对规章制度不折不扣地执行。

——没有破产的行业，只有破产的企业，这是细节造成的差距。中国人绝不缺乏聪明才智，缺的就是对"精细"的执著，认真做事只是把事情做对，用心做事才能把事情做好。竞争的优势归根结底是管理的优势，而管理的优势则是通过细节来体现出来的。沃尔玛成功的秘诀就在于它注重细节，从细节中取胜，特别是它在服务细节上所作的巨大努力。肯德基之所以有竞争优势，关键是在于其产品背后的一套严格的管理制度。麦当劳进军中国一炮打响，靠的就是进驻前的 5 年市场调查和口味试验与分析等细节的魅力。

——往往 1%的错误导致 100%的失败，这是忽视细节付出的必然代价。关于细节的不等式：$100-1 \neq 99$，$100-1=0$，功亏一篑，1%的错误会导致 100%的失败。一个不经意的细节，往往能够反映出一个人深层次的修养。一个由数以百万计的个人行动所构成的公司，经不起其中 1%或 2%的行动偏离正轨。工艺上的小差异往往显示民族素质上的大差异。

——用心才能看得见，这是细节的实质。往往是一些细节上的功夫，决定着完成的质量。细节是一种创造，台湾首富王永庆就是从细节中找到成功机会的人，他刚开始经营米店是靠保证米质、上门服务等细节打动顾客，让人们都知道在米市马路尽头的巷子里，有一个卖好米并送货上门的王永庆。细节是一种功力，世界上最难遵循的规则是度，度源于素养，素养来自于日常生活中一点一滴的细节积累，这种积累是一种功夫。一心渴望伟大，追求伟大，伟大却了无踪影；甘于平淡，认真做好每个细节，伟大却不期而至。什么是不简单？把每一件简单的事做好就是不简单；什么是不平凡？把每一件平凡的事做好就是不平凡。细节表现修养，小事成就大事，细节成就完美。细节体现艺术，也只有细节的表现力最强。细节隐藏机会，细节凝结效率，细节产生效益。

——伟大源于细节的积累，即从小事做起。企业要想成功，一定要不遗余力地重视细节的改进、改进、再改进。而细节改进的方向，就是满足人们对生活精致化的要求，一句话就是人性化的要求，人性化是产品和服务的终极目标。任何一个战略决策和规章法案，都要想到细节，重视细节。任何对细节的忽视，都可能导致决策失误。一个企业家要有明确的经营理念和对细节无限的爱。凡是精细的管理，一定是标准化的管理，一定要经过严格的程序化的管理。科学管理就是力图使每一个管理环节数据化。

3.11 精细管理工程

精细管理工程是由刘先明教授于 2001 年提出的，是指企业按照"六精五细"的思路与方法，对企业管理进行精细化改造的工程。"六精五细"是精细管理工程的核心内容。

1. 六精

(1) 培养企业精神。这是企业文化的核心内涵。企业理念与企业管理制度有着密切的联系。

(2) 运用管理精髓。企业管理科学众所周知，企业管理理论也已成熟，但深谙和运用管理精髓的企业家或企业管理者为数并不多，要想成为一个成功发展的企业，企业必须拥有那些为数不多的、深谙和运用企业管理精髓的企业家和一批企业管理者。只有这样，企业管理的精髓才能够在企业成功发展中得到充分运用，丰富发展。

(3) 掌握技术精华。企业需要有效运用、创造、引进全球范围内的技术精华、智慧精华等来指导和促进企业的发展。企业掌握了本行业的先进技术或者有了自己在行业中处于领先地位的专利枝术，才能取胜。

(4) 追求质量精品。企业需要把握好产品质量精品的特性，处理好质量精品与动态零缺陷之间的关系，建立确保质量精品形成的体系，为企业形成核心竞争力和创建品牌奠定基础。

(5) 精通营销之道。营销之道是市场制胜之道，市场似江河与海洋，企业和客户之间的产品、原料等物流是流出和流入"江河与海洋"的水流。企业对营销策略、营销方式、营销技巧必须精通，并能创造性地应用。企业需要精致打造畅通于市场的渠道，精心建好畅通于客户的管道。

(6) 精于财务核(预)算。财务管理(包括资金、成本核算)是企业管理的中心，要准确和全面地预测企业各个项目和工作内容及其资金流的数量、质量，最大限度地提高资金利用率，加快资金周转。

2．五细

(1) 细分市场和客户，全面准确把握市场变化和客户需求，弄准企业发展战略和产品定位。

(2) 细分企业组织机构中的职能和岗位，健全企业管理体系，明确责、权、利。

(3) 细化分解每一个战略、决策、目标、任务、计划、指令，使之落实到人。

(4) 细化企业管理制度的编制、实施、控制、检查、激励等程序、环节，做到制度到位。

(5) 细控成本。

3.12　精细化管理

从 19 世纪末到 20 世纪初形成的"古典管理理论"，到 20 世纪 20 年代开始的"人际关系"——"行为科学"理论，第二次世界大战以后出现的社会系统学派、决策理论学派、系统管理学派、经验主义学派、权变理论学派、管理科学学派等各种学派形成的管理理论丛林，再到当今的新管理理论丛林：学习型组织理论、企业再造理论、知识管理理论、管理创新理论、信息管理理论、企业能力理论、冲突风险理论、竞争合作理论、人本管理理论、集成管理理论、物流管理理论、项目管理理论等，西方经济管理理论走过了四个阶段。每一个阶段都贯穿着科学的精神、精细化的思想、辩证的灵魂，促使管理从随意性向规范化转变，由经验型管理向科学型管理转变，从外延式增长向内涵式增长转变，从机会型企业向战略型企业转变，所有这些转变，其实质是由粗放型经营向精细化管理发展，破除了以往仅靠投资和需求所拉动的规模增长、只热衷于理论上的务虚而忽视方法上的探究，以及管理上的形式主义、表面化和"差不多"的管理标准。

2005 年，汪中求在他的《精细化管理》一书中，系统地阐述了精细化管理的内涵、前提、原则和方法。他的主要观点是：

1. 专业化——唯有专业或可精细

要想做精，只有从专入手。专业化是精细化的途径，做专才能做精。对于企业来说，专业化必须做到企业内部的产业专业化、管理专业化和资本专业化。实行专业化，企业才可以集中最有效的资源，打造自己的核心竞争力。只有把有限的资源集中在专业的领域内，才有可能创造出相对优势。专业做好了，才能形成自己的核心竞争力，才能基业常青。万向集团长盛不衰的秘诀就在于专注地着力于专业化，想要实行多元化，也应该是在保证专业化的基础上，沿着与专业化相关的领域实行多元化。

2. 系统化——成功取决于系统

做任何一项工作，都需要一系列的、有机组合的、朝向总体目标的、协调一致的动作来完成。也就是说，管理是一项系统工程，不是某一个单一的动作所能达到目的的。实行精细化管理，就是在一个系统内，通过细分，把工作流程、工作岗位细分成为一个个不可再分的单元，在单元紧密衔接的基础上，在做好每一个单元上下功夫，把小事做细，把细事做透。一个组织要想实现自己的目标，必须建立一套以目标为导向、以制度作保证、以文化为灵魂的组织系统。管理者的一个重要任务，就是建立一个高效的、运行良好的系统。要进行精细化管理，首要的工作就是从优化系统开始，要考虑整体流程的各个衔接点、流程的配合，并实现各块资源的最优配置等细节问题。让理念给系统安上风向标，让制度保障理念的实现，让技术沿着正确的方向、依托良好的制度、为提高工作效率和经济效益充分发挥正能量作用。

3. 数据化——精细见于数据

首先是标准数据化。采用 MBO 目标管理概念，将企业的整体目标转换成组织单元、组织成员的目标体系，并按照明确目标、参与决策、规定期限、反馈绩效四个要素，使任务目标分解明确。把 TQM 基准化办法作为寻求提高作业质量与效率改进的标准工具，按照成立基准化计划小组确定基准化、收集内部作业数据和竞争者数据、分析数据找出绩效的差距并确定是什么原因造成了这些差距、制定和实施改进计划最终达到或超过竞争者的标准这四个步骤逐步展开。采取六西格玛管理模式，提高作业合格率，以使工作更为精确。其次是规划数据化。采取甘特图,使作业计划、控制过程实现简明化、明确化、精细化。采取负荷图,有效利用各种资源,避免资源闲置,提高系统运行效率。采取 PERT 网络分析,对复杂大型项目的计划控制进行有序协调。第三是数据化记录与分析。真实与完整地保存企业经营中的数据,以便让管理者在分析历史数据过程中,找到经营管理中的问题,提出改善措施。用数据归纳分析,将一堆无序的数据整理成有序的数据说明问题、反映问题。用链接数据分析,全方位地解剖分析数据知其然亦知其所以然,真正驾驭事务的发展。

4. 信息化——精细离不开高科技

实施精细化管理,离不开信息化。信息化来源于计算机技术与现代通信技术,它在企业管理中的应用解决了决策与调度的高效化、沟通与控制的实时化、存储与检索的条理化等问题。一个正确的决策来源于决策者的观念、逻辑分析能力、信息掌握数量、专业分析工具等四个方面素质。应当把高科技运用到企业的管理中,融入到企业运营的血脉中,始终与科技发展同步,不断变革,才能使企业超越时代地保持自身的优势。

5. 精细化管理的三个前提

一是坚持与市场相链接。骆驼和兔子需要不同的管理方式,"骆驼企业"很多成功的管理模式和方法,用在"兔子企业"可能就不行,最主要的原因是各自的市场基础不一样,做企业必须基于市场来考虑管理,不能与市场脱节。同样都是运用"学习型组织"概念加强企业管理,用在美国第二大软件生产商、世界 500 强第 45 位的甲骨文公司就很成功,用在中国纺织机械(集团)有限公司却很快就销声匿迹了,同样的管理模式应用在不同企业身上,产生两种截然不同的效果。要注意的是,千万别把兔子当骆驼伺候。二是立足于财务报告。财务是经营成果的科学反映,财务是具体管理活动的重要组成部分,财务是为管理者提供决策分析的系统。马克思说过,"一种科学只有在成功运用数学时,才算达到真正完善的地步。"三是立足于素质训练。任何先进的管理理念、任何优秀的管理模式和方法、任何完善的规则(程序和制度),落脚点都在训练,即有效的、持续的素质训练。训练养成习惯,习惯体现素质。管理源于素质,素质源于训练。训练讲究套路,套路注重细节。

6. 精细化管理的四项原则

一是数据化原则。管理是做人的过程,更是做事的过程,做人要宽容,做事要严谨,最忌讳"大概、差不多、可能是"等似是而非的判断。管理者与团队要有数字化的观念,要学会用数字化方法来描述组织活动的目标、计划、运行状态的特征,更要懂得运用数学工具总结、判断、预测各项活动的规律,以便更加客观、准确、系统地计划安排组织的作业活动,使组织能够高效、低耗地运行。这一原则特别强调用数据说话，用数据分析，用数据要求，用数据检验。二是操作性原则。规则的制定仅仅是第一步，为了使规则能够正确地执行和操作起来，还必须要有规则实施细则和实施检查细则。三是底线原则。管理的精细化是不是越细越好？细到什么程度最好？起码有两点是要努力把握的：(1)可不可以再细分；(2)需不需要再细分,这是底线。四是交点原则。岗位与岗位、部门与部门、上下级、组织内外、相关的组织、共同利益体之间等等，现代社会的分工越来越细，必然带来事与事之间、事与岗位之间、岗位与岗位之间的交叉点。这些交点很多时候成了管理的盲点，原因在于对于交点的漠视，对解决交点问题的无助，把事和人变成了"孤独"的事和"孤独"的人。一件事情有许多子项目，每个子项目有不同的责任人、完成时间和验收标准，一个综合性的工作拆分成了若干个工作表，人手一份，大家都按照这个表在规定的时间内完成，这样我们就能够成为一个有机的整合，而不是一群优秀的完成任务的人等待一个不负责任的人。

7. 精细化管理的六种方法

其一，目录管理。如果把自己的岗位职责列出目录，再进一步把原来每天忙的事情分分类，运用目录管理的办法就能事半功倍。目录管理的好处是容易抓住管理工作中的重点，目录一旦列出来，你的工作重点也就出来了。目录管理是提高管理效率，并把工作做细做透的途径之一。

其二，清单梳理。作为一种管理工具，清单梳理广泛应用在日常的管理工作中。对于个人，每日、每周、每旬、每月、每年要做的主要工作，可以列出清单以便清晰；对于一个项目，更需要用清单的方式列出全部事项，避免想到哪里做到哪里。有了清单，就有对整件事整体的把握，避免了疏漏、拖延和怠慢；有了清单，你就会看清重点和次要，有助你节省时间提高效率。

其三，案例学习。案例学习是管理导入过程中比较实用、形象的方法，使用时要注意案例的时代性；注意案例的针对性，必须符合论证的需要；必须印证主题、能够类推。

其四，模板练习。能否为某些制式工作制定一些必要的模板，让大家用时方便，汇总时也不麻烦呢？比如单位发文件、通知、写报告、打财务借条等，如果制成统一模板格式，整个单位的发文操作就可以全部规范了。

其五，规则推演。规则执行的短路是设计者的短路，是设计时对规则推演的忽略。制定制度、流程文件一定要自己推理一遍，不要匆忙往下推，一定要决策从容，方能执行迅速。

其六，模拟演练。模拟演练是对管理规则的反思、实证过程，规则通过推演可能对了，但还不能就确定实施一定会畅通。还需要进行必要的模拟演练，换个角色或者换个环境，看看是否真正行得通。

以上是精细化管理实施的 6 种方法简介。其实掌握单个的方法是不够的，能够综合运用才是最高境界。精细化管理是一个系统工程，选择什么样的模式是根据组织的实际情况来定的，但贯彻实施是完全可以综合运用以上方法，自己动手、全员参与来推进的。

2012 年，龚其国在他的《精细化管理三定律》一书中，提出了帮助企业理解卓越管理本质规律，建立高效管理体系，精益求精、细致入微、细节取胜的精细化管理基本三定律：

第一定律，程序律。给人手操作过程编制像机器操作一样的程序，把操作分解为必要的步骤和动作，并制定标准，包括规定的步骤、动作和路线，并严格按程序执行。

这就是说，如果工作由机器自动完成，效率和质量都是最高的；如果人的操作程序像机器一样，就能获得像机器操作一样的效率和质量。把人的操作变成像机器操作一样，关键是要为操作过程编制如同机器操作一样的程序，就是说如果让机器来怎么做，让人来操作也应该和机器操作差不多。所以首先应该对整个工作进行分析，找到操作过程所需要的每一个步骤，每一个动作，所有步骤和动作都是必需的、标准的，去掉任何一个都无法完成操作，当然也不允许增加步骤和动作，因为增加步骤和动作会影响效率。

之所以称之为程序定律，是因为所有工作能够复制的东西只有一样，那就是：标准化的程序。

第二定律，流程律。减少流程变动，提高流程效率。

这就是说，如果把工作比作一个流水的管子，出问题的环节就好像被东西堵住了，使得水不能顺畅流通。这个被堵的环节我们称作瓶颈，流程的效率受到瓶颈的制约。如果流程中每个环节都存在变化的时候，那么任何时候流程中都可能存在一个瓶颈，这种变化越大，也就是流程的变动性越大，则流程的效率就越低。科学的研究结论认为，产品在流程中经历的时间是随着变动性的增加呈平方增长的，也就是说，当变动性增加一倍，流程速率则下降为原来的 1/4，当变动性增加 3 倍，流程效率则下降为原来的 1/9。这就是说，变动性对流程效率的影响是致命的，当变动性不断增加时，将对流程产生灾难性的影响。

其实，ISO9000 这一质量管理的国际标准，针对设定的目标、识别、理解并管理一个由相互关联的过程所组成的体系，有助于提高组织的有效性和效率，以程式化的决定或标准化的程序来改造人的行为，目的就是减少流程变动，从而提高流程效率。戴明的 PDCA 循环为持续改进提供了方法和思路，持续改进的目的说穿了就是让变动越来越小。六西格玛理论貌似神秘复杂，其实它是一种相当简单的系统，它帮助人们对所要完成的任务给出明确的定义和清楚的结构，强调消除错误、减少浪费以及避免重复劳动，它的实质就是追求近乎零变动的流程。

第三定律，乌龟律。流程上频繁的小变动比不频繁的大变动效率高。

世界万物不变的本质是变，变是客观存在。在流程的变动上应尽可能地少变动，即使要变动，也应是频繁的小变动为好。

第4章 精细化管理方法

精细化不是什么新东西，作为一种追求精益求精的努力，自古以来那些做事认真的人就已经在做了。军人把被子叠成豆腐块、把个人环境收拾得规规矩矩的优良习惯，不亚于所谓 5S 的要求。其实，夏北浩检查法——三个负责、三想、四到、四个一样、两化、三要，就是航空装备维修保障一线精细化管理的一种科学方法，它不仅仅是精神层面的东西，也是实实在在、真真切切的精细化管理。现在一说到管理，人们想到的往往是与权利相关的约束和控制。所谓"管"就是监督和控制，所谓"理"就是指导和服务。其实管理是"管"和"理"的统一体，"理"是"管"的途径，"管"是"理"的目的，它们是一个矛盾的、有机的统一体。就管理的过程来说，"理"比"管"更重要。现在的问题是，人们只知道"管"，而漠视了"理"，"管"还是采用权力式的强行约束和控制，结果往往适得其反。管理过程应更注重"理"，高明的管理应该是寓"管"于"理"之中。这就是"管"与"理"的辩证法，这就是管理的方法论，精细化管理更是如此。

4.1 思 维 方 法

4.1.1 系统架构

精细化管理是一项综合的管理方法，它涉及到工作中每一个环节，任何一个环节如果不改进，精细化管理的实施都可能受阻。只有对岗位进行严格的标准化、规范化管理，才能在每个岗位实现各种管理要素的科学组合，构建起岗位精细化管理的基础平台。通常，实施精细化管理可以分为 6 个步骤，即定目标、找环节、绘流程、定标准、定办法、建表格，其系统架构如图 4-1 所示。

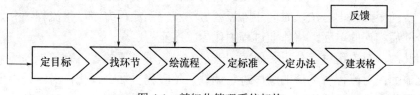

图 4-1 精细化管理系统架构

步骤一：定目标。目标分解是明确责任的前提，是使总体目标得以实现的基础。要依据需求和信息反馈，结合组织的现实状况，制定本组织的发展战略目标，包括质量方针、标志性成果等，并将总体目标在纵向、横向或时序上分解到各层次、各部门以至具体的个人，形成细化的目标体系，使组织中每个成员都了解组织的战略目标和取得的预期成果，特别是涉及组织内部下级单元的组织和个人本领域工作的目标和预期成果，要很清楚、很明白。

步骤二：找环节。根据组织的战略目标、质量方针、标志性成果，按照工作的内在规律，找出首尾相接的工作环节。

步骤三：绘流程。将任务或工作事项，沿纵向细分为若干个前后相连的工序单元，将工作过程细分为工作流程，然后进行分析、简化、改进、整合、优化。以流程化为方式，以工作流程为载体，形成工作环节与任务职责紧密衔接、相匹配的工作任务链，实行有机衔接与无缝管理。

步骤四：定标准。根据工作环节制定出本环节的工作任务，达到的质量标准要求，各级各类人员的职责要求，主要解决工作的程序是什么、工作的标准是什么、工作的重点是什么，以及相关人员在这一节点上的责任与具体行动。

步骤五：定办法。根据工作流程制定出每一个流程环节中的具体操作办法，包括工作环节、质量标准、操作办法、责任单位或责任人、监控考核内容及时间、信息采集点等要素。目的是解决谁来干、干什么、干到什么标准、谁来考核、什么时间考核、采集哪些信息等问题。

步骤六：建表格。按照工作有登记，登记要负责，责任可追溯这个要求，建立相关的考核登记表，主要用于责任的追溯、经验的总结、信息化管理。

4.1.2　流程运行

行之有效的管理必须有一个顺畅、符合管理规律的流程。流程犹如接力棒，每一个结果都以特定的形式和标准向下一个环节流转。精细化管理就是要在保证关键环节和最终质量可控的前提下，尽量减少流程中不必要的环节和步骤，保持高效的流程运转，有效融入各种资源和要素，降低成本，提高效率。

保持高效的流程运行关键在于以下三个步骤：

首先，对于那些稳定的、重复的重要过程进行规范描述。可以采用线型方法、责任矩阵流程方法、时间矩阵流程方法和空间流程方法，将流程细分为若干个前后相连的单元，将作业过程细化为工序流程。

其次，对流程进行分析、研究和改进。去除不必要的、可有可无的环节，简化流程；对流程各环节的顺序进行调整，使流程更加合理化；对流程中各环节的操作方法进行改进；改进流程的空间布局；找出流程中的关键环节，设置监控点，密切监测其运行状态，随时予以调整纠偏。

最后，设计、实施新的流程。在分析研究的基础上，设计新的流程，并通过对相关人员进行培训，制作新的工作手册、岗位说明书，贯彻实施新的流程。

4.1.3　标准把控

标准是衡量事物和行为的准则与规范。标准就是规范，标准就是高度，对于军队来说，标准就是战斗力。任何一项事业、一项工作、一种行为都有标准。对标准的把控是由传统管理方式向现代管理方式转变的重要标志，体现了严格的纪律性，克服了管理随意性、无序性和粗放性，是走向精细化管理的必然过程。它要求不断地整理标准、建立标准、执行标准、改进标准，用标准建立统一的行为准则，规范做事方法。

制定标准时，应注意几个方面：一是应尽可能的详细，这样在执行时才容易对标准进行把控；二是应根据企业自身的实际情况和条件，寻找一个合适的参照物或标杆，不宜过高也不宜过低，否则都会影响标准的执行；三是应尽可能量化，对不能量化的因素，也应尽可能定出定性的标准。

在标准制定后，应将标准以行之有效的形式，如手册、文件，固定下来。所有人员都应明确自身的责任，严格执行标准，养成完全按标准办事的习惯，将每项工作、每个环节都置于一个相对特定的标准下展开，同时还应定期对照标准进行检查和考核，并根据执行情况对标准进行修订和改进。只有这样，持续的制定和执行严格的标准，才能使精细化管理有章可循，才能将精细化管理落到实处。

4.1.4　信息管理

信息管理是为了有效地开发和利用信息资源，以现代信息技术为手段，对信息资源进行计划、组织、领导和控制的活动。信息管理的过程包括信息收集、信息传输、信息加工和信息存储。通常，信息管理是通过利用计算机技术、现代通信技术建立的各种信息管理系统(比如，企业的经营管理、资产管理、生产管理、行政管理等)而实施的。

对于企业来说，利用各种信息管理系统进行信息化管理，可以简化企业组织生产经营的方式，减少中间环节和中间管理人员，建立精良、敏捷、具有创新精神的"扁平"型组织结构，提高企业对市场的快速反应能力；可以有效地、大幅度地降低企业的费用，如设计成本、管理成本、库存成本等；缩短企业与消费者的距离，企业与供应商及客户可以建立高效、快速的联系，提高企业把握市场和消费者的能力；提高企业获取新技术、新工艺、新产品和新思想的能力，增强企业生产的柔性、敏捷性和适应性；使管理者对企业内部和外部信息的掌握更加完备、及时和准确，提高企业决策的科学性、正确性。更为关键的是，企业在信息化的过程中，不仅仅是简单地引入信息技术，而且更多的是通过与先进的管理理念、管理制度和方法相结合，更好地推行精细化管理，建立良好的管理规范和管理流程，提高企业的整体管理水平。

4.1.5　制度规范

制度是组织为有效实现目标，对组织的活动及其成员的行为进行规范、制约与协调，通常由具有稳定及强制的规定、规程、方法与标准体系构成。规范的制度具有一定的客观性、公正性和规则性，这样，管理过程中的一切活动就可以建立在比较理性的基础上，管理方式简洁明了，便于操作，使每个人员的行为都有章可循，有法可依。

制定制度时，应将工作环节控制作为精细化管理的切入点，尽力做到每一项业务、每一件事情都有目标、有落实、有监督，使每个人员都明确工作应当如何做、何时做、做到什么程度。制度一旦建立，就不能随意更改，否则制度若随人而异有所改变的话，则很难保证管理质量。因此，对制度规定的工作态度、工作流程、工作方法、工作条件等应严格贯彻执行，并将精细化管理内容纳入各职能部门及其负责人的量化管理目标中，进行综合考核，作为评价考核各部门及其负责人工作业绩的重要依据。

4.2　技　术　方　法

4.2.1　信息技术

信息技术是指在计算机和通信技术支持下用以获取、加工、存储、变换、显示和传输文字、数值、图像以及声音信息，包括提供设备和提供信息服务两大方面的方法与设备的总称。信息技术可分为硬技术(物化技术)与软技术(非物化技术)。硬技术指各种信息设备及其功能，如显微镜、电话机、通信卫星、多媒体电脑。软技术指有关信息获取与处理的各种知识、方法与技能，如语言文字技术、数据统计分析技术、规划决策技术、计算机软件技术等。

信息技术的发展改变了传统管理模式。在新型的管理模式中，信息是管理的核心，获取信息的方式是决定管理组织形式的重要因素之一。利用信息技术，如常用的办公系统、CAD 系统、ERP 系统、GPS 系统、RFID 系统、POS 系统、EDI 系统等，可以使组织内部信息传递环节减少，速度加快，实现办公自动化、设计自动化、生产自动化和销售自动化，能够对内外环境的变化做出快速反应。对于企业来说，可以将产品的开发、制造和销售全过程都置于精细的控制之下，有效节约资源，降低成本，缩短产品开发周期，为客户提供更周到的服务和高质量的产品。

4.2.2　网络技术

网络技术是指采取一定的通信协议，将分布在不同地点上的多个独立计算机系统，通过互联通道(即通信线路)连接在一起，从而实现数据和服务共享的计算机技术。网络技术是从 20 世纪 90 年代中期发展起来的，其可以构造地区性的网络、企业内部网络、局域网网络，甚至家庭网络和个人网络，实现资源的全面共享和有机协作，使人们能够透明地使用资源，并按需获取信息。

网络技术可以提供资源共享、信息传输与集中处理等服务以及综合的信息服务，如电子邮件、视频点播、联机会议等。在精细化管理过程中，充分运用网络技术进行各个环节与过程的信息传输是非常必要的，可以及时采集数据、分析数据与处理数据，并能进行各种数据的共享，以便有效地进行精细管理。

4.2.3　数理技术

数理技术是对来自社会和自然界各方面的受到随机性影响的数据，进行统计推断，从而为正确决策提供科学依据的一种数学方法。由于数理统计方法在理论上十分深奥，一般员工掌握起来比较困难，因此，世界上许多质量管理专家都在研究为广大员工能掌握的简易方法，其中，特别是日本专家，将复杂的数理统计技术用简单的方法进行描述，提出了广大员工容易掌握的新、老"QC七种工具"，对推动群众性质量管理活动发挥了重要作用。

在企业管理的各个过程中，如产品策划、市场研究、过程控制、质量保证和质量改进等阶段，都可以观察到特性的变异。采取过程监控可以对过程参数进行监测，以便发现异常及时采取纠正措施进行持续改进，确保过程在稳定以及可控的状态下运行。应用数理技术可以帮助企业对变异进行测量、描述、分析、解释和建模，从而解决问题并提高企业科学管理水平。因此，可以说，数理技术是企业推行精细化管理的重要手段。不言而喻，对其他行业领域也是如此。

4.2.4　工具技术

持续改善是精细化管理的核心思想观念之一，要实现管理持续改善必须要有技术手段的支持。模型、公式、理论、方法、模板、图形、表格、卡片等作为固化的管理解决手段——管理工具，正是支持持续改善的技术手段。管理工具一般分为战略分析工具、业务分析工具、质量控制工具、统计分析工具等。

比如，精细化管理的 ORTCC 模型。这个模型其实是一套管理系统，这套系统是由 5 个相互支撑而又相互约束的子系统构成，它们是目标系统(Objective)、规则系统(Rules)、训练系统(Training)、检查考核系统(Check)、单位文化系统(Culture)，简称为 ORTCC。这个模型是一种固化的控制和改善工作质量的系统思考方式、思考路径或者思考逻辑，简单地说，管理者只需按照模型的思考路径，按模型的 5 个要素来处理就可以实现控制和改善员工的工作质量。它的基本思路是：明确岗位目标；分解和固化工作能手的工作程序；训练其他员工；进行检查和考核；文化支撑。

再比如，PDCA 循环(戴明循环)，它把管理活动分成了计划、实施、检查、处理 4 个阶段，是一种规范管理活动实施的基本方式，包含 8 个步骤：(1)分析现状、找准问题；(2)分析具体原因；(3)找准主要原因；(4)确定思路对策、制定计划；(5)按计划组织实施；(6)检查；(7)总结成功经验；(8)把暂时无法解决的问题或新出现的问题转入下一个循环。OODA 循环是 20 世纪 70 年代由美国空军上校博伊德提出的，它把管理决策活动分成了观察、定位、决策、行动 4 个阶段，美空军把其确定为改进工作的基本途径，包括 8 个步骤：(1)认识问题；(2)分析问题；(3)确定改进目标；(4)寻找问题根源；(5)制定对策；(6)选定合适的管理工具方法；(7)评价结果和流程；(8)将成功的经验梳理升华并固化到流程中，未解决的问题进入下一个循环。DMAIC 循环，最初为推行六西格玛管理的程序方法而提出，这个循环由界定、测量、分析、改进、控制 5 个阶段构成，其实质是通过周而复始的循环，最终消灭产品缺陷，走向完美。它是一套识别流程改进幅度，提供流程改进的工具方法，并最终实现改进目标的程序方法。

又比如，图、表、卡，这三种工具是员工在工作中使用最简便、最频繁的控制和改善工作质量的管理工具。管理中常用的图有甘特图、PERT 图、鱼刺图、雷达图、波特矩阵图、柱形图、饼图、历史资料统计图、流程控制图、平均值图、柏拉图、分布图、突破瓶颈流程图、缺失模式分析图、利弊分析图、标准查分析图等。表格虽然形式简单，但使用起来却并不因为简单而功能弱小，很多时候反而功能强大，正确使用各类表格可以产生良好的质量控制和改善效果。工作卡片是持续改善实施的一个关键工具，它可以固化一些暂时还不能固化为图形、表格、公式等工具的工作要求。一个人接触某一件事情的时候，视觉上留下的印象远远要比听觉或嗅觉方面强很多。如果有一些工作要求是十分重要的，需要在工作过程中注意的，就可以将卡片放在办公桌上、口袋里、操作台上，随时提醒工作人员。

4.2.5　编码技术

编码技术就是对全部物品、环境、人员、管理事项按照分类序列逐一顺序用数码、字母、文字予以统一编号的一种管理技术，包括空间区域编码、人员编码、设备编码、材料编码和货架编码等。物品编码是人类认识事物、管理事务的一种重要手段，特别是随着计算机技术的产生和发展，物品编码作为物品管理的信息基础，其重要性更加突出。可以说，物品编码技术是智能化管理的基础，是物品从粗放式管理到精细化管理的重要基石。

对物品进行有效的、标准化的编码与标识是实现信息化的基础工作。我国现有的物品编码与标识标准种类繁多，不同领域、不同行业对物品的编码存在差异，采用的标识也各不相同。各种编码标识体系间的不兼容使得物与物的沟通存在障碍，要想对某一个物品进行全程的识别、定位、跟踪、监控和管理存在很大困难。因此，在实现物品信息化时，应尽可能地在最新的国家和军队物品编码标准体系下进行，增强系统的兼容性、可扩展性，为精细化管理的长期实施奠定基础。

4.2.6　定置技术

定置技术是研究生产现场中的人、物、场所三者之间的关系，并使之达到最佳结合状态的一种管理方法。主要是根据生产活动的目的，考虑生产活动的效率、质量等制约条件和物品自身的特殊要求(如时间、质量、数量、流程等)，划分出适当的放置场所，确定物品在场所中的放置状态，并通过将人与物品联系起来的信息媒介，实现人和物的有效结合，促进生产现场管理文明化、科学化，达到高效生产、优质生产、安全生产。

实施定置管理通常按照有利于效率、有利于质量和有利于成员的三条原则，整理现场物品，有用的物品按使用频次定置定位，即经常使用的物品放在成员最容易拿到的位置，不经常使用的物品放在次要位置，不使用的物品立即从现场清理出去。同时，建立定置管理的检查和考核制度、考核细则，并按标准进行奖罚，以实现定置长期化、制度化和标准化，使作业现场物流有序，为实施精细化管理，促进执行者养成良好的行为习惯起到推动作用。

4.2.7　视频技术

视频技术是一种综合了计算机技术、视频分析技术、图像处理技术的管理技术，可以探测、监视设防区域，实时显示、记录现场图像，并能检索和显示历史图像，具有数字化、网络化、集成化、智能化的特点。

在精细化管理中，运用视频技术可以对重点区域进行监控，将图像实时传输至控制中心，同时对一些必要的过程进行视频监控，主要对监控区域内的目标进行检测、识别、跟踪，并对目标的动作、行为进行分析，当有异常情况出现时，及时发出报警信号，提示监控人员加以关注，藉此提高精细化管理的效率。

4.3　实 施 方 法

4.3.1　明确质量要求

质量要求就是指对工作或产品需要的表述或将需要转化为一组针对实体特性的定量或定性的规定要求，以使其实现并进行考核。在 ISO 质量体系中，"质量"被理解为：一组固有特性满足明示的、通常隐含的或必须履行的需求或期望的程度。广义的讲，"质量"包括过程质量、产品质量、组织质量、体系质量及其组合的实体质量、人的质量等等。

首先，最重要的是质量要求应全面反映工作或顾客明确的和隐含的需要。其次，要求包括合同的和组织内部的要求，在不同的策划阶段可对它们进行开发、细化和更新。第三，对特性规定定量化要求包括：公称值、额定值、极限偏差和允差。第四，质量要求应使用功能性术语表述并形成文件。质量要求应把用户的要求、社会的环境保护等要求以及组织的内控指标，都以一组定量的要求来表达，作为产品或工作设计的依据，在设计过程中，不同的设计阶段又有不同的质量要求，如方案设计的质量要求，技术设计的质量要求，施工图设计的质量要求，试验的质量要求，验证的质量要求等。

因此，ISO8402 明确指出，这些要求应在不同计划编制阶段加以展开细化和修改。对于企业来说，"要求"实际上是每项质量活动的"输入"，该项活动的进行(过程)，将该"输入"转变为"输出"，并验证"输出"是否满足了"输入"的要求，在规定质量要求时，有关该产品的强制性的法规要求(如安全、卫生、环境保护等)必须加以考虑，而不管用户是否提出此项要求。这是国家出于保护社会大众以及能源等而提出的社会要求，是产品设计输入的组成部分。企业申请质量体系认证时也必须明确说明，质量体系认证所覆盖的产品范围中必须满足哪些强制性法规要求。每一个组织从领导决策层到每一个成员对质量和质量工作的认识和理解都要有强烈的质量意识，因为这对质量行为起着极其重要的影响和制约作用。

4.3.2　提出量化标准

量化标准是精细化管理的一个主要手段，一般先由管理人员对管理对象的基本要素进行分析、比较等定性判定，再根据这些判定的结论确定各项要素的数字指标，形成量化的状态。提出量化标准时一定要合理具体，即各环节的标准，经过努力后可以达到，可以转化为检查考核表。如果量化标准不合理、不具体，或许就会成为创新发展的绊脚石。过于固化的量化标准往往会扼杀创新的灵感，不正确的量化标准则会扭曲正常的工作习惯。

提出具体的量化标准时，应注意涵盖三个方面的要素：时量、数量和质量。"时量"主要是指完成工作的时间量；"数量"是指完成工作的数量；"质量"是指完成工作的标准。三者相互依存，如同三维空间中，确定一个点位置的三个坐标，缺一不可，否则在执行任务的过程中必然会有偏差，影响工作质量。同时，还应采取 SOP——"标准操作手册"的形式将所有的量化标准和方法固化下来，保证组织的整体执行水平在科学的层面下运转，将组织的执行水平从人为保证层面上升到系统保证层面，并使每一个员工逐渐养成统一、规范的行为习惯，最终形成有利于组织长期发展的精细化管理文化。

4.3.3　设计工作流程

工作流程的设计是建立在系统分析的基础上，通常采用系统一体化的方法。系统分析是为完成组织预定目标对组织所作的总体整合的分析。系统一体化方法以整个流程为对象，强调的是组织为完成预定目标所做的整体努力，局部的价值完全由它们提高整体价值的程度而定。换句话说，组织运作一体化关注的是整体最优，而不是局部最优。

工作流程设计的目的是要按尽可能低的成本、最快的速度支持业务活动，以满足组织工作或企业顾客对产品的需求。因此，设计工作流程时，应从工作需求出发，首先明确工作需求和需求模式，进而确定工作流程的主要内容和基本模式。在此基础上，具体分析某项工作开始和结束的条件、要求、标准和时间，找出与该项工作相关联的其他工作，分析该项工作与其他项工作之间的先后关系，初步确定工作流程。每项业务过程可能会形成多个工作流程，在从是否满意的角度对所有工作流程进行分析评价后，去除不可行或明显较差的方案，保留较优的流程方案。同时，在实际的应用过程中，应根据运行情况不断进行优化和改进，逐步提高管理水平。

4.3.4　制定规章细则

按照管理学观点，一项工作发生了问题，首先看制度，看有没有这方面规定，也就是有没有规定在这件事上应干什么，不应干什么。然后看流程，有没有规定在这种事情上应该怎么干，不应该怎么干。最后看个人，是否按制度办了、是否按要求做了，看执行力怎么样。这样的好处，可以使制度不断完善，流程不断优化，钻制度空子的现象就会越来越少。流程与制度是精细化管理体系中的基础性因素，是一对不可互相取代但能互相补充的重要因素，两者不可或缺。

制度是一系列被制定出来的守法规则和道德伦理规范，是对人的权利、义务和禁忌的规定。管理制度是针对流动中容易出问题的环节进行拦截。制度管理的前提是人性本恶的假设，强调必须通过规章制度来约束人。流程是合理利用资源、一项将输入转化为输出的相互关联的活动，是完成某一规则的活动步骤和顺序，是站在全系统全过程的角度，引导下一项工作如何开展。制度是针对岗位确定的，是离散的，它控制的是点而不是面。流程是针对工作环节来定的，它具有连续性和过程性。制度对流程起支撑作用，制度的作用只有通过流程才能发挥。

通俗地讲，规则=程序+标准。规章制度一般只规定原则，提出原则下的要求；而具体的、便于理解的、便于操作的、便于考核的程序和标准，则体现在工作流程和各项工作环节的规章细则之中，工作程序和工作标准是对规章制度的细化和配套。这样才能把各级岗位职责细化在具体的工作流程和各工作环节之中，以解决工作任务不明、职责交叉等问题。与此同时，还应该认识到，与精细化管理相适应的合理的规章制度与人本管理不是"两张皮"，而是一枚硬币的两面。制度与人的素质是相辅相成的，高素质的人在完备的制度环境下会养成一种自觉遵守规章制度的习惯。真正健全、完善、合乎情理并得到有效贯彻落实的规章制度，只会有利于组织的持续发展、管理的科学发展和员工的个性发展。

4.3.5 划分链接细节

划分链接细节是对需要协同配合的事情或环节进行细化，既包括构成并行工作关系部门之间的协调同步，又包括构成串行关系部门之间的无缝对接。通常，组织运行效率不高的重要原因之一，就是各工作单元之间衔接不好，造成很大的结构性效率损耗。划分链接细节一般是对各环节之间的事务、数量、质量、时间、服务方式与质量、责任人之间协调的细化，其目的就是实现各工作单元之间的有效链接，加强组织内部各单元之间的合作，保证整个系统运行的有效性。

划分的链接细节合不合理，需要把握两个要点：一是需不需要再细分，二是可不可以再细分。对于组织来说，如果对所有的任务都详尽地划分链接细节，则会产生成千上万的细节，这些细节将耗费巨大的管理成本，造成更多的链接问题。因此，只对那些核心的、重要的、关键的、易出错的环节详尽细分，忽略或简化一般的和无关紧要的细节。在此基础上，再进一步分析这些细节是否已经是不能再分或不必再分的最小环节。一个细节中体现的惯性都能反映出整个组织的文化和性格，从而决定着组织的未来走向。时针的准确度是靠分针和秒针来保证的，组织的战略也是靠环节和细节来保障的。只有重视细节，并从细节入手，才能取得好的成效。

4.3.6　严格过程执行

为了使精细化管理落到实处，必须严格过程执行，强化制度的具体落实，这也是精细化管理成败的关键所在。再好的流程、方法、制度离开执行的基础，便是一纸空文。一旦执行过程受到阻碍，或者落实遇到折扣，那么再好的理念也会半途而废，再好的决策也会中途夭折，所以，过程的严格执行是精细化管理的生命所在。

管理不善、效益不佳的组织大多并不是决策失误的问题，而是由于执行不力的问题。确保过程的严格执行是管理中最关键、也是最难的环节。严格过程的执行需要管理人员运用培训、动员、辅导、示范等多种方式，增加员工的相关知识，激发工作兴趣，改变工作态度，确保正确的工作方法，为执行工作的具体落实提供保证。同时，还需要管理人员及时跟进执行的落实情况，增加检查力度，发现执行中存在的问题和原因，并运用相应的奖惩手段纠正执行中出现的偏差问题，提高组织对过程执行的控制能力，增加过程执行的有效性和严格性，促使执行到位。

借用一个时髦的词——执行力。执行力说白了，就是实现既定目标的能力和力量，是对目标执着的追求、跟进的态度和精神意志，它由理解力、落实力和创新力构成。无数事实证明：没有执行力对企业来说就没有竞争力，对部队来说就没有战斗力。布置≠完成，执行必须严格，执行不到位是精细化管理的最大障碍。有一道数学题令人深思，90%*90%*90%*90%*90%=59%，这道数学题虽然很简单，却包含着一个深刻的道理。如果一家企业生产一种产品，需要5道生产工序，这5道生产工序中每一道工序的质量都是90%，那么5道工序下来，产品质量就是59%，也就是不合格。引申到培养人才的学校，如果学校党委提出一项决策，机关按90%执行落实，系这一级再按90%执行落实，到教研室再按90%进行落实，到干部教员中再按90%进行落实，那么最后落实到学员身上就不够60分了。也就是说，如果我们每一级都按90%这样比较高的执行力来落实学校党委指示和制度要求，到头来却无法培养出合格的学员来。这说明要得到好结果，必须控制好过程，要确保组织战略目标和规章制度的有效落实，必须使管理的各个环节上都不打折扣。"重在执行，赢在执行"是一个精细化管理的实践理念，执行力是一切事业成功的关键。

4.3.7 注重短板管理

精细化管理的一个重要思想是系统思维的观念，这个观念认为：组织精细化管理，主要从系统和细节的角度去开展。系统化的思维认为，管理体系不能少任何一个子系统的支持，整个系统的运行质量由系统中最差的子系统决定。因此，精细化管理的一个重要工作就是找到管理体系中的短板并补齐短板。短板管理是一个组织进行精细化管理、开展管理持续改善的重要内容。所谓短板，其实质就是组织在管理中存在影响工作质量的问题，短板是组织需要改进的地方。比如，企业产品结构不合理，管理制度不完善、客户忠诚度不高、员工的能力素质不高、工作时间长且效率低等。一个组织，只有认识到自身存在的短板，才能做到有针对性地加以改善。

往往一个组织会存在很多短板，但只要找到最短的短板，就抓住了问题的本质，就能让持续改善的效果愈加明显。组织要善于用有限的资源按照优先顺序或轻重缓急去解决真正需要解决的问题，而这就是要及时解决木桶中最短的板子。在短板管理中，需要注意的是：首先，一个组织整体绩效的成果取决于系统中最短的那一块。也就是说，组织对短板进行识别非常重要。其次，提高绩效的关键要素就是补齐系统中的短板。不断地找寻并提升短板，这是一个循序渐进的过程。最后，短板不是静止不动而是随时有可能发生变化的。组织的发展永远是处在一个相对动态的环境中，在解决一些问题后，或许又出现新的问题，当短板发生变化后，管理者要预知未来，并做好继续解决的新准备。

4.4 精细化管理的方法体系

精细化管理从理念到应用，可分为 4 个层次，如图 4-2 所示。管理理念、基本方法、技术工具、具体应用 4 个层次，构成了精细化管理的方法体系。

1. 理念层次

精细化管理的核心理念，是精、准、细、严，是管理层对做精做细的认识、决心、意志和态度。

2. 基本方法层次

精细化管理的方法不少，其中带有共性的、规律性的方法和范畴主要有 8 个：(1)细化——把管理工作做细的方法；(2)量化——管理工作定量化；(3)流程化——执行流程，按程序做事，才能保证工作质量；(4)标准化——有标准才能

图 4-2　精细化管理的方法体系

促进操作到位，才能检查考核；(5)精益化——精益求精，不断改进优化；(6)协同化——协同配合，才能提高整体效率；(7)经济化——经济、节约、降低成本，才能持续盈利；(8)实证化——求真务实，是科学管理的基本要求。

3.技术、工具层次

第三层次是基本方法之下的，更具体的操作技巧、技术和工具，它是基本方法的展开、延伸和具体化。

4.具体应用层次

第四层次是应用各种方法、技术、工具，解决各部门、各环节、各个具体问题，如决策工作精细化，执行过程精细化，控制纠偏精细化，还有生产管理、营销管理、后勤管理精细化等。

精细化管理不同于传统的经验型管理，它是一种以科学方法为支撑的现代管理技术，它是通过改变管理者观念、建立完善的管理体系、依靠科学方法和工具来实现工作过程质量的控制和改善，不论是精细管理的第一阶段——手册化阶段，还是第二阶段——信息化阶段，仅仅依靠经验、悟性、责任、眼光等主观因素是无法实现的，通过精细化管理实现管理持续改善必须借助管理理论、模型、工具、训练等客观要素才能实现。一句话，必须依靠现代科学理论、方法和工具进行。

第 5 章　精细化管理的应用与启示

　　今天，精细化管理的思想已为中国企业界广泛接受，成为中国企业日常管理工作的一个基本意识。不仅是企业界，各类非盈利组织如医院、院校、军队等组织也把精细化管理作为提高工作质量的一种理论，运用到工作中指导自己的工作实践，提升日常管理水平。与此同时，精细化管理也受到了各国军队的高度重视。从国内外推行精细化管理的各行各业实践效果看，实证表明精细化管理的确是一种增强工作执行力、提高工作质量与效益的科学管理模式，能真正实现从经验型到科学型、随意化到规范化、外延式到内涵式，归根结底是粗放管理到精细管理的根本转变，从而产生出巨大的经济效益和深远的社会效应。这些新动向，很值得我们去思考、去探究。

5.1　精细化管理在美国空军管理
领域的应用与启示

5.1.1　美国空军把精细化管理提升到战略高度

　　2006 年，美国国防部颁布了《持续流程改进指南》，号召各军种向军工企业和世界顶级公司、企业学习先进的管理方法。随后，美军各军种都积极行动起来，大力推行持续流程改进。《美国空军 2006—2008 战略计划》指出，"空军将利用从其他系统和部门所学的知识和专业方法，改进空军的所有管理过程。所有空军人员要对各种工作和过程进行检查，消除其中不增加价值的部分，实行精细化管理。"出于一种基于与时代发展、世界军事变革以及美国综合国力的同步需要和全方位的战略选择，美国空军在 2006 年提出了实施"21 世纪空军精细化管理"的构想。

　　这是一项系统整治工程，目的在于通过持续过程改进，使美国空军在 2015年后继续保持世界空军的霸主地位。美国空军认为"该方法已经提升到空军战略高度，成为空军完成使命任务的重要管理方法之一。"经过两年的部队试行，于 2008 年 5 月编写了《21 世纪美国空军精细化管理手册》，这是美国空军从战略高度开展持续流程改进的纲领性文件，是使流程改进标准化和制度化的重要依据。

21 世纪精细化管理是为美国空军量身定做的先进管理模式，是对精益理论、六西格玛理论、约束理论、业务流程再造理论等现代管理理论的综合应用。它着眼于作战能力提升，满足使命任务需求，建立起持续流程改进的机制，围绕空军重要的主导流程、核心流程和支持流程，制定出一套科学合理、满足需要的业务流程标准，力图将其原则、理念和方法融入空军文化中，对空军文化进行根本性的变革，消除浪费，提高组织效能，确保空军在空中、太空以及网络空间的非对称优势，切实提高空军在未来联合作战中遂行作战任务、赢得战争胜利的能力，切实提高空军"全球到达、全球力量、全球警戒"的远征作战能力，确保其在未来的战争中立于不败之地。

5.1.2　美国空军推行精细化管理的总体构想

1. 指导思想

美国空军 21 世纪精细化管理工作的指导思想是：着眼作战能力提升，满足使命任务需求，通过建立持续流程改进机制，消除浪费，提高组织效能，确保美国空军在空中、太空以及赛博空间的非对称优势。

21 世纪美国空军精细化管理的基本构想是：建立一种持续流程改进(CPI)的环境，确保全体空军人员都积极投身于消除浪费和不断提高效率的流程改进活动中。这些改进活动必须紧紧围绕空军正在履行的核心使命，尤其是要保持空军在空中、太空以及信息空间的非对称优势与作战能力；必须采用有效工具和技术来发现问题、解决问题、抓住改进的机会，并且用好最大的资源——具有创新和献身精神的空军官兵，从而确保能全面提高效率和实现持续改进。

2. 工作思路

1) 从消除浪费切入

消除浪费是美国空军推行 21 世纪精细化管理的主要内容和切入点。浪费必然导致效率低下，在美国空军的日常工作中仍然存在很多浪费现象，其中相当一部分浪费源于工作的程序和方法不合理。更为严重的是，许多错误的工作程序和方法已经明显地产生了不良效果，但是没有引起足够的重视，而是听之任之不思改进，使浪费现象随着时间的推移不断加剧，已经到了不得不解决的地步。持续流程改进能够提供多种工具和手段，帮助美国空军发现工作流程当中的制约因素，从而科学地分析问题和解决问题，有效消除浪费。有问题并不可怕，推行 21 世纪精细化管理就是为了解决问题，如果美国空军总想着把问题隐瞒起来，所有的努力最终将难免流于形式。因此，在推行 21 世纪精细化管理的过程中必须坚持免责罚原则,鼓励所有空军官兵主动指出工作中存在的浪费现象,以及各种导致工作效率低下的问题,而无需为自己的言论承担责任。

2) 围绕着要素展开

任何一个组织都是在工作系统、管理体制、观念与能力三要素的共同支撑下运转起来的,如图 5-1 所示。推行 21 世纪精细化管理,开展持续流程改进也将围绕这三个要素展开,而不是只针对其中某一项进行改进。

图 5-1　支撑组织运行的三要素

工作系统是指能够为组织创造价值的所有活动的总和,以及支持这些活动展开的工具与流程、运行机制等共同构成的满足工作系统需要的软环境;管理体制是指为确保工作系统正常运行而采取的系统的组织制度;观念与能力主要是指个体或集体分析问题的思维方式,以及解决问题的能力。

3) 力求的预期效果

美国空军希望通过推行 21 世纪精细化管理,要达到以下效果:

(1) 改进美国空军整体的工作成效;

(2) 缩短决策响应时间;

(3) 提高作战和保障资源的使用可用度;

(4) 维持业务工作的安全性与可靠性;

(5) 节约能源。

3. 总体要求

为了保证空军 21 世纪精细化管理工作顺利实施并且达到预期效果,美国空军提出三点要求:一是空军全员参与,二是始终坚定不移地贯彻落实精细化管理的原则、理念和方法,三是对每个阶段的工作都要进行评估。

首先,美国空军要求全体空军官兵都应当投身到持续流程改进工作中去,主动消除工作当中的浪费现象,想方设法提高工作效率。其许多工作、内容和程序与以前相比都发生了很大变化，但工作思路和方法还是老一套，缺乏应有的改进，工作水准不高。为此，美国空军以推行 21 世纪精细化管理为契机，要求全体空军官兵都必须改变那种"我们过去一直这样做，现在还可以这样做"的陈旧观念，用追求卓越的精神去探索开展工作的最佳方法。

其次，虽然美国空军有很多单位已经开始了精细化管理方面的改革，也总结出了好的经验做法，但美军清醒地认识到要实现 21 世纪精细化管理工作的总目标，还有很长的路要走，容不得丝毫的懈怠和轻慢，要慎之又慎。为此，美国空军要求把持续流程改进真正"持续"下去，把精细化管理的原则、理念和方法贯彻落实到今后的各项工作当中去，其最终目标是将精细化管理的原则、理念和方法融进美国空军的各项工作，将其根植于美国空军的文化中。

最后，美国空军还要对 21 世纪精细化管理工作每个阶段的成效进行评估，根据评估结果拟定下一阶段工作的重点，以确保 21 世纪精细化管理工作的方向与美国空军的战略目标相一致。

5.1.3 美国空军推行精细化管理的实施步骤与方法

1. 总体规划

美国空军将实施 21 世纪精细化管理分为三个阶段,各阶段的主要工作内容如表 5-1 所示。

表 5-1 美国空军 21 世纪精细化管理实施计划表

第一阶段起步	第二阶段深化	第三阶段提高
形成决心 提出愿景 理顺管理关系 任务优先级排序/确定目标 初始培训与制定标杆 选择能够在短时间内取得明显改进的工作领域进行试点	形成持续流程改进能力 扩大到所有重要领域 目标/评价标准的调整 资源重整制度化 工作绩效持续得到改进	持续流程改进得到足够重视 工作团队进行自主管理 融入美国空军文化 与美国战略伙伴共享持续流程改进工作的经验和成果 运用更多更先进的持续流程改进工具
1~3 年	2~5 年	4~7 年

第一阶段：起步阶段(1~3 年)

起步阶段的工作主要包括：

(1) 组织美国空军高级领导开展相关理论学习，形成实施 21 世纪精细化管理的决心；在试点和全面推广的过程中，通过考察、调研等活动，加深对 21 世纪精细化管理的理解。

(2) 美国空军各级流程负责人(美国空军重要流程负责人、联队级流程负责人、大队/中队级流程负责人)要学会使用"价值流图"和"未来状态图"来细化、规范和分析各自负责的工作流程,了解流程对应的工作内容、方式方法,以及与其他工作流程的关系。

(3) 各级分管领导应制定出相应级别的21世纪精细化管理规划,在与美国空军总目标保持一致的前提下,根据本单位具体情况作出适当调整。

(4) 各级分管领导应当在指挥权限范围内合理调配使用资源,听取专业人员的意见,统筹安排21世纪精细化管理工作的实施。

(5) 选择能够在短时间内得到明显改进的工作领域先行试点,以便迅速取得成果,增强美国空军高级领导推行21世纪精细化管理的决心。

(6) 对试点工作进行评价,总结经验教训,在空军范围内展开交流。

(7) 试点单位分管领导应直接对人、财、物等资源进行重新配置,以保证试点工作成效。

(8) 编制培训计划,确保到第二阶段前空军全体人员都能得到必要的理论培训。对新加入人员的培训应着重放在强化精细化管理意识上。

(9) 当空军各级流程负责人对持续流程改进有了足够的认识之后,可进入第二阶段。同时要注意对预期目标、评价标准以及组织行为等进行充分的论证和分析。

第二阶段:深化阶段(2～5年)

深化阶段的工作主要包括:

(1) 建立持续流程改进机制,为21世纪精细化管理工作的全面推开提供制度保证;对培训和试点工作进行总结梳理,提出全面实施21世纪精细化管理工作的方法和模式,用制度的形式固化下来。

(2) 将持续流程改进推开到所有重要的工作领域,包括重要的跨机构/跨部门工作流程,组建工作团队具体执行流程改进工作。

(3) 在全美国空军范围内开展学习工作标准的活动,使全体美国空军人员认识并理解各自在21世纪精细化管理工作当中的责任与义务,重新调整工作目标。

(4) 加大资源整合力度,向美国空军或一级司令部主导的流程改进项目上倾斜。

(5) 全面提升美国空军的组织效能,并进行评价。

(6) 当美国空军各级流程负责人确认达到第二阶段预期目标之后,可进入第三阶段。

第三阶段:提高阶段(4～7年)

提高阶段的主要工作包括：

(1) 取得为美国空军高级领导认可的改进成果，健全持续流程改进机制，实现 21 世纪精细化管理工作的总目标。

(2) 将持续流程改进融入到各项日常工作中去，由工作团队实施自主管理。

(3) 与 21 世纪精细化管理相关的美国空军文化建设取得显著成效，精细化管理的原则、理念和方法被美国空军全体人员普遍接受，成为开展日常工作的重要依据。

(4) 对持续流程改进工作进行全面总结和梳理，与其他军兵种或盟国军队共享美国空军的工作经验和成果。

(5) 运用更多、更先进的管理工具深入挖掘 21 世纪精细化管理的潜力，如自动错误检测和错误消除技术、增强预测和处理问题能力的技术、先进的可变性分析和削减技术等。

2．组织领导

为了将 21 世纪精细化管理融入到部队日常指挥与控制链的各个环节中，美国空军成立了由空军副参谋长、重要流程负责人、一级司令部副司令以及相关部门领导共同组成的流程委员会，作为推行 21 世纪精细化管理的领导机构，其组织结构如图 5-2 所示。

美国空军副参谋长担任流程委员会主席，职责是审批所有持续流程改进项目的实施计划，依据"端到端价值流"确定工作展开的顺序，并确保 21 世纪精细化管理工作的发展方向与美国空军使命任务相一致。

重要流程负责人在流程军官、流程团队领导的协助下开展工作，组织领导指定的重要流程改进工作。

一级司令部副司令负责领导下属部门的持续流程改进工作。一级司令部是美国空军推行 21 世纪精细化管理的重点单位，21 世纪精细化管理的大部分阶段目标与规划都是根据一级司令部的需求提出的。为便于将美国空军的指示精神与一级司令部和联队的实际情况结合起来，保持工作的连续性和一致性，在一级司令部和联队增设精细化管理指挥官办公室或副指挥官办公室。

美国空军空军部专设精细化管理部长负责 21 世纪精细化管理工作的组织协调，以及精细化管理方法和工具的选择或修改，可直接向空军部长汇报工作。

3．成果共享和交流

在 21 世纪精细化管理工作推进过程中，美国空军将建立起实时、快捷的信息沟通机制，加深各级领导对 21 世纪精细化管理工作的认识与理解，同时也便于对广大官兵开展教育，使每个人都能把握自己在这项重大工作当中的角色定位。为此，美军制定了专门的"战略沟通计划"。

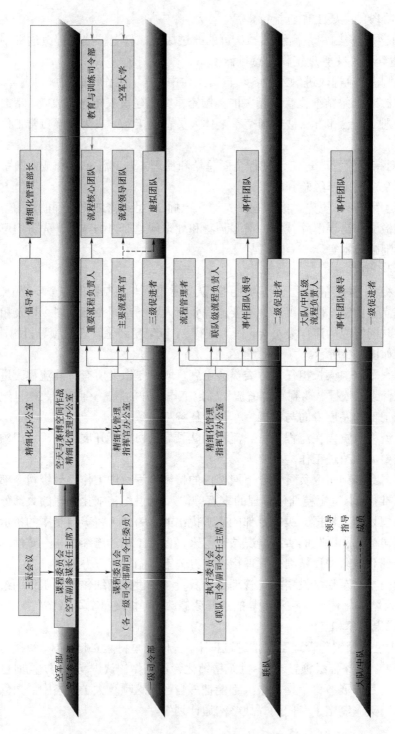

图 5-2 美国空军 21 世纪精细化管理组织结构及人员关系

68

"战略沟通计划"综合运用多种信息技术，建立用于美国空军人员、机构、单位之间信息传递、经验交流的通道和平台，有助于各级各类流程团队的持续流程改进工作顺利取得预期效果。美军还应用知识管理系统，将持续流程改进的工作成果制作成标准格式的参考材料，方便有需要的流程团队共享这些成果。除此之外，美军还建立了具有虚拟社区功能的空军信息数据库，各级流程负责人和一级司令部可充分利用该数据库对美国空军实施21世纪精细化管理的方式方法等策略性问题深入展开研讨。虚拟社区欢迎所有能够登录的人员对这些问题进行广泛交流。

美国空军还计划将国防部"持续流程改进/精益六西格玛(CPI/LSS)高级指导委员会(SSG)"作为外部指导机构，共享国防部主导的持续流程改进工作成果。空军持续改进工作的进展情况，将由高级指导委员会中来自国防部长办公室参谋办和其他相关机构的代表委员，负责向国防部长报告。精细化管理部长代表空军在"持续流程改进/精益六西格玛高级指导委员会"中行使职责。

4．培训和教育计划

美军还计划在全空军范围内，围绕21世纪精细化管理的核心理念开展规范化的培训。培训的基本要求有：

(1) 参与21世纪精细化管理的重要工作人员必须进行岗前培训并取得认证。

(2) 所有培训必须使用21世纪精细化管理的标准教材，负责培训的人员必须得到空军批准。

(3) 参与21世纪精细化管理的普通工作人员无需取得认证，但必须接受沟通策略培训和岗前培训。

5.1.4　美国空军精细化管理对我们的启示

一是不断寻求变革是美国空军保持绝对军事优势的一贯做法。启示我们必须开阔视野、坚定自我变革的决心和信心。冷战结束后，特别是进入新世纪以来，美国空军持续推进变革，始终是军事理论研究的"领跑者"、军事变革的"先行者"，先后开展了以信息化为核心的新军事变革、以军事力量结构调整为重点的军事转型、以构建新军事力量体系为目标的"网络中心战"建设等，正在推进的精细化管理也是这些变革的组成部分。目前，我空军全力推进战略转型建设，这是党、国家和军队赋予我们这一代空军人的光荣历史使命，我们必须开阔视野、放眼未来，坚定不移地持续推进、自我变革，实现空军历史性的跨越。

二是紧紧围绕人、组织和工作模式的持续改进是美国空军精细化管理的核心。启示我们必须更加坚定地推进以思想观念、能力素质、模式机制为主要内容的改革活动。美国空军开展的精细化管理，突出了人在组织中的重要作用，明确各级机构的职责，强调领导的带头示范作用，赋予每个官兵改进自己工作流程的权利和义务，充分挖掘个人和团队的潜能，始终以人、组织及工作模式优化改进为重点，通过教育训练、认证考核、信息管理、流程再造等一系列行动，实现了思想观念和能力素质的转变，组织结构与工作模式的优化。经过探索实践，我空军正全力推进加快转变战斗力生成模式建设，紧紧围绕打得赢、不变质、能打仗、打胜仗，借鉴美国空军精细化管理，紧紧围绕人、组织和工作模式持续改进的做法，我们必须更加坚定地把思想观念、能力素质、模式机制的改革创新持续滚动地向前推进。

三是注重科学设计是美国空军精细化管理落到实处的有效保证。启示我们必须紧紧围绕能打仗、打胜仗的目标，应用科学理论和方法，逐步优化顶层设计、完善内容程序。为确保精细化管理落到实处，美国空军精心进行规划设计，提出了精细化管理构想，明确了过程改进目标，建立了考核指标体系，构建了持续改进系统框架，并采用一系列科学的理论、方法和工具，形成了顶层要求与细节措施相结合、变革内容与具体程序相结合、先进理念与科学方法相结合、定性分析与量化考核相结合的改进方案，促进粗放型管理向精细化管理转变。我空军航空装备保障是一项复杂的、庞大的系统工程，要求我们在推进航空装备保障精细化管理进程中，要根据使命任务拓展的需要不断优化顶层设计，要联系过程改进实际不断细化内容程序，要区分不同层次、不同部门、不同专业探索开展各具特色的精细化管理活动，要应用科学的理论和方法解决精细化管理中的重难点问题。

四是始终瞄准效率效益最优化是美空军精细化管理的不懈追求。启示我们必须牢固树立效率效益理念，坚持一切精细化管理活动向提升战斗力聚焦用力。美国空军精细化管理，十分鲜明地将消除人与组织的"浪费行为"，以及提高工作效率和资源利用效益作为持续改进的聚焦点，紧紧围绕效率效益的不断提高，倡导节约、改变习惯、规范行为，充分挖掘人的潜能；理顺关系、再造流程、形成标准，创新组织的运作模式；优化需求、精确保障，实现资源的合理配置。目前，空军转型建设要求我们在推进航空装备精细化管理过程中，必须牢固树立效率效益理念，坚持用优秀的能力素质创造效率效益，用科学的模式机制提升效率效益，把一切精细化管理活动聚焦到战斗力的提升上。

五是美空军推行航空装备维修保障精细化管理的做法值得学习借鉴。美空军在推行 21 世纪精细化管理过程中，运用了大量的理论、工具和方法，主要有六西格玛管理理论、精益理论、约束理论和流程管理理论等，并把 OODA 循环作为美空军推行精细化管理的基本途径。同时，他们还对人员的培训十分重视，通过制定完备的教育训练计划，针对不同层次、不同专业、不同类型人员需要，将教育训练分为及时训练、精英训练和执行训练等类型，并划分为三个等级，充分利用军事院校和地方职业教育资源，对精细化管理专业教员依靠军事院校实行专业培训，其他人员则依靠信息化网络开展职业培训。

5.2　精细化管理在企业生产领域的应用与启示

放眼世界，国内外众多知名企业均采用了精细化管理的手段，使企业能够在日益激烈的国际竞争中不断发展壮大，因此，有必要对国内外推行精细化管理的典型企业进行研究，以借鉴其成功之处，为我所用。

5.2.1　国外企业推行精细化管理的应用典型

1. 沃尔玛

沃尔玛是目前世界零售业的龙头老大和成功典范，也是全球最大的跨国公司。在 27 个国家拥有 10700 多家分店以及遍布 10 个国家的电子商务网站，全球员工总数超过 200 万名，品牌价值达到 413.65 亿美元(2010 年)，2013 年的销售金额达到 4660 亿美元。

沃尔玛由 1962 年成立的一家小型折扣商店发展成为如今世界上最大的国际企业，仅仅用了五十多年的时间。很多人将沃尔玛的成功归于"天天低价的核心竞争力"。其实，低价和规模只不过是成功的表象，其背后强大的精细化管理能力才是它的核心竞争力。沃尔玛利用先进的信息技术，通过精细的战略规划和操作计划、精细的操作流程、精细的流程控制，实现了对采购、供应商、物流配送、顾客服务整个体系的精细化管理，能够将顾客需要的正确产品(Right Product)，在正确的时间(Right Time)内，以正确的数量(Right Quantity)、正确的质量(Right Quality)和正确的状态(Right Status)送到正确的地点(Right Place)，即"6R"，并使总成本最小，从而在全球的零售企业中迅速脱颖而出，成为消费者的最佳选择，最终成为全球第一的国际企业。

为了降低采购成本，沃尔玛建立了全球化的及时采购系统。利用这一系统进行的采购不再依靠个人判断，而是依赖于基于全过程管理的能够体现集体智慧的全球采购计划。当某一采购人员面对供应商推荐的新商品种类时，首先要根据既定的商品组合计划、目标消费群体偏好，确认和判断其是否适合本企业经营；其次，如果适合，必须对新品种进行功能定位，分析引进该品种商品在价格、销售、物流等方面对现有品种产生的正、负面影响，并确定可行的新品引进和滞销品淘汰处理方案；第三，确定新品种商品的采购条件、采购时间、价格、渠道、促销等。只要各节点控制得当，每一类商品就会凸现出各自合理的功能角色，从而导致合适的销量、合适的库存与比较客观的利润。

为了与供应商实现共赢，沃尔玛与供应商建立了双向的信息交流系统，分享宝贵的商业信息。沃尔玛在销售商品时，销售信息不仅流向沃尔玛总部，而且还流向供应商。这样供应商就能够实时了解沃尔玛的销售数据和存货数量以及顾客对商品的需求、建议等信息。据此，供应商可以及时地进行补货，对产品进行改进，保证产品的销量。对沃尔玛来说，供应商也会向其透露产品的成本和生产信息，保证产品的稳定供应。在这一点上，沃尔玛与宝洁的合作可以称为一个典范。1988年两家公司首先建立了联合补货系统。宝洁公司能够迅速了解沃尔玛物流中心内其商品的销售量、库存量和价格等数据，这样就可以及时制定符合市场需求的生产和研发计划。除此之外宝洁公司也能对沃尔玛的库存进行单品管理，防止畅销商品断货或者滞销商品库存过多。而沃尔玛也可以从繁重的物流程序中解放出来，让宝洁管理自己的库存。同时由于简化了许多不必要的程序，也使管理成本大大降低。

沃尔玛打破了传统零售行业的存销方式，实行"过站式"物流管理，即"统一定货、统一分配、统一运送"。沃尔玛的自营车队在配送时，均受到沃尔玛物流调度中心的指挥，利用全球定位系统，调度中心会知道车辆现在在什么位置，离商店还有多远，还有多长时间才能到达商店。同时借助计算机系统合理安排车辆的配送路线和班次，使货物能够快速地进行配送，也使得各分店在保持较少的库存时能够正常经营，节省了大量的存储空间和存货成本。通过精细化的物流管理，相对于其他同行业公司平均两周补货一次的情况，沃尔玛却能做到一周补货两次，极大地加快了商品的流动。

与此同时，沃尔玛还积极探索将信息技术应用到精细化管理中。沃尔玛最早使用了计算机跟踪存货(1969年)、条形码(1980年)、EDI(1985年)、无线扫描枪(1988年)。1987年，沃尔玛甚至购买了一颗通信卫星，建立起了公司专用的卫星通信系统，这也是全球最大的私人通信系统。通过先进的通信系统，公司大大节省了总部和分支机构的沟通费用，加快了决策传达以及信息反馈的速度，提高了整个公司的运作效率。依靠先进的信息管理，任何一件商品的销售都会经过计算机系统的分析，当库存减少到一定量的时候，系统会自动发出信号，提醒商店及时向总部要求进货，总部安排货源后会送往离商店最近的一个发货中心，再由发货中心的系统安排发送时间和路线，在商店发出订单后36小时内所需货品就会出现在货架上。通过先进的信息系统，公司还可随时了解任何一个地区、任何一家商场的营业情况数据，知道哪里需要什么商品，哪些商品畅销，从哪里进货成本最低，哪些商品利润贡献最大等等。就这样，沃尔玛与消费者保持了密切的联系，战胜了零售市场其他强大的对手，并且始终保持着领先优势，取得了巨大成功。

沃尔玛几十年来之所以能蒸蒸日上，而且不断扩张，其成功的秘密就在于它注重细节，从细节中取胜。这就是这个世界 500 强前几名企业留给世界各行各业的根本启示。

2. 丰田汽车公司

"车到山前必有路，有路必有丰田车"，这是开放的中国第一幅外企广告。这幅创意非凡，几乎为大江南北的人都熟知的广告，将中国的民间俗语和丰田公司的品牌珠联璧合融为一体，使丰田汽车在华夏大地家喻户晓，人人皆知，而它的隐台词也在向世人炫耀着丰田汽车公司驰骋天下的强劲实力。丰田之所以能够在第二次世界大战后迅速崛起，从小到大，从弱到强一步步发展起来成为世界第一大汽车生产商，靠的就是精细化管理，因此，有必要对日本丰田汽车公司管理模式进行研究。

1) 基本思想：杜绝浪费

丰田生产方式是生产产品的合理的方法，这里所说的合理，是意味着它对整个公司产生效益这个最终目的来说是行之有效的方法。

为了实现这个最终目的，丰田生产方式将降低成本作为基本的第一位的目标。降低成本的目标，换句话说，也可以称之为提高生产率的目标。为了实现这个基本目标，应该彻底消除生产中的浪费现象(过剩的库存和过剩的人员等)。

这里所说的成本的概念是非常广泛的。如果从本质上说，它指的是为了实现利润应从销售额中扣除过去、现在、将来的所有的现金支出。通常所说的"原值"就是成本。所以，丰田生产方式中所说的成本，不仅仅是制造成本，而且还包括销售费用、一般管理费用以及财务费用。

丰田生产方式，主要着眼于消除浪费降低成本。制造现场中的浪费，首先第一个层次是过剩的生产要素的存在。例如：过多的人员；过剩的设备；过剩的库存。这是第一层次的浪费。人员也好，设备也好，材料也好，产品也好，若是超过必要的限度，只能会提高成本。过多的人员，会发生不必要的劳务费；过剩的设备，会发生不必要的折旧费；过剩的库存，会发生不必要的利息支出。下面，按图 5-3 对此加以说明。

由于这些浪费的缘故，进而会产生第二层次的浪费，特别是在工序中人员过多的情况下，每个生产循环中本来就经常或多或少出现空闲时间(等待时间)，而为了避免等待就生产出了多余的产品。这里就产生了第二层次的浪费——"制

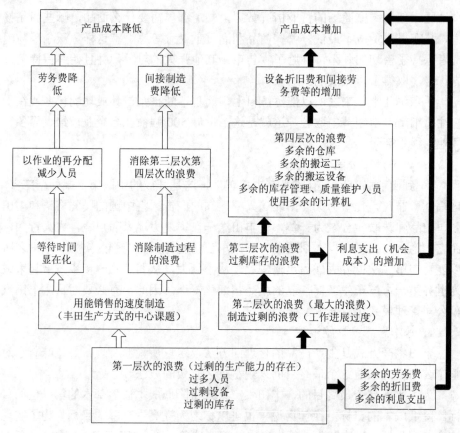

图 5-3　消除浪费降低成本的过程

造过剩的浪费"。在丰田公司，制造过剩的浪费，在几种浪费当中被视为最大的浪费。

所谓"制造过剩的浪费"，就是制造现场的作业进展过度。在本来必须等待的时间里，做了"多余"的工作。结果在生产线后面和中间堆积了多余的库存。

于是，紧接着出现了第三层次的浪费——"过剩的库存的浪费"。如果发生搬运、重新摆放这些库存的作业(实际上是搬运的浪费)的话，"制造过剩的浪费"就会越发难以发现。实际上，正是因为存在产品过剩，反过来才需要过多的人员。

过剩的库存，又引发了第四层次的浪费：

(1) 如果库存在现场容纳不下，就要建设仓库。

(2) 雇用将库存运到仓库的搬运工(搬运的浪费)。

(3) 给搬运工每人买一台叉车。

(4) 为了防止产品在库房锈蚀和管理库存，就必须增加人员。

(5) 需要清除锈蚀和修复损伤产品的人员。

(6) 为了随时掌握多种库存的数量，管理部门需要相当数量的工时。

(7) 需要用计算机管理库存的人员。

所有这些第一层次、第二层次、第三层以及第四层次的浪费，都会增加直接材料费、直接劳务费、间接劳务费、折旧费等间接经费、一般管理费，从而增大成本。

于是，削减第一层次浪费——过剩的人员是最重要的。因此，首先要解决让作业人员的"等待时间"变得不管是谁的眼睛都能清楚地看到的问题，图5-4就形象地说明了如何解决人员过剩的问题。

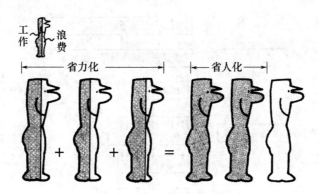

图 5-4　从省力化到省人化

如果过剩的人的资源的浪费作为等待的浪费能清楚地显现出来的话，此后作业的重新调配、减少冗员就成为可能。这就意味着削减劳务费用，进而降低第二层次、第三层次、第四层次的浪费产生的追加成本。

2) 基本做法：变革模式

正如以上各阶段所看到的那样，抑制制造过剩是极其重要的。因此全部工序和销售产品的速度同步地制造产品，成了丰田生产方式作为生产管理专门知识的中心课题。这门专门知识就是丰田生产模式的变革：

(1) 数量管理、质量保证和尊重人格。虽然降低成本是丰田生产方式的重要的基本目标，但是为了实现这个基本目标，还必须同时实现另外三个次要目标。这三个次要目标如下：

① 能够适应数量、种类两方面每天及每月需求变化的数量管理。

② 各工序只向后工序供应合格品的质量保证。

③ 为了实现降低成本的目标，在利用人力资源的范围内，必须同时增强对人格的尊重。

这里应该强调的一点是这三个次要目标是不能各自独立存在的，而且，各个次要目标如果不能影响其他次要目标以及降低成本的主要目标的话，也是不可能实现的。次要目标不实现，主要目标就不能实现；主要目标不实现，次要目标也不能实现，这就是丰田生产方式的特殊性质。这些目标都是该生产方式的产物。

也就是说，丰田生产方式把提高生产效率（降低成本)作为最终目的和指导性的概念抓住不放，并着眼于各项目标的实现。

在详细研究丰田生产方式的内容之前，首先按顺序浏览一下这一生产方式，见图 5-5。在这幅图中，描绘了丰田生产方式的产物和效果(成本、数量、质量、人格)，同时也描绘了它的条件和构成要素。

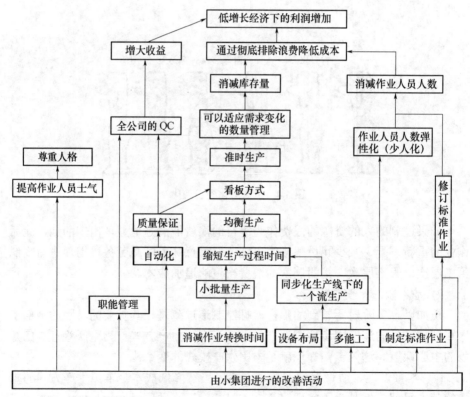

图 5-5　丰田生产方式的体系(成本、数量、质量、人格与其各种手段的关系)

(2) 准时生产。就是将必需的产品，仅按必需的数量，在必需的时候进行生产的想法。举例来说，意味着在生产汽车组装零部件的工序，所需要的前工序的局部组装件(单元零部件)，要在必需的时候，仅按必需的数量到达该生产线。如果准时生产在全公司得以实现，其当然的结果就完全消除了工厂里多余的库存，储藏所和仓库就完全没有必要了。仓储管理费减少了，资金周转率也提高了。

但是，如果只依靠同时向所有的工序提出生产计划的集中计划手段(押入方式)，在制造像汽车这样由数千零部件组成的产品的所有工序中实现准时生产是非常困难的。所以，在丰田生产方式中，从相反的方向观察生产流程就很必要了。换句话说，就是该工序的人按照必需的数量，在必需的时候到前工序去领取所必需的零部件。接着，前工序为了补充被取走的零部件，只生产被取走的那部分就可以了。这种方式被称为"拉动方式"。

在这种方式中，哪种零部件、多大的数量是必需的，都写在被称为看板的悬挂着的卡片上。看板由后工序送到前工序的作业人员那里。结果，就将一个工厂内的众多工序互相联系起来。由于这种工厂内部各工序之间的联系，仅按所必需的数量生产各种各样的产品，更合理的生产管理就成为可能。看板方式由以下前提条件支撑：

① 生产的均衡化。

② 作业转换时间的缩短。

③ 设备布局的筹划。

④ 作业的标准化。

⑤ 自动化。

⑥ 改善活动。

(3) 自动化。就是把防止在设备和生产线上大量产生不合格品的手段安装到机械装置上。"自动化"绝不是单纯的自动化，而是在各工序中自动地控制异常情况的装置。在丰田公司，称之为"带人字旁的自动化"，常常省略地称为"自动化"。所谓"带人字旁的自动设备"，是装有自动停车装置的设备。在丰田公司的工厂，几乎所有的设备都装有这样的自动装置。所谓"防止错误操作方式"，就是通过在工具和器具上安装各种各样的控制装置，防止产生不合格品的机制之一，可用图5-6加以形象说明。

这个"自动化"的思路通过人工作业推广到生产线上，具有与所谓"带有反馈功能的自动化"不同的特征。如果某条生产线上出现什么异常情况的话，作业人员就按下停止按钮使生产线停下来。丰田生产方式中的指示灯牌就起着这样进行自动控制的重要作用，是丰田公司所谓"目视管理"的具有代表性的例子。

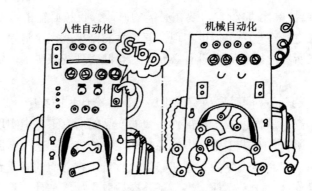

图5-6 人性自动化与机械自动化

这也就是，让各工序出现的故障一眼就可以发现的被称为"指示灯牌"的"生产线停止表示板"，吊挂在厂房的天棚下，任何人都能看得到。作业人员为了调整作业迟缓请求帮助的时候，这个指示灯牌的黄灯点亮。为了修理设备故障，如果有必要停止生产线时，红灯点亮。

(4) 看板方式。就是圆滑地管理各工序生产量的信息系统。看板通常采用装入长方形塑料袋里的卡片的形式。看板，主要有两种类型被使用，即领取看板和生产指示看板。一方面，领取看板指示后工序应该领取的物品的种类和数量。另一方面，与此相对应的生产指示看板，指示前工序应该生产的物品和它的数量。"看板"的作用及其使用规则如表5-2所示。

表5-2 "看板"作用及使用规则

作用	使用规则
1.取货指令或运货指令	后一道工序按照"看板"到前一道工序去领产品
2.生产指令	前一道工序根据"看板"的种类和数量生产
3.防止过量生产和过量运送	没有"看板"时不运送不制造
4.说明必需作业的事项	"看板"一定挂在作业的相关事物上
5.防止生产次品	必须生产百分之百的合格品
6.指出问题、管理库存	逐步减少"看板"的数量

员工工作时主要是通过看板传递信息。这些卡片，在丰田公司的工厂内部以及丰田公司和它的大多数协作企业之间纵横传递。这样一来，看板就能够为了实现准时生产传递有关领取量和生产量的信息了。

现在假设某条装配线正在生产 A、B、C 三种产品。生产这些产品需要的零件是 a 和 b，这些零件在作为前工序的机械加工生产线生产(参看图5-7)。

78

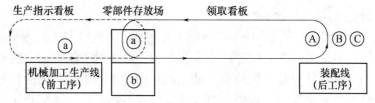

图 5-7　两种看板的流向

在机械加工生产线生产的零件 a、b 存放在该生产线的背后，挂着该生产线的生产指示看板。

制造产品 A 的装配线的搬运工为了领取必需的零件 a，带着空零件箱和领取看板来到机械加工生产线跟前。然后，在零件存放场取出与领取看板相同数量的 a 零件，并摘下挂在这些零件箱上的生产指示看板。接着，把这些零件箱与领取看板一起带回自己的装配线。

这时，生产指示看板已放到机械加工生产线零部件存放场的文件夹中，这表示着被领走的零件 a 的数量。这些看板起着向机械加工生产线传递信息的作用。这样，接着就可以按看板指示的数量生产零件 a 了。

在这条机械加工生产线，实际上虽然零件 a 和 b 被领走了，但是说到底这些零件是按照生产指示看板的指示生产的。

接下来让我们研究一下关于利用看板对生产进行微小调整的做法。假定某一发动机制造工序，在刚才讲过的由"押入方式"进行的基本生产计划之下，每天必须生产 100 台发动机。后工序(最终装配线)按照领取看板，每一个批次需要 5 台发动机。这样一来，如果每天领取 20 次的话，正好相当于每天生产 100 台发动机。

在这样的基本生产计划之下，假如作为基本生产计划的微小调整，有必要把全工序生产缩减 10% 的话，最终工序每天领取发动机的次数必须改为 18 次。因为发动机制造工序一天只生产 90 台就可以了。所以生产剩下的 10 台所需要的生产时间，就把生产线停下来终止作业。

另一方面，如果与此相反，生产量必须增加 10% 的话，最终装配线必须使用看板每天领取 22 次发动机。于是，前工序就必须生产 110 台发动机，所追加的 10 台的生产用加班弥补。

丰田生产方式中有这样的生产管理哲学：由于把所有的人力资源、机械设备和材料都视为完美的东西，物品如何过剩或者没有不必要的库存也可以进行生产，但是还仍然残存着生产必要数量变化的危险。这种危险，理应通过各个工序的加班和改善活动来处理。

丰田生产方式对我们的启示如下：

(1) 所有针对航空维修保障开展的工作都要面向现代战争对保障能力的需求，就如同丰田所做的一切都以需求为牵引一样。对于没有需求的地方进行改进，不是改进的设想成为泡影，就是改进的效果达不到投入的预期目的。"需求是发明之母"，可以说，怎样才能发现现场所存在的需求，是大力推动整个航空装备维修保障行业改进工作的关键。需求是等不来的，必须每时每刻主动去抓。有时把自己逼到走投无路的境地，这时才能发现什么是真正的需求。

(2) 使每个人都发挥最大的作用。航空维修保障是一项复杂的系统的工程，仅就外场机务放飞保障来说，需要多人协作共同完成。为了有效应对体制编制调整和人员精简带来的挑战，必须重新梳理整个放飞保障涉及到的工作环节和流程，为每个人重新制定放飞时的工作职责，以达到用最少的人力完成最多的工作。

(3) 算好经济账。航空装备维修保障涉及到航材、军械、四站、机务等多个部门，需要的产品包括油、气、弹、各种仪器，众多产品应保持多大的库存量、需要时如何运输，每次外场保障需要出动多少辆各种车辆，这些都关系到经济成本，我们国家还不富裕，投入的军费有限，我们一定要把有效的经费用到急需的地方，尽可能地减少工作中的各种浪费。

(4) 丰田的精益生产其核心是低成本、零缺陷和持续改进。现在丰田创造的看板管理、现场 5S 管理等指导着世界许多国家工业企业的生产管理，为世界企业管理水平的提升打下了坚实的理论与实践基础，尤其是 5S 管理更是基本上成了现场管理的代名词。实践证明，丰田的精益生产在帮助企业杜绝浪费的同时，也最大限度地提升了企业的生产效率。

5.2.2　我国企业实施精细化管理的代表案例

面对日趋激烈的市场竞争，我国很多企业都实行了精细化管理，如中国电信、海尔、伊利牛奶、青岛港、万科、德胜等，其中尤以海尔为典型代表。

海尔从 1984 年开始实行精细化管理，发展至今，已成为全球销量最大的家用电器品牌。其发展过程可以分为三个阶段：第一阶段——全面质量管理(1984年—1991 年)时期，主要是照搬西方管理理论和方法，强化企业管理和产品质量意识，将海尔做成了全国名牌，培育和形成了海尔做家电的核心能力；第二阶段——OEC(日清管理法)管理(1992 年—1998 年)时期，借鉴西方管理思想，结合中国人性特点和海尔实际情况进行管理创新，提出了 OEC 管理方法，强调日事日毕，日清日高，实现了海尔核心竞争力的规模经济；第三阶段——以市场链为纽带的业务流程再造(1999年至今)时期，在OEC基础上进行的又一次管理创新，将市场利益调节机制引入企业内部，对原来的业务流程进行重新设计，突破"大企业病"的瓶颈，全面提升了海尔的国际竞争力。

海尔从一个资不抵债、濒临倒闭的小企业一跃而成为世界500强企业，不仅为国家、民族争了光，更为我们进行现代化管理积累了丰富的经验。OEC管理法，即Overall(全方位)、Every(每人、每天、每件事)、Control＆Clear(控制和清理)，也叫"日日清"管理法，即全方位地对每人、每日所做的每件事进行控制和清理，做到"日事日毕、日清日高"，今天的工作今天必须完成，今天的效果应该比昨天有提高，明天的目标要比今天的目标高。具体来说，就是企业每天的事都有人管，做到控制不漏项；所有的人均有管理、控制的内容，并依据工作标准对各自的控制项目，按规定的计划执行，每日把实施结果与预定的计划指标进行对照检查、总结、纠偏，达到对事物全系统、全过程、全方位的控制、事事控制的目的，确保事物向预定的目标发展，实现：总账不漏项、事事有人管、人人都管事、管事凭效果、管人凭考核。

1. 海尔集团的 OEC 基本框架

海尔的OEC管理法由三个基本框架——目标系统、日清控制系统和有效激励机制组成，是海尔生存的基础，并成为海尔企业集团对外扩张、推行统一管理的基本模式，也是海尔走向世界的最好发展资本。

1) 目标系统

目标体现了企业发展的方向和要达到的目的。目标提出的高度必须依据市场竞争的需要，低于竞争对手就毫无意义。海尔刚开始生产冰箱时，确定争中国第一的目标，1988年夺得了冰箱行业第一块金牌。随后又确定创国际名牌的目标，从出口策略上坚持先难后易，先进入发达国家，形成高屋建瓴之势，再进入发展中国家。目前，海尔产品已出口100多个国家和地区。

目标的实施首先是将总目标运用目标管理的方法，分解为各部门的子目标，再由子目标分解为每个员工的具体目标值，从而使全公司总目标落实到具体的责任人身上。在日清日高管理法中，目标的建立有以下几个重要特征：

(1) 指标具体，可以度量。如在质量管理上，海尔把156个工序的545项责任进行价值量化并汇编成小册子，小到一个门把螺钉上不好都有明确规定。

(2) 目标分解时坚持责任到人的原则。各项工作都按标准进行分解，明确规定主管人、责任者、配合者、审核者、工作程序、见证材料、工作频次，从而做到企业内的每件事都有专人负责，使目标考核有据可循。海尔对每一台冰箱的156道工序，从第一道工序开始即规定不准出二等品。

(3) 做到管理不漏项。企业中的每件物品(大到一台设备，小到一块玻璃)

都规定具体的责任人，并在每件实物旁边明显标示出来，保证物物有人管理。不但车间、办公室的玻璃，就连材料库的 1964 块玻璃，每块玻璃上也均标有责任人。

这样一个目标系统就保证企业内所有工作、任何一件事情、任何一样物品，都处于有序的管理控制状态。企业内的所有人员，上至总经理下到普通工作人员，都十分清楚自己每天应该干什么、干多少、按什么标准干、要获得什么样的结果，从而保证了企业各项工作的目的性和有效性，减少了浪费与损失。

2) 日清控制系统

日清系统是目标系统得以实现的支持系统。海尔在实践中建立起一个每人、每天对自己所从事的每件事进行清理、检查的"日日清"控制系统。它包括两个方面：一是"日事日毕"。即对当天发生的各种问题(异常现象)，在当天弄清原因，分清责任，及时采取措施进行处理，防止问题积累，保证目标得以实现。如工人使用的"3E"卡，就是用来记录每个人每天对每件事的日清过程和结果。二是"日清日高"。即对工作中的薄弱环节不断改善、不断提高。要求职工"坚持每天提高 1%"、70 天工作水平就可以提高一倍。

"日清"控制在具体操作上有两种方式：一是全体员工的自我日清；二是职能管理部门(人员)按规定的管理程序，定时(或不定时)地对自己所承担的管理职能和管理对象进行现场巡回检查，也是对员工自我日清的现场复审。组织体系的"日清"控制，可以分为生产作业现场(车间)和职能管理部门的"日清"两条主线。两者结合就形成了一纵、一横交错的"日日清"控制网络体系。无论是组织日清还是个人自我日清，都必须按日清管理程序和日清表进行清理，并将清理结果每天记入日清管理台账。

日清体系的最关键环节是复审。没有复审，工作只布置不检查，便不可能形成闭环，也不可能达到预期效果。所以在日清中重点抓管理层的一级级复审。复审中发现问题，随时纠偏。在现场设立"日清栏"，要求管理人员每 2 小时巡检一次，将发现的问题及处理措施填在"日清栏"上。如果连续发现不了问题，就必须提高目标值。

3) 有效激励机制

激励机制是日清控制系统正常运转的保证条件。海尔在激励政策上坚持的原则：一是公开、公平、公正。通过"3E"卡，每天公布职工每个人的收入，不搞模糊工资，使员工心理上感到相对公平。二是要有合理的计算依据，如海尔实行的计点工资，从 12 个方面对每个岗位进行了半年多的测评，并且根据工艺等条件的变化不断调整。所谓"计点工资"，是将一线职工工资的 100% 与奖金捆在一起，按点数分配，在此基础上，又进一步在一、二、三线对每个岗位实行量化考核，从而使劳动与报酬直接挂钩，报酬与质量直接挂钩，多劳多得。

在激励的方法上，海尔更多地采用及时激励的方式。如在质量管理上利用质量责任价值券，员工们人手一本质量手册，手册中整理汇编了企业以往生产过程中出现的所有问题，并针对每一个缺陷，明确规定了自检、互检、专检三个环节应负的责任价值及每个缺陷应扣多少钱，质检员检查发现缺陷后，当场撕价值券，由责任人签收；操作工互检发现的缺陷经质检员确认后，当场予以奖励，同时对漏检的操作工和质检员进行罚款。质量价值券分红、黄两种，红券用于奖励，黄券用于处罚。

2. 海尔集团 OEC 的形式与内容

在上面的框架之下，设立"三本账"和"三个表"。

"三本账"是指公司管理工作总账、分厂和职能处室的管理工作分类账以及员工个人的管理工作明细账。

管理工作总账即公司年度方针目标展开实施对策表，它按工作的目标值、先进目标、现状及难点实施对策、完成期限、责任部门、工作标准、见证材料和审核办法的统一格式，将全公司的产量、质量经济效益、生产率管理、市场产品和发展作为重点进行详细分析和分解，由总经理签发执行，按规定的标准和审核周期进行考核奖惩。

管理工作分类账，即各部门、分厂年度方针目标展开实施对策表。它采用与公司相同的格式，按工作分工和总账中确定的主要责任进行分析和分解，由部门负责人或分厂厂长签发执行。对职能部门，按其职能确定重点工作并分解到人。如质量部门，按质量体系、质量管理、现场管理、新产品和内部日清等方面进行分解和控制。对分厂则按产量、质量、物耗、设备计量、现场管理、安全和管理等 7 个方面进行分解和控制。

管理工作明细，即工作控制日清台账，其格式为项目、标准和指标(分先进水平、上期水平、本期目标)价值比率、责任人、每天的完成情况、见证性材料、考核结果、实得总额和考核人。此账按天进行动态控制，每天将控制的情况填入，以达到有效控制和纠偏的目的。

"三个表"指日清栏、3E 卡和现场管理日清表。

日清栏由两部分组成：一部分是在每个生产作业现场设立的一级大表，将该作业现场的质量、工艺纪律、设备、材料物耗、生产计划、文明生产和劳动纪律等方面的实际情况每 2 小时由职能巡检人员登记填写一次，公布于众。另一部分是职能人员对上述七方面进行巡检时做的记录和每天的日清栏考评意见，它将每天日清栏的全部情况进行汇总和评价，存档备查。

3E 卡，指"3E 日清工作记录卡"。"3E"为每天、每人、每个方面三个英文单词的开头字母。3E 卡将每个员工每天工作的七个要素(产量、质量、物耗、工艺操作、安全、文明生产、劳动纪律)量化为价值，每天由员工自我清理计算日薪并填写记账、检查确认，车间主任及职能管理员抽查，月底汇总现计件工资。其计算公式为：岗位工资=点数×点值×产量+各种奖罚。这使每个人每天的工作有了一个明确定量的结果，体现了数据说话的公正性和权威性，保证了各项工作的有序进行。

管理员日清表，由各级管理人员在班后进行清理时填写，主要对例行管理的受控状况进行清理和分析，找出存在问题的原因、整改措施和责任人，不断提高受控率。

"日日清"的内容分为区域(生产作业现场)日清和职能日清。

区域日清主要包括七项内容，即：

(1) 质量日清。主要对当天的质量指标完成情况、生产中出现的不良品及原因分析与责任人，所得红、黄质量价值券等情况进行清理。

(2) 工艺日清。主要以当天的首件检验结果与其他工件(产品)指标参数的对比情况、工艺纪律执行率情况进行清理。

(3) 设备日清。主要对设备的例行保养、设备完好状况和利用率及责任人等情况进行清理。

(4) 物耗日清。主要对材料用超部分按质量、设备、原材料、能源、人员素质等方面的原因与责任进行分类清理。

(5) 生产计划日清。主要对生产进度及影响原因、实际产量、欠产数量、解决措施与结果、责任等情况进行清理。

(6) 文明生产日清。主要对分管区域的定量管理、卫生、安全及责任进行清理。

(7) 劳动纪律日清。主要是对劳动纪律执行情况进行清理。

上述七项日清内容，是在各职能人员控制的基础上，由区域上的员工进行清理，并把清理情况及结果填入"3E"卡。区域日清所要解决的主要问题是：各生产作业现场七项内容的受控状况；发生问题的原因及责任分析；员工当天工资收入测算。

职能日清，是各职能部门对本部门的职责执行情况进行的日清。它含两部分：

一是生产作业现场，按"5W3H1S"九个因素进行控制性清理，对发现的问题及时填入相应的区域的"日清栏"。"5W3H1S"是：

(1) WHAT：何项工作发生了何问题。

(2) WHERE：问题发生在何地。

(3) WHEN：问题发生在何时。

(4) WHO：问题的责任者。

(5) WHY：发生问题的原因。

(6) HOW MANY：同类问题有多少。

(7) HOW MUCH COST：造成多大损失。

(8) HOW：如何解决。

(9) SAFETY：有无安全注意事项。

二是各职能部门的工作人员，按自己分工区域、分管职能的受控情况、问题原因的查找及整改措施的制定情况进行分类清理，填入个人的"日清工作记录表"。职能日清所要解决的主要问题是：找出问题的原因及改进措施；分析责任；变例外因素为例行因素；测算职能人员的工资类别。

3. 海尔集团 OEC 的运行程序

"日日清"的运行分三段九步。

第一段，包含三个步骤：

(1) 召开班前会。明确当天的目标及要求。

(2) 按目标和标准工作。生产系统按七项日清要求进行生产，职能系统针对七项日清，按"5W3H1S"的要求，从事瞬间控制。

(3) 填写日清栏。由车间主管、职能巡检员每 2 小时公布一次巡视中发现的问题及处理意见。

第二段，即班后清理，分五步，按组织体系进行纵向清理：

(4) 自清。所有岗位的员工对当天的工作按日清的要求逐项清理，生产岗位填写"3E"卡交班组长，管理岗位填写日清工作记录交科(处)长。

(5) 考核。由班组长根据一天对每人各方面情况的掌握进行考核确认，然后报车间主任。

(6) 审核。由车间主任根据当天对各班组的掌握，复核各班组的"3E"卡，确认后返回班组。填写"日清工作记录"报分厂厂长。

(7) 分厂厂长审核各车间的"日清工作记录"。登记分厂日清台账，并将每天分厂的运行情况汇总报公司经理助理。同时各职能部门负责人审核所属人员"日清工作记录"，并将当天职能分管工作出现的问题、解决的措施、遗留的问题、拟采取的办法汇总报公司副总经理。

(8) 公司副总经理复审后签署意见和建议，反馈各管理者，并汇总报总经理。

第三段，为整改建制：

(9) 由各职能部门会同有关部门、岗位根据"日清"中反映出的问题进行分类分析，在提出解决措施的基础上，制定和完善相应的管理制度，提高薄弱环节的目标水平，并作为下一循环的依据。

4. 海尔集团 OEC 的效果

从海尔集团下属各公司的实践看，OEC 的效果体现在四个方面：

1) 提高管理精细化程度

搞企业离不开管理，企业管理的内容大致相同，但在管理的程度上却有很大的差别。OEC 方法以追求工作的零缺陷、高灵敏度为目标，把管理问题控制、解决在最短时间、最小范围，使经济损失降到最低，逐步实现了管理的精细化。它消除了企业管理的所有死角，并将过去每月对结果的管理变为每日的检查和分析，对瞬间状态的控制，使人、事、时、空、物等因素不断优化，为生产提供了优质保障，不良品率、材料消耗大幅度下降，管理达到了及时、全面、有效的状况。

2) 提高流程控制力

主要表现在三个方面：一是自控能力普遍提高，所有员工都以追求工作缺陷和经济损失最低、收益水平最高为目标，苦练基本功，提高技术技能，在努力消灭不良品的同时，自我把关，绝不让不良品流入下道工序。二是互控能力普遍提高。通过实行质量奖惩价值券，各道工序之间的质量互检工作得到了加强。三是专控能力得到加强。在各生产环节上，各职能部门的巡检人员定时巡查，进行瞬间纠偏，使各环节始终处于有效控制之中。通过"日日清工作法"，海尔的各项管理工作实现了由事后把关向全过程控制的转变，受控率从岗位看达到了 100%。从时间上看，由过去的 50% 达到了 98% 以上。

3) 完善企业激励机制

实行"日日清工作法"，使海尔形成了对不同层次、不同侧面均有激励作用的激励机制。在分配上，推行了计点到位，计效联酬的全额计点工资；在用人上，实行"优秀工、合格工、试用工三工并存，动态转换"，对人员的使用，全部实行公开招聘，公开竞争，择优聘用。在这样的机制下，海尔有许多有理想、有作为的青年脱颖而出，二十多岁的处长、分厂厂长随处可见。在考核上，对员工按日进行七项日清考核，对干部按事挂钩，对单位按年度总兑现。在奖励上，对个人设有海尔奖(设金、银、铜奖)、希望奖(分一等、二等、三等)、合理化建议奖；对集体设有合格班组、信得过班组、免检班组、自主管理班组等集体荣誉奖。这极大地调动了全体员工奋发向上、追求卓越的积极性。

4) 培育高素质员工队伍

这是"日日清工作法"取得最大效果，也是"日日清"工作得以全面落实的基础。"日日清工作法"通过每天进行的整理、整顿、清扫和清理，使全体员工养成了良好的工作习惯和令行禁止的工作作风，一支高素质的队伍迅速成长。

5．海尔精细化管理对我们的启示

(1) 勇于革新。海尔每前进一步都是以理念的更新为先导，海尔能够创造从无到有、从小到大、从弱到强的发展奇迹，就是因为张瑞敏素质的提高比海尔的发展更快，否则，要么企业不发展，要么张瑞敏被企业淘汰，所以他说做企业"如履薄冰、如临深渊"。比如海尔抓质量管理，海尔从创业初期就开始抓质量管理，当时海尔提出一个价值观：有缺陷的产品就是废品，现在看来这已没什么意义，但当时没有人能提出这样的价值观，因为当时是供不应求的时代，所有的产品都要排队来购买，何必还要把质量做到极致呢，所以就没有人想到这一点，但海尔当时想到了，因为海尔要做世界一流的产品就必须保证产品质量，砸冰箱就是为了支持这个价值观，结果到 1988 年海尔获得了中国冰箱史上第一块金牌。

(2) 以人为本。坚持一切从人出发，以调动和激发人的积极性和创造性为基本手段，以达到提高效率和人的不断发展为根本目的的观念，海尔不是仅仅把人看成是生产力的首要因素，还在于把人的个体价值实现作为管理的目的，从而纳入管理追求的最高目标；海尔承认组织中不同层次的人享有平等的发展权利，以尊重人为组织的核心价值观，在海尔推行"人人是人才，赛马不相马"的人才机制，每个人都有实现自己才华的空间；海尔以满足人的需求为管理重点，把员工看作是组织最重要的财富，而不是利润的抢夺者，要求管理者和员工之间必须建立起良好的关系，使组织不仅取得短期内的发展和进步，还要保持可持续的发展和进步，不是以减少员工的利益来节省一时的资金，而是和员工共同分享利润，以此来调动员工更大的积极性，从而创造更多的财富；海尔根据情感的可塑性、倾向性和稳定性等特征进行感情投资，使组织管理充满人情味，从而满足员工的社会心理需要，认真倾听员工意见，对每一位员工都真诚相待信而不疑，使员工真正地感觉到自己是重要的。

(3) 自主管理。一是共同目标管理，它既不同于"控制管理"，也不像"温和"的 X 理论通常会发生的那样放弃管理、降低标准。相反，它是领导者把组织的目标有效地传达给员工，员工认同组织的目标并为此承担责任。这样做，有利于实现管理工作的科学化、系统化、标准化和制度化；有利于把各项管理活动统一协调起来；有利于把以工作为中心和以人为中心的管理方法结合在一起，使员工了解工作的意义，对工作产生责任感，从而实现"自我控制"，提高管理效率。二是参与管理，随着科技发展和组织现代化水平的提高，越来越需要各级管理人员和全体员工参与管理，因为电子计算机的使用和自动化程度的提高不仅没有削弱人的因素的作用，反而增强了人的因素的作用。特别是一些技术性很强的工作，离开了人的积极性是根本无法做好的。海尔管理的成功，关键是聚集了员工的创造力，激励员工和管理者一道参与组织的决策与管理。三是人才开发管理。为了更进一步提高员工的工作能力，组织要根据发展的需要，有针对性地进行人力资源开发工作，包括岗位技能培训和专业学习等。领导者要为员工提供职业保障和发展机会，善于把组织目标和个人利益有效结合，从而使员工关心组织的利益与发展。四是构建命运共同体。在以私有制为主的社会里，管理阶层与劳工阶层是对立的。在社会主义社会，领导者与被领导者在根本利益上是一致的。使干部职工感觉到他既在为企业工作，也在为自己工作。

(4) 文化管理。企业文化是一种力量，它具有凝聚力、向心力、导向力、激励力、约束力、纽带力的功能。所有成功的企业都有非常灿烂的企业文化，企业文化就是企业精神，就是企业灵魂，企业灵魂永远不衰则企业生命力永远旺盛。海尔经过20多年的市场磨炼，随着海尔的发展壮大，在实践中逐渐形成了一个统一企业员工思想、意志、行为，符合本企业特点，广大员工认同的海尔企业文化。形成了不断创新的海尔价值观和"创造资源，美誉全球"的海尔精神；锤炼出"人单合一，速决速胜"的海尔作风；形成了"公平竞争，人尽其才，积极向上"的文化氛围；树立了"工作创最佳，创新无止境，服务重信誉，真诚到永远"的海尔形象。

(5) 与时俱进。从管理方法、手段来看，随着现代科学技术在企业管理中的广泛采用，新的管理方法层出不穷。在生产管理方面，生产流程的电脑化管理，不仅大大加速了生产速度，而且整个工艺流程实现了柔性生产；在物流方面，在信息技术迅速发展的今天，企业与企业之间的竞争已经发展为供应链之间的竞争，谁的供应链响应速度快，谁的供应链总成本最低，谁就能在竞争中立于不败之地；在营销方面，由于网络技术、电子商务技术的应用，完全改变了传统的营销方式。海尔的发展与其说是产品更新换代的竞争，不如说是新管理方法、手段的竞争。

(6) 流程再造。以市场链为纽带的业务流程再造以市场链为切入点，将企业内部上下流程、上下工序和岗位之间的业务关系由原来的行政机制转变成平等的买卖关系、服务关系和契约关系，通过这些关系把外部市场订单转变成一系列内部市场订单，形成以"订单"为驱动力、上下工序和岗位之间相互咬合、自行调节运行的业务链，同时对原来的业务流程做重新思考和彻底的重新设计，将原来被各种职能部门割裂的、不易看见也难于管理的破碎性流程改变为首尾相接的、完整连贯的整合性业务流程，使每一个业务流程都有直接服务的顾客，每一流程都具有高度的决策自主权，每一个业务流程的经营效果都可以用货币计量，最大限度地激发了员工的创新能力，最大限度地共享了企业的公共资源，提高了整个企业的活力和水平。

通过多年坚持不懈地推行精细化管理，海尔已由当年亏损 147 万元的街道小厂，发展成为当今集科研、生产、贸易及金融各领域于一体的国际化企业，正在成长为行业的引领者和规则的制定者。2012 年，海尔大型家用电器品牌零售量占全球市场 8.6%，四次蝉联全球第一，全球营业额 1631 亿元，品牌价值达到 962.8 亿元，在全球 17 个国家拥有 8 万多名员工，用户遍布世界 100 多个国家和地区。海尔在中国、亚洲、美洲、欧洲、澳洲拥有全球五大研发中心，截至 2011 年，海尔专利累计申请量达到 11315 项，其中发明专利 3666 项，参与 23 项国际标准的制定，其中无粉洗涤技术、防电墙技术等七项国际标准已经发布实施，主导和参与了 283 项国家标准的编制、修订，其中 267 项已经发布，参与制定行业及其他标准 447 项。

从"日事日毕、日清日高"的 OEC 管理模式到建立"市场链"，进行业务流程再造，海尔已经从学习借鉴国外先进管理方法的阶段发展到进行自己创新管理的阶段，走在了国际管理界的前沿。海尔探索实施的"OEC"管理、"市场链"管理等发展模式引起了国际管理界的高度关注。目前，已有美国哈佛大学、南加州大学、法国的欧洲管理学院、日本神户大学等商学院专门对此进行案例研究。特别是颇具权威的瑞士洛桑国际管理学院为海尔做的市场链案例已被纳入欧盟案例。

5.2.3 我国民航实施精细化管理的具体实践

随着民航业的快速发展，截至 2011 年底，我国民航飞机数量达到 1732 架，根据民航局的规划，2015 年飞机数量将达到 2890 架。但与此同时，各航空公司竞争能力不强、管理效益低下等问题则十分突出，导致了航空公司运行成本居高不下，背负着沉重的成本负担。通常，飞机的维修成本占航空公司总成本的 10%～20%，而维修费用则达到购机费用的 2/3，可以说，航空维修既是确保航空公司安全准点运营的重要因素，也是确保航空公司运营成本效益的重要因素，因此，提高维修管理水平、降低维修成本是改善航空公司运行效益的关键部分。

随着政府对航空维修行业的重视和支持，我国维修企业得到了快速发展，截至 2011 年底，国内的维修单位共有 384 家。维修行业的整体维修能力基本覆盖中国整体维修市场的需求，主要维修单位在满足国内维修市场需求的同时，还承担一定量的国外航空器维修工作，随着设施、产能的不断改善，客户的数

量也在不断增长，主流维修企业在世界 MRO(Maintenance，Repair and Overhaul)
整体行业中享有一定的知名度。但相对国外的一些维修企业以及竞争越来越严
峻的维修业来讲，国内维修企业的修理能力和管理能力仍比较落后。目前国内
航空公司发动机的整机翻修工作三分之二以上需要送国外完成(即使在国内执
行翻修工作的，其核心部件仍然大量送到国外完成)，七成以上(按件号数统计)
的部附件国内维修单位不具备修理能力；同时，维修企业普遍存在规模小、设
备落后且不完善、技术水平不高、技术创新能力弱、作坊式管理和经营等问题。

面对这种形势，北京飞机维修工程有限公司(Ameco)借鉴德国汉莎技术公
司精益管理的做法和经验，2007 年 12 月正式启动了精益管理项目，成为中国
民航业第一个进行精益管理的 MRO 企业。

Ameco 是中国民航合资最早、规模最大的民用飞机综合维修企业，目前拥
有员工 4000 余人，自身已经拥有了一系列的规章制度、生产流程和质量管理体
系，但这些制度对于生产管理来说仍然需要进一步的优化、细化、标准化、可
视化。Ameco 利用 6S 管理、流程再造等现代管理理论，从对主生产流程进行
分析入手，开始推行公司的精益管理项目。通过分析，发现工时浪费是其中最
为突出的问题之一。据统计，工时浪费比例平均在 30%左右，主要原因是机械
员这些能产生高生产价值的工作人员，由于各种原因而不得不利用部分工时去
完成低生产价值的工作，从而导致了工时的浪费，直接影响着维修周期和运营
成本。针对这种情况，Ameco 提出将减少工作等待时间作为实施精益管理的突
破口。对选取的试点项目重新梳理了流程，并提出"回归不同岗位的岗位价值"
的口号，引进快速反应团队的建设，使生产环节中反映出的问题有专门负责人
来解决，从而减轻一线生产人员的工作压力，减少工时浪费，提高生产效率，
降低工时成本。

截至 2009 年，Ameco 实行的 38 个精益改善项目中 36 个成功完成并且取
得了阶段性改善成果：能够考核周期的项目平均周期缩短了 44.39%，能够考核
工时利用率的项目工时利用率平均提高了 47.5%，能够考核收入的项目总直接
收入增加了 1566 万多元，能够考核成本的项目总成本节约了近 527 万元，能够
考核工时的项目总工时节省了 64606 小时。鉴于精益管理取得的显著成效，2010
年 3 月，Ameco 成立了精益学院，以期持续不断地为公司内部培养精益人才，
同时将精益管理的思想扩大到精益物流、精益行政和精益文化上。

随后，从 2009 年起，国航、东航、南航等公司也都开始推行精益管理，并
取得了明显的效果，特别是国航工程技术分公司把精益管理思想与航空维修的
特点有机结合，形成了具有"航空特色"的精益管理模式，用全成本核算的工
作思路，为公司提供新的企业经营管理思路。随着精益管理的不断推行，6S 管

理、流程再造、精益六西格玛、班组精细化管理等精益管理理念开始被整个航空维修行业所接受。在推行精益管理的过程中，逐步提高了民航的飞机维修管控水平，增强了提高产能的能力，提升了整个维修行业的维修能力、管理能力和竞争能力，并带来了巨大的经济收益。

综合起来看，民航在系统构建航空维修保障精细化管理模式上，维修部门是以航空维修保障工作的技术要求和适航法规为标准，依照精益管理的原则，对存在浪费的环节进行改进，建立符合精益思想的航空维修保障管理流程系统；民航在合理运用精细化管理理论、工具和方法上，维修保障部门以精益思想为指导，以团队思考方式，画出流程的价值流图，分析价值流中断的地方，利用头脑风暴等方法对现有流程中非精益的环节进行分析，并针对等待、寻找、不必要的移动等三种主要浪费，采取包括配备专用工具箱、改进缺陷处理流程、改善现场布局、优化工序安排、改善工具配置等针对性措施予以消除；民航在维修质量管理的精细化管理上，重点关注提高维修质量安全管理水平，主要的做法有：一是建立质量保证体系。通过建立完整的工作流程体系，保证每一个部门和每一个人的工作都符合航空维修保障工作质量保证的要求，并通过工作手册将这一流程体系固定下来。二是采用先进的质量管理工具。他们将六西格玛管理引入航空维修保障工作，找到了影响航空维修保障的关键因素，从而有效提升了航空维修保障工作的针对性。三是针对航空维修保障现场复杂、工作协调困难、过程质量要求高等特点，积极运用目视管理、看板管理、现场布局优化等技术提升现场管理水平。

分析民航航空维修保障精细化管理的特点，主要体现在：一是突出价值流分析的作用。从价值流分析入手，以消除流动障碍，盘活维修保障资源、理顺维修工作程序，提升流动效率。二是突出精确的量化分析。关注各种数据分析方法，强调以数据为依据进行精准的分析和判断，对维修工时、维修人数、工期等进行精确的量化分析。三是坚持系统协调推进，将精细化管理渗透到工作系统、管理体制、思想观念与能力提升各个领域中，而非只局限在某一领域进行改进。

5.3　精细化管理在院校教育领域的应用与启示

5.3.1　通过建立科学的目标计划体系,把院校的办学理念转化为可操作的管理行为

院校教学质量的提高归根结底取决于管理，而管理的优势则是通过管理的精细化来体现的。如果教学管理的每一个步骤都精心，每一个环节都精细，相信我们所做的每一项工作的成果也一定都是精品，我们获得的每一个评价也一

定都是精彩的评价。实施精细化教学管理，对于提升教学管理队伍的执行力、落实力，提高院校人才培养质量，有着深远和现实的战略意义。

院校的核心功能是保证和不断改进对学生及其相关消费者的服务。院校根据发展方向、学生发展和未来社会对人才素质的需求、国家教育方针与法令法规的要求，确定院校的办学理念，具体包括办学宗旨、办学方针、育人目标、办学特色、发展目标、管理机制等内容。在此基础上，建立科学的目标计划体系，将办学理念转化为可操作的管理行为，将远期发展规划转化为各阶段的具体目标。

目标计划体系将学校近期、中期、长期发展规划，分解转化为院校各学年的目标任务。据此院校制定学期工作计划，各部门根据院校工作计划制定部门工作计划，直到具体岗位与个人。各层面的目标具体全面，定性与定量相结合。工作计划分层制定，分层审批，分层管理。总目标指导分目标，分目标保证总目标，构成一个全面的目标计划体系，并围绕目标的实现展开一系列的管理活动。

建立科学的目标计划体系是院校进行精细化管理的前提，在建立目标计划的过程中，必须遵循以下原则：

(1) 系统性。院校教育是一个涉及因素众多的系统工程，从横向看，包括教学、科研、教务、后勤等；从纵向看，包括大学、学院、系、教研室、学员队等；从培养层次看，包括本科、研究生等不同层次；从人员类别看，包括管理人员、教师、学生等。在制定目标计划时，必须把院校教育涉及的所有因素都考虑进去，使院校教育的每个方面、每类人员都有相应的目标，从而可以有效避免在后期管理中的责任推卸、互相扯皮现象。

(2) 重点性。院校教育涉及因素众多，在制定目标时，必然有轻重缓急之分，不能眉毛胡子一把抓，不分主次，不分重点。对于空军地面院校来说，要始终以战争发展趋势为牵引，突出信息化条件下维修保障人才的培养，其他各项工作的开展均要紧紧围绕该项工作而展开。

(3) 分解性。从院校教育总目标出发，逐级对目标进行分解，直至分解到最底层为止，在完成目标分解后，要理清完成目标存在的困难、所需做的工作、所需的条件等。

科学合理的目标计划体系，可对管理行为起到良好的指导作用，往往使管理行为能达到事半功倍的效果，而良好的管理行为则会对目标的实现起到积极的促进作用。相反，如果目标计划制定不科学、不合理，则会导致管理陷入没有头绪、相互矛盾的境地。

在办学理念的指导下，制定好目标计划体系后，要将目标的实现细化为具体的管理行为，其过程如图 5-8 所示。

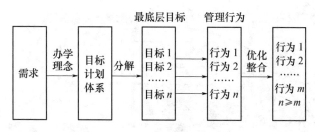

图 5-8　目标转化为管理行为的过程

从图中可以看出，每一个底层目标的实现，均对应着一个具体的管理行为，众多的管理行为必然会有交叉重叠之处，因此，需要对管理行为进行优化整合，使管理行为成为一个体系。

5.3.2　通过建立和谐的教学管保机制，把院校的教学过程设计为教学员的互动行为

以德国教育家赫尔巴特(19 世纪)为代表的传统教育观念认为，教师在教育过程中处于"中心"地位，它强调教师的作用，即教师处于"教人"的地位，它主张教师把认识客体经过加工后"喂"给学生，而学生只是被动地接受教师传输的知识。这种观念漠视学生自我表现、主动求知的特点，不利于学生个性的培养，容易造成教学两分离，学习积极性低下的不良后果。

现代教育观念认为：教学是教师和学生共同参与的双向交流过程，具有明显的互动效应。互动教学是指以系统科学(即系统论、控制论、信息论)为指导，运用辩证的方法把整个教学过程置于系统的形式中加以考察，从系统的整体与部分、部分与部分、内部与外部环境之间的相互关系中综合地研究对象，使教学诸要素合理配置、相互联系、相互制约、相互作用、多元互动、良性运行，从而促使教学过程的最优化和教学质量的提高。

我国两千多年前的《礼记·学记》中就提到了"教学相长"这一说法，可谓互动式教学的起源。师生教学互动指在教学过程中充分发挥教师和学生双方的主观能动性，形成师生之间相互对话、相互讨论、相互观摩、相互交流和相互促进的一种教学方法。在师生互动教学的过程中，教师是主导，学生是主体，任何一方的作用都不能忽视。

师生互动教学机制就是严格遵循教学规律和教学原则，以学生"学"为中心，以教师"教"为指引，以教学诸要素在教学实践中发挥的作用为驱动。它的良性运行要求各教学要素在教学过程中"各司其职"、相互制约、多元互动，其运行方式见图 5-9。

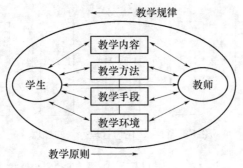

图 5-9　互动式教学运行方式

　　师生互动教学机制中，学生和教师是执行者，也是关键要素，师生之间要发扬民主、加强交流，在教学过程中可能会出现许多意想不到的情况，如何面对和处理各种情况，就要求教师和学生不断提高自身素质。教师首先要热爱教育事业，对学生和教学具有高度的责任心，要有良好的专业知识功底和相关知识的积累，要投入大量的时间和精力设计、组织教学，要具备良好的组织能力和民主意识，能够恰当地激发学生的学习兴趣、创造民主的学习氛围，鼓励学生善于思考、善于提问、善于表达。同时，学生要树立主体意识，改变传统教学和应试教育造成的从属心态，积极参与教学活动，主动与教师沟通，形成良好的学习和思维习惯，逐步提高独立思考、分析问题和判断问题的能力，培养自信心和创新意识，探索适合自己的学习方法和自我表现方式。

　　教学方式的改变，绝不能仅仅依靠改变教师、学生的思路去进行，而是要靠与之相配套的教、学、管、保的科学机制来实现。

　　1．建立教学质量保障机制

　　以军队院校为例，根据 ISO9001 标准制定教学质量方针，建立教学质量自我评价和监控系统。制定完善《教员工作规范》、《教员授课质量评估办法》、《实训教学管理办法》和《教员教学违纪与教学管理事故处理办法》等相关制度。建立部队、院校、学员三方参与的监控与评价机制，跟踪毕业生分配后的信息，对教学过程质量要素的关键环节进行全程监控。每学期对教学过程按开学、期中和期末三个阶段进行教学检查，包括教学计划、授课计划、教案、课件、授课日志、实训记录、设备的利用率、安全等方面的实施情况等，对教学过程进行全方位的检查和考核。

　　2．推行教学运行督导制

　　成立由工作认真负责、教学水平高、业务能力强且具有副高以上职称教员组成的"教学督导小组"，由学校颁发聘书、任期 2 年，可连选连任。督导负责对教员课堂教学、实训实验、课程设计、毕业设计等教学环节进行现场听课评教，及时总结和反馈，对存在的问题提出整改意见。

3．实行教学质量学员评教制

教员教学质量的高低，不仅要学校认可、专家认可、同行认可，还要得到学员的认可。每学期期末组织所有学员对任课教员进行评教，学员填写评教卡，由读卡器对数据进行处理，对所有任课教员进行排序，并将评教结果作为年底教员个人考核、评选优秀教员的依据。通过学员评教和信息反馈，促进师生之间的联系和沟通，增强教员的工作责任感，提高教育教学水平和业务能力。

4．创新教学方式方法

教学有法，但无定法，贵以授法。教学方法的选择对于师生互动机制的教学效果来说非常重要。教育社会学认为，教学是师生进行的交往沟通活动，是教师与学生的交互影响过程。在师生互动教学机制中常用的教学方法有：教师讲解、学生授课、师生相互问答、教师对学生进行启发式质疑、师生之间以及生生之间展开讨论、教师点评、现场演示、社会实践、开展第二课堂等等。教学方法的选择是灵活多样的，对于不同的学生和不同的教学内容，选择不同的教学方法，要结合教学实际综合运用，只要符合"激发学生兴趣、调动学生积极性、培养学生能力素质相统一"的目标即可。

5．提供多种教学手段

教学手段的多样化是实施师生互动教学的有利保障。现代化教学手段的使用可以提高教学效率、增加教学内容的信息量，但是，如果仅仅使用这一种教学手段有可能产生师生距离扩大、人文关怀和师生情感交流的减少。因此，在师生互动教学机制中，提倡使用综合性的教学手段，即以多媒体技术、计算机技术和网络技术为基础的现代教育技术和传统的板书、口授相结合，为学生提供丰富多彩的学习方式和发展环境。

6．营造良好教学环境

教学环境包括外部环境和心理环境两个方面。外部环境指的是教室等教学硬件设施的布局，互动教学最好在阶梯式、半圆型或扇型布局的教室中进行，这样有助于学生心理放松，也便于教师关注每个学生的表现，不至于忽略其中之一，更加有利于师生之间的交流和活跃课堂气氛的营造。心理环境主要指师生互动过程中的心理和情感的交流互动，心理环境会影响到教师主导作用和学生积极性的发挥，以至于直接影响互动效果。良好的心理环境使教师有效地调节心理活动，处于振奋、积极的状态中，思路开阔、反应敏捷，利于形成平等、民主、融洽的学习气氛，与学生产生共鸣，激发学生学习的热情。

5.3.3 通过建立高效的工作环节流程，把院校的各项工作规范为精细化的运作行为

工作流程是院校为达成办学目标而组合不同资源(包括人、机、料、法、环)共同完成的一系列活动。活动之间不仅有严格的先后顺序，而且，活动的内容、方式、责任等也都有明确的安排和界定，以便于不同活动和资源在不同职能岗位角色之间进行流转衔接，实现资源输入向价值成果输出的转化。好的工作流程能够使院校的各项业务管理工作实现良性展开，保证规范化、精细化运转。相反，差的工作流程则会问题频出，导致部门间、人员间职责不清相互推诿等现象，从而造成资源浪费和效率低下。因此，建立高效的工作环节流程，能够使院校将各项工作规范为精细化的运作行为。

作为精细化管理的最重要环节，建立工作流程应当在对工作进行详尽分析的基础上进行，包括对每一活动的输入、输出、活动内容、过程资源、运行时间、耗费成本、流程负责人和关键绩效指标等要素进行全面研究，确保这些要素清晰、可测量、可定性。工作流程一旦确定，就应当尽可能少地对其进行改动，使工作流程的各项要素都处于相对稳定的状态，并将工作流程的各项属性尽量固化，使其具备历史纵向传递性和职能部门之间横向学习性，以利于工作流程的继承和推广。

院校工作涉及政治教育、教学、科研、后勤等多个方面，这些方面并不是单独存在的，而是相互联系、相互交叉进行的有机整体，每一个方面的工作又涉及到多个环节和流程，这些环节和流程相互交叉、相互影响，形成一个纵横交错、错综复杂的网络，如果沿用传统管理思想，则很有可能导致工作效率低下，甚至顾此失彼、本末倒置。因此，建立高效的工作环节流程，用精细化的管理理念来规范院校各项工作的运行，已成为学界的思想共识。

1．首先梳理出教学工作的基本环节流程

院校的中心工作是教学，其他各项工作的开展均要紧紧围绕教学而展开。因此，要首先梳理出教学工作的环节流程，以便其他各项工作的开展。一般来说，教学工作的展开包括以下几个基本环节，如图 5-10 所示。

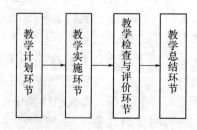

图 5-10 教学工作基本环节流程

1) 教学计划环节

教学计划是院校确定如何最佳地选择、组织教学内容、实现教学目标的过程，目的在于使教师和学生的成就满意度最大化；优秀的教师应当考虑如何使教学成为师生双方都感到有价值和有效，使教育性质与结果符合预期的目的。

制定切实可行的教学工作计划是院校教学管理过程中的首要一环，应力争做到，一是集思广益，统一认识。制定教学工作计划不应是个人行为。个别管理者闭门造车制定出来的计划往往脱离实际。在制定计划时应按着"从上到下、从下到上"的程序进行。这样可以保证计划的合理性和可行性，使其起到"统一认识、统一意志、统一行动"的作用。二是目标明确，层层分解，责任到人。教学目标管理体制一般应该是：院校工作目标管理→教务处工作目标管理→学科组工作目标管理→备课组工作目标管理→教师个人工作目标管理。

教学计划首先要对教学过程的目标、结果间的关系作仔细分析，确定教学模式。高等院校教学模式一般有讲述、讨论和独立学习三种，要考虑采用何种方式才能增强学生学习动机、激发他们的创造性；确定某一阶段(单元)的教学目标和进度，同时将教学内容按时间顺序进行分配和编排，与学生建立教学合约；考虑教学评价的进行和信息的反馈，以渐进的方式实现连续性目标。教学计划不同于教案，但又与教案有一定联系，教学计划是设计教案的总设想，而体现教学目标指导思想的教案是教学计划的重要基础之一，因此，教学计划的制定应当与教学经验相关联。

教师在实行统一的教学计划过程中会有一定的变化。当有经验的教师在计划实行过程中获得更多的经验和独立性时，教学计划可能因为要提升目标水平而有所调整；当新手教师从教学计划方案中受益的同时，他们或许会要求更多的帮助，这就要求不同院校和教师在同一教学计划基础上制定适应自己条件的具体教学计划，或者根据教学对象和教学反馈信息做出有关教学进度或者内容、方法的调整。

教学计划只能呈现某种必须达到的水准而不能限制教师教学水平的发挥，因为不同的教学水准的教师的教学计划必然是不同的，院校的教师应当创设多样的教学模式和发挥自己的专业技巧，因而高等院校的教学不仅要以统一教学目标为标的，同时注意到有掌握、理解和应用诸种不同水平，尽量促进互动式教学，而且要鼓励教师在教学过程中加进科研成果，将学生领向学科前沿，激励和帮助学生进入独立科研，因此教学计划不应当限制发展性。

2) 教学过程实施环节

在这阶段应做如下四方面的管理工作：一是组织工作。(1)建立有效的教学组织机构。即实行以教研室为基层行政组织，教研室和学科组交叉进行教学管理的体制：教研室对教育、教学实行全面管理，而学科组则主要负责组织、指导、协调、评价教师的教研工作。(2)建立和健全教学管理的规章制度。即修订或制定有关教学方面的一些制度，如备课、上课、听课、评课等标准及具体规定和要求等。这对规范教学人员的行为，调动教师积极性，提高教师队伍素质和教学质量可起到保证作用。(3)明确规定各项教学管理工作的进程。二是培训工作。院校或教育行政部门每年都要举办各类教师培训班。如：新教师岗前培训；综合活动课实验培训；课程设置改革实验培训；计算机应用培训等。三是指导工作。即上一级教学管理者根据工作目标、管理计划，对下一级管理者进行指导、点拨、帮助。四是协调工作。即教学管理者在教学工作计划实施过程中，本着减少内耗，提高效率的原则，经常协调好教学管理系统内与外、组织与组织、组织和个人、个人和个人之间的关系。

3) 教学过程检查与评价环节

教学检查与评价是院校教学管理过程的中介环节。检查与评价的主要内容包括：教学工作计划实施的进展和效果；教学规章制度的执行情况；教学工作的质量分析；各级教学管理组织机构及其管理人员发挥管理职能作用的情况等等。

高等院校的课程管理应当具有一定的前瞻性和灵活性。高校教学不仅在培养职业人才，也在为国家储备科技人才，为此高等院校课程不应当单纯强调应用性而忽视基础性，不应当只满足现实需求而忽视未来需求，要千方百计在科研前沿投入人力物力，从课程建设方面奠定院校未来发展基础。同时，高校课程管理不应当单单强调某种统一性而失去发展的多种可能性，必须鼓励教师在相近专业间的融通和创新，同时鼓励学生选修不同专业学科形成综合型知识结构，培养不同类型和不同创新风格的人才。

4) 教学过程总结环节

总结与处理是教学过程的重要环节。"总结"是对计划实施过程中的某一阶段或全过程进行分析，肯定成绩，指出不足，做出结论。总结中的一项重要工作是表扬先进教师，宣传推广先进的教学经验。"处理"就是把总结中得出的经验、教训运用于下一周期的管理活动中。教学信息反馈指教学活动中按照一定的标准或预期目标，对受教育者的发展变化及构成其变化的诸种因素进行价值判断，它包括统计分析、观摩交流、微格教学等多种方式。及时进行教学信息的收集和评价，通过客观、科学的评价将不断的检验、修正和调整、完善联合起来，是顺利进行教学工作、实现教学优化管理的重要方面。

教学管理过程中计划、实施、检查与评价、总结与处理四个基本环节是紧密联系、相互渗透、相互促进的。它们一环接一环，共同构成一个有序、统一的教学管理过程。这一过程年复一年、连续不断，周而复始。但新的教学管理周期不是对前一周期的简单重复，而是在更高意义上的一种发展——螺旋式上升。

2.环节流程的细化

确定了教学工作的基本流程后，还要进行环节流程的细化，只有细化了的环节流程，才能转化为具体的运作行为。绘制流程图，明确质量标准，形成层层递进、环环相扣的管理流程。根据每个教学环节的特征和目标要求，对各级各类人员制定工作质量标准。将图 5-10 进行细化，结果如图 5-11 所示。

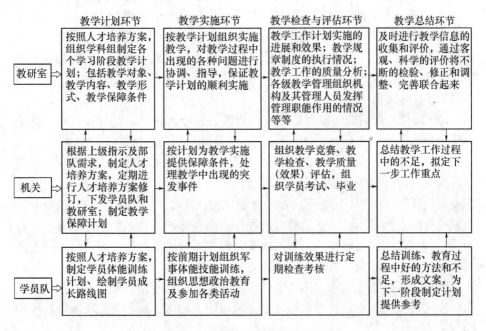

图 5-11 教学工作环节流程细化

3．确定教学工作每个环节需要的条件

在确定了教学工作的基本环节之后，就要确定每个环节的顺利开展所需要的内部、外部条件，进而制定政治教育、后勤、科研等方面的工作环节流程。

4．工作流程的优化再造

(1) 合理界定业务流程边界，约束院校管理行为，是院校管理业务流程优化再造的前提。业务流程的边界定位主要是界定业务流程的起始边界的空间范围。业务流程的起点是院校管理问题，终点是院校管理问题的解决。业务流程的空间边界是院校管理活动，作为院校行政权力与行政职能作用于教学和学生的公共行政活动，院校行政行为应该在此范围内活动，凡是超越边界的行政行为都是不允许的和非法的，也是无效的。合理界定业务流程边界，可以明确院校的行政行为范围，凡属于行政流程以外的作业，都不属于院校的行政行为。合理界定业务流程边界，可以使院校行政行为规范化，即根据院校各项职能的性质、目标及其作业流程规律，进行优化整合，确定行政行为的基本路径，设置相应的组织机构。

(2) 构造有序、规范的业务流程，排除非业务流程行为，是院校管理业务流程优化再造的重要任务。业务流程是完成行政目标的全过程，这一过程由诸多工作环节和步骤组成，每一工作环节(次级流程)都有一定的指向和顺序，其过程有较强的逻辑性。如果违背这一流程逻辑，非业务流程行为就会产生，行政行为就会走样，行政目标就难以有效完成。但这绝不是说，这一业务流程内的每一工作环节和步骤都是固定不变的，当内外环境发生变化时，流程内的工作环节和步骤也会变化，只不过这些变化不能影响其先后顺序和整个流程的内在逻辑罢了。

(3) 设计合理的业务流程构造，推进院校职能的转变，是院校管理业务流程优化再造的中心工作。业务流程构造是院校行政流程之间的比例关系与结构。每一层级基本业务流程结构都由纵向和横向两方面构造组成。纵向流程更多的是以院校行政指挥为主的流程，它有自己的流程结构，而横向流程更多的是各职能部门作业性流程，它也有自己的流程结构，纵向流程和横向流程交错构造，组成业务流程的基本结构。"横向流程作业的有序展开受到纵向行政管理流程的指挥和控制，但横向作业流程的内在逻辑关系又是纵向行政指挥时不得不注意和慎重对待的问题，否则就有可能导致外行指挥内行，从而规定了纵向行政管理流程的基本路径和工作环节的确定。"由此可以看出，业务流程基本结构与院校机构及其职能显然有密切联系，院校职能的转变离不开院校的行政流程的重构。

(4) 以信息化整合业务流程，防止人为干扰，是院校管理业务流程优化再造的基础。高效精干的业务流程是以信息化来支撑的。科学技术和现代资讯把原来若干个管理环节、若干个流程作业线加以重新整合。专业化程度的提高，使原本"万金油"式的行政职能变得清晰而可以相对划定边界，交由合适的部门和人员来完成，从而更快、更省、更有效地完成工作任务。此外现代科技和资讯还将提高业务流程信息传输的品质，有利于提高行政决策的质量，也会提高业务流程的规范程度，防止行政行为的人为干扰，提高行政控制水平。

(5) 以法制化保障业务流程各环节的顺畅，防止行政行为失控，是院校管理业务流程优化再造的保证。经过重新整合改造后的业务流程要得以顺利进行，必须以法制来规范和保障。一是流程本身需要法律和制度来保障，以严格规范的程序法保证其指向正确和路径、步骤的通畅。二是院校及其职能部门在业务流程中的具体行政行为，也要以实体法来规范其权力和义务，依法行政。

5.3.4　精细化管理在军队院校实践运用中的几点启示

1．院校精细化管理的精髓是实现"教"与"学"的谐同驱动

院校实行精细化管理，就是要把"教"与"学"有机地融合起来，做到：在教学过程中引发学员的求知兴趣和欲望，紧紧抓住教学的关键环节，精细教学过程，对不同的知识和素养采取不同的细化方式，以有利于学员对知识的获取和吸收，从而达到预期的效果和目的；在教学方法上适应学员的学习与身心发展规律，注重自主学习安排，激发学员学习兴趣，摒弃死板的说教和灌输的方法。

2．院校精细化管理的重点是实现"管"与"保"的高效服务

院校实行精细化管理，要将教学工作过程规范化，确定出必要的流程环节，并根据工作环节确定"管""保"岗位，尽量减少不必要且繁杂的工作过程，每个岗位都要明确相应的分工和职责，奖惩分明，充分发挥"管""保"人员的主观能动作用，在明确目标、明确标准的前提下，提高工作的执行力，进而提高组织管理和服务保障工作的质量和效率。特别是要关注每个教职员个人特点的发挥，处理好调动教员干部积极性与实施精细化管理的关系，绝不是用机械的制度对人的主观能动性加以限制，用僵化的标准化和繁琐的细节束缚人的个性发展，更不是原样照搬企业的精细化管理模式。

3．院校精细化管理的关键是达成"总"与"分"的目标实现

院校实行精细化管理，关键在于要建立起科学的目标体系，把院校先进的办学理念转化为可操作的管理行为，把远期的发展规划转化为各阶段的具体目标，分解成院校各年度的目标任务，直到具体岗位与个人，总目标指导分目标，分目标保证总目标，构成一个全面的目标计划体系，并围绕目标的实现展开一系列的管理活动。比如，依靠精细化管理的规范化，尽可能地减少教学工作中的重复劳动和工作中的推诿扯皮现象，围绕主要教学环节，在主要环节上建立控制点，把主要环节和控制点匹配好，就能达到提高管理效益的目的。

4．院校精细化管理的收效是依靠管理模式与实施方案的科学对接

院校实行精细化管理，就是对固有观念、模式和范式的一种辩证否定和自我超越。模式改革的基本思路是：吸纳精细化管理关注质量、关注流程、关注效益的理念，借鉴应用流程再造、过程管理等方法，制定各类人员训练、本科教育、研究生教育、任职教育、科研工作、教学保障、思想政治教育、安全管理工作、学员队一日生活管理、车辆管理等精细化管理实施方案，构建目标明确、运行规范、操作性强，具有标准质量保证、自带持续改进的精细化管理运行体系。具体地说就是：依据院校人才培养规律，梳理出影响和制约人才培养质量的主要环节；根据各环节的内在联系，形成过程流程；并将总目标细化分解在各个环节，形成分目标；在各个环节中，明确各类人员，特别是教员、干部所履行的岗位职责和工作任务以及质量标准。

展开来讲，就是以工作目标与质量标准、工作思路与实现环节、操作流程与实施办法、培训内容与考核评估、反馈表格与记录分析五个模块为精细化管理的主要内容，每一模块分别包含：工作职责、核心能力指标、工作目标、质量标准；工作环节流程、各环节质量、相关职责；职能部门、阶段划分、工作任务；培训类型、培训内容、培训方式、考核方法与标准、承办单位；文字表格、信息系统等内容。这五个模块和管理活动都是建立在精细化信息系统之上，互相关联、层层递进、步步深入，是构成精细化管理实施方案的核心，这一过程实质上就是一个 P(计划)—D(执行)—C(监察)—A(改进)循环的全过程。这一过程的持续推动，必须靠领导推动、靠制度推动、靠文化推动，形成一种自觉地按职责负责、按流程执行、按标准工作、按规则办事的优秀文化和良好习惯。

具体实施分为八个步骤：一是明确人员定位，搞清工作角色和工作岗位；二是确定工作目标，解决目标、方向和目标细化问题；三是绘制环节流程，明确各工作环节的顺序、衔接和相互关联的职责与要求；四是绘制矩阵流程，解决干好工作秩序问题；五是实施培训办法，解决如何干、谁来干、如何考、谁来考，结果处理等问题；六是制定量化反馈表格，解决事事有登记、登记可追溯的问题；七是开展质量监控考核，解决工作动力和工作效益问题；八是进行动态改进，避免再发生的问题，进行持续改进。这八个步骤是实施教育训练精细化管理的基本方法。它遵循了 P-D-C-A 的循环规律，构成了每项管理工作环环相承的闭环周期，以达到全面规范各项活动持续改进的目的。

5.4　国内外推行精细化管理的主要经验与教训

从国内外、军内外推行精细化管理的实践来看，精细化管理的主要经验可以归纳为"八化"，即标准化、流程化、细化、量化、专业化、协同化、系统化和信息化。虽然不同的行业、不同的领域，使命任务、工作内容、价值取向不尽相同，在推进精细化管理的过程中关注的重点也不一样，推行策略因人、因事、因组织、因环节各异，同样的工具、手段也各有各的用法，但是，总的来看，这"八化"则是共同的，它们在精细化管理推行过程中各自发挥着重要而独特的支撑作用，同时又相互联系、相互依存，忽略任何一"化"，改革效果就会大打折扣。标准化的意识、方法，确保了流程化的规范，而流程化的思路使标准有了彼此清晰的联系和明确的指向；细化到了位，量化就更准确，量化的同时又可为细化提供依据；专业化的深度需要协同化编织的"网"来弥补才不使之孤立，协同化的宽度需要专业化的深刻而避免肤浅；系统化防止信息网络建设"烟囱林立"，信息化确保系统各要素单元之间配合默契，协调有序。

就教训来说，主要有两点：一是推行精细化管理的条件问题。推行精细化管理首先应全面衡量组织的基础条件和承受能力，否则再好的出发点也未必能收到好的效果。20 世纪 90 年代，美国空军在改进维修保障模式时，尝试将三级维修改为两级维修，不仅没有取得预期的效果，反而激化了航材供需矛盾，降低了飞机的战备完好率。导致这种结果出现的根本原因就是该项目超越了美国空军当时的技术条件与管理基础。取消中继级维修拉大了维修器材的运输距离，再加上信息技术条件没有跟上，致使备件的供应周期大大延长，从而影响维修保障活动的有效完成。推行精细化管理，对人员能力水平、硬件条件的要求较高，特别是在复杂的组织中体现得更加突出。因此，在条件还不成熟或者推行初期，可从小项目改起，逐步积累、循序渐进。二是适用性问题。精细化管理的工具体系纷繁庞杂，其中多种工具既可以独立使用，又可以嵌套组合使用，没有对或不对，只有适用与不适用。如果不善加分析，而只管照搬照抄，看似精细实则粗疏，甚至适得其反。著名的全面质量管理(TQM)从 20 世纪 20 年代提出此理念后，在企业备受推崇，80 年代末美国一些高校也开始尝试实施全面质量管理，由于学校与企业的巨大差异性，使全面质量管理的推行在美国高校举步维艰，从最初 70%的高校宣布实施全面质量管理，结果到最后，大都无声无息、不了了之。部队管理体系更为复杂，机关、院校、连队、基地、科研院所的工作内容、特点相去甚远，在选择精细化管理工具时必须依据管理对象灵活运用。

第6章 实施航空装备维修保障精细化管理的必要性

　　航空装备维修保障工作是一项复杂的系统工程,科技含量高、设备集成强、技术难度大、专业分工细,能否有序、高效地组织和管理维修保障工作,直接关系到飞机准备质量、保障效能和飞行安全。现阶段空军航空装备维修保障管理仍然存在不精、不准、不细、不严的问题,因维修管理不善、人为差错等造成重大损失的事件时有发生,推进精细化管理势在必行。航空装备维修保障实施精细化管理,目前还是一项开创性、探索性工作。因此,研究探索精细化管理在航空装备维修保障中的理论指导和实践应用,在航空装备维修管理、维修作业、维修安全和保障训练等方面,有目的、有选择、有改进地运用精细化的思想理念和工具方法,通过应用先进技术手段、健全人员岗位能力标准、拓展信息系统管理功能,力求精确掌握飞机状态、精准调配保障资源和精细控制保障流程,让符合标准的人员在正确的时机、用适用的工具、按科学的流程实施维修保障,是一项意义深远的应用理论研究课题,应该说是实现航空装备维修保障精心维护、精益维修、精细管理、精确保障的一条科学途径。

6.1 我军航空装备维修保障现状

6.1.1 航空装备维修保障的特殊性

1. 质量要求的特殊性

　　航空装备维修质量的好坏,战时影响到战斗乃至整个战役的胜利,平时关系到飞行人员和飞机的安全,责任十分重大。机务人员必须具有高度的质量意识和章法观念,以条令条例规章细则规范一切维修活动,确保维修工作万无一失。

2. 技术保障的科学性

　　航空装备维修工作是一门综合性的工程技术科学,专业多、分工细,技术标准高、条件要求严。机务人员必须具有严谨的科学态度、扎实的专业基础知识和熟练的专业维修技能，才能适应现代化装备维修保障的需要。

3．维修活动的分散性

航空装备维修保障的实施阶段一般分为"三线"，多以机组、专业组为单位活动，人员比较分散。同时，定检、排故、换发等维修工作的独立性又很强，不宜统一组织。这就要求机务人员必须具有严格的组织纪律性和良好的维护作风，牢固树立章法观念，自觉用各项条令条例、规章制度和技术规定约束维修活动，确保工作质量。

4．组织管理的复杂性

维修现场人员多、车辆多、飞机多、设备多、区域大，涉及的部门也较多，组织管理工作十分复杂。因此，必须加强领导，严密组织，主动协调，充分发挥各级机务干部的组织管理作用。

5．维修保障的被动性

航空装备维修工作既要受飞行任务、气候等因素的影响，又要受航材、车辆、油料、四站等保障条件的制约，许多工作处于被动状态。这就需要加强工作的计划性，做到严密组织，合理安排，提高各种条件下的应变能力。

6．工作环境的艰苦性

航空装备的维修作业方式比较特殊，机务人员长期处于高噪声、高频辐射的工作环境，经常接触有毒有害物质，常年野外作业，夏不遮日，冬不避寒，劳动强度较大。这就要求机务人员必须树立吃苦耐劳的精神，在任何条件下，都要保持机务维修工作的质量标准，自觉维护航空装备维修法规的权威性和严肃性。

航空装备维修的上述特点，充分说明了推行精细化管理的必要性、迫切性及其复杂性、艰巨性，需要花更大的力气，做更多的工作，才能见到成效。

6.1.2　我军航空装备维修保障取得的成绩

1．维修保障理论研究取得了重大进展

20 世纪 90 年代以来，随着新型航空装备的更新换代，我军强化了理论的先导意识，把维修保障理论研究摆到了重要位置，加大了以可靠性为中心的科学维修理论的推广和应用力度，特别是结合新型航空装备如苏 27、苏 30 等开展了维修内容的优化工作，增强了航空维修的科学性；全面贯彻武器装备全系统全寿命管理思想，形成了航空装备维修保障全系统全寿命的维修保障思想；大力开展维修保障技术、理论研究，研制并配备了一大批技术含量高、性能先进的维修设备和保障装备，维修保障的科技水平有了很大提高，从而使航空装

备的维修保障效率得到了显著提高。

2. 维修保障体系有明显改善

航空装备维修保障体系实现了由分散独立、功能单一向集约合成的转变。航空装备划区修理、维修保障器材划区供应的综合保障模式基本形成，专用装备全军综合配套修理取得明显进展，航空装备维修保障社会化迈出实质性步伐，部队装备维修保障和后方基地修理布局结构得到优化调整，基本适应了我军航空装备更新换代及社会主义市场经济条件下的维修保障要求。特别是针对维修一线基础设施建设相对滞后，以及新形势对中心厂修理能力提出的新要求和着眼提高机动保障能力等问题，近年来大力开展飞行团修理厂、机务指挥控制中心、维修保障装备管理中心、机务维修技术研究训练中心即"一厂三中心"建设，积极促进一线维修保障向规范化精细化方向转变；同时按照"修理分工专业化、资源配置集约化、管理模式精细化"总体思路，全面推进中心厂转型建设。

3. 维修保障能力有明显增强

实现了由应付一般条件下局部战争的维修保障向打赢信息化条件下高技术局部战争装备维修保障的转变。新型航空装备的维修保障能力有明显加强，应急机动作战部队装备完好率达到了规定标准，维修保障设施、设备有较大改善，维修保障战备水平、物资器材保障水平和人员综合素质有较大提高，装备维修保障建设基本符合主要方向作战和应付突发事件的要求。

4. 维修保障管理有明显进步

航空装备维修管理实现了由经验管理向科学管理的转变，基本形成了全系统全寿命维修管理的模式。维修保障与新型装备基本实现同步建设、协调发展，维修保障管理机制健全、手段先进、精干高效，维修保障法规制度趋于完善，维修保障管理的正规化、现代化水平有较大提高。

5. 维修保障效益有明显提高

实现了装备维修保障由数量规模型向质量效能型转变，由人力密集型向技术密集型转变。以可靠性为中心的科学维修思想得到深入贯彻，维修保障资源配置趋于合理，维修科技有较大发展，维修质量水平明显提高，基本走出了装备维修保障"投入较少、效益较高"的路子，保证了航空装备维修保障持续稳定的发展。

总的来看，我空军航空装备维修保障建设与研究取得了长足的发展，呈现出良好的态势，为我军做好军事斗争准备，打赢信息化条件下的局部战争奠定了坚实的基础。但是也应清醒地看到，我航空装备的维修保障能力距离高技术条件下的局部战争要求还有明显的不足，与外军相比还存在着较大的差距，因此，我们应明确目标，正视差距，以现实军事斗争准备为牵引，以科技发展为利器，深入开展航空装备特别是新型航空装备维修保障能力建设。

6.1.3 现阶段我军航空装备维修保障存在的不足

近年来，各种新型飞机陆续装备部队。新型航空装备广泛采用新技术、新结构、新材料，电子化、数字化、综合化程度高，各系统相互交联，对维修保障提出了更高的要求，传统的保障模式已经不能完全适应装备保障发展需要，主要存在以下弊端：

1. 维修管理体制不健全

一是技术研究和维修决策力量薄弱。机务大队专业队长以上骨干，主要精力用于外场的维修工作和日常管理，难以对单机技术状态进行研究分析，导致维修针对性不强，管理粗放，增加了维修工作量，降低了保障效益。二是质量检验体系不完善。质量检验体系与维修作业体系没有剥离，缺少专职的、相对独立的质量监管队伍，一方面容易导致质量检验工作流于形式，检验质量缺乏实质保证；另一方面不利于促进一线工作者责任心的提高。三是安全监察体系不健全。现有模式中法规的落实主要由管理干部监督，干扰因素多，不利于有效监管。因缺少专职的安全监察部门，导致维修保障中一些违章问题习以为常，难以将遵章守纪转化为维修人员的自觉行为。

2. 维修内容时机不科学

一是维修内容设置不合理。现行维护规程中，周期性工作既有按飞行时间控制的维修内容，又按日历期控制的维修内容，交叉涵盖多，部分工作重复进行，造成保障资源浪费，影响了飞机的完好率。二是机械日控制方式不科学。现行模式下，维修工作以机群控制为主，不论单机周期内飞行时间多少，均集中安排一次机械日，增加了维修工作量，导致装备无谓损耗，保障资源浪费大，影响了装备使用最大化。三是维修内容针对性不强。目前维修工作主要采取定时维修，忽视单机"个性"特质和任务特点，缺乏差异控制和视情维修，导致维修不足与维修过度。

3. 维修组织结构不合理

一是外场专业设置过多。当前维修保障中，外场专业设置多、工作分工细，"各管一段"，"各负其责"，导致飞行现场人数众多、忙闲不均，保障效率不高。二是技术保障与放飞保障未分离。将复杂的技术保障与相对简单的放飞保障"捆"在一起，一方面导致部分技术骨干长期从事简单、重复的放飞保障工作，不利于技术水平的提高；另一方面，外场人员既要从事放飞保障，又要完成周期性检查，工作繁杂、人员在场时间长，不利于降低疲劳。

6.2 航空装备维修保障实施精细化管理的现实意义

6.2.1 加快我军转型建设的迫切要求

当前，国际形势正在发生新的深刻变化，全球性挑战更加突出，安全威胁的综合性、复杂性、多变性日益明显。主要表现在：

国际安全形势更加复杂。围绕国际秩序、综合国力、地缘政治等的国际战略竞争日趋激烈，发达国家与发展中国家、传统大国与新兴大国矛盾不时显现，局部冲突和地区热点此起彼伏，一些国家因政治、经济、民族、宗教等矛盾引发的动荡频仍，天下仍不太平。导致国际金融危机的深层次矛盾和结构性问题尚未解决，世界经济复苏的不稳定、不均衡性依然突出。恐怖主义、经济安全、气候变化、核扩散、信息安全、自然灾害、公共卫生安全、跨国犯罪等全球性挑战对各国安全威胁明显增大。传统与非传统安全问题交织，国内与国际安全问题互动，传统安全观念和机制难以有效应对当今世界的诸多安全威胁和挑战。

国际军事竞争空前激烈。主要国家加紧调整安全和军事战略，加快军事改革步伐，大力发展军事高新技术。一些大国制定外层空间、网络和极地战略，发展全球快速打击手段，加速反导系统建设，增强网络作战能力，抢占新的战略制高点。部分发展中国家保持强军势头，推进军队现代化。国际军控进程有所推进，但防止大规模杀伤性武器扩散形势错综复杂，维护和加强国际防扩散机制任重道远。

亚太地区不安全因素日益复杂多变。地区热点久拖不决，朝鲜半岛形势不时紧张，阿富汗安全形势依然严峻，部分国家政局动荡。民族和宗教矛盾突出，领土和海洋权益争端时有升温，恐怖主义、分裂主义、极端主义活动猖獗。亚太地区战略格局酝酿深刻调整，相关大国增加战略投入。美国强化亚太军事同盟体系，加大介入地区安全事务力度。

中国面临的安全挑战更加多元。中国有辽阔的国土和海域，正处在全面建设小康社会的关键时期，维护国家安全任务繁重。"台独"分裂势力及其分裂活动仍是两岸关系和平发展的最大障碍和威胁。两岸关系发展还面临不少复杂因素的制约。"东突"、"藏独"分裂势力对国家安全和社会稳定造成严重危害。维护国家领土主权、海洋权益压力增大，恐怖主义的现实威胁存在，能源资源、金融、信息、自然灾害等非传统安全问题上升。来自外部的疑虑、干扰和牵制增加。美国违反中美三个联合公报原则，继续向台湾出售武器，严重损害中美关系和两岸关系和平发展。

在这样的国际形势面前，我军转型建设正处在攻坚破难的关键时期。加快战斗力生成模式转变，这是中央军委审时度势作出的重大战略决策，既是顺应时代的要求，也是我军应对世界及周边军事形势演变的必然性选择。加快战斗力生成模式转变，必须加快动态战斗力和信息结构力转变；必须在国际国内现有的物质技术条件下，寻求最具活力的革命性转变要素；必须在同样的战斗力要素下寻求不同结构，以达到体系战斗力的最大化；必须在军事实践背景下优化过程，寻求最佳结构和最佳方案。战斗力生成模式的转变首先是理念转变，一流的战斗力来自先进理念和先进技术相结合而产生出的切合实际的战法，其中先进的管理理念是提升战斗力的核心内容。随着军队转型建设和转变战斗力生成模式的深入，各种问题和深层次的矛盾日益凸显，创新管理模式、改进管理方法已势在必行，学习先进的管理理论，树立科学的管理理念，掌握现代管理规律、管理技术、管理方法，已成为提高管理者水平、破解军队转型建设和转变战斗力生成模式中矛盾与难题的重要途径。

军队转型建设的快速推进，要求其指挥流程更加精简、打击目标更加精确、武器装备保障更加精确。随着新型武器装备迅速发展并大量列装部队，人与武器的结合要求越来越紧，操作的规范性越来越强，质量标准化的要求越来越高，这就要求广大官兵必须具有精准的理念、精心的态度、精细的作风和精品的标准。精细化管理的实质就是解决怎样更好地履行岗位职责以及规章制度的落实、工作流程的规范、工作标准的效益等问题，这既是精细化管理所要破解的难题，也是推进军队转型建设的重要方法。

对于航空装备维修保障来说，就是要合理借鉴外军航空装备维修保障先进经验，结合我军实际，实施最有效、最科学的航空装备维修保障精细管理，为航空装备保持持续战斗力提供适时、适量的维修保障资源和技术保障能力。

6.2.2　应对信息化条件下现代战争的必然要求

信息化战争对航空装备维修保障产生了广泛而深刻的影响，提出了更新、更高的要求，由此引发航空装备维修保障发生了一系列变革。

1. 促进装备保障战略调整

建设信息化军队，打赢信息化战争，是新时期军事战略方针。军队装备保障发展战略直接受制于军事战略，为军事战略服务；而军事战略的发展变化，必然引起军队装备保障战略的发展变化。

以美军为例，随着信息化战略的不断实施，其装备保障战略也发生了根本变革，确立了装备保障全面信息化的战略。首先，在装备保障思想方面，为了能更好地保障 21 世纪的主战装备，有效地支持未来的信息化战争，相继提出了精细化、远程化和网络化保障的思想，通过研究信息化条件下的装备保障理论、加强信息基础设施建设、优化装备保障体制、构建战场航空装备维修保障精细化管理信息系统和指挥系统，实现由"规模型"向"精确型"，由"数量型"向"速度型"、由"前沿存在型"向"远程投送型"、由"被动型"向"主动配送型"保障的转变。其次，在装备保障发展战略方面，制定了作战装备与保障装备协调发展战略，把装备论证、研制、定型、生产、列装、使用、维修、退役等全寿命周期各阶段的保障活动都纳入了装备发展的总体规划，在设计、生产作战装备的同时，设计、生产与之相匹配的保障装备，并注意把相关的各种保障装备作为一个整体，进行系统论证、研制和配发，使之系列化、模块化，以发挥系统整体保障功能。第三，在装备保障运用战略方面，确立了"速度保障"、"联合保障"和"军民一体化保障"方针。"速度保障"，是为满足信息化战争快节奏、高速度需求，在信息技术的支撑下，建立高效的"物流"体系，改变过去那种逐级前送、被动等待的装备保障模式，将所需物资器材主动配送到作战单位，使保障速度发生质的变化。"联合保障"，是为满足信息化战争联合作战需要，建立各军兵种联合的装备保障体系和运行机制，形成与信息化战争相适应的体系保障能力。"军民一体化保障"，是根据信息化时代高度社会化、商业化以及军队建设压缩规模，走精兵之路的特点，在发挥军队主体作用的同时，充分利用民间的人力资源、物质资源和科技资源，来保障部队的建设和作战需要。

2．推动装备保障体系重构

在信息化战争中，各军兵种的界限和战略、战役、战术行动的划分将逐渐模糊，一体化联合作战、体系与体系对抗成为突出特征，对装备保障的思想、模式等方面产生了深刻影响，进而导致装备保障体制、运行机制发生重大变革。

1) 指挥管理体系结构向扁平式"网状"发展

在信息化战争条件下，传统的"烟囱"式装备保障管理体系不仅会延误装备保障速度，而且容易出现局部被破坏则整体保障能力严重受损的现象。为此，世界发达国家军队正在致力于将传统的"烟囱"式指挥管理体系转变为更加灵活的扁平式"网状"结构。这种"网状"结构不仅具有较强的生存能力，而且能使装备保障信息快速、顺畅、有序地流动，达成"信息流"导引"物质流"的效果。

2) 保障实体编制向多功能化、模块化发展

在军队保障体系的一体化重组过程中，为了提高野战保障部队的综合保障

能力，世界各国纷纷按照多功能的要求，调整军、师以及团级保障部(分)队，保障部队的编制向多功能化和模块化方向变革。例如，美军已将功能单一的军、师所属保障部(分)队改编为多功能综合型编制。军级保障部下设若干个多功能型的保障大队，保障大队下设若干个多功能型的综合保障营；师级保障部下设1个基本保障营和3个前方保障营，这些保障营都是多功能型的综合保障营。

3) 维修体制进一步精简

随着装备信息化程度的不断提高和战争形态的发展，装备保障体制在总体上呈现出简化的趋势。

(1) 装备维修级别进一步减少。美军各军种都在积极推进维修体制的改革。陆军逐步将三级维修体制改革为两级维修体制；空、海军的新一代战机，如F-22、F-35等飞机已经取消了中继级维修，从三级维修变为两级维修。由于信息技术的发展，装备系统的模块化程度和可靠性水平的不断提高，以及合同商保障改革的不断深化，将在更大范围内实行两级维修。

(2) 供应环节进一步精简。为满足信息化战争对物资器材快速供应的要求，美军采取了由总部保障机构超越战区和集团军等级别的保障机构，直接对参战的基本作战单元提供物资器材保障的做法，物资器材的供应环节进一步减少。

3. 牵引装备保障模式创新

装备保障模式是装备保障系统诸要素在保障过程中形成的相对稳定的作用方式，包括保障力量编组、方式方法选择、保障资源配置、装备保障组织实施程序和方法等相关内容。从近期几场带有明显信息化特征的局部战争看，美军和发达国家军队的装备保障模式已发生很大变化，主要特点是：

1) 由"独立保障"向诸军兵种"联合保障"的转变

信息化战争的主要作战样式是诸军兵种高度一体化的联合作战，战争的胜利取决于强大的体系作战能力和与之相协调的保障能力，而传统的各军种"分散独立"的保障模式已难以满足联合作战要求。为适应信息化战争需要，美国国防部实施了建立一体化"分布式保障系统"计划。将各军种独立的保障机构转变为一种分布式的、联合的基础设施，建立了各军种通用的一体化保障信息系统和连接所有地方企业的信息系统，保障模式实现了由各军种"独立保障"向各军种"联合保障"的转变。

2) 由"逐级保障"向"直达保障"转变

"直达保障"的基本特征是：在时空上，既包括战前有预见的预置预储等超前准备，又包括相对于伴随保障的超前投送；在对象上，既包括建制系统内部的纵向平面超越，又包括各军兵种之间的横向立体超越；在内容上，既包括装备保障专业勤务或若干物资器材保障的单项超越，又包括装备保障的维护、修理、改装、技术检查、维修器材筹措与供应等的全面超越。海湾战争中，美军首次越过战区、集团军保障，直接将物资器材从美国本土输送到前线军、师作战单位，大大提高了保障速度。伊拉克战争中，美军启动了"全球战斗保障系统"，可通过普通的计算机存取重要的装备保障数据，并为战略、战役、战术各个层次的军事行动和保障人员提供急需的紧缺资源可视化信息。

3) 多点全维聚焦保障模式初步形成

信息化战争是非线式作战，多点、多向、多种样式作战并交织进行，其"动态性"特征改变了装备保障的时空观。单一空间形式的保障样式，单一时间序列的保障行动，都难以满足信息化战争装备保障要求。所谓多点全维聚焦保障，就是针对非线式作战的"动态性"特点，将多点保障、全维投送和能量聚焦等三种保障形式有机结合起来，迅速集结多点的保障资源和力量，运用多维的投送方式，准确聚焦到特定的保障地点。全维保障适应信息化作战全维打击、全维机动的需要，实现了全方向投送、多种力量并用，既可以进行地面保障、海上保障、空中保障，又可运用自身力量、其他军兵种力量，甚至民间力量进行支援保障。聚焦保障将多点全维的保障力量向一点聚集，形成强大的聚合保障力。

装备保障模式从来就是一个变化的领域，随着信息化战争实践的不断丰富和装备保障系统信息化程度的不断提高，必将有更多更新的保障模式产生。

信息化战争对装备保障的影响和要求，归根到底，最重要的是实现装备保障的精细化或精确保障。实际上，不仅是信息化战争，在我军应对各种安全威胁，完成非战争军事任务的装备保障中，精确保障同样是十分重要的。

6.2.3 我国军事和经济实力的客观要求

我国从 1998 年到 2007 年，国防费年平均增长 15.9%，同期 GDP 按当年价格计算年平均增长 12.5%，国家财政支出年平均增长 18.4%，国防费占 GDP 的比重虽有所上升，但占国家财政支出的比重总体上仍呈下降趋势。我国有 2.2 万千米陆地边界和 1.8 万千米大陆海岸线，还有 300 多万平方千米管辖海域、230 万军队。与世界发达国家相比，我国的国防费并不高，特别是军人人均军费更低，仅是美国的 4.49%、日本的 11.3%、英国的 5.31%等。近十几年我国国防费的增长部分，主要是以下用途：一是补偿性增长。从 1978 到 1987 年，为了服从国家经济建设大局，国防建设实际上处于低投入和维持性状态。后来加大国防投入，在很大程度上是为了弥补国防基础建设的不足。二是维护国家安全统一、做好军事斗争准备的需要。三是适应新军事变革的发展。主要是推进军事变革、加大信息化建设投入、适当增加装备及其配套设施建设经费、提高信息化条件下防卫能力。四是适应市场经济的发展，改善官兵的待遇、应对物价上涨需要等。

随着国家经济社会发展，中国国防费保持适度合理增长。2008 年和 2009 年，中国国内生产总值分别为 314045 亿元人民币和 340903 亿元人民币，国家财政支出分别为 62592.66 亿元人民币和 76299.93 亿元人民币，分别比上年增长 8.6%和 21.9%。2008 年和 2009 年，中国年度国防费分别为 4178.76 亿元人民币和 4951.10 亿元人民币，分别比上年增长 17.5%和 18.5%。近年来，中国年度国防费占国内生产总值的比重相对稳定，占国家财政支出的比重略有下降。

中国国防费主要由人员生活费、训练维持费和装备费三部分组成，各部分大体各占三分之一，表 6-1 所示为 2009 年中国国防费支出。人员生活费用于军官、文职干部、士兵和聘用人员的工资津贴、住房保险、伙食被装等。训练维持费用于部队训练、院校教育、工程设施建设维护以及其他日常消耗性支出。装备费用于武器装备的研究、试验、采购、维修、运输和储存等。国防费的保障范围包括现役部队、预备役部队和民兵，同时也负担部分退役军人、军人配偶生活及子女教育、支援国家和地方经济建设等社会性支出。

表 6-1　2009 年中国国防费支出　　　　（单位：亿元人民币）

	现役部队	预备役部队	民兵	合计	
				金额	占总计的%
人员生活费	1670.63	14.65		1685.28	34.04
训练维持费	1521.71	19.65	128.59	1669.95	33.73
装备费	1574.26	14.31	7.3	1595.87	32.23
总计	4766.60	48.61	135.89	4951.10	100.00

航空装备维修保障活动过程中需要消耗大量的物质资源。然而，资源是稀缺的，即使是世界上最发达的国家，对国防需求的供给也始终处于相对不足的状态，作为一个发展中国家，我国面临的矛盾就更加突出：一方面必须迎头赶上，另一方面又不能盲目跟从发达国家，走巨额资金投入的道路。因此，必须把有限的、相对稀缺的经济资源有效而合理地分配和使用到国防建设中去，提高国防经济的微观效率，促进国防系统的结构升级，进而推动国防建设跨越式发展。

航空装备维修保障的对象是飞机及机载设备、机件，任务是保持、恢复、改善其战术技术性能和可靠性。航空装备结构复杂、技术含量高，特别是新型装备普遍采用了以计算机技术为核心的高新技术，系统相互交联、构造更加复杂、制作更加精密。要高效率地维修如此复杂精密的航空装备，不但需要齐全配套的专业技术人员、维修保障装备和设施以及维护规程等技术标准和规章，而且需要周密的组织计划、科学的作业流程以及保证计划实施和作业质量、进度的监控措施等；不但要有总体安排，还要关注每个维修作业的细节，特别是关键、重要部位和部件。否则，数十人乃至百余人的维修作业就难以做到万无一失，维修进度也会因某一个人或某一环节发生问题而延误。航空装备维修保障的这种性质和特点要求必须大力推行精细化管理，提高维修管理的效率和效益。

从以上分析可以看出，我军的军费投入并不高，能够用于装备的费用就更有限了，因此，必须实施精细化管理，坚决杜绝浪费，把有限的经费真正用到提高部队战斗力上。

6.3 航空装备维修保障实施精细化管理的作用价值

6.3.1 保持部队战斗力的重要保证

信息化条件下局部战争，由于大量使用高技术装备，使战争具有机动范围广、节奏快、强度高、物资消耗大、装备损伤多等特点，因而对装备维修保障的要求更高，依赖性更大。所以，高效的装备维修保障已成为打赢高技术局部战争的重要支撑。以美军为代表的西方国家在推进装备现代化进程中，十分重视装备维修保障建设，把其作为军事战略的重要组成部分，经过不断改革，建立了完善、高效、可靠、一体化的装备维修保障力量，在打赢海湾、科索沃、阿富汗、伊拉克等高技术局部战争中发挥了重要作用。例如，在历时 42 天的海湾战争中，多国部队出动飞机 10 多万架次，平均每日出动 2600 余架次；每架飞机每天飞行少则 2 小时~4 小时，多则十几小时，但各型飞机完好率平均达90%以上，良好的空中和地面保障，保证了部队高出动强度和持续作战能力，为战争胜利提供了有力保障。

在财政并不宽裕的情况下，国家拿出大笔专项资金用于发展装备，是军事战略的需要。但也应该看到，装备维修保障建设同样是战略问题，也同样重要。装备维修保障建设是装备建设的重要组成部分，是装备按时形成和保持战斗力的关键环节。如果将武器装备研制生产(或引进)称之为上篇文章的话，那么装备维修保障建设就是文章的下篇。而且，维修保障建设可以说是下篇文章的重中之重。只有抓好武器装备维修保障配套建设，尽快形成小修、中修和大修能力，才能满足军事斗争的需求。

对于航空装备维修保障来说，实施精细化管理是深入推进航空装备科学维修的必然选择。贯彻科学维修的思想理念、采用科学的维修方法和手段，都离不开维修管理的科学化、精细化。目前，在推行科学维修的过程中还存在着一些不容忽视的问题，而导致这些问题发生的重要原因就在于现行的管理注重结果多、关注过程少；重视重要及重大工作多、关注细小环节少；布置任务和提出要求多、督促检查措施少。简而言之，就是管理不精细导致了维修操作不到位。在维修作业管理中，如果计划不细、任务笼统，缺少对维修过程的实时控制，就将导致偏差得不到及时纠正，形成隐患，影响维修质量和安全，降低维修效率和效益。可见，要推动科学维修进一步深入，必须在维修管理上有所突破。将精细化管理作为重要手段，吸纳其基本的理念、原则和方法，既可以改进航空装备维修管理本身，又能够优化维修内容、整合维修专业、创新保障模式、强化质量安全、合理配置资源，用精细化的管理推动科学维修向信息化、精确化的方向发展。

6.3.2 提高装备整体效益的有效途径

随着装备技术含量增加，装备维修保障费用越来越高，在装备全寿命费用周期中占的比例也越来越大。美军装备维修费由 20 世纪 80 年代年平均 353 亿美元，增加到 90 年代 461 亿美元，进入 2000 年后上升为 484 亿美元；其占军费的比例，由 20 世纪 80 年代年平均 13.1%上升到 90 年代的 14.2%；维修费与装备费比例，由 80 年代的 0.44：1 增加到 90 年代的 0.82：1。据统计分析，现代装备的使用维修费用占全寿命周期费用的比例超过 60%，一些高技术装备增至 80%，已成为装备全寿命费用的主要组成部分。因此，重视和加强新时期装备维修保障建设，强化装备管理，抑制需求增长，推进技术发展，不仅对提高装备维修保障效益有直接作用，而且也是提高装备建设整体效益的有效途径。

航空装备维修保障精细化管理是提高航空装备维修保障综合效能的重要途径。综合保障效能包括维修保障质量、安全、效率和效益，提高维修保障综合效能的目的是用最少的人力、物力、财力和以最高的效率、最好的质量完成维修保障任务。要实现这一目的，一方面要实现维修资源的优化配置，保证优质与高效相协调；另一方面，在经费紧张的情况下，要将消耗和效益作为重要指标。这些正是精细化管理所追求的目标。因此，可以通过推行精细化管理提高谋划、控制航空装备维修保障活动的能力，使高质量、高效率、高效益相互协调，为空军航空兵作战训练提供更有力的保障。

6.3.3 为部队全面推行精细化管理提供经验方法

航空装备维修保障工作直接关系到飞行安全，关系到航空兵战斗力的巩固与提高。为此，空军装备系统确立了新形势下的航空装备维修安全观，提出要以质量为核心，努力实现个人维修零差错、单位保障零事故，大力推进精心维修、依法维修、科学维修，降低机械原因严重飞行事故万时率，为完成作战训练任务、提高部队战斗力提供可靠有力的保障。在维修体制、技术、手段都还没有重大变化的情况下，要实现"零差错"、"零事故"的目标，只能通过改进维修管理来寻求突破，运用系统科学的精细化管理理论和方法，在组织管理上"去粗取精"、"由粗及细"，以精心的态度、精细的方法实现操作上的"零缺陷"，从而做到"个人维修零差错、单位保障零事故"。

精细化管理是一种趋势，精细化保障作为一种全新的管理理念，是信息时代的产物，信息技术作为新的管理要素进入管理实践，将对传统的管理科学产生巨大的冲击，对旧的管理思维模式发生革命性的影响。首先在航空装备维修保障领域开展精细化管理，探索精确保障所带来的管理目标、内容、手段、方式方法的全新变革，积累新的管理知识，将极大地丰富军队管理科学的知识体系，从而为创新发展新的管理理论提供更充分的知识条件，为全军范围内开展精细化管理积累有益经验。

6.3.4 外军、民航航空装备维修保障精细化管理实践的价值启迪

第一，推行精细化管理首要的是做好系统设计。在航空装备维修保障领域推进精细化管理，需要整个管理流程体系进行优化设计，针对制约整个管理流程价值流动的障碍和瓶颈，在信息管理、计划制定、维修决策、过程实施、反馈控制等各项环节建立有效的管理流程。在维修保障价值流动上坚持以军事效益和经济效益相统一的管理思想，以增加价值和减少非增值活动为标准，从系统流程优化的角度推动维修保障精细化；在方法上针对具体型号装备，运用精确量化分析，通过建立的可靠的数据采集系统收集数据，建立模型，量化指标，形成全过程的持续流程改进。

第二，推行精细化管理要加强维修保障作业管理。从民航和外军推行航空维修保障精细化管理的过程来看，为实现对维修保障作业的精细化管理，他们通常采用了设置机构、建立制度、强化现场管理等多种手段，在关注航空维修保障作业结果的同时，更突出了对维修保障作业过程的管控。我空军在航空维修保障领域推行精细化管理，也需在优化维修内容的基础上，针对航空维修保障作业的流程、环节和相关人员，实行全要素、全过程管理。

第三，推行精细化管理要建立高效的维修保障质量控制体系。美空军针对航空装备维修保障的质量管理机构、管理流程及配套的法规制度非常完善，如有专门针对设备状况或维修流程的质量验证检查环节。民航为了满足适航性要

求，通过完善的质量保证体系，推广应用"零缺陷"和全面质量管理，成效斐然。就当前来看，我空军航空维修保障质量控制的深度还不够，流程和配套法规建设还有较大的改进空间。因此，要通过全面梳理质量控制工作，科学设置岗位，建立工作流程体系，以及完善质量检验、安全管理、信息统计分析等方面的法规，形成完善的质量控制体系。

第四，推行精细化管理还要充分重视精细化管理人才培养。推行精细化管理，离不开具备精细化管理素质的专门人才。美空军在推行21世纪精细化管理的初始阶段，开展了一系列有针对性的培训，造就了一大批精益六西格玛"绿带"和"黑带"，建立起了推进持续流程改进的专家队伍，为后续各项工作的全面展开奠定了坚实基础。民航在推进精细化管理过程中，也十分重视对人力资源的开发和利用，强调对作业人员的培训，积极探索和实践以人为本的科学管理方式，并取得了显著成绩。这些都表明，在航空装备维修保障领域推动精细化管理，需要培养一大批懂精细化管理、会精细化管理的各类维修人才。

6.4 推行航空装备维修保障精细化管理的思路、构想和途径

6.4.1 航空装备维修保障精细化管理的内涵与特征

1. 航空装备维修保障精细化管理的本质内涵

航空装备维修保障精细化管理是指综合运用精细化管理的理论、工具与方法，以精益维修、精准控制、精细维护、精确保障为理念，以持续提升体系保障能力为根本目的，对航空装备维修保障全系统、全过程、全要素实施科学管控的管理实践活动。即：围绕"物有标准、事有流程、管有系统、人有素养"这一终极目标，依据法规制度、依据质量标准，通过健全装备和人员岗位能力标准、建立维修工作流程、拓展信息系统管理功能、培养精准细实作风，管住工作流程定制、管住质安过程监控、管住维修行为规范，力求精确掌握飞机状态、精确调配保障资源和精确控制保障流程，让符合标准的人员在正确的时机、用适用的工具、按科学的流程实施维修保障，真正做到简捷、高效、安全、可靠。

这个概念的基本含义包括以下四个方面：

其一，航空装备维修保障精细化管理是精细化管理理论、工具与方法在航空装备维修保障领域的实践应用。这种管理必须遵循航空装备维修保障的一般规律和要求，必须体现精细化管理的思想精髓，还必须明确用到精细化管理的

具体工具与方法。换句话说，它的管理理念是精细化管理追求卓越、关注细节等理念在航空装备维修保障领域的反映和具体化，不是泛指航空装备维修保障活动的所有理念；它的管理工具和方法是精细化管理不同类型层次的工具方法在航空装备维修保障领域的直接运用及以此为基础的改造创新，而不是泛指所有的管理工具与方法。

其二，航空装备维修保障精细化管理以精益维修、精准控制、精确保障作为自己的独特理念。管理理念对管理实践活动具有先导性影响。精益维修更多体现的是对作业活动的基本要求，为输出高质量、高安全性的维修结果指明了方向；精确保障主要是对保障活动的基本要求，针对保障时机选择、保障方式与方法的采用、保障资源配置等方面，明确其基本的价值追求；精准控制则更多体现了对管理活动的基本要求，强调只有抓住关键细节，并对管理要素和过程的科学调控，才能达到"个人维修零差错"、"单位保障零事故"的目标。

其三，航空装备维修保障精细化管理的根本目的在于有效增强保障能力。由于组织的属性差异，军队推行精细化管理与地方企业推行精细化管理的终极目标显然是有区别的，航空装备维修保障系统不能直接产生战斗力，而是作用在航空装备上，结合飞行员的操作才能转化为战斗力。可见，航空装备维修保障领域推行精细化管理的根本目的就是提升保障力，考虑到航空装备维修保障系统保障能力的高低不仅反映在质量安全上，还反映在活动展开的效率上，因此，推行航空装备维修保障精细化管理的成效，不仅要看单个要素的能力增强，关注某一方面或子系统工作的改进、某一项目标的达成，更为重要的在于体系效能的提升，在于体系保障力协调、快速、可持续地增强。

其四，航空装备维修保障精细化管理的推行覆盖全系统、全过程、全要素。全系统即包括维修保障管理、维修保障作业、质量安全管控和维修保障训练等领域。全过程即贯穿于航空装备从列装到退役的整个寿命周期，囊括管理活动展开的计划、执行、检查和处理的各主要环节。全要素则包括维修保障人员、保障装备、备件、维修保障信息和保障设施等方方面面。精细化中的"精"是原则要求，"细"是途径方法，只有把航空装备维修保障精细化管理涵盖全系统、全过程、全要素，进而查找出制约体系保障力提高的关键细节，才能制定出具体可行的制度措施，实现管理出精品的自然结果。

2. 航空装备维修保障精细化管理的主要特征

(1) 管理活动的流程化。在航空装备维修保障管理活动中，流程化主要表现在三个方面：一是流程性的组织架构，即组织的层级结构与流程的层级结构相适应，职责分工与流程(或流程节点)代表的工作相一致，不应有矛盾冲突；二是管理的着力点聚焦于流程的持续改进，管理流程表达和所规范的是管理工作，无论是压缩自身的层级，减少管理流程运行的时间，还是扩大管理跨度便于资源整合，从而减少浪费、提高业务流程的运行效率，其着力点都在于流程的整合优化上，都落实在流程和流程体系的持续改进当中；三是以建立标准化的流程作为落脚点，工作具有阶段性，改进也是一步一个台阶地攀升前行，虽然每一项重要的管理活动都有可视化的流程支撑，而且流程的各个要素及其体系都有标准，但是如果离开了阶段性的流程标准化，就难以将改进后的流程及时固化下来，时间上不好纵向衔接，空间上难以横向推广，改进也只能是周而复始地原地徘徊。实践证明，伴随维修保障管理活动的深入，流程已不仅作为一种工作交流沟通的语言、一种工作模式，同时也是持续有效改进工作的有力抓手。

(2) 管理手段的信息化。信息化是精细化管理的重要特征之一，它强调通过快速、准确、真实的信息流动，优化信息采集、存储、分析与传递流程，从而强化信息沟通，消除部门壁垒，促进协同配合，使管理计划制定的依据更充分，内容更系统、更务实，使决策指令的发出更及时、更准确、更具针对性。维修保障管理手段信息化主要表现在两个方面：一是从信息的载体看，它以计算机网络信息平台作为基本的条件支持，信息节点形成对维修保障诸系统、各单元和关键岗位的全面覆盖，以此保证作业及管理信息的快速采集加工和及时的传输发布；二是从信息化的结果看，它以信息流主导资源流，即通过准确、可靠的装备维修保障信息流动，引导维修保障人员、各类保障资源的合理配置、投放与调整。

(3) 过程管控的精确化。在航空装备维修保障领域，过程管控的精确化主要表现在三个方面：一是在管控要素和管控环节的确定上，强调采用细化、量化与系统优化相结合的方法，对维修保障管理与作业活动的全过程进行全面客观准确的分析，抓住关键要素与关键环节，舍弃次要因素与环节，并以此作为制定计划和做出决策的依据；二是在管控方式的选择上，强调采用标准化、规范化的控制流程，以及科学的控制标准，确保管控效果持续稳定；三是在管控结果的处理上，强调具体问题具体分析，及时监督反馈改进成效，固化成功经验，纠正管控偏差，为后续的改进措施出台做好准备。

(4) 资源配置的集约化。在经济管理领域，集约化的"集"就是指集中，集中人力、物力、财力等生产要素进行统一配置；"约"是指在集中统一配置生产要素的过程中，以节俭、约束、高效为价值取向，通过精确控制达到降低成本的目的，确保核心力量集中使用，使竞争优势得到快速巩固和持续增强。在航空装备维修保障精细化管理实践中，资源配置的集约化主要体现在三个方面：一是在资源流动上，在特定时期或不同阶段，管理着力点不同，资源投放的数量、类型和时机就不同，要体现出"集"的要求；二是在资源使用上，强调以最少的投入换取最大的回报，体现"约"的要求；三是在资源总体配置上，"集"和"约"是有机融合的，不能为了"集"淡化资源属性，为了"约"刻意减少资源投放，结果对质量、安全以及整个系统运行造成负面影响。

6.4.2　推行航空装备维修保障精细化管理的总体思路

1．以信息化战争的作战需求为牵引

信息化战争的战场环境和作战样式发生了质的改变，航空装备维修保障只有与其同步转变，才能适应信息化战争的作战要求。首先，必须适应信息化战争快节奏和高精度的要求，提高信息的收集与处理能力，以精确、高效的指挥控制，使装备维修保障各单元、各子系统协调一致行动，最大限度地保障部队作战需要。其次，必须适应信息化战争高消耗的特点，实施精细化管理，精确预测维修保障强度、数量，缩小保障规模，承受巨大消耗。第三，必须充分利用现代信息管理技术，精细准确地筹划和运用各种保障力量，对"人员流"、"装备流"、"物资流"实施全程跟踪，并适时指挥和控制其接收、分发和调配，为战略、战役、战术各个层次的军事行动和各类人员提供及时准确的装备信息。

2．以航空装备科学维修理论为指导

科学维修理论是现代科学技术和航空维修相结合的理论，是建立在概率统计、可靠性工程、维修性工程、综合保障工程、系统工程、工程技术经济、断裂力学、故障物理、故障诊断、维修工艺和现代管理理论等现代科学基础上的综合性工程技术应用理论，用于指导装备维修的优化，使装备具有较高的可用性、可靠性、安全性以及最佳维修效益。背离科学维修理论，也就背离了航空维修保障的内在规律，精细化管理也不会取得成功。推行精细化管理，以科学维修理论为指导，就是要着眼装备全系统全寿命管理要求，以改善装备性能、提高保障效能为目标，紧紧围绕影响装备可靠性、维修性、保障性、测试性、安全性等重大问题展开，既要从宏观上做好保障体制优化、保障模式改革等总体设计，更要强调从操作层面做起，创新技术手段，改善方式方法。

3．以现代管理理论与工具为手段

精细化管理从科学管理起源，发展到今天已经形成了一个集理念、技术、方法于一体的理论与工具体系，诸如流程管理、精益理论、六西格玛管理、约束理论、平衡计分卡等理论和工具，这些理论和工具在解决组织面临的问题时各有侧重，彼此之间相互关联。航空装备维修保障作为一项复杂的系统工程，借助于这些理论和工具的应用，有利于科学设计维修体制，合理配置维修资源，保证航空维修系统的优化、维修活动的高效。在航空装备维修保障精细化管理

中，通过精细化管理理论和工具的应用主要解决航空装备维修保障预测、决策、规划、过程控制、效费分析以及综合评估等维修管理问题的途径、方法，按照全系统全寿命维修管理的要求，优化、再造航空装备维修保障流程，构建一体化、柔性的航空维修保障系统，发挥管理的系统整合和协同放大的功能，不断提高航空维修保障系统运行的绩效，保证航空装备维修保障的可持续发展。

4. 以维修保障信息化建设为基础

航空装备维修保障精细化管理要以我军维修保障信息化建设为基础，通过加快综合信息化管理系统建设，深化信息技术应用，强化信息管理，将信息要素融入到航空装备维修保障全过程，贯穿到航空装备维修保障的计划决策机制、组织领导体制和评价监控机制的各领域；通过虚拟现实、模糊逻辑、神经网络、人工智能等信息技术的应用，突破时间、空间的限制，提高维修保障计划决策的科学性，推动维修管理创新和组织创新，改善维修的经济性和有效性，实现航空装备维修保障全时段、全过程、全要素精细化管理。

5. 以培育精细化管理文化为重点

精细化管理是一个把经验提炼为规则、把规则训练为习惯、把习惯沉淀为素养的文化培育过程。在这个过程中，人既是管理活动的主体，又是文化、理念的载体，还是管理客体诸要素中最活跃、最积极、最具有能动性和影响力的核心要素。推行航空装备维修保障精细化管理，应以培育精细化管理文化为重点，并与航空机务文化建设紧密结合起来，使之成为机务文化"维修作业、维修管理、维修安全"主题文化与时代同步发展的又一主题文化——精细化管理文化，努力营造追求精细的文化氛围，培养精细管理的思维习惯。培育精细化管理文化，要坚持以人为本的理念，精细化管理每深入一步，都要组织开展相应的理念培训和技术工具培训，让广大机务人员真正理解掌握精细化管理的意义、价值内涵和方法、手段，使精细化管理成为大家的自觉行动。

6.4.3 推行航空装备维修保障精细化管理的基本构想

1. 力促维修保障作业精细化

(1) 要科学确定维修保障作业内容。维修保障内容的科学性是推行维修保障作业精细化的先决条件。要确定哪些维修保障工作值得做、有效果，其主要方法是进行可靠性分析，运用精确的数学模型开展可靠性及维修保障效能评估，并把故障后果作为制定维修策略的主要依据。在这些工作的基础上，对维修保障工作的价值进行科学评判，据此确立哪些维修保障工作需要做，做到什么程度是合适的。

(2) 要合理配置维修保障作业分工。维修保障作业涉及基层级、中继级、基地级三个层次，从系统的观点看，维修保障能力的发挥，很大程度上取决于维修保障作业分工的合理分配，也就是说，某项维修保障工作让谁来做系统效能更，高就分配于谁。要做到这点，运用可靠性分析中的逻辑决断图等工具确定各层级的维修保障内容，不失为一种好的方法和途径。比如，对航空兵旅团机务维修保障作业中的一线维护保障、周专检工作、定检换发等等工作界面的精细划分，对团修理厂修理能力、军区空军中心修理厂的部附件修理等任务划分及能力提升的精细规划。

(3) 要优化改造维修保障作业流程。一是对维修保障作业的工序进行梳理，针对每一项具体工作，消除怠工和闲置时间，尽可能删减不必要的工序，或者对一些工具使用、控制动作进行合并，使每一项维修保障作业的工序组合顺序合理，操作更加简化；二是建立健全维修保障作业及管理标准，依据条令条例、航空机务法规、具体的规章制度和管理目标，对作业流程中每个阶段、每个环节的管理标准和目标要求进行细化、量化，建立一套精细化的管理标准体系，从而有效解决航空维修保障作业不规范的问题；三是形成科学的维修保障作业流程体系，在对所有维修保障作业优化分析的基础上，形成一套完整的作业流程体系，使得各航空维修保障人员对航空装备进行维护、保养、监测、排故、定检换发、修理和飞行保障等工作时，能够按照规定的流程标准方法执行，最终使航空维修保障作业实现精细化管理目标。

2. 力促维修保障管理精细化

航空维修保障管理，是为了完成预定的维修保障任务，有效地实现维修保障目标而合理组织、计划和使用维修系统的人力、物力、财力，以及实践和信息的全过程。实现维修保障管理精细化应从三个方面入手：

(1) 调整维修保障组织结构。为解决职能划分、资源分布、信息沟通、责权设计中的精细化管理问题，有必要在维修保障计划制定、质量控制、质量检验、安全管理等方面确立和完善新的管理机制以及相应的管理机构，也就是说对航空维系保障系统的职能架构进行优化与再设计。这里特别要强调两条原则：一是无重复、无遗漏原则，要求所有的事情都有机构实施管理，而且不交叉，避免责任缺失和多头管理问题；二是责任分离不相容原则，设置的管理机构必须责权一致，尽可能地减少内耗，以增强系统的整体效能。提醒注意的是：在现有体制编制框架下，管理机构的设立应尽可能符合流程性组织的要求，比如，在团修理厂设保障装备修理机构，负责维修保障装备的一般性修理；在中心修理厂成立维修和周转中心，除了完成保障装备的深度修理任务外，还能为送修单位和外出执行任务的单位提供周转保障装备，形成中心修理厂、航空兵团修理厂和保障装备使用单位相衔接的维修保障装备的维修体系。

(2) 再造维修保障管理流程。运用流程管理理论对现有核心管理流程进行局部的简化、整合、增加、细化，甚至对其进行重新设计，以解决分工过细、部门壁垒、信息孤岛等问题。比如，通过建立航空机务指挥中心，理顺跨部门的管理工作流程，将航空维修保障所涉及的飞行指挥、机务、航材、军通、油料及运输保障等方面有机联系起来，缩短信息流动的路径，达到提升管理效能的目标。这里应注意的是：流程再造不能仅局限于某个具体流程局部，而应是点、线、面的结合，同时综合借鉴战略管理、项目管理、知识管理以及信息化手段等方法工具，推动流程系统的优化整合，从而提升航空维修保障的管理效能。具体做法，可以先分析航空维修保障系统的任务和目标，然后通过约束理论查找系统现有管理流程中的问题及产生问题的根本原因，最后通过科学性、可行性判断确定优化或改进或再造方案，出台新的管理流程，并在运行中不断持续改善，形成一个周而复始的改进优化循环。

(3) 强化维修保障计划管理。从外军、民航计划管理的实施情况看，增强维修保障计划的准确性和管理水平，取决于三点：一是实施可靠性管理。维修计划是一种提前控制，如果数据资料不全、随机性大，就会与实际工作产生较大偏差，甚至无法按计划执行。大量准确可靠的数据是维修保障计划制定的基础。由于航空兵旅团装备的飞机数量有限，数据较少，可成立可靠性工作程序及机构，依托航空维修信息系统与其他同机型部队进行数据共享。二是建立维修决策支持系统。通过数量化法来计划任务的时间安排、资源分配、轻重缓急排序，保障能力与维修任务之间的平衡，进行决策。三是建立维修保障计划的动态管理机制。航空维修保障工作取决于航空装备自身属性和飞行训练任务的遂行等因素，具有很强的被动性，维修保障计划经常需要修正，特别是短期计划，对同类性质、不同期限的维修保障计划来说，短期计划是通过对长期计划的分解得来的，因此，当短期计划被更改时，必然会影响到中长期计划的修正。

3．力促维修保障监控精细化

(1) 建立科学的质量控制目标。按照全系统、全寿命的管理思想对航空装备维修保障质量进行管理和监控，围绕保障效能提升，对航空维修保障的质量目标进行层层分解，得出科学合理的考核管理指标，据此对航空维修保障系统实施全人员、全要素、全过程的维修质量管理和监控，旨在致力减少维修差错或违规操作等影响质量安全的事件发生。

(2) 建立完善的质量控制流程。质量检验、信息统计、安全监察等工作技术性强，且存在很强的关联性，很多工作是由多个部门共同完成的，因此，从事这些工作的人员应具备相应的资质和能力，而且每一项工作都必须有规范的工序和流程，同时这些工作之间的关系必须细化明确并制定相应的管理标准，从而使维修保障质量控制工作所涉及的各单位、各环节、各完成人员，以及各工作单元之间实现良好的衔接配合。只有建立起完善的质量控制流程，才能使从事相关质量控制工作的人员明确某项工作由谁负责，所需信息从哪儿来，你的工作信息送到哪里去，怎么干。

(3) 建立系统的安全评估机制。实行安全风险评估并健全完善相应管理机制，对于促进安全工作由事后处理转为事前预防、由经验管理转为科学管理以及增强安全管理的主动性和针对性有着重要的意义和作用。航空装备维修保障安全风险评估就是依据安全风险评估的基本理论，运用系统分析方法，对维修保障单位内存在的各类不安全因素、发生这些不安全因素的原因、不安全因素的转化条件及可能造成的后果进行综合分析，进而对该单位的安全性做出正确的评价。由于航空维修保障系统涉及面广，需要评估的项目多，评估工作应由专门的组织机构、专职的工作人员，严格按照安全标准和技术规范，合理确定评估内容，科学运用评估手段，对固有、潜在的危险源进行识别和分析，做出定性、定量的安全评价，确定系统的风险等级。

4．力促维修保障训练精细化

(1) 完善一体化训练平台。航空维修保障训练是根据维修保障人员的技术状况和完成维修保障工作所需的技术要求，组织维修保障人员进行的有计划、有科目的系统培训。我军目前已经形成院校、基地、工厂、部队"四位一体"的航空机务教育培训体制，初步搭建了一体化训练平台，虽然取得了一定成效，但从实践情况看，还有许多不尽人意的地方。诸如院校、基地培训内容针对部队实际弱，训用脱节，对接不畅；部队组织培训能力弱，工训矛盾突出，按纲施训流于形式；工厂企业见习性安排多，实质性培训少，能力提升有限等等。因此，要持续深化一体化训练平台的内涵建设，真正形成以空军机关为主导，院校、基地为主体，以研制厂家为支持，以信息网络为支撑，以部队在职训练为辅助的维修保障训练体系。特别是部队日常的机务训练，应从其职能作用入手，依托部队机务训练研究中心场所设施，依靠部队各专业主任、高级工程师以及研究生学历军官，系统规划人员编制构成、兼职教员队伍建设、按纲施训方案制定、培训资料和器材建设等，充分发挥部队在职在岗培训作用。

(2) 开展全任务科目训练。训练内容涵盖特定人员全部训练科目，主要培训类型有四种：一是初次任职培训。主要为已完成了特定入门课程，但没有航空维修保障经验的受训人员设置。二是换装培训。由于配备的航空装备更新换代，为形成新装备的维修保障能力，需要对维修保障人员进行培训，但这些人员具有其他型号航空装备的维修保障经验。三是恢复性培训。主要针对已完成初次任职培训或换装培训，中途因脱离工作岗位后，需要重新返回工作岗位的受训人员。四是深化培训。这是为获得更高的任职资格、技能等级的维修保障人员而进行的晋职、晋级训练。

(3) 健全各种类训考体系。航空装备型号众多，即使同一岗位的能力要求也是多元的。因此，"训什么？""达到什么标准才合格？"组织训练时必须搞清楚。这就需要在认真梳理航空维修保障系统内各岗位的能力需求之后，对维修保障岗位的资格要求进行系列性的科学规范，并配套确定相应岗位的能力标准，然后据此制定培训计划，从而达到有针对性且高效地解决"训什么"的问题。而对于是否具备上岗能力的确认，必须通过专业技能鉴定和持证上岗等手段来进行考核。由于航空维修保障工作对质量安全的要求很高，培训效果的确认还需要充分考虑岗位的实际要求，从理论和实践等方面进行综合评估，这就需要除了考核方案的科学性和鉴定机构的资质能力之外，还应积极推行第三方鉴定机制以保证考评效果的可信度。

6.4.4　推行航空装备维修保障精细化管理的实现途径

1．建立航空装备维修保障精细化管理组织指导机构

推行精细化管理是一项复杂的系统工程，工作头绪多、参与人员多、涉及领域多，因此，必须依托现行组织架构成立专门的组织指导机构，专责规划、处理、协调推行精细化管理的各项工作。空军机关成立航空装备维修保障精细化管理指导委员会，军区空军成立航空装备维修保障精细化管理领导小组，航空兵师、基地旅、院校和训练机构成立航空装备维修保障精细化管理办公室，由各级副职担任相应组织机构的负责人。图 5-2 是美国空军为推行 21 世纪精细化管理建立的相关组织机构。

2．建立航空装备维修保障精细化管理法规制度体系

推行精细化管理，需要建立专门的法规制度，主要包括总体规划、指导手册和体系文件三部分内容。总体规划，属于宏观层面的法规性文本，对航空装备维修保障领域实施精细化管理进行说明，《美国空军 21 世纪精细化管理》就是这样的文本。指导手册，属于中观层面的法规制度，是各级组织指导机构开展精细化管理工作的依据。体系文件，是各个工作领域的操作规程，无论是决策层、管理层，还是外场、修理厂等一线作业层面，都需要按照流程性组织运行的特点和规律对工作领域进行划分，建立起相应的体系文件；同时，还应随着航空装备的更新换代、机务人员的构成变化、装备保障模式的改革要求做出相应调整，实现动态和持续改进的精细管理。

3．建立航空装备维修保障精细化管理网络信息平台

推行精细化管理，需要切实发挥信息技术在管理方式变革中的推手作用，

必须科学搭建航空装备维修保障精细化管理网络信息技术平台，至少应包括五个子系统：一是指令分发系统，用于各级机构之间按照计划安排与绩效指标要求布置任务、反馈信息、交换意见建议，并预留与军队管理自动化系统交联的网络接口。二是作业管理系统，按照作业流程展开顺序，将外场、修理厂、航材供应等工作领域串接起来，上与指令分发系统对接，下与装备自身的管理信息系统对接，使整个管理链条上的每个关系人员都能及时掌握装备状态。三是质量安全管理系统，实时采集信息判断作业流程的输出结果是否符合质量安全标准，具有控制作业流程关键节点和环节的权限。四是机务训练管理系统，包含常规训练和精细化管理培训，系统运行受指令分发系统控制。五是知识管理系统，以策略和流程的形式对所涉及领域专业知识和技能进行识别、获取并加以运用，细分为信息获取、协作交流和推广应用三部分，该系统将推动整个航空装备维修保障系统转型为学习型组织。最终把这几个系统融入我军的通信信息基础网，实现互联互通，最大限度发挥信息平台的作用，助推航空装备维修保障精细化的高效运行。

4. 建立航空装备维修保障精细化管理专门人才队伍

精细化管理之所以能够引领组织持续改进、走向卓越，一个很重要的原因是它将运筹学、统计学、博弈论、系统工程等大量先进的学科理论引入到了管理活动中，从宏观决策到微观操作，都将"拍脑门"、"想当然"等粗放、随意的管理习惯拒之门外。精细化管理的运行，靠的是信息、数据，其庞大的工具体系中，大多具有很强的专业性，因此，实施精细化管理，必须培养建立一支具备精细化管理能力素质的专门人才队伍，这样才能使精细化管理顺利推行起来。首先，应根据人员构成及其角色定位分类、分级进行培训。类别上可分为核心骨干培训和一般人员培训两类，其中核心骨干培训分为三级，分别对应空军机关、军区空军和航空兵师(基地旅、院校、训练基地)。一般人员培训再细分为若干类，不同类别培训的内容、重点和要求各有侧重。其次，在精细化管理推行的不同阶段，确定不同的培训重点和要求。一般而言，在精细化管理推行之初，主要开展理念培训，重在提高思想认识；在改进项目实施前，主要开展项目培训，重在掌握与改进项目和工具相关的专业知识；在项目实施过程中，主要开展操作培训，重在进行操作技能和方法的培训。第三，培训必须严格规范。不仅要对承训单位、培训内容和标准做出明确要求，还必须对培训效果进行跟踪和评估，建立相关人员的资格认证机制。美国空军在推行21世纪精细化管理的过程中，为接受培训的各级人员都规定有严格的认证条件和程序，从制度上保证了培训质量。

第7章　航空装备维修保障精细化管理的内容体系

航空装备维修保障精细化管理是以科学管理为基础，以精细操作为特征，通过全面、全员、全过程地进行精细决策、精细计划、精细操作、精细控制和精细考核，重点提升和强化执行能力，最终目的是确保各项工作的质量安全与全面落实。航空装备维修保障精细化管理是一项复杂的系统工程，其内容涉及到航空装备维修保障的各个方面，主要包括目标计划体系、环节流程体系、质量标准体系、过程监控体系、考核评估体系。

7.1　目标计划体系

目标管理(Management By Objectives)的创始人，美国纽约大学教授彼得·鲁克提出："目的和任务必须转化为目标。如果一个领域没有特定的目标，则这个领域必然被忽视。目标明确以后，为了把事业推向前进，必须将目标展开，分解为系统内部每个单位和每个人的目标。"

所谓管理目标，是指根据一种理念，结合自身的实际和特点所形成的价值导向和追求，是系列活动的中心和集合点，决定着活动的方向和所要达到的根本目的。建立完整的目标计划体系就是通过在组织内部建立起纵横联结的完整的目标体系，把组织中各部门、各专业、各类人员都严密地组织在目标体系中，明确职责、划清关系，使每个人的工作直接或间接地与组织总目标联系起来，这样才能使人员看清个人工作目标和组织目标的联系，了解自己工作的价值，从而激发其关心组织目标的热情。

建立目标计划体系，重点是解决组织上的目标分解和细化，目的是将组织目标变成工作环节目标和单位(个人)目标。为使航空装备维修保障目标更加明确，克服目标模糊问题，并利于对目标的掌握，目标计划体系的制定要以现代战争的需求为牵引，以信息化技术在装备上的大量运用，我国的国情、军情，以及外军和我军的经验等为依据。任何管理活动都是围绕相应的目标开展的，航空装备维修保障精细化管理也不例外。航空装备维修保障精细化管理的目标就是根据精细化管理的理念，以能打仗、打胜仗的总要求为核心，结合模式机制改革、体制编制调整的实际，不断提高航空装备维修保障的能力。

7.1.1　目标计划体系构建原则

航空装备维修保障精细化管理目标需要根据航空装备维修保障目标才能确定，在制定航空装备维修保障精细化管理目标时应遵循的基本原则是：

1.　瞄准未来战场需求

在军事领域所开展的所有活动均是围绕战斗力提高而进行的，战斗力标准是衡量部队一切活动的唯一标准，航空装备维修保障活动也不例外。在制定航空装备维修保障精细化管理目标计划体系时，必须紧紧围绕战斗力提升，瞄准未来战场对航空装备维修保障的要求而进行。

2.　立足现有武器装备

目标计划体系的制定一定要符合实际，立足现有武器装备水平及其配套设施建设水平，如果脱离了实际情况，则如同水中月镜中花一般，中看而不中用，反而会降低航空装备维修保障水平。

3.　兼顾军事经济效益

航空装备维修保障活动是在一定的社会、经济、自然环境中进行的，其所需要的物质资源也同样来源于外界环境，因此，在制定航空装备维修保障精细化管理目标计划体系时必须兼顾军事、经济和社会效益，制定相应的军事、经济和社会目标，唯有如此，航空装备维修保障活动才能健康地不断向前发展。

4.　不断创新管理手段

信息化条件下，知识呈现出爆炸性增长的特点，新的管理理念、管理手段不断涌现，必须紧盯科技发展前沿，不断更新理念，唯有如此，才能使制定的目标计划体系更加科学、更加便于实现。

7.1.2　目标计划体系构建过程

航空装备维修保障精细化管理目标计划体系构建过程如图7-1所示。

精细化管理目标的细化一般有两种方法：一种是横向细分(按工作领域分)，将总目标按照工作的领域分解为有机联系且相对独立的目标。另一种是纵向细分(按业务隶属关系分)，将总目标分解到各个单位甚至到人，形成系列目标。通过对总体目标的层层细化分解，使总体目标在单位内部建立起一个纵横联结、立体全面的目标计划体系，这样就把各部门、各类人员都纳入在总的目标体系

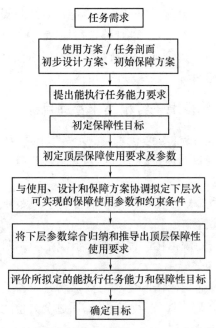

图 7-1　航空装备维修保障精细化管理目标制定过程

中，使每个人的工作目标都与单位的总目标挂起钩来，使大家都能了解自己的工作价值，以有利于强化单位职能，从而围绕总体目标来开展工作。

在构建目标计划体系的过程中，必须注意以下几个问题：

第一，有明确的目标依据。通常情况下，目标应满足这样的条件：能明确人员的任务，指明工作方向；能指导组织有效分配资源；能为组织创造军事效益和经济效益；能衡量组织运行的效果。航空装备维修保障精细化管理的目标依据就是根据作战任务和装备性能确定的保障目标。

第二，有健全的目标体系。必须依据组织所承担的职能任务，立足实际特点，把先进的理念转化为可操作的管理行为，把远期发展规划转化为各阶段的具体目标，分解成年度的目标任务，直到具体岗位与个人。总目标指导分目标，分目标保证总目标，构成一个全面的目标体系，并围绕目标的实现展开一系列的管理活动。目标体系主要由信息目标、物资器材目标、人力目标、经济目标、社会责任目标等方面目标组成。

第三，有良好的目标协调。目标应当是立足现在、面向未来的，所以在构建目标体系时，应当考虑到组织未来可能面对的环境及机遇的变化。每个目标都不是独立的，都是组织目标管理的一部分。目标管理应体现各个目标、各个人员、各个部门之间的协调与协作。

第四，有科学的目标管理。要对各个方面进行质量设计并全部进行质量控制，紧扣组织战略目标，将凡是影响目标的因素都纳入强化管理的范畴；要紧紧抓住管理的每一环节、每个阶段的质量管理，以阶段性目标的达成，保证各项工作能紧紧围绕着总目标，确保总目标的实现。

7.1.3 航空装备维修保障一线精细化管理目标

尝试推行"以工卡为载体、以流程为中心、以体系为平台、以机组为主体"的精细化管理模式，通过对航空装备维修保障一线进行精细化管理，以期实现以下七个方面的目标：

(1) 通过目标体系的规范化，提高决策能力和决策质量，确立科学目标，实现目标决策"零失误"。

(2) 通过组织架构的规范化，优化维修组织结构，明确管理部门职能，更好地发挥维修组织机构效能。

(3) 通过岗位设置的规范化，合理设置维修一线各类工作岗位，明确界定工作内容及责权关系，确定岗位素质标准，通过全方位的岗位培训，满足维修管理和作业岗位工作要求。

(4) 通过管理流程的规范化，规范、优化和再造维修一线管理流程，消除"重叠"，连通"断点"，拉直"走向"，保留有效活动，改造低效活动，消除无效活动，不断构建完善的业务流程管理体系，实现组织模式由等级控制式管理、职能控制式管理向流程协调式管理转变。

(5) 通过信息系统的规范化，构建横向互联、纵向贯通的维修信息网络，开发安全、高效的维修作业管理系统和维修管理信息系统，加强维修信息应用，实现对维修作业的计划控制和跟踪管理，提升维修一线保障质量和效益。

(6) 通过运行机制的规范化，克服和消除管理理念、管理习惯、管理素质和管理体制"四大制约"，确保航空维修管理体系的稳步、健康、高效运行，激发机务人员的积极性、创造性，实现航空装备维修保障工作又好又快发展。

(7) 通过文化建设的规范化，引导机务人员的价值取向，改变机务人员的行为方式，培育机务人员的价值观念、行为准则和道德规范，构建特色鲜明的航空机务文化。

7.1.4 航空装备维修保障一线目标计划体系建构

航空维修保障一线的目标计划体系包括：基于任务目标、质量目标和安全目标的目标规划、计划制定、目标决策和目标管理。

1. 目标规划

1) 任务目标

(1) 飞行任务目标。指作战、战备任务和飞行训练任务要达到的目标，通常用各项指标来表示。如：时间、架次、科目等。飞行训练和作战战备任务目标通常由空军下达，各业务机关和航空兵部队根据飞行任务指标，制定装备管理和保障任务指标。

(2) 保障任务目标。指为了完成飞行任务而进行的一系列工作、任务所要达到的目标，通常用机务指标来表示。如：任务成功率、千次率、航空装备使用计划等。

(3) 特殊任务目标。指为完成紧急、特殊、重要飞行任务而要达到的目标。

(4) 培训任务目标。指机务大队根据岗位需求，确保从岗人员胜任本职工作岗位而设定的培训目标。重点放在学员应该掌握什么、达到什么素质能力上。如：培训结束，使学员能够说出自己工作岗位的工作内容和相关业务流程，达到胜任本职工作的能力；使新师新员能够说出飞行组织结构图的结构层次关系等。

2) 质量目标

(1) 人员素质目标。通过持证上岗管理、人员在职培训、关键岗位培训、骨干队伍建设等，提升人员素质而达到的目标。

(2) 装备质量目标。包括飞机、机载设备和维修设备质量等，通过检查、维护、修理、整顿等，提高飞机、设备质量，由优质机率、完好率、故障率、质检合格率等体现。

(3) 工作质量目标。包括各级各类人员从事管理、维修、保障等方面的工作质量。如：维修作业人员第一手工作质量，干部检查飞机、专项质量检验、工作业绩考核等。

3) 安全目标

(1) 飞行安全目标。指飞机空中安全，由管理和保障工作来实现，通过飞行特情处置预案、重大事故(含自然灾害)处置预案等来保障。

(2) 机务安全目标。指维修管理和保障工作安全，用"双零"指标(个人维修零差错，单位保障零事故)来衡量，通过检查、维护、修理、整顿来保障，用优质安全机务大队、安全教育计划、安全整顿计划、单机维修质量整顿等来支撑。

(3) 保密安全目标。指文件资料安全、计算机网络安全、信息技术安全等，通过文件资料管理安全措施、计算机使用保密管理、网络保密措施、保密安全教育计划等做保证。

2．计划制定

将确定的目标，分解为机务建设三年规划、五年规划，年度机务工作计划、季度计划、月计划、周计划、日计划，以及专项工作计划等(图 7-2)。

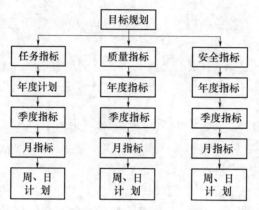

图 7-2　目标计划关系图

制定目标计划时，需要把握以下三个重点：

1) 任务目标重点

(1) 飞机、发动机使用符合 GK-FLAMSMS-A1《制度规范》1.5.4.1 规定。

(2) 针对不同的特殊、紧急和重要任务，制定应对的保障预案和针对性训练计划。

(3) 维修保障计划特别是月以下计划，要有预见性，尽量减少本单位"临时性计划"。

2) 质量目标重点

(1) 作战部队飞机完好率不低于 85%，其他部队按空军有关规定。

(2) 人员训练、培训内容及时间指标达到空军要求。

① 航空机务训练内容按照训练大纲和专项训练计划的规定执行。参训航空机务人员应当达到实力人数的 80%以上。其中应急机动作战部队、战略预备队必须达到实力人数的 85%以上。

② 年度训练时间不得少于 240 小时，其中士兵、军官的单个日常训练时间不得少于 180 小时，单位整体训练时间不得少于 60 小时。士官、军官的自主训练时间占训练总时间的 20%。

③ 士兵、军官和单位的年度航空机务训练综合成绩应当达到及格以上，其中应急机动作战部队、战略预备队所属航空机务单位，年度航空机务训练综合

成绩必须达到良好以上。

④ 保证关键岗位人员的岗位任职要求，制定(培训)计划，必须在岗位将出现空缺时开始，空缺现实发生时完成。

(3) 飞机质量要符合各型飞机《单机质量整顿内容和标准》要求。

3) 安全目标重点

(1) "双零"(个人维修零差错，单位保障零事故)指标，必须落实到各专业安全预防措施中，落实到每一个环节、每一个岗位。

(2) 机械原因地面事故征候不大于1‰。

(3) 制定安全目标计划时，应考虑人员紧急避险、飞机紧急疏散的教育训练内容。

(4) 加强风险管理，采取积极措施，把事故、差错和事故征候控制在可接受水平以下。

3．目标决策

1) 制定目标要求

(1) 具有客观的目标体系，决策切合实际，通过努力可以实现。对制定的目标行为必须可控，不可控的目标不能决策。

(2) 具有足够的有用信息，收集影响目标决策的人、机、料、法、环等信息。

(3) 恰当的决策时机，例如：任务形势变化体制编制调整，装(设)备换装，主要领导变更等时机。

(4) 科学的决策方法，领导设计、全员参与、专题研究、集体审核。

(5) 克服情感、情绪和思维惯性对制定目标的影响。

2) 制定目标原则

"SMART"原则具体如下。

(1) 明确性——S(Specific)。明确性原则就是所下达的目标要非常明确，不允许用模糊的数据或语句来描述。

(2) 可衡量性——M(Measurable)。可衡量性就是指标可以量化、可以衡量。

(3) 可达至性——A(Attainable)。可达至性就是目标是经过一定的努力能够达到的。

(4) 实际性——R(Realistic)。实际性就是下达目标要切合实际，每一个单位、每个岗位都可操作。

(5) 时限性——T(Time－Table)。时限性就是要规定一个期限。规定在什么时间之内完成任务或实现目标。

3) 制定目标程序

(1) 收集信息。信息是制定目标的基础。全面收集有用信息，信息来源主要有当前国内(国际)航空装备发展形势、维修保障现状，有关条令、条例、法规、规章制度、上级保障要求、机务大队日常保障信息、各种数据、质量控制室统计资料、总结和航材保障能力等资料。

(2) 进行调研。调研是制定目标十分重要的手段。通过调研可对官兵思想动态、对上级指示和保障装备情况有充分的了解和掌握。通常采用问卷、座谈会等形式进行调研。

(3) 专题研究。专题研究可纠正目标偏差。机务大队长组织大队干部、中队长(厂长)、专业主任进行专题研究，对获得的各种信息进行分类整理、正确处理、择优选择，认真分析各种条件、详细拟订目标方案。

(4) 集体审核。集体审核能确保目标的准确性。目标计划制定后，组织集体审核。集体审核分为党委审核和民主诊断。党委审核保证制定的目标不脱离上级的指导思想和政策。目标计划能否顺利执行，能否执行到底，与上级认可和支持有直接关系。民主诊断可较好地调动官兵积极性，激发主动性和创造性，使官兵把制定的目标当作自己的选择，让大家朝着既定的目标奋斗，可较好地保证目标的实施和贯彻。

(5) 发布目标。

① 按规范格式成文，下发各机务中队、修理厂，上报上级业务部门。各单位组织学习讨论，使全体官兵明确奋斗目标，掌握各阶段采取的具体措施。

② 收集有关信息。机务大队逐级收集对目标计划的意见和建议，并由大队质量控制室汇总、整理、分析、归纳，上报大队领导。

③ 修订目标规划。根据部队反馈的信息和大队领导指示，再次修订目标规划，消除偏差，减少失误，提升决策质量。

④ 实施目标规划。报大队长、教导员签发，部队执行，并上报师装备部和团司政机关。

4．目标管理

1) 目标管理要求

(1) 总体目标必须转换为单位部门(中队或专业)年度计划、季度计划或阶段计划。

(2) 将计划进行有效分解。通过组织结构设置，把年度计划分解到各单位各部门。

(3) 各单位、部门根据上级计划，结合本单位部门实际，需将上级计划再继续分解(细化)到每一个具体机组(岗位)，并规定完成时间。

2) 目标管理内容

目标管理包括目标的计划、决策、分解、执行、检查和修订(图 7-3)。

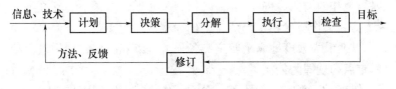

图 7-3　目标管理

目标管理就是自我管理，工作到人、责任到人。完成闭环管理，可发现计划存在的薄弱点，发现执行过程中存在的管理和落实漏洞。针对问题及时纠正偏差，加强监控，确保目标贯穿到装备保障全过程。

3) 目标管理方法

目标管理通常采用跟踪问效的方法。一是目标卡。一般用于目标小、内容少、时间短和人员少的情况。二是跟踪单。一般用于目标大、内容多、时间长和人员多的情况。但对于工作繁忙、时间紧张的情况，不易采用跟踪单，而使用目标卡更为合适，以缩短填写时间。三是统一格式，纸张质量好，便于保存。

7.2　环节流程体系

任何组织管理活动都可以按照一定规律分解为不同的环节流程。环节是过程管理中最重要的组成部分，必须把管理工作环节作为航空装备维修保障精细化管理的切入点。按照管理的内在规律，突出管理过程中的主线和重点，研究确立影响质量的关键环节，使每类工作流程化。

建立航空装备维修保障精细化管理环节流程体系，首先，就是找工作环节。工作环节设计的基础是组织的发展战略、质量目标、质量标准、组织结构、职能分解、岗位设置。制定工作环节的意义，在于使管理者和实施者共同明白达到一种目标需要干哪些工作。其次，就是制定工作流程，将各个环节按照管理的内在规律，按时间或工作任务的衔接顺序将其连接起来。制定工作流程的意义，在于把原来以职能为中心的传统管理方式转变为以流程为主线、以职能为重点的新型管理模式。第三，流程图应环环相扣，上一级的输出点为下一级的输入点，如果一项工作的完成，要在不同工作人员之间经过一次以上的交接时，就会出现衔接问题。如果衔接不顺畅，就会浪费许多时间，这也是导致不能高效落实的一个非常重要的原因。

7.2.1 建立环节流程体系的基本原则

1. 以质量和效益为导向

把持续提高工作质量和工作效益，作为实现航空装备维修保障工作目标的中心任务，以期最大限度地满足航空装备作战训练和战场保障需求。

2. 以重点和规律为依据

寻找工作重点，确定工作环节；探索工作规律，制定工作流程。

3. 以瓶颈和短板为突破

破解瓶颈、补足短板是提高航空维修保障质量效益的关键。瓶颈是落实流程中工作任务出现的堆积点，这些堆积点的存在影响工作落实的速度；短板就是落实流程中最差的环节，影响整个工作落实的质量。

7.2.2 建构环节流程体系的一般过程

1. 根据价值链原理，建立航空装备维修保障业务流程的分类体系

根据价值链原理，按照职能设置和管理制度，将航空装备维修保障业务横向分类，纵向分级，形成结构合理、衔接顺畅、落实有力的航空装备维修保障业务流程的分类体系。

2. 落实流程分类体系，逐级逐项梳理各业务流程

以流程分类体系为指导，逐级逐项梳理业务流程，最终建立航空装备维修保障业务流程体系。流程梳理有三个层次。一是流程规范：基于现状，提出流程清单，对每一个流程，划清部门和岗位的职责，建立流程文件体系。流程文件含流程图、流程说明、机构职责矩阵。其中，流程图用专业图例，直观描绘流程；流程说明以文字表格形式，说明流程描述、机构岗位、风险控制点、相关制度；机构职责矩阵提出所涉及部门或岗位的详细职责分工。二是流程优化：通过清除、简化、整合等手段，优化现有流程。三是流程再造。通过组织结构调整、业务流程转换，对现有流程重构再造，重点解决：

① 这些流程有无相关计划，谁制定、审批?计划内容是什么？谁执行？

② 在这些流程中，哪些部门、岗位做什么活动，活动之间的关系是什么？

③ 这些部门和岗位做这些活动时受哪些条件约束？如何评价其质量？

④ 这些流程有无相关的控制点，谁监控？谁负责？有无考核？如何考核？

⑤ 这些流程有无相关报表？谁提交？何时交？什么内容？交给谁？接收者如何反馈结果？

7.2.3 构建航空装备维修保障环节流程体系的注意事项

第一，流程管理是精细化管理的核心内容。管理学家认为，"今天的管理已经发展到以流程为主导的时代"。在航空装备维修保障管理创新中，各部队分门别类建立了工作流程和管理流程，这是顺应时代要求、加强科学管理迈出的重要一步。但这只是开了个头，不少单位对流程管理的认识还不够到位，认为画了流程图就实现流程管理了，没有真正树立起流程管理的理念，掌握流程管理的方法。流程管理是对流程的顺序、方法和资源等要素实施有效的控制，能够提高组织的工作效率和执行力，降低运行成本、提升工作质量和控制安全风险。在航空装备维修保障管理中推行流程管理，对于领导机关来讲，主要是克服部门职能存在的组织协调难度大、管理成本高、运行效率低下等弊端，确立以提高战斗力为根本目的的思维方式，建立以流程为主导的行为方式；对于部队来讲，主要是让一线官兵知道做什么、怎么做，领导和机关随时掌握做没做、做得怎么样，解决执行不落地、末端不落实的问题。

第二，实施流程管理，流程的梳理和设计是前提。流程是对工作的描述和表达，梳理流程实质上就是梳理工作。当前流程梳理存在着方法不科学、层次不清晰、格式不规范等问题，有的缺乏总体规划，对建立哪些流程、怎么梳理心中没数；有的不懂得分级分类，零散繁琐、不成体系；有的流程图不规范不专业，只是把工作任务细分为若干步骤，至于谁来干、什么时候干、怎么干等要素不完整不具体，难以有效操作和推广。搞好流程梳理，要加强总体设计，按战略流程、核心流程、基础流程、支持流程细分归类，其中战略流程主要解决做正确的事的问题，核心、基础和支持流程解决用正确的人把事做正确的问题。在此基础上，按照管理层级和流程跨度分级整理，定流程、定责任、定标准、定方向，使各级各类人员知道做什么、怎么做、谁来做、做到什么程度，部门之间如何协同、如何考查。流程的梳理建立非一日之功，最有效的方法是抓大放小、先易后难，从核心流程、基础流程入手，抓住影响航空装备维修保障操作和管理的关键性问题和关键环节，设计建立简单、有条件运作的流程，逐步梳理完善配套的支持流程。

第三，加强流程管理，流程的有效执行是关键。首先，要把流程图转化为岗位标准化操作规范或指南，相关人员人手一册，落实到具体岗位、具体工作中。其次，加强针对性培训，把流程作为岗位培训的重要内容，采取以老带新、一对一训练指导的方式，使新兵一入伍、新学员一入校、新干部一上任，就有很强的流程意识，形成按标准规范、按流程办事的行为习惯。再次，建立配套的制度机制，对流程执行情况进行检查、监督和考核，运用行动后反思、警示报告等管理工具，发动全体官兵推进流程的执行、改进和优化。最后，实现流程自动化，利用计算机与信息技术，把单调乏味、重复性强的工作自动化，将数据采集、传输、分析工作自动化，将日常管理流程自动化，减少重复劳动，及时跟踪工作进程，监控流程运行状况，实施科学指导和全程管控，全面提高工作质量、安全监控和管理效益。

7.2.4　航空装备维修保障一线环节流程管理的基础

航空装备维修保障一线流程管理是"以工卡为载体、以流程为中心、以体系为平台、以机组为主体"的维修管理模式的具体体现，是精细化规范管理的核心，主要包括"工卡"和"流程"两个核心要素，包含管理制度、管理流程、管理标准、管理表单四个方面。要全面推行流程管理，首先就要实现这四个方面管理的规范化，从而为实现精细化规范化管理奠定基础。

1. 流程概念综述

流程(Process)，是为了完成某一工作目标而进行的跨越时间和地点的一系列有序的工作活动，有始点和终点，有明确的输入和输出，并且体现具体的执行者或执行机构。一般分为：一维流程和二维流程。一维流程也叫程序，它只描述了一系列工作活动的先后执行顺序，即先干什么、后干什么。二维流程不但明确了事情如何做，还明确了事情由谁来做、谁先做，更有利于工作落实和工作协调，流程线上的每一个人都知道自己先干什么、后干什么、什么时候(在哪个节点上)干。这样，不仅有利于工作任务的完成，而且有利于按流程建立作业和管理团队，培养维修保障人员的协作精神，使流程线上的所有岗位或机构都为一个共同目标而努力工作。

流程还有多种分类方式，可以从以下角度划分：

(1) 按重要程度划分，可分为核心流程和辅助流程两类。

(2) 按流程活动配合关系划分，可分为内在流程和外在流程两类。内在流程主要表现在作业流程，外在流程主要表现在管理流程。

(3) 按作业层次划分，可分为一级流程、二级流程、三级流程三类。

(4) 按维度走向划分，可分为一维流程和二维流程。参见定期检修控制程序图 7-4(一维流程)和安全监察工作流程图 7-5(二维流程)。

流程具有以下丰富的特性内涵：

(1) 普遍性。任何工作活动都是由流程组成的，做任何事情都有一个先后顺序，不管你认识到还是没有认识到，它都是客观存在的。

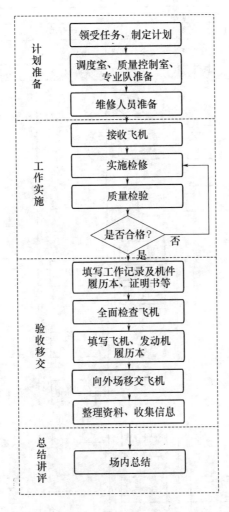

图 7-4 定期检修控制程序图(一维流程)

(2) 目标性。每一个流程的设计都必须有明确的目的和服务对象，如制定规划、组织保障、排除故障、改进工作，以及组织一项工程项目。

(3) 结构性。不同流程的活动方式可分为串联、并联、串并联、并串联等。

(4) 层次性。流程可以按活动层次划分，如流程中的若干活动也可以看作是本级流程的"子流程"。如：飞行保障流程运行中发生故障，机务人员就进入故障处理子流程，我们称飞行机务保障流程为一级流程，故障处理流程为二级流程。如果涉及换件，就进入换件工作流程，换件流程就是三级流程。

139

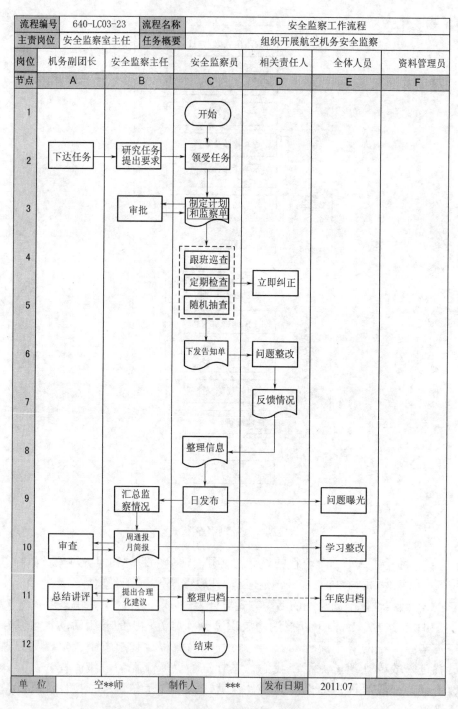

流程编号	640-LC03-23	流程名称	安全监察工作流程			
主责岗位	安全监察室主任	任务概要	组织开展航空机务安全监察			
岗位	机务副团长	安全监察主任	安全监察员	相关责任人	全体人员	资料管理员
节点	A	B	C	D	E	F

图 7-5　安全监察工作流程图(二维流程)

140

(5) 动态性。流程是一个动态的概念，流程过程是一个动态过程，可以随时根据工作需要进行调整。

(6) 整体性。不同的流程之间应当有整体的理念，即所有工作流程的总和构成维修保障工作的总流程。

2. 核心流程概念

核心流程 Core Process(CP)，也叫关键流程，是指对航空装备维修保障一线管理起主要作用、重要度高的流程。它是对航空维修管理工作很重要，对完成任务、提高质量、保证安全和维修效益影响比较大的流程，而且改进之后，可以很容易落实，很快给维修一线管理带来好的变化的流程。

通常通过建立二维矩阵，采用打点的方法来确定核心流程。任何两个因素都可以做成二维矩阵，然后对流程分析对象进行比较，确定其所属象限，进而明确该对象是否为核心流程。以下介绍两个重要的矩阵法。

(1) 需求和准备程度分析矩阵(图 7-6)。

从对流程的需求和准备程度两个因素分析，选择需求性高、准备程度高的流程优先进行设计和改造。

(2) 绩效表现和重要性矩阵(图 7-7)。

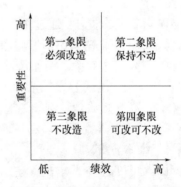

图 7-6　需求和准备程度矩阵图　　　图 7-7　绩效表现和重要性矩阵图

从流程的绩效表现和重要性两个因素分析，选择绩效性低、重要性高的流程优先进行设计和改造。

3. 流程管理概述

航空装备维修保障一线流程管理就是运用流程技术和方法，依据《航空维修一线管理细则》，对维修管理流程和作业流程进行规范、优化和再造，剔除"交叉"，消除"重叠"，连通"断点"，拉直"走向"，保留有效活动，改造低效活动，消除无效活动，构建适应维修保障需要并能持续改进的流程体系，实现组织模式由等级控制、职能控制向流程式管理转变。

流程管理是一个不断循环、持续改善、逐步提升的动态过程，绝对不仅仅是隐性流程的显性化(换句话说画几张流程图)，而必须是对实际运行流程及相关活动进行改造完善。推行流程管理主要把握识别描述流程、策划设计流程、执行检验流程和优化再造流程四个环节，这是关键所在。

流程管理的主要内容是：

(1) 规范流程。对运行良好但不够规范的流程进行规范化。

(2) 优化流程。对存在冗余或影响维修质量的环节，通过优化流程提高工作效率、改进维修质量。

(3) 再造流程。对问题突出、积重难返，完全无法适应现实维修保障需要的流程，进行重构再造。

流程管理的主要目的是：

(1) 训练流程思维。树立流程意识，强化流程理念，用流程的眼光看问题，将工作过程以流程形式规范下来。

(2) 理顺工作过程。通过流程管理可以剔除工作"交叉"，消除工作"重叠"，连通工作"断点"，拉直工作"走向"，保留有效活动，改造低效活动，消除无效活动。

(3) 落实工作责任。通过将工作活动明确到具体岗位或部门(机构)，解决工作协调不畅、责任落实不清等问题。

(4) 提高工作效率。例如通过日计划管理流程的落实，取代以往工作内容靠电话和口头传达的方式，解决了指令简单、信息传递慢、指挥效率低等问题。

(5) 提高维修质量。例如通过规范维修计划、组织保障、质量检验、安全监察和综合监控等流程，以及完善其配套表单，量化其工作内容，明确责任，提高飞机维修质量。

流程管理的基本要求是：建立流程管理团队，明确主要责任和相关责任岗位，流程线上的每一个人都是为了实现一个共同的目标，即整个流程运行结束，达到规定目标，才算完成任务。任何一个人都不能说"我所承担的活动都圆满完成了，所以流程结果没有达到目标要求与我无关。"因为在流程团队内，整个流程就只有一个整体结果(或者目标)，不能仅仅只看到自己负责的那个"小结果"而去划清界限，其中任何一项活动没有最后圆满完成，团队的任何成员都有义务为之付出努力。这样，对流程责任的追究和流程效果的奖励，都不再是针对流程团队的成员个人，而是针对整个流程团队。有利于以整体的眼光来看待机务责任问题，评判质量效益，增强流程团队成员的责任心。

流程管理的基本意识是：

(1) 接力作业意识。所谓"接力作业意识"，就是将整个流程看作是接力比赛，谁负责的流程活动就是谁的接力距离，不仅要把自己分管的工作做好(把自己的一段接力跑好)，更重要的是要做好工作的转手交接(传接力棒)，确保工作质量。

(2) 流程问题意识。流程管理人员或流程主责人，要有敏锐的眼光，经常分析流程中的关键活动和瓶颈活动，拿出优化关键活动、消除瓶颈问题的措施和办法。

(3) 流程责任意识。只要整个流程发生问题，不管问题出现在哪个活动，流程团队的每个人都有责任。要大力培养为团队负责的意识，既为个人工作负责，又为总体效果负责，还不拖累别人。

4．流程设计要点

流程设计必须遵循以下原则：

(1) 实用原则。设计的流程要能提高流程运转的绩效，既实用又好用。

(2) 简明原则。设计的流程要简单明了，易于理解，便于执行，一看就懂，一学就会。

(3) 以流程为中心。将以任务为中心的管理方式转变为以流程为中心的"流程式管理"。

(4) 核心流程优先。核心流程对机务工作有着较大影响，因此要优先安排和设计，同时要合理安排各流程之间的逻辑关系和顺序，保证工作正常运转。

(5) 人本式团队管理。流程注重的是团队协作，因此要贯彻"以人为本"的管理思想，注重团队的整体作用和团队成员之间的配合。

流程设计要体现七个要素：即"5W2H"。具体指流程在什么时间或时机做(When)、在哪里做(Where)、由谁(Who)来做、做什么(What)、为什么要做(Why)、怎样做(How)和做到什么程度(How Much)。

流程设计通常分为六个步骤：

(1) 构想。深入工作一线进行调研，广泛调查，摸清现状，组织骨干培训，统一管理层思想，确定核心流程。

(2) 启动。做好宣传和培训，让参与流程设计、优化的人员了解即将进行的改变，认同改变的必要性，做好心理准备和技术准备。

(3) 诊断。记录和描述现有流程，认真分析，找出病症。如流程的交叉、重叠、断点、绕行等问题。

(4) 设计。包括设计新流程、设计新的组织结构(岗位)、设计新的信息系统、推出新流程。

(5) 重构。按设计流程重构流程管理体系，包括新的组织结构、岗位设置、职能分解和职责分工等，在新的流程管理体系下组织维修管理、维修作业，全面应用信息技术，推广管理信息系统和作业管理系统，不断实践和修正新的流程。

(6) 评价。对新流程、新体系和管理信息系统、作业管理系统进行绩效评价，找出流程管理体系自身及运行管理中存在的问题，以便持续改进。

流程设计中的绘图技巧如下：

(1) 先内容后衔接。先确定流程所涉及的工作与活动，再确定各个工作或活动间如何衔接。

(2) 先主干后枝叶。按实际工作程序画出流程必经关键步骤，再补漏确定哪些应该在管理标准中说明，哪些应该作为枝叶添加到主干的合适位置。

(3) 先其他后自身。先确定与该流程相互关联的上级流程、下级流程、平行流程，再把握此流程自身枝叶的取舍。

(4) 先岗位后机构。先确定参与流程的具体岗位，再确定参与流程的相关机构。

(5) 先纸画后机画。先用铅笔在纸上画出草图，确定没问题后再用计算机画出流程图。

(6) 先流程后标准。先画出流程图，再填写相应的工作标准表，细化具体的工作内容、标准、控制点。

流程图的绘制原则如下：

(1) 通常采用二维矩阵式流程图(简称二维流程图)，其中，纵向表示工作的先后顺序，即先做什么、后做什么；横向表示执行该项工作的岗位或机构，包括主责岗位、相关岗位或机构。

(2) 流程图表达要完整、简洁、明了，便于实现"计算机化"，或信息化，即由管理信息系统进行计算机管理和控制。

(3) 任何流程都得闭环，即要有开始，也要有结束，如果一些工作做完以后，并不一定和其他人有关系，就要用一条虚线和表示结束的椭圆形连接。

(4) 流程图中的矩形和菱形，通常都要求有进口和出口，如果只有进口没有出口，或者只有出口没有进口，都说明流程图有问题。

(5) 应尽量避免流程线的交叉，如果两条线交叉，则用拐弯的箭头，表示并未相交，不存在节点。

(6) 流程图要环环相套，即上一个级别的流程图中的一个节点，到下一个级别就演变成一张流程图。

(7) 每张流程图都要明确一个主责岗位或主责机构。主责岗位和机构通常指流程图中工作活动最多的一个岗位或机构，对本流程运行负主要责任。

5．流程图的基本要素

【流程编号】由四组数字构成，用点号"."或横线"–"隔开，如：643—LC03—23、651.2.1.5等。第1组数字是单位代号，如"643"和"651"。"6"代表某军区空军，"4"代表第4个师空**师，"3"代表第3个团空**团。第2位是流程所属范围，"LC01"代表机务保障组织流程，"LC02"代表工程技术管理流程，"LC03"代表质量控制检验流程，"LC04"代表安全监察监控流程，"LC05"代表机务训练考核流程。第3位是流程序号。在流程编号"651.2.1.5"中，第3位数字表示流程级别，"1"、"2"、"3"分别表示一、二、三级流程。第4位是流程在前三位限定条件下的序号，如"651.2.1.5"表示某部维修作业

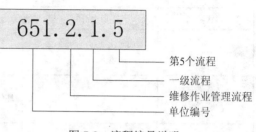

第5个流程
一级流程
维修作业管理流程
单位编号

图7-8　流程编号说明

管理流程的第5个一级流程。参见图7-8流程编号说明。

流程编号的确定一般按先后顺序，遵循以下原则：①级别高者居前；②常用度高者居前；③重要度高者居前；④按维修管理、行政管理、后勤管理依次编排。维修一线管理流程中，通常按1机务保障组织流程、2工程技术管理流程、3质量检查检验流程、4安全监察监控流程和5机务训练考核流程的顺序排列。

【流程名称】描述要准确，且简明扼要。

【主责岗位】代表此流程由哪个岗位负主要责任，如计划管理流程中的计划员或维修计划工程师，质量检验流程中的质量检验员等。

【任务概要】是对此流程活动的简要描述，如计划管理流程中，计划的制定、修订、审核、发布、调整、撤销和关闭等。

【岗位机构】代表此流程涉及的岗位或机构，如机务总值班员、机械师、质量控制室、工具保管室、航材股等。按从左至右级别由高至低排列，同时考虑将主责岗位放在中间位置。当涉及岗位或机构多于10个时，应视情将若干岗位或机构合并，改用"相关岗位或机构"代替。

【工作顺序】在左侧纵向位置用数字表示工作的先后次序，默认为12个次序，可视情增减。

【流程标准符号】流程的开始与结束(椭圆)；具体任务或工作(矩形)；需要决策的事项(菱形)；流程线(带箭头直线)；信息来源(倒梯形)；信息储存与输出(平行四边形)；离页引用(分离页符号和上接页符号，要成对使用，用五边形表示)。采用复制的方法增加标准符号。快捷方式之一是选中后按Ctrl+C组合键，之后

按 Ctrl+V 组合键；快捷方式之二是按住 Ctrl 键的同时，用鼠标进行拖动。

★虚线的使用：非主干流程的，不是每次执行流程都必须做的活动(或节点)，也就是说，只需要指导、配合，完成活动后直接结束的活动节点，通常用"虚线"连接。

流程图的符号意义参见表 7-1 流程图所列常用符号说明。

表 7-1　流程图常用符号说明

形状名称	表示符号	表达意义
椭圆		开始与结束
矩形		具体任务或工作
菱形		需要决策的事项
带箭头直线		流程线
倒梯形		信息来源
平行四边形		信息储存与输出
五边形		离页引用(分离页符号和上接页符号要成对使用)
虚线	— — —	非主干流程节点

【文字叙述】要言简意赅，通常 4~6 个汉字，最多不超过 12 个汉字，不太重要的内容和解释说明性文字应当在管理工作标准表中表述。通常采用动词、动词+名词、名词+动词等形式来叙述每项任务或工作。如果此项工作活动需要管理信息系统实现，则将文字颜色改为红色。

【单位】是指使用单位，如：空**团机务大队。

【制作人】即流程绘制人，如：付亚军、郑庆。

【发布日期】指流程的最后一次修改的日期，如：2013.06.30。

【密级】代表此流程的密级程度，有"秘密"、"机密"、"绝密"三种。

6. 流程工作标准表要素

【任务名称】流程活动模块的内容概括，通常是整个工作过程某个阶段

146

的内容。

【节点】流程活动模块在流程图中的横纵坐标组合。

【程序】流程活动模块的具体解释，即先做什么，后做什么，把该活动的具体内容按先后顺序分步骤描述清楚。

【重点】流程活动中的关键步骤和内容。

【标准】流程执行所要达到的指标和注意事项。

【时限】流程活动所应当满足的时间限制，有的可以明确，有的情况复杂难以明确，根据具体活动而定。

【相关资料】流程执行过程中所参考的资料。

7．管理表单

管理表单是在流程执行过程中需使用到的有关表格，及指令卡、操作卡和信息卡等，工卡就是其中最重点的一种(80%以上)。主要依工作需要而制定，尽量采用统一模板，同时要力求表达清楚、简洁、有效，能对执行流程起到促进作用。如制定各级维修质量检验卡片，就是维修质量检验流程的管理表单，一定要与流程紧密相连，使流程更具操作性。

8．流程图使用

1) 基本步骤

(1) 机务大队组织相应培训。认真学习即将运作的每张流程图，真正理解图中的各项内容及配套的各种表单。

(2) 全体机务人员特别是各级管理干部在工作中要积极主动实践流程。要注意流程线上各个岗位和执行机构间的协作，不要只着眼于与自己相关的流程节点，而是要看到整个流程线。同时要把握工作标准表中所提出的重点和标准，及时将执行过程中发现的问题做好记录。

(3) 经过一个阶段的实践后汇总使用情况，组织讨论并修订流程。

(4) 按新修订的流程再实践。按照"实践—完善—再实践"的方式不断循环往复，形成一套持续改进的流程管理体系。

2) 问题处理

按照流程图及相关表单建立并运行流程后，流程图一般不会长期静态使用。通常在使用过程中，会出现一些意料不到的情况，或者需要改进的问题，这时需要对流程进行重新审视和分析，才能找出问题的主要原因，提出解决方案。问题提出和分析处理过程如图 7-9 所示。

图 7-9　问题提出分析处理图

具体如下：

(1) 提出问题。由流程主责岗位提出流程存在的问题，问题要明确，建议要可行。

(2) 汇总上报。由质量控制室管理控制助理员或负责管理体系的人员，汇总上报问题。汇总问题要分门别类，合理筛选，归纳提炼。

(3) 分析确定。由流程管理小组或规范化管理部门，组织专题分析讨论，诊断问题，研究措施，提出优化方案。

(4) 审核修改。由内部审核员进行专项审核，形成具体意见，报机务大队长审批。

(5) 计划下发。将优化方案下发机务中队和修理厂落实。

(6) 试用执行。各机务中队、修理厂组织相关部门和岗位试行新流程，及时提出反馈意见。

3) 优化方法

根据问题的不同情况，主要采用"ESEIA"优化方法。

清除(Eliminate)：就是将流程中的冗余节点(即无效活动)去除。

简化(Simplify)：就是将流程上繁琐的部分节点进行精简和优化。

增补(Establish)：就是增加一些节点(主要是提质活动)。

整合(Integrate)：就是对原有流程进行重新研究和整理，能合并的合并，需改变次序的改变次序等。

自动化(Automate)：就是将流程中的部分工作用信息技术加以自动读取、传递、处理，最终达到提高工作效率的目的。

7.2.5 航空装备维修保障一线环节流程体系的构建

要实现维修作业的流程管理，就要依托管理流程图、管理标准表和管理表单(含维修工作卡片)这样的载体，优化和再造"五大核心流程"，即：以岗位定职责、以职责定内容、以效率为导向的维修一线组织指挥流程；以工卡为载体、以过程为中心、以质量为导向的日常维修流程；以质量为核心、以安全为基点、以任务为导向的飞行保障流程；以网络为平台、以控制为重点、以信息为导向的维修信息管理流程；以岗位定标准、以标准训技能、以素质为导向的机务训练流程，实现维修作业流程化、精细化管理。

1. 五大核心流程

核心流程是影响维修管理工作效率及质量的关键所在，因此流程管理的第一步是要识别核心流程。

1) 组织指挥管理流程

要理顺和优化以岗位定职责、以职责定内容、以效率为导向的组织指挥管理流程。规范以机务各类值班员为主体的维修一线组织管理模式，采用机务总值班员、中间级值班员和维修作业人员三级组织结构。对维修管理和作业岗位进行重构和描述，明确岗位设置、职责分工和工作流程。加强维修计划管理，建立并不断完善日计划、日报告和日改进制度，规范指挥信息传递流程，解决维修一线组织管理粗放、执行力不佳和效率不高的问题。

2) 维修作业管理流程

(1) 日常维修作业流程。要理顺和优化以工卡为载体、以过程为中心、以质量为导向的日常维修作业流程。全面推行工卡作业管理，完善维修工作卡片和干部检查、检验卡片，按照"依据规程，细于规程，便于操作"的原则，科学确定每个工卡的内容，细化专业队长以上干部监督检验的内容、标准、时机和方法，设计相应工卡，突破行政编制界线和专业界线。优化维修作业、故障处理、串换机件等工作的管理流程。规范工具管理、卡片管理、岗位管理、照相管理等业务流程，解决维修作业质量和效率不高的问题。

(2) 飞行保障作业流程。要理顺和优化以质量为核心、以安全为基点、以任务为导向的飞行保障作业流程。推行"机械师负责制"和"专业人员派工制"，采取机械师和机械员固定飞机，其他人员可根据维修保障任务灵活派工配置的办法，提高维修作业人员的利用率。实行部分专业和岗位人员的定点保障、定位操作，打破中队界限和机组界限，提高保障效率和质量。设计飞行人员反映问题处理流程和特情处置工作流程，落实专项质量检验制度，量化干部检查飞机内容，明确质量标准，设计质量检查、检验节点，前移放飞关口，确保质量和安全。

3) 维修信息管理流程

要理顺和优化以网络为平台、以控制为重点、以信息为导向的维修信息管理流程。依据《质量控制工作细则》和《质量控制工作规范》，明确质控工作各个岗位的职责和分工，理顺和优化质量控制各项工作流程，实现维修指令信息、维修状态信息的闭环管理，规范航空装备使用和控制信息，确保信息的及时性、准确性、完整性和规范性。加强质量安全信息的分析研究，通过流程再造，不断完善技术措施、管理措施。

4) 机务训练管理流程

要理顺和优化以岗位定标准、以标准训技能、以素质为导向的机务训练管理流程。按照《空军军事训练与考核大纲》和部队实际需求，按上岗训练、日常训练和换装训练，设计机务人员业务训练流程和训练管理流程，建立机务人员电子技术档案，施行工作证、工作卡制度，全面推行考勤管理。设置训练值班员和专业教员岗位，明确岗位职责和工作内容，与日常维修和飞行保障并行组织教育训练。采用网络多媒体教学、模拟器训练教学、专题技术研究和维修科研等形式，落实人员日常业务培训内容，以岗定标，按"纲"施训，解决训练时间难以落实、人员业务技能提高不快、不能完全适应岗位需要的问题。

5) 定检修理管理流程

要理顺和优化以管理为平台、以质量为核心、以服务为导向的定检修理管理流程。以 6S 管理为基础，打造整洁有序的工作现场，实现地物明朗化。依据《修理工作细则》，重点规范和优化定检、换发等管理流程，实行全面质量管理和控制。以面向外场服务为根本出发点，设置服务岗位，增强服务意识，规范和优化探伤、临修、备件校验等流程，制定作业指导书，全面规范各项工作。

2. 主责岗位及控制节点

明确核心流程后，要进一步梳理每条核心流程下的一级流程、二级流程和三级流程，并明确流程的主责岗位和控制节点，便于流程的推行应用。表 7-2 是维修一线管理流程一览表(含主责岗位和控制节点)。

表 7-2 流程主责岗位及控制节点表

序号	流程编号	流程名称	主责岗位	控制节点
1	651.1.1.1	日计划管理流程	机务总值班员	E6，E7
2	651.1.1.2	日报表管理流程	外场质控值班员	H4，E5，E7
3	651.1.1.3	日改进工作流程	管理控制助理	B3，B5，B11
4	651.1.1.4	飞机发动机使用计划管理流程	质控主任	E3，E4，F6，F9
5	651.1.1.5	飞机、发动机大修申请计划管理流程	质控主任	D3，D6，D8，D10
6	651.1.1.6	定期检修计划管理流程	质控主任	C3，D8
7	651.1.1.7	年度(月份)机务工作计划管理流程	机务大队长	E4，E5，E8，F10
8	651.1.1.8	航空维修保障装备检定、修理、补充、更新计划管理流程	专业主任	C2，D4，D7
9	651.1.1.9	航材供应保障需求计划管理流程	质控助理	C2，E2，E4，E6
10	651.1.1.10	紧急战斗准备工作流程	机务大队	B2，B4，B5，B7
11	651.1.1.11	轮战机务保障管理流程	机务大队长，地勤机组	B3，B4，B6，B11
12	651.1.1.12	制造修理质量问题查处工作流程	机务大队	F3，E3，F6
13	651.1.1.13	安全措施落实管理流程	管理控制助理员	C2，C8
14	651.1.1.14	安全问题查处管理流程	调查组长	G2，D11

序号	流程编号	流程名称	主责岗位	控制节点
15	651.1.1.15	休假管理流程	行管副大队长	D2，E3，E6
16	651.1.1.16	设备采购流程	机务大队管理员	C2，B5
17	651.1.1.17	办公用品管理流程	保管员	A3，B5
18	651.1.1.18	财务管理流程	机务大队长	E2，E5，E8，E9
19	651.1.1.19	问题处理单管理流程	管理控制助理员	B3，A4，A5
20	651.2.1.1	日常维修作业流程	地勤机组	D2，A3，D5，B7
21	651.2.1.2	飞行保障作业流程	地勤机组	E5，E8，E11，F16
22	651.2.1.3	维修质量检验流程	专业负责人	C2，A4，B4，C5，C7
23	651.2.1.4	维修作业问题处理流程	机务总值班员，中队机务值班员或两线值班员，专业负责人	E4，D6，D9
24	651.2.1.5	发动机监控处理流程	飞发监控师	D2，D4，D6
25	651.2.1.6	飞参处理流程	飞参处理员	G7，G9，C10，D10
26	651.2.1.7	卡片管理流程	卡片管理员	C2，C5，E8
27	651.2.1.8	工具管理流程	工具保管员	C2，C5，C8
28	651.2.1.9	设备管理流程	设备管理员	C2，C4，C7
29	651.2.1.10	备件校验流程	备件校验	B2，B5，B6
30	651.2.1.11	校靶工作流程	军械督导	C2，B4，F6，E8
31	651.2.2.1	故障处理流程	故障排除人	F4，E5，D10
32	651.2.2.2	专项质量检验流程	专项质量检验员	B5，B7
33	651.2.2.3	工具借还流程	工具管理员	A4，A10
34	651.2.2.4	耗材领取流程	设备管理员	B3，B4
35	651.2.2.5	卡片执行流程	卡片管理员	C3，C6，C8
36	651.2.3.1	换件处理流程	地勤机组	C2，C3，C7
37	651.2.3.2	串件处理流程	地勤机组	A3，D4，D9
38	651.2.3.3	工具请领与下送流程	工具管理员	A3，C6，C10
39	651.3.1.1	飞机完好状态控制流程	外场质控值班员	B2，C3
40	651.3.1.2	有寿机件控制流程	寿控管理员	C2，C3，G7
41	651.3.1.3	故障信息控制流程	卡片管理员	C2，C7，B9
42	651.3.1.4	干部检查飞机工作流程	相关干部	B2，B3，D5，D7

151

序号	流程编号	流程名称	主责岗位	控制节点
43	651.3.1.5	技术通报落实控制流程	专业督导	E4，C5，G7，E10
44	651.3.1.6	定期检修、周期性工作控制流程	寿控管理员	D3，D4，E5，D10
45	651.3.1.7	飞机特殊使用限制控制流程	寿控管理员	C3，C4，D8
46	651.3.1.8	机载特殊设备控制工作流程	寿控管理员	B3，C5，D9
47	651.3.1.9	飞机转场工作流程	地勤机组	A3，F5，F7，F10
48	651.3.1.10	质量信息反馈工作流程	报表统计员	E2，C3，C7
49	651.3.1.11	油封保管飞机、发动机控制流程	寿控管理员	C2，C4，C8
50	651.3.1.12	文件起草印发流程	文件起草人	D2，D4，D7
51	651.3.1.13	文件呈阅承办流程	文件承办人	D3，D5，D7
52	651.3.1.14	文件资料借阅流程	文件资料管理员	A4，A5，A8
53	651.4.1.1	工作日业务训练流程	训练值班员	C3，B6，C8，C10
54	651.4.1.2	上岗训练管理流程	业务副大队长	D2，A4，A7，A8，A9
55	651.4.1.3	飞行人员装备知识教育管理流程	训练助理	C2，D4，D6，C7
56	651.4.1.4	晋职训练管理流程	大队质控室	D3，E5，
57	651.4.1.5	改(换)装训练管理流程	机务大队	C3，C10
58	651.4.2.1	训练保障管理流程	训练助理	C4，E6，C9
59	651.4.2.2	考勤管理流程	训练助理	C2，D4，C6，B8，D9
60	651.4.2.3	训练考核评定管理流程	训练助理	D3，B4，A6，D8
61	651.4.2.4	持证上岗管理流程	报表统计员	F3，D7，D10
62	651.4.2.5	机务等级管理流程	报表统计员	D4，D7，D8
63	651.4.2.6	训练登记、统计和报告管理流程	训练助理	D3，C4，C6，C8
64	651.4.2.7	人员补退管理流程	大队质控室	D2，D6
65	651.4.2.8	兼职教员聘任管理流程	训练助理	C3，B6，B10
66	651.5.1.1	定检工作管理流程	定检修理值班员	C2，E4，E10
67	651.5.1.2	换发工作管理流程	定检修理值班员	B2，D4，C10
68	651.5.1.3	探伤工作流程	附件专业负责人	B2，D6，D8
69	651.5.1.4	临修工作管理流程	定检修理值班员	E3，F5，E9

(续)

序号	流程编号	流程名称	主责岗位	控制节点
70	651.5.1.5	战伤抢修工作管理流程	抢修队负责人	D3，C5，E7，C9
71	651.5.2.1	机械专业飞机 100 小时定检工作流程	机械专业负责人	C3，D4，D10
72	651.5.2.2	军械专业飞机 100 小时定检工作流程	军械专业负责人	C3，D8，C10
73	651.5.2.3	特设专业飞机 100 小时定检工作流程	特设专业负责人	C3，D8，E8，C9
74	651.5.2.4	电子专业飞机 100 小时定检工作流程	电子专业负责人	C3，D7，C9
75	651.5.2.5	机械专业飞机 300 小时定检工作流程	机械专业负责人	C3，D4，D10
76	651.5.2.6	军械专业飞机 300 小时定检工作流程	军械专业负责人	C3，D8，C10
77	651.5.2.7	特设专业飞机 300 小时定检工作流程	特设专业负责人	C3，D8，E8，D10
78	651.5.2.8	电子专业飞机 300 小时定检工作流程	电子专业负责人	C3，D8，C10
79	651.5.2.9	机械专业换发工作流程	机械专业负责人	C3，D4，D10
80	651.5.2.10	特设专业换发工作流程	特设专业负责人	C3，E7，C8，C10
81	651.5.2.11	机械专业发动机 100 小时定检工作流程	机械专业负责人	C3，D4，D8，D10
82	651.5.2.12	特设专业发动机 100 小时定检工作流程	特设专业负责人	C3，E7，C8，C10
83	651.5.2.13	附件专业定检工作流程	附件专业负责人	C3，C5，C7
84	651.5.2.14	修理专业修理工作流程	修理专业负责人	C4，D7
85	651.5.2.15	故障处理流程	故障排除人	F4，E5，D10
86	651.5.2.16	照相管理流程	照相管理员	C3，C5，C8
87	651.5.2.17	内场工具管理流程	内场工具管理员	C2，C5，C8
88	651.5.2.18	内场设备管理流程	内场设备管理员	C2，C4，C7
89	651.5.3.1	内场工具借还流程	内场工具管理员	A4，A10

3．流程样例

1) 二代歼击机管理流程样例

(1) 组织指挥管理流程。

① 日计划管理流程图(图 7-10)。

153

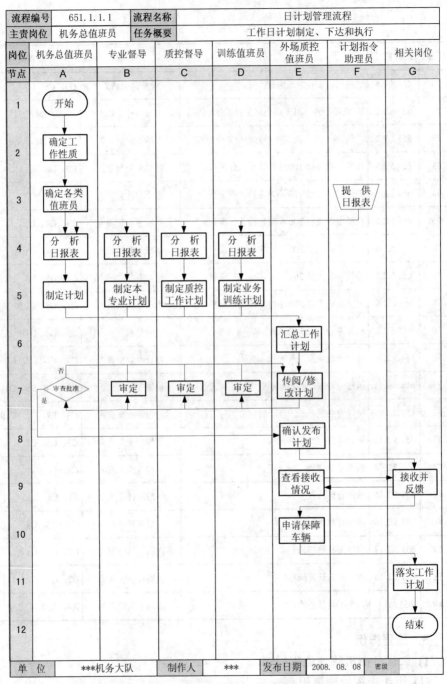

流程编号	651.1.1.1	流程名称	日计划管理流程				
主责岗位	机务总值班员	任务概要	工作日计划制定、下达和执行				
岗位	机务总值班员	专业督导	质控督导	训练值班员	外场质控值班员	计划指令助理员	相关岗位
节点	A	B	C	D	E	F	G

| 单位 | ***机务大队 | 制作人 | *** | 发布日期 | 2008. 08. 08 | 密级 |

图 7-10　日计划管理流程图

154

② 日计划管理流程工作标准(见表 7-3)。

表 7-3　日计划管理流程工作标准

任务名称	节点	任务程序、重点及标准		时限	相关资料
确定工作性质	A2	程序			团工作计划
		☆	领受团次日工作计划		
		☆	结合大队实际，确定次日工作性质		
		重点			
		☆	确定工作性质		
		标准			
		☆	领受任务及时、准确		
确定各类值班员	A3	程序			《航空维修一线管理细则》
		☆	根据次日工作性质,结合机务大队实际,确定维修一线各主要值班员	5 分钟	
		☆	告知各主要值班员	3 分钟	
		☆	通知各专业督导、质控督导、训练值班员次日工作性质,督促其制定计划	5 分钟	
		重点			
		☆	确定各主要值班员:机务中队值班员(日常维修时机)、起飞线值班员、加油线值班员、着陆线值班员(飞行保障时)、定检修理值班员、训练值班员		
		标准			
		☆	各类值班员能满足岗位需要		
分析日报表	F3 A4-D4	程序			大队日报表
		☆	向机务总值班员、专业督导、质控督导、训练值班员提供分析所需的日报表		
		☆	根据实际需要分析近几次日报表		
		重点			
		☆	分析日报表		
		标准			
		☆	掌握情况要全面		

任务名称	节点	任务程序、重点及标准		时限	相关资料
制定工作计划		程序			工作日计划表单
	A5	☆	制定基本的工作计划		
	B5	☆	根据本专业具体情况制定补充工作内容		
	C5	☆	根据有寿机件控制项目等数据，制定质量控制计划		
	D5	☆	根据人员技术情况，咨询专业督导，指导训练助理制定次日业务训练计划		
	E6	☆	汇总各专业工作计划、质量控制日工作计划、业务训练日计划，录入并生成工作日计划表单	30分钟内	
		重点			
		☆	制定工作日各子计划		
		标准			
		☆	计划合理、安排得当		
传阅并修订工作计划		程序			工作日计划表单
	E7	☆	将制定好的工作日计划传阅给机务总值班员、专业督导、质控督导和训练值班员	3分钟	
	B7-D7	☆	审定工作计划，判断工作计划是否合理、内容安排是否冲突，将意见和建议反馈至外场质控值班员	5分钟	
	A7	☆	全面审查工作计划，若同意则签字批准，若不同意，则告知外场质控值班员修改	3分钟	
	E7	☆	按要求修改工作日计划表单	5分钟	
		重点			
		☆	传阅工作日计划		
		标准			
		☆	审定计划细致，修改意见具体		
确认并发布计划		程序			工作日计划表单
	E8	☆	确认批准后工作日计划的每项内容	1分钟	
		☆	用软件相应模块群发功能将工作日计划发送给相关终端	2分钟	
		重点			

任务名称	节点	任务程序、重点及标准		时限	相关资料
确认并发布计划		☆	重要终端：大队干部，大队质控室，修理厂、各中队，卡片管理员、工具管理员和设备管理员		
			标准		
		☆	每个终端各发一份		
接收并反馈	G9		程序		工作日计划表单
		☆	登录软件相应模块，接收大队工作日计划	3 分钟	
		☆	向外场质控值班员回复已接收情况	1 分钟	
	E9	☆	登录软件相应模块，查看各接收计划终端的回复信息，处理反馈意见	3 分钟	
			重点		
		☆	查看工作日计划，回复接收情况		
			标准		
		☆	查看及时、当即回复		
申请保障车辆	E10		程序		
		☆	根据日计划，通知外场值班室次日工作性质，申请保障车辆	17:00 之前	
			重点		
		☆	保障车辆到位的时间、地点和具体数量		
			标准		
		☆	保障车辆到位及时、齐备		
落实工作计划	G11		程序		工作日计划表单
		☆	相关岗位组织落实工作日计划		
			重点		
		☆	维修作业、定检修理、机务训练计划的落实		
			标准		
		☆	严格落实、认真执行、确保质量		

(2) 外场保障管理流程。

① 日常维修作业流程图(图 7-11)。

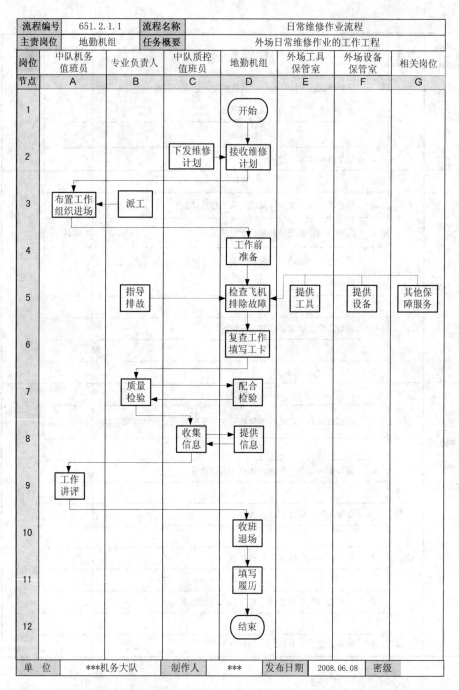

流程编号	651.2.1.1	流程名称			日常维修作业流程		
主责岗位	地勤机组	任务概要			外场日常维修作业的工作工程		
岗位	中队机务值班员	专业负责人	中队质控值班员	地勤机组	外场工具保管室	外场设备保管室	相关岗位
节点	A	B	C	D	E	F	G
1				开始			
2			下发维修计划	接收维修计划			
3	布置工作组织进场	派工					
4				工作前准备			
5		指导排故		检查飞机排除故障	提供工具	提供设备	其他保障服务
6				复查工作填写工卡			
7		质量检验		配合检验			
8			收集信息	提供信息			
9	工作讲评						
10				收班退场			
11				填写履历			
12				结束			
单 位	***机务大队		制作人	***	发布日期	2008.06.08	密级

图 7-11　日常维修作业流程图

② 日常维修作业流程工作标准(见表7-4)。

表7-4　日常维修作业流程工作标准

任务名称	节点	任务程序、重点及标准	时限	相关资料
接收计划	C2	程序		维修工作卡片
		☆ 下发维修工作计划至各机组机械师	集合前	
	D2	☆ 机械师接收维修工作计划	集合前	
		重点		
		☆ 中队质控值班员从大队卡片室提前领取维修计划		
		标准		
		☆ 维修工作计划必须在集合前发至各机组机械师		
组织进场	A3	程序		《航空维修一线管理细则》
		☆ 组织部队集合	1 分钟	
		☆ 根据大队日计划布置工作,视情补充工作内容	5 分钟	
	B3	☆ 根据工作布置情况,军械、特设、电子专业负责人往各机组派工	2 分钟	
		重点		
		☆ 布置工作,派工		
		标准		
		☆ 工作内容要明确,派工要合理		
工作前准备	D4	程序		1.《航空维修一线管理细则》 2.飞机维护规程
		☆ 清扫工作场所,解下并整理蒙布	15 分钟	
		☆ 机械师分发维修工作计划	1 分钟	
		☆ 各专业确认维修工作计划是否完整,工卡信息表述是否清楚	2 分钟	
		☆ 机械师安排工作,主要包括工作分工、安全提醒等	3 分钟	
		重点		
		☆ 确认维修工作计划		
		标准		
		☆ 动作迅速,准备充分		
检查飞机	E5	程序		1.《航空维修一线管理细则》 2. 维修工作卡片 3. 技术资料
		☆ 提供机组所需工具		
	F5	☆ 提供机组所需设备		
	G5	☆ 提供车辆、航材、油料、气体等保障服务		
	D5	☆ 机组按工卡规定内容检查飞机,排除飞机故障		
	B5	☆ 指导排除检查时发现的故障		
		重点		
		☆ 执行工卡		

任务名称	节点	任务程序、重点及标准	时限	相关资料
检查飞机		标准		
		☆ 严格落实工卡各项内容		
检查收尾	D6	程序		维修工作卡片
		☆ 机组作业人员确认检查飞机情况，并进行个人工作复查		
		☆ 填写维修工作卡片	收班前30分钟截止	
		重点		
		☆ 工作复查，工卡填写		
		标准		
		☆ 复查工作细致，填写工卡规范		
质量检验	B7	程序		1.《航空维修一线管理细则》 2.维修工作卡片
		☆ 按工卡完成质量检验内容		
		☆ 视情增加质量检验内容		
		重点		
		☆ 落实质量检验工卡		
		标准		
		☆ 逐项检验，细致到位		
讲评收班	C8	程序		1.《航空维修一线管理细则》
		☆ 收集汇总机组工作情况，包括工作计划执行情况、维修故障情况、机组好人好事等	10分钟	
		☆ 回收工卡	5分钟	
		☆ 向中队机务值班员报告情况	3分钟	
	A9	☆ 讲评维修工作情况	5分钟	
	D10	☆ 整理维修现场，归还工具设备		
		重点		
		☆ 信息收集		
		标准		
		☆ 信息及时、准确、完整		
填写履历	D11	程序		1.《履历本填写规定》 2.飞机履历本
		☆ 视工作情况填写履历文件	收班后4小时内	
		重点		
		☆ 确认履历文件的填写		
		标准		
		☆ 填写规范、准确		

(3) 定检修理管理流程。

① 定检工作管理流程图(图 7-12)。

160

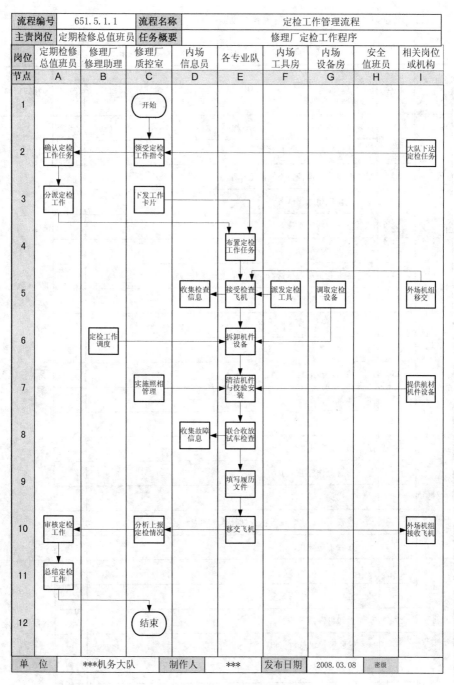

流程编号	651.5.1.1	流程名称	定检工作管理流程					
主责岗位	定期检修总值班员	任务概要	修理厂定检工作程序					
岗位	定期检修总值班员	修理厂修理助理	修理厂质控室	内场信息员	各专业队	内场工具房	内场设备房	安全值班员	相关岗位或机构
节点	A	B	C	D	E	F	G	H	I

1　开始

2　确认定检工作任务　领受定检工作指令　　　　　　　　大队下达定检任务

3　分派定检工作　下发工作卡片

4　布置定检工作任务

5　收集检查信息　接受检查飞机　派发定检工具　调取定检设备　外场机组移交

6　定检工作调度　拆卸机件设备

7　实施照相管理　清洁机件与校验安装　提供航材机件设备

8　收集故障信息　联合收放试车检查

9　填写履历文件

10　审核定检工作　分析上报定检情况　移交飞机　外场机组接收飞机

11　总结定检工作

12　结束

| 单　位 | ***机务大队 | 制作人 | *** | 发布日期 | 2008.03.08 | 密级 |

图 7-12　定检工作管理流程图

161

② 定检工作管理流程工作标准(见表 7-5)。

表 7-5　定检工作管理流程工作标准

任务名称	节点	任务程序、重点及标准	时限	相关资料
		程序		
	I2	☆ 大队下达定检工作任务		
	C2	☆ 领受大队质控室下发的工作指令		
	A2	☆ 确认定检工作任务		
	A3	☆ 分派定检工作任务		
	C3	☆ 下发工作卡片		
	E4	☆ 各专业负责人布置本专业队的定检工作内容		1.《航空机务工作条例》
计划与工作准备	E5	☆ 接收检查飞机		
	I5	☆ 外场机组进行飞机移交		
	D5	☆ 收集检查信息		2.《空军装备工作条例》
	F5	☆ 派发定检工具		
	G5	☆ 派发定检设备		
		重点		
		☆ 检查接收飞机		
		☆ 布置工作任务		
		标准		
		☆ 检查飞机认真、细致；计划具体、详细		
		☆ 布置工作细致、明确		
		程序		
	B6	☆ 进行定检工作的调度		
实施定检工作	E6	☆ 拆卸机件、设备		《航空机务工作条例》
	I7	☆ 航材股提供航材、机件等		
	E7	☆ 进行机件校验、排故和安装		
	C7	☆ 进行照相管理		

162

任务名称	节点	任务程序、重点及标准	时限	相关资料
		重点		
		☆ 检验机件与照相管理		
		标准		
		☆ 确保机件质量合格，实时关键部位的照相管理		
验收与移交		程序		1.《航空维修一线管理细则》 2.《飞机维护规程》
	E8	☆ 进行飞机联合收放、试车检查		
	D8	☆ 收集故障信息		
	E9	☆ 各专业填写履历文件		
	E10	☆ 移交飞机		
	I10	☆ 检查、接收飞机		
		重点		
		☆ 完成飞机的试车工作		
		标准		
		☆ 确保飞机无故障出厂，交接清楚无错漏		
总结讲评		程序		1.《航空维修一线管理细则》 2.《飞机维护规程》
	C10	☆ 收集定检信息，分析上报总体情况		
	A10	☆ 审核质控上报的定检情况		
	A11	☆ 总结讲评本次定检情况，表扬好人好事		
		重点		
		☆ 收集、汇总定检信息		
		标准		
		☆ 分析信息认真，确保出厂飞机合格		

(4) 维修信息管理流程。

① 有寿机件控制流程图(图 7-13)。

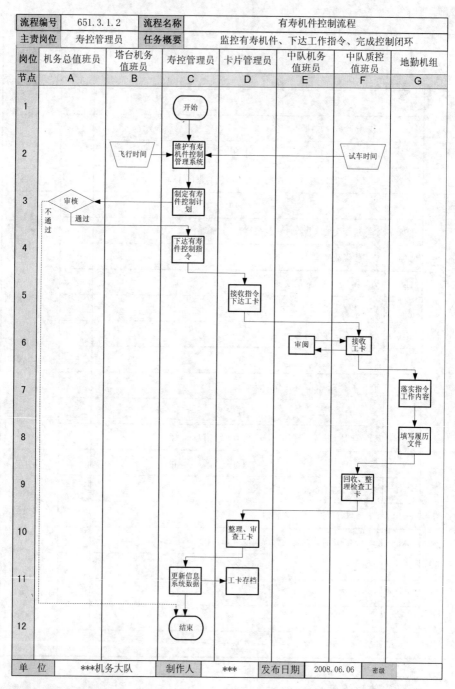

流程编号	651.3.1.2	流程名称	有寿机件控制流程			
主责岗位	寿控管理员	任务概要	监控有寿机件、下达工作指令、完成控制闭环			
岗位	机务总值班员	塔台机务值班员	寿控管理员	卡片管理员	中队机务值班员	中队质控值班员	地勤机组
节点	A	B	C	D	E	F	G

单 位	***机务大队	制作人	***	发布日期	2008.06.06	密级

图 7-13 有寿机件控制流程图

164

② 有寿机件控制流程工作标准(见表 7-6)。

表 7-6　有寿机件控制流程工作标准

任务名称	节点	任务程序、重点及标准		时限	相关资料
日常数据维护		程序			《空军航空维修信息管理系统》
	B2	☆	按照飞行时间统计表统计飞行时间和起落,并通过即时通讯软件模块将其发至寿控管理员	飞行结束后	
	F2	☆	收集飞机试车情况,将试车时间录入中队版航空维修信息系统	试车后	
	C2	☆	根据有寿件控制标准进行寿控件监控管理	实时	
		重点			
		☆	有寿机件管理		
		标准			
		☆	有寿机件控制标准		
制定计划下达工卡		程序			《大队工作计划表》
	C3	☆	根据大队飞机参训情况等综合因素制定当日和近期有寿控制管理计划,并报机务总值班员审核	1 个小时内	
	A3	☆	审核计划,结合工作实际做出安排	15 分钟内	
	C4	☆	根据审核结果下达当日有寿机件控制指令到卡片室	15 分钟内	
	D5	☆	根据指令准备工卡,下发至中队质控值班员	5 分钟内	
		重点			
		☆	制定工作计划,下达工作指令		
		标准			
		☆	不漏项、不超寿、有提前量		

任务 名称	节点	任务程序、重点及标准	时限	相关 资料
接收指令落实工作		程序		1. 《维护规程》 2. 工艺卡片
	F6	☆ 接收寿控工卡，分类整理	5 分钟内	
	E6	☆ 审阅寿控工卡，做出工作安排	2 分钟内	
	G7	☆ 依据指令、按照工艺落实工作内容		
	G8	☆ 完成寿控工卡和履历文件填写	工作结束后	
		重点		
		☆ 落实指令工作内容		
		标准		
		☆ 严格按照工艺标准		
回收指令更新数据		程序		《有寿控制工作文件》
	F9	☆ 回收、整理、检查寿控工卡	3 分钟内	
	D10	☆ 整理审查寿控工卡，交予寿控管理员	5 分钟内	
	C11	☆ 按照寿控工卡完成数据的更新及相关登记，将寿控工卡交回卡片管理员存档	2 个小时内	
		重点		
		☆ 回收工卡，更新数据		
		标准		
		☆ 工卡回收齐全、数据更新及时准确		

(5) 机务训练管理流程。

① 工作日业务训练流程图(图 7-14)。

166

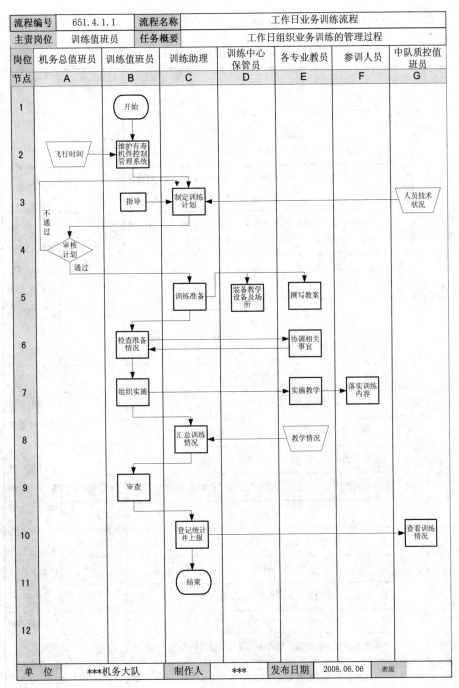

流程编号	651.4.1.1	流程名称		工作日业务训练流程			
主责岗位	训练值班员	任务概要		工作日组织业务训练的管理过程			
岗位 节点	机务总值班员 A	训练值班员 B	训练助理 C	训练中心 保管员 D	各专业教员 E	参训人员 F	中队质控值 班员 G
1		开始					
2	飞行时间	维护有寿机件控制管理系统					
3	不通过	指导	制定训练计划				人员技术状况
4	审核计划 通过						
5			训练准备	装备教学设备及场所	撰写教案		
6		检查准备情况			协调相关事宜		
7		组织实施			实施教学	落实训练内容	
8			汇总训练情况		教学情况		
9		审查					
10			登记统计并上报				查看训练情况
11			结束				
12							
单　位	***机务大队		制作人	***	发布日期	2008.06.06	密级

图 7-14　工作日业务训练流程图

167

② 工作日业务训练流程工作标准(见表 7-7)。

表 7-7　工作日业务训练流程工作标准

任务名称	节点	任务程序、重点及标准	时限	相关资料
制定训练计划		程序		1.《航空维修一线管理细则》 2.《航空机务训练细则》 3.《空军军事训练与考核大纲》
	B2	☆ 领会机务总值班员的业务训练意图		
	C3	☆ 依据各中队提供的人员技术状况，结合年度、季度、月份和周训练计划，在训练值班员指导下制定次日业务训练计划	当日 17 时前	
	A4	☆ 由训练值班员报机务总值班员审核业务训练计划，若不通过，则重新修订计划	当日 17 时前	
		重点		
		☆ 工作日业务训练计划的制定		
		标准		
		☆ 制定计划要及时、具体、科学、合理		
教学准备		程序		1.《航空维修一线管理细则》 2.《航空机务训练细则》 3.《空军军事训练与考核大纲》
	C5	☆ 组织教学训练准备	当日 21 时前	
	D5	☆ 根据训练助理通知，准备好教学设备和场所		
	E5	☆ 根据训练助理通知，各专业教员按计划撰写教案		
	B6	☆ 检查教学准备情况，并且与各专业教员协调有关事项	次日 8 时前	
		重点		
		☆ 各专业教员撰写教案		
		标准		
		☆ 教案要针对性强，教学内容以实际操作为主		
实施训练计划		程序		1. 日训练计划 2. 教案 3. 训练中心管理规定
	B7	☆ 组织开展业务训练，由训练助理和保管员协助	1 个工作日	
	E7	☆ 依据训练计划和教案实施教学，落实训练内容，课后要填写教学日志		

任务名称	节点	任务程序、重点及标准	时限	相关资料
实施训练计划	F7	☆ 落实业务训练内容		
		重点		
		☆ 组织实施的过程，落实训练内容		
		标准		
		☆ 合理安排时间和训练场地，教学形式要灵活多样		
总结与登记统计		程序		
	C8	☆ 在业务训练结束后，向教员收集教学情况汇总训练情况，以书面形式作出小结		
	B9	☆ 审查业务训练小结		
	C10	☆ 完成训练相关的登记统计并上报外场质控值班员，然后登录即时通讯软件模块，将报表发送至各中队(厂)质控室	次日20时前	《航空机务训练细则》
	G10	☆ 登录即时通讯软件模块，查收本中队业务训练信息		
		重点		
		☆ 工作日业务训练小结及相关登记、统计		
		标准		
		☆ 小结内容客观全面，登记、统计及时准确		

2) 运输机管理流程样例

(1) 组织指挥管理流程。

① 日报表管理流程图(图 7-15)。

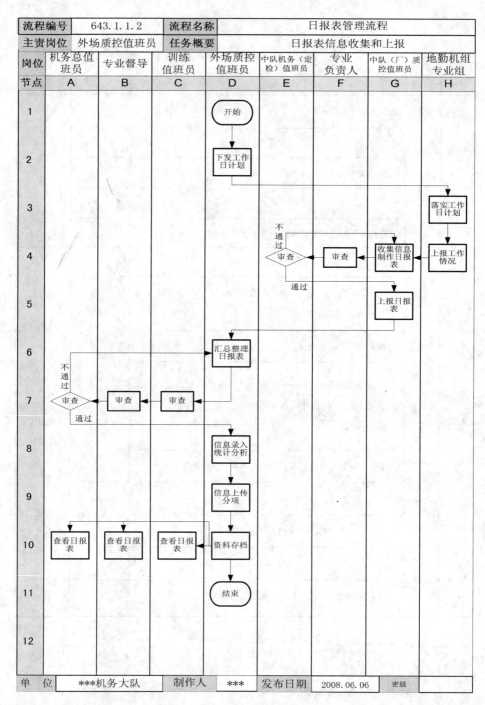

流程编号	643.1.1.2		流程名称		日报表管理流程			
主责岗位	外场质控值班员		任务概要		日报表信息收集和上报			
岗位	机务总值班员	专业督导	训练值班员	外场质控值班员	中队机务（定检）值班员	专业负责人	中队（厂）质控值班员	地勤机组专业组
节点	A	B	C	D	E	F	G	H

图 7-15 日报表管理流程图

170

② 日报表管理流程工作标准(见表 7-8)。

表 7-8 日报表管理流程工作标准

任务名称	节点	任务程序、重点及标准	时限	相关资料
上报工作情况	H4	程序		工卡
		☆ 将全天完成的所有工作上报中队质控值班员	5分钟	
		重点		
		☆ 完成较大的工作，飞机完好情况，故障排除的详细信息等		
		标准		
		☆ 信息齐全，不能有漏项，上报及时		
制作中队日报表	G4	程序		中队日报表
		☆ 汇总机组(专业组)完成的主要工作	5分钟	
		☆ 制作中队日报表	10分钟	
	F4	☆ 审查本专业工作是否完成，内容是否漏项	5分钟	
	E4	☆ 审查本中队工作完成情况	3分钟	
	G5	☆ 上报中队日报表到大队质控室	2分钟	
		重点		
		☆ 审查中队日报表		
		标准		
		☆ 制作规范、审查细致		
制作大队日报表	D6	程序		大队日报表
		☆ 汇总各单位日报表，制作大队日报表	15分钟	
	C7	☆ 查看各单位业务训练情况	5分钟	
	B7	☆ 审查本专业工作完成情况	5分钟	
	A7	☆ 审查机务大队一日工作情况	5分钟	

任务名称	节点	任务程序、重点及标准		时限	相关资料
信息录入统计分析	E8	重点			
		☆ 审查大队日报表			
		标准			
		☆ 制作规范、审查细致			
		程序		30分钟	1.《质控工作细则》 2. 相关登记本
		☆ 信息归类，将日报表信息录入团级软件和相应的登记本；统计分析，做出工作预测			
		重点			
		☆ 日报表信息录入团级软件，信息归类，统计分析			
		标准			
		☆ 信息齐全、更新及时、内容准确			
信息查看与资料存档	A9B9C9 D10	程序			日报表
		☆ 有关人员查看日报表，为制作工作日计划作准备			
		☆ 将日报表送卡片管理员存档			
		重点			
		☆ 分析本专业或本单位所做的工作			
		标准			
		☆ 及时查看			

(2) 外场保障管理流程。

① 换件处理流程图(图 7-16)。

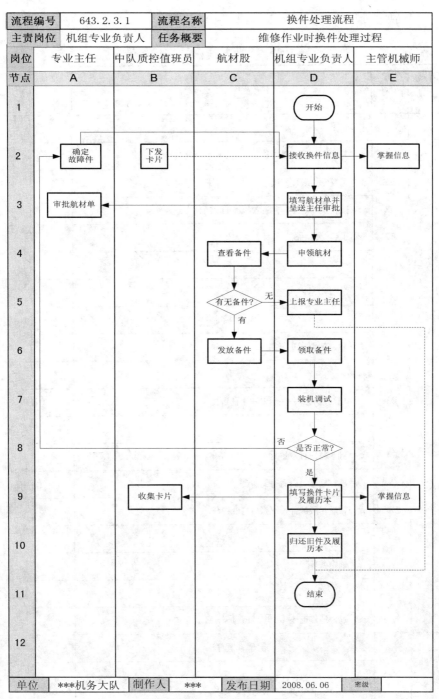

流程编号	643.2.3.1	流程名称	换件处理流程		
主责岗位	机组专业负责人	任务概要	维修作业时换件处理过程		
岗位	专业主任	中队质控值班员	航材股	机组专业负责人	主管机械师
节点	A	B	C	D	E

图 7-16　换件处理流程图

173

② 换件处理流程工作标准(见表 7-9)。

表 7-9 换件处理流程工作标准

任务名称	节点	任务程序、重点及标准	时限	相关资料
接收换件信息		程序		专控卡片
	A2	☆ 与机组专业负责人诊断确定故障件，明确换件意图		
	B2	☆ 下发专控卡片到机组，提供到寿机件信息		
	D2	☆ 接收换件信息，向主管机械师汇报，做好换件准备		
	E2	☆ 了解需要更换的机件，协调工作		
		重点		
		☆ 换件信息来源		
		标准		
		☆ 信息来源真实可靠		
领取备件		程序		1. 航材申请单 2. 欠旧登记本
	D3	☆ 填写航材单并呈送专业主任审批		
	A3	☆ 审批航材单		
	D4	☆ 到航材股领取航材		
	C4	☆ 航材管理员查看有无备件		
	D5	☆ 将航材股缺件情况报告专业主任		
		重点		
		☆ 确定备件型号，严格审批		
		标准		
		☆ 确定地点迅速、领取件型号无误、登记信息准确		
装机调试		程序		技术资料
	D6	☆ 领取备件并做好欠旧登记，仔细查看履历本及维修、封存期等信息，如需校验，则到修理厂校验		

任务名称	节点	任务程序、重点及标准	时限	相关资料
装机调试	C6	☆ 发放备件		
	D7	☆ 机件装机调试，检验工作情况是否正常		
		☆ 工作不正常时报专业负责人重新诊断故障		
		重点		
		☆ 履历资料的检查，机件装机调试		
		☆ 机件装机调试		
		标准		
		☆ 安装牢靠、调试符合标准		
填写履历归还旧件		程序		1.《履历本填写规定》2.飞机履历本
	B9	☆ 收集换件卡片及新件装机调试信息		
	D9	☆ 填写换件卡片		
		☆ 填写新旧机件及飞机履历本		
	E9	☆ 掌握新件装机调试结果		
	D10	☆ 归还旧件及履历本		
		重点		
		☆ 确认换件卡片及履历文件的填写		
		标准		
		☆ 填写规范、归还及时		
备注		由履历本管理员及时将换件信息录入管理信息系统		

(3) 定检修理管理流程。

① 临修工作管理流程图(图 7-17)。

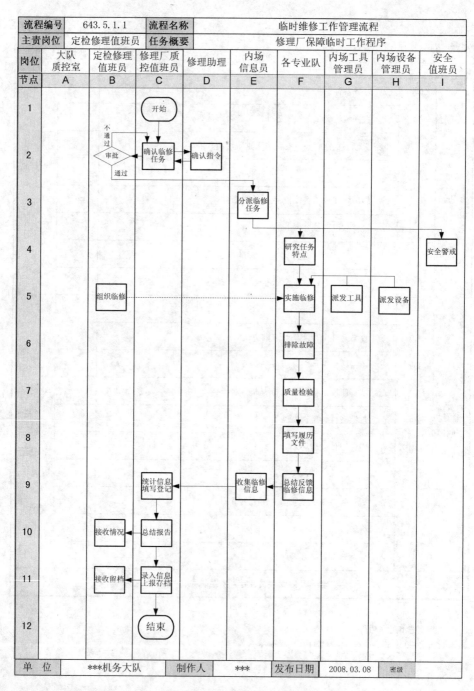

| 流程编号 | 643.5.1.1 | 流程名称 | 临时维修工作管理流程 |
| 主责岗位 | 定检修理值班员 | 任务概要 | 修理厂保障临时工作程序 |

| 岗位 | 大队质控室 | 定检修理值班员 | 修理厂质控值班员 | 修理助理 | 内场信息员 | 各专业队 | 内场工具管理员 | 内场设备管理员 | 安全值班员 |
| 节点 | A | B | C | D | E | F | G | H | I |

1　开始

2　不通过　审批　通过　确认临修任务　确认指令

3　分派临修任务

4　研究任务特点　安全警戒

5　组织临修　实施临修　派发工具　派发设备

6　排除故障

7　质量检验

8　填写履历文件

9　统计信息填写登记　收集临修信息　总结反馈临修信息

10　接收情况　总结报告

11　接收留档　录入信息上报存档

12　结束

| 单　位 | ***机务大队 | 制作人 | *** | 发布日期 | 2008.03.08 | 密级 |

图 7-17　临修工作管理流程图

176

② 临修工作管理流程工作标准(见表 7-10)。

表 7-10 临修工作管理流程工作标准

任务名称	节点	任务程序、重点及标准	时限	相关资料
确认临修工作任务		程序		1.《航空机务工作条例》 2.《空军装备工作条例》
	C2	☆ 根据大队下达任务与修理助理共同确认临修任务	10 分钟	
	B2	☆ 审批临修任务	3 分钟	
		重点		
		☆ 确认工作任务		
		标准		
		☆ 任务明确、要求具体		
分派临修任务		程序		《航空机务工作条例》
	E3	☆ 根据任务向各专业队、设备管理员、工具保管员、安全值班员分派工作	5 分钟	
		☆ 接受定检修理值班员的工作指派	2 分钟	
	F4	☆ 接受分派工作,研究任务特点,确定修理方案		
	I4	☆ 抓好厂区的安全警戒		
		重点		
		☆ 任务分派,完成人员、内容的落实		
		标准		
		☆ 分派工作细致、明确		
组织临修工作		程序		1.《航空维修一线管理细则》 2.《飞机维护规程》
	F5	☆ 实施临修工作		
	B5	☆ 组织临修工作		
	F6	☆ 排除故障		
	F7	☆ 对临修工作进行质量检验		

任务名称	节点	任务程序、重点及标准	时限	相关资料
组织临修工作	G5	☆ 根据需要派发工具	1 分钟	
	H5	☆ 根据需要派发设备	1 分钟	
		重点		
		☆ 组织临修工作		
		标准		
		☆ 认真负责，确保一手工作质量和上级工作内容落实		
总结上报工作		程序		1.《航空维修一线管理细则》 2.《飞机维护规程》
	F8	☆ 填写履历文件		
	F9	☆ 对临修工作进行总结，反馈临修信息		
	F10	☆ 收集临修信息，提供给厂质控值班员		
	C9	☆ 完成临修信息的统计、登记		
	C10	☆ 向定检修理值班员上报情况		
	C11	☆ 将信息存档，上报大队质控室		
	B10	☆ 掌握临修工作情况		
	A11	☆ 对临修工作进行检查并留档		
		重点		
		☆ 收集、检查和总结队的临修工作		
		标准		
		☆ 确保一手工作质量和上级临修工作内容的落实		

(4) 维修信息管理流程。

① 飞机完好状态控制流程图(图 7-18)。

178

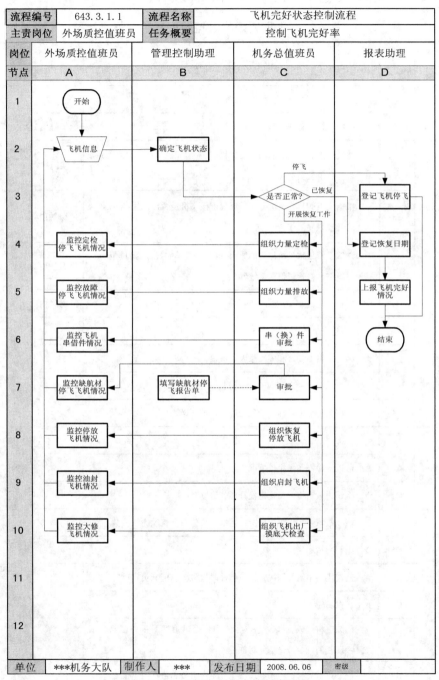

流程编号	643.3.1.1	流程名称		飞机完好状态控制流程	
主责岗位	外场质控值班员	任务概要		控制飞机完好率	
岗位	外场质控值班员	管理控制助理	机务总值班员	报表助理	
节点	A	B	C	D	

节点1：开始

节点2：飞机信息 → 确定飞机状态

节点3：是否正常？ 停飞 → 登记飞机停飞；已恢复；开展恢复工作

节点4：监控定检停飞飞机情况 ← 组织力量定检 ← 登记恢复日期

节点5：监控故障停飞飞机情况 ← 组织力量排故 ← 上报飞机完好情况

节点6：监控飞机串借件情况 ← 串（换）件审批 → 结束

节点7：监控缺航材停飞飞机情况 ← 填写缺航材停飞报告单 ⋯ 审批

节点8：监控停放飞机情况 ← 组织恢复停放飞机

节点9：监控油封飞机情况 ← 组织启封飞机

节点10：监控大修飞机情况 ← 组织飞机出厂摸底大检查

| 单位 | ***机务大队 | 制作人 | *** | 发布日期 | 2008.06.06 | 密级 | |

图 7-18　飞机完好状态控制流程图

② 飞机完好状态控制流程工作标准(见表 7-11)。

表 7-11　飞机完好状态控制流程工作标准

任务名称	节点	任务程序、重点及标准	时限	相关资料
确定飞机状态		程序		质控工作规范
	A2	☆ 收集飞机信息并随时上报管理控制助理	实时	
	B2	☆ 通过上报的飞机信息确定飞机状态,弄清飞机不良好的原因并报机务总值班员审核	实时	
	C3	☆ 根据飞机的具体情况与任务情况审核飞机是否已恢复、需要停飞或开展恢复工作	30 分钟内	
	D3	☆ 详细了解导致飞机停飞的原因,并将飞机不完好日期和原因录入《航空维修管理信息系统》	30 分钟内	
	D4	☆ 登记恢复日期	10 分钟内	
		重点		
		☆ 确定飞机不良好和停飞原因,审核		
		标准		
		☆ 掌握各种信息可靠、录入准确,审核严谨		
监控飞机状态		程序		质控工作规范
	A4	☆ 监控定检停飞飞机的情况		
	C4	☆ 组织力量定检,督促定检开展的进度		
	A5	☆ 监控故障停飞飞机的情况,由机务总值班员组织力量排故		
	C5	☆ 组织力量尽快排故		
	A6	☆ 监控飞机串借件情况,需串借件时报机务总值班员审批		
	C6	☆ 审批串(换)机件		
	A7	☆ 因缺航材造成飞机停飞,专业主任应及时填写飞机停飞报告,经大队长阅批后,送交航材部门处理		
	B7	☆ 填写因缺航材而停飞的报告单并呈送机务总值班员审批		

任务 名称	节点	任务程序、重点及标准	时限	相关 资料
监控 飞机 状态	C7	☆　与航材股协调审批所缺航材		
	A8	☆　监控停放飞机情况，超过三个月要试飞		
	C8	☆　组织恢复已停放的飞机		
	A9	☆　监控油封飞机的情况，派专人维护保养		
	C9	☆　组织启封油封的飞机		
	A10	☆　监控大修飞机的情况，出厂后组织摸底大检查		
	C10	☆　组织飞机出厂大检查		
		重点		
		☆　监控飞机不完好情况，及时恢复飞机完好		
		标准		
		☆　监控全面，恢复飞机完好及时		
上报 情况		程序		质控工 作规范
	D5	☆　质量控制室每日向师(院)装备部上报飞机完好状况及不完好原 因，以及恢复飞机完好情况		
		重点		
		☆　上报飞机状态		
		标准		
		☆　飞机状态信息更新准确		

(5) 机务训练管理流程。

① 上岗训练管理流程图(图 7-19)。

181

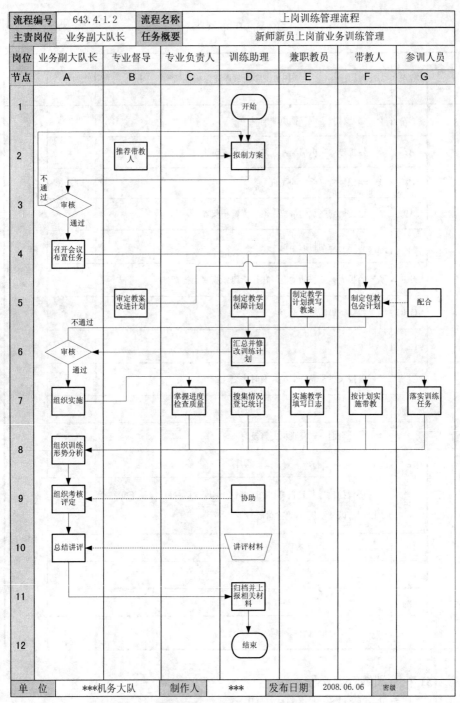

流程编号	643.4.1.2	流程名称		上岗训练管理流程			
主责岗位	业务副大队长	任务概要		新师新员上岗前业务训练管理			
岗位	业务副大队长	专业督导	专业负责人	训练助理	兼职教员	带教人	参训人员
节点	A	B	C	D	E	F	G

图 7-19　上岗训练管理流程图

182

② 上岗训练管理流程工作标准(见表 7-12)。

表 7-12　上岗训练管理流程工作标准

任务名称	节点	任务程序、重点及标准		时限	相关资料
拟定训练方案		程序			1. 《航空维修一线管理细则》 2. 《航空机务训练细则》 3. 《空军军事训练与考核大纲》
	B2	☆	推荐教员,经过与中队主官的磋商,提供一对一的带教表单	1 个工作日	
	D2	☆	结合教、学员情况拟制上岗训练方案	2 个工作日	
	A3	☆	审核上岗训练方案	1 个工作日	
		重点			
		☆	训练助理分析教、学员力量,拟制上岗训练方案		
		标准			
		☆	方案要依据年度训练计划和《大纲》,合理安排,统揽全局		
汇总各项训练计划		程序			1. 《航空维修一线管理细则》 2. 《航空机务训练细则》 3. 《空军军事训练与考核大纲》
	A4	☆	召开教学领导小组会议,研究制定训练计划,向专业督导、专业负责人、中队干部、训练助理、兼职教员等布置任务	1 个工作日	
	B5	☆	审定教员的教案,改进教学计划		
	D5	☆	制定教学保障计划		
	E5	☆	制定教学计划,撰写教案		
	F5	☆	与参训学员一起制定包教包学计划		
	D6	☆	汇总并修改训练计划,报大队领导审核后通过	3 个工作日	
		☆	训练计划审核通过后,由训练助理报上级机关	1 个工作日	
		重点			
		☆	完成各项训练计划的制定,由大队领导审核通过		
		标准			
		☆	各项计划应依据《大纲》、《细则》并结合实际,要具体细致,可操作		

任务名称	节点		任务程序、重点及标准	时限	相关资料
组织实施			程序		
	A7	☆	结合开训动员等形式负责组织实施，经常性听课、查课，检查督促，及时掌握教学动态		
	C7	☆	掌握本中队的带教训练情况，检查训练质量		
	D7	☆	落实教学保障工作，搜集训练情况，填写登记统计		1.《空军军事训练与考核大纲》
	E7	☆	实施教学训练计划，填写教学日志		
	F7	☆	按计划实施带教训练任务		2.《航空维修一线管理细则》
	G7	☆	落实完成训练任务，达到上岗训练标准		
	A8	☆	视情组织阶段性教学形势分析会，解决发现的问题		
			重点		
		☆	各类人员落实具体的训练工作		
			标准		
		☆	依据《大纲》和各项训练计划，严格标准确保效果		
考核评定与总结讲评			程序		
	A9	☆	完成训练任务后，由训练助理协助，组织考核评定工作，具体参见机务训练考核评定流程		
	A10	☆	进行训练工作总结讲评	1个工作日	《空军军事训练与考核大纲》
	D11	☆	整理资料，记录归档，向上级机关上报有关情况	3个工作日	
			重点		
		☆	考核评定工作的实施		
			标准		
		☆	考核评定工作要组织严密有序，严把上岗关口		

(6) 特殊情况处理流程。

① 停机线飞机失火处置流程图(图7-20)。

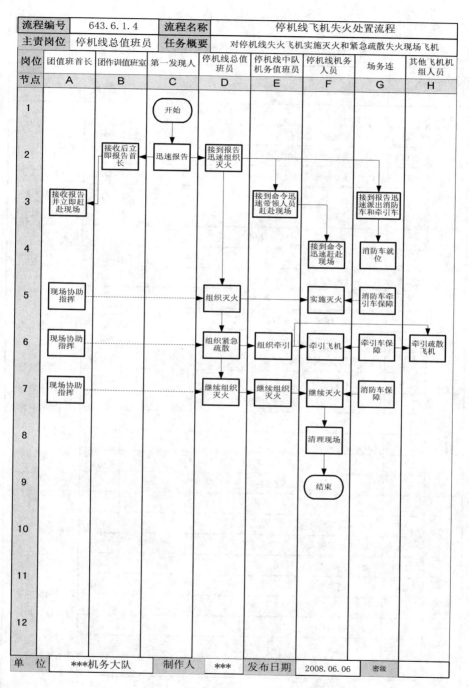

流程编号	643.6.1.4	流程名称	停机线飞机失火处置流程
主责岗位	停机线总值班员	任务概要	对停机线失火飞机实施灭火和紧急疏散失火现场飞机

岗位 节点	团值班首长 A	团作训值班室 B	第一发现人 C	停机线总值 班员 D	停机线中队 机务值班员 E	停机线机务 人员 F	场务连 G	其他飞机机 组人员 H
1			开始					
2		接收后立 即报告首 长	迅速报告	接到报告 迅速组织 灭火				
3	接收报告 并立即起 赴现场				接到命令迅 速带领人员 赶赴现场		接到报告迅 速派出消防 车和牵引车	
4						接到命令 迅速赶赴 现场	消防车就 位	
5	现场协助 指挥			组织灭火		实施灭火	消防车牵 引车保障	
6	现场协助 指挥			组织紧急 疏散	组织牵引	牵引飞机	牵引车保 障	牵引疏散 飞机
7	现场协助 指挥			继续组织 灭火	继续组织 灭火	继续灭火	消防车保 障	
8						清理现场		
9						结束		
10								
11								
12								

单　　位	***机务大队	制作人	***	发布日期	2008.06.06	密级	

图 7-20　停机线飞机失火处置流程图

185

② 停机线飞机失火处置流程工作标准(见表 7-13)。

表 7-13　停机线飞机失火处置流程工作标准

任务 名称	节点	任务程序、重点及标准		时限	相关 资料
报告 险情		程序			1.《安全工作条 例》 2.《航空维修一 线管理细则》 3.《航空机务工 作条例》
	C2	☆	发现险情立即报告	即时	
	D2	☆	接到报告立即组织灭火	即时	
	B2	☆	接到报告立即报告首长	即时	
		重点			
		☆	报告		
		标准			
		☆	准确，迅速		
赶赴 现场		程序			1.《安全工作条 例》 2.《航空维修一 线管理细则》 3.《航空机务工 作条例》
	A3	☆	接到报告立即赶赴现场	即时	
	E3	☆	接到命令迅速带领人员赶赴现场	2 分钟	
	G3	☆	接到报告迅速派出消防车和牵引车	1 分钟	
	F4	☆	接到命令迅速赶赴现场	2 分钟	
	G4	☆	消防车就位	2 分钟	
		重点			
		☆	派车		
		☆	就位		
		标准			
		☆	快速反应，迅速到位		
实施 灭火		程序			1.《安全工作条 例》 2.《航空维修一 线管理细则》 3.《航空机务工 作条例》
	A5	☆	现场协助指挥	全程	
	D5	☆	指挥灭火	即时	
	F5	☆	实施灭火	即时	
	G5	☆	消防车保障	全程	
		重点			
		☆	指挥		
		☆	灭火		
		标准			
		☆	指挥得力、有序		
		☆	迅速、有效、听从指挥		

任务名称	节点	任务程序、重点及标准		时限	相关资料
紧急疏散		程序			1.《安全工作条例》 2.《航空维修一线管理细则》 3.《航空机务工作条例》
	A6	☆	现场协助指挥	全程	
	D6	☆	组织紧急疏散失火飞机及周围飞机	即时	
	E6	☆	组织牵引疏散失火飞机	即时	
	F6	☆	牵引失火飞机	即时	
	G6	☆	牵引车保障	全程	
	H6	☆	牵引周围其他飞机	即时	
		重点			
		☆	组织指挥		
		☆	牵引疏散		
		标准			
		☆	组织指挥果断、有序、重点突出		
		☆	快速反应，灵活机动		
彻底灭火		程序			1.《安全工作条例》 2.《航空维修一线管理细则》 3.《航空机务工作条例》
	A7	☆	现场协助指挥	全程	
	D7	☆	继续组织彻底灭火	全程	
	E7	☆	继续组织彻底灭火	即时	
	F7	☆	继续彻底灭火	即时	
	G7	☆	消防车保障	全程	
	F8	☆	清理现场	1小时	
		重点			
		☆	组织指挥		
		☆	灭火		
		标准			
		☆	组织指挥得力、有序、重点突出		
		☆	快速反应，彻底灭火，彻底清除场所火源、火种		

7.3 质量标准体系

质量标准体系主要包括单位标准、个人标准、工作环节的标准。武器装备从设计到报废都有其相应的技术要求，各级各类人员在不同的管理环节、不同的岗位承担着不同的任务，有着不同的职责要求。因此，在制定质量标准时，必须按照各项规章制度，把各项工作的工作流程、工作方法加以精细化规定，并以标准形式确定下来，通过文件的方式加以保存，使之标准化、明确化，并切实贯彻执行。这样就不会产生职责不分、相互推诿的情况，也不会使好的工作经验随着相关人员的流动而流失。例如，课堂教学环节的质量标准，依据总部课堂教学评价标准，确定了主讲教员资格审查、高职教员授课、教研室集体备课、教员个人备课、试教练讲、教学联系会、课堂授课、学员听课、课后辅导、作业布置完成与批改、课程考试、成绩评定等 12 个监控点，每个监控点都明确了质量标准、责任人、监控办法和结果处理。

标准化就是制定、发布和实施标准的过程，它是克服管理随意性、无序性的有效手段，是由传统管理方式向现代管理方式转型的主要标志。没有标准化就没有精细化。实行标准化管理，就是通过建立统一的技术标准、工作标准和管理标准等，使执行者的岗位责任明细化、工作实施流程化、实际操作程序化、检查考核精细化，及时用客观规则发现管理弱点，用可靠数字改善工作效益，用固定尺度衡量能力差异，从而不断维持正规秩序和部队安全稳定。

对于产品质量的管理，经历了从最初的质量检验阶段到如今的标准化质量管理阶段的过程，各个阶段的特点如表 7-14 所示。

表 7-14　产品质量管理各个阶段的特点

对比项目 ＼ 对比阶段	质量检验阶段	统计质量控制阶段	全面质量管理阶段	标准化质量管理阶段
管理对象	只限于产品质量	产品和工序质量	全面质量(产品质量好、成本低、供货及时、服务周到)	产品、过程、形象、体系等全方位质量
管理范围	生产制造过程	从制造过程发展到设计过程	实行设计、生产、辅助生产、使用全过程管理	组织和供方质量管理(企业内部质量管理与外部质量保证)
参加人员	少数技术检验人员	少数技术部门、检验部门等管理部门	实行全员性、全厂性管理	所有相关部门及人员
方法手段	主要用技术检验方法	主要用技术检验及数理统计方法	实行改善经营管理、专业技术研究和应用科学方法(数理统计为基本手段)的三结合综合、系统管理	以 ISO 9000 系列标准为依据，综合利用各种方法手段

对比阶段 对比项目	质量检验阶段	统计质量控制阶段	全面质量管理阶段	标准化质量管理阶段
管理方式	生产过程结束后，事后把关为主	监控生产过程，重在预防控制	防检结合，以防为主，重在管理影响产品质量的各项因素	内外部质量保证和质量控制相结合
标准化程度	缺乏标准化	只限于控制部分的标准	实行严格标准化，不仅贯彻成套技术标准，而且要求管理业务、管理技术、管理方法的标准化	按照 ISO9000 系列标准的要求实行严格的标准化管理
管理经济性	忽视质量经济性	开始注意质量经济性	关注质量经济性	重视质量经济性

7.3.1　航空装备维修保障质量标准现状

我国质量标准工作起步较晚，关于航空装备维修的质量标准工作起步就更晚。从相关文献的检索情况看，最早关于装备质量管理的法规是 1987 年国务院、中央军委批准颁布的《军工产品质量管理条例》，标志着我国武器装备质量管理进入了法制化轨道，步入了一个新的发展时期，全面推进了我军武器装备的质量建设。从那时起到现在，经过二三十年的发展，从宏观的角度讲，全军质量观念有了新的转变，质量意识普遍提高；质量管理法规体系得到了初步建立；军工产品的质量体系考核、认证和评定工作进行了广泛开展；装备质量信息管理系统建设取得了一定成绩；质量管理机构队伍和质量管理学科的建设有了一定基础；部队装备的质量建设也有了一定的提高。我军航空装备维修保障的框架已经初步形成，基本建立起了以国家标准为龙头，航空行业标准为主体，各机种标准为基础，特殊装备标准为补充的航空装备维修保障质量标准体系。但与欧美等发达国家相比，与现实需求相比，航空装备维修保障质量标准体系还有待进一步发展完善，主要表现在以下几个方面：

1. 现有标准过于陈旧

从文献检索结果看，许多标准还是 20 世纪八九十年代制定的，至今仍在使用。随着技术的进步和装备的更新换代，很多标准中的要求与现代战争对武器装备的要求相比，显得落后陈旧，不能满足信息化条件下现代战争对武器装备的要求。因此，有必要对现有标准进行系统梳理，建立质量标准更新修订规章制度，使质量标准体系能够随着技术的进步和需求的改变而不断更新完善。

2．通过认证的标准少，行业规定多

目前，美国军用标准中属于质量管理和质量保证方面的有 50 多项。这些标准对质量保证做出了非常具体和严格的规定，它的实施对美国武器装备的发展和质量保证产生了巨大的作用。与美军相比，我军在质量管理和质量保证方面的标准相对较少，而行业规定较多。以空军《航空机务法规》来说，涉及航空机务工作的 100 项管理类法规文件，包括基本法规 1 项，主要管理规章 12 项，具体管理制度 87 项，最早的是 1980 年由空军司令部、后勤部和航空工程部联合下发的《空军航空技术装备送修和出厂规定》。

3．军用标准与民用标准脱节

对于军队来说，质量标准体系发展的一个趋势是军民合一，美军在这方面已经走在了世界的前列，如美军规定进行采办时必须首先考虑使用民用标准，只有在没有民用标准可用时，方可将军用标准作为"最后手段"使用，而且在合同中使用军用标准需要经过批准，这就从根本上打破了军用标准独立封闭体系，为民用标准进入军事采办领域敞开了大门。军民标准合一的优越性是多方面的，首先是发挥民用标准在满足军事需求方面的作用，大幅度节约资源；其次是使新技术、新工艺及时地流入军用标准，提高军工产品的质量，第三是进一步促进了竞争，使武器装备采办有更大的选择空间；四是后备力量强大，确保满足战时动员的需要。我军在这方面的工作才刚起步，因此我们要迎头赶上，积极借鉴发达国家的成功经验，持续稳妥地推进军民标准合一的进程。

7.3.2　框定质量标准体系的依据与原则

1．航空装备维修保障质量标准体系制定的依据

(1)《ISO9001：2000 质量管理体系要求》是制定航空装备维修保障质量标准体系的主要准则。

(2) 行业规定是制定航空装备维修保障质量标准体系的重要依据。为保证航空装备维修保障活动的顺利进行，空军装备管理部门制定了大量的行业规定，如《空军航空机务工作条例》、《空军航空维修一线管理细则》、《空军航空维修保障装备管理规定》、《现役飞机改装规定》等，涉及到航空装备维修保障的方方面面，在制定航空装备维修保障质量标准体系时，必须要以相关行业规定为依据，形成系统、全面、严格的航空装备维修保障质量标准体系。

(3) 国家有关法律法规是制定航空装备维修保障质量标准体系的参考。我国关于产品、服务和工程均有相应的法律、法规要求，如《中华人民共和国产品质量法》等。制定航空装备维修保障质量标准体系，应遵循这些法律、法规要求。

2. 航空装备维修保障质量体系制定的原则

(1) 系统完整原则。航空装备维修保障标准是为满足航空武器装备的战备完好性要求，针对保障设备、备品备件、训练模拟器材、技术文件等装备保障资源，为规范航空装备保障涉及的人员培训、物品、管理以及其他技术活动而制定的标准。航空装备维修保障军用标准体系建设应以航空装备维修保障任务为主线，全面覆盖管、修、供、训等各项保障任务，构建适应航空装备维修保障建设需求的、内容全面、要素齐全、形式完整的统一体系。体系内的各项标准应相互联系、相互约束、相互作用、相互补充，层次结构清晰、配套协调、合理优化。

(2) 先进适用原则。随着科学技术的进步，军用标准化理论知识不断发展、日益丰富。航空装备维修保障军用标准体系建设应充分利用军用标准化的最新研究成果和先进技术，广泛吸收军内外标准化工作的先进理念，纳入体系表的标准项目应与军事装备和国防科技发展同步，并在一段时间内保持较高的技术水平。同时，航空装备维修保障军用标准体系只有与同一时期航空装备维修保障标准化发展状况相适应，才具有旺盛的生命力，才能在航空装备维修保障建设中发挥积极的作用。因此，航空装备维修保障军用标准体系应内涵清晰、适用范围明确、可操作性和实用性强，符合航空装备技术与保障发展需求。

(3) 兼容开放原则。航空装备维修保障标准体系是航空装备维修保障标准化在未来一段时期内的发展蓝图，应具有很强的科学性和稳定性，但受时间和空间等认识上的限制，在编制时难以保证面面俱到。因此，航空装备维修保障标准体系在编制完成后不是封闭的、静止的，而应是一个兼容并蓄的开放动态体系，能够根据航空装备维修保障建设的发展进行维护和管理，便于及时增加新的标准项目、淘汰不适用的标准项目或者局部修改结构。

(4) 具体量化原则。标准中的质量要求也就是规定的质量特性。产品、工程或服务的质量特性即为用户的需要。它是用户以各种方式提出的，是"真正特性"。制定标准时设计人员和标准化人员把用户提出的"真正特性"转化为"代用特性"，即质量特性。如用户要求某种汽车速度再快一些，节油一些，则在产品标准中应提高最大时速和降低耗油量这两个质量特性指标。如用户要求具有更好的机动性，则在产品标准中应提高转弯、爬坡等质量特性指标，并尽可能降低全车重量。这些质量特性指标需要用量化的结果加以表示，如最大时速数、每平方米钢板表面疵点数、产品的体积等。质量特性量化后即为质量特性值。这些质量特性值在标准中做出规定，它反映了用户的要求，并考虑了科学技术和生产所能达到的水平。

(5) 便于检查原则。标准中经过量化的质量要求，常常具体体现为一些计量或计数的质量特性值。首先，这些质量特性值应该是能够用现有检测技术和方法、工具和设备来完成检查的；其次，这些质量特性值应用这种检测技术和方法进行检测在经济上是合理的。因此，标准中质量要求的确定不能脱离检测技术和方法、工具和设备。在制定标准中的质量要求，选择质量特性和确定质量特性值过程中，应同时制定质量特性值的检测方法和规则，并应充分考虑这些质量特性值检测方便、费用少。

7.3.3 质量标准体系的建立及运行

建立和运行质量标准体系主要步骤如下：

(1) 确定需求和期望；

(2) 建立质量方针和质量目标；

(3) 确定实现质量目标必需的过程和职责；

(4) 确定和提供实现质量目标必需的资源；

(5) 规定测量每个过程的有效性和效率的方法；

(6) 应用这些测量方法确定每个过程的有效性和效率；

(7) 确定防止不合格并消除其产生原因的措施；

(8) 建立和应用持续改进质量标准体系的过程。

其工作过程如图 7-21 所示。

1. 组织策划

印发质量标准体系贯标工作方案，制定详细的实施计划，成立领导小组和工作机构。组织召开推行 ISO9001 质量管理体系动员大会，提出贯标要求，统一思想，明确目标，营造贯标工作氛围。

对组织机构与人力资源管理、文件管理、业务管理、服务过程控制、规章制度等各方面进行全面调研，编制体系调研报告，提出质量标准体系改善建议。

组织实施标准培训工作，编印质量标准体系读本，对全体员工进行培训，为全面推行贯标工作做好准备。

2. 总体设计

确定质量方针和质量目标；完成职能分配与职位职责的评定和完善工作；确定组织机构图、职责和权限；确定质量管理体系文件结构，提出质量手册、程序文件、工作指导性文件、记录(表格)等标准体系文件目录，初步形成质量标准体系文件框架。

3. 体系建立

按照体系标准的要求，组织制定文件编制计划，研讨拟订质量手册、程序文件、工作手册、规章制度、工作流程、岗位说明书等一整套 ISO9001 质量管

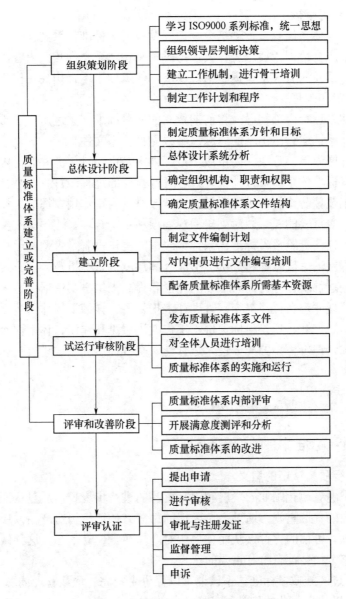

图 7-21　质量标准体系的建立或完善过程

理体系文件，实现"有法可依、有章可循、有据可查"，并同时在电子化办公平台上开辟"ISO 质量管理体系"专栏，在软件系统中固化贯标工作成果，及时发布贯标工作动态，方便员工了解贯标工作进展，调阅使用相关文件资料。同时，制定并推行"日清月结"工作制度，实施精细化管理。

4．试运行审核

组织召开体系运行试行动员会，正式发布质量标准体系文件，并对全体人员进行应知应会培训，要求全体人员熟悉和掌握体系文件相关内容，并对各部门在试运行期间的有关工作提出明确要求，保障体系运行相关工作落到实处。

5．评审和改善

开展体系运行内部辅导，将前期建立的质量标准体系运用于日常工作，发现并解决体系试运行中出现的问题，修改完善体系文件。

组织开展内审，形成《内审报告》。内审是由经过培训并取得内审资格的人员对质量标准体系的符合性及有效性进行验证的过程。对内审中发现的问题，要制定纠正及预防措施，进行质量的持续改进，内审作用发挥的好坏与贯标认证的实效有着重要的关系。对列出的观察项和不符合项，逐项落实整改，并进行检查和验证，查验质量标准体系持续改进的工作机制是否顺利运行。

组织开展满意度测评和分析，形成《满意度调查分析报告》。《报告》对收回调查表进行统计分析，为体系的完善和提高提供事实依据。

召开管理评审会议，提交《管理评审报告》。详细汇报体系建立、体系运行绩效、质量方针、质量目标评价、工作改进意见和建议、体系评价和结论等方面的情况，评价体系的充分性、适宜性、有效性，评审改进机会和体系变更要求。

6．评审认证

下一节进行详细讲解。

7.3.4　质量标准体系的评审和认证

1．进行质量认证的意义

近年来随着现代工业的发展和国际贸易的进一步增长，质量认证制度得到了世界各国的普遍重视。通过一个公正的第三方认证机构对产品或质量标准体系做出正确、可信的评价，从而使他们对产品质量建立信心，这种做法对供需双方以及整个社会都有十分重要的意义。

(1) 通过实施质量标准体系认证可以促进企业完善质量管理体系。

(2) 可以提高企业的信誉和市场竞争能力。

(3) 有利于保护供需双方的利益。

(4) 有利于国际市场的开拓，增加国际市场的竞争能力。

2．质量标准体系认证的实施程序

1) 提出申请

申请单位向认证机构提出书面申请。

(1) 申请单位填写申请书及附件。附件的内容是向认证机构提供关于申请认证质量管理体系的质量保证能力情况，一般应包括：一份质量手册的副本，申请认证质量管理体系所覆盖的产品名录、简介；申请方的基本情况等。

(2) 认证申请的审查与批准。认证机构收到申请方的正式申请后，将对申请方的申请文件进行审查。审查的内容包括填报的各项内容是否完整正确，质量手册的内容是否覆盖了质量管理体系要求标准的内容等。经审查符合规定的申请要求，则决定接受申请，由认证机构向申请单位发出"接受申请通知书"，并通知申请方下一步与认证有关的工作安排，预交认证费用。若经审查不符合规定的要求，认证机构将及时与申请单位联系，要求申请单位作必要的补充或修改，符合规定后再发出"接受申请通知书"。

2) 认证机构进行审核

认证机构对申请单位的质量管理体系审核是质量管理体系认证的关键环节，其基本工作程序是：

(1) 文件审核。文件审核的主要对象是申请书的附件，即申请单位的质量手册及其他说明申请单位质量管理体系的材料。

(2) 现场审核。现场审查的主要目的是通过查证质量手册的实际执行情况，对申请单位质量管理体系运行的有效性做出评价，判定是否真正具备满足认证标准的能力。

(3) 提出审核报告。现场审核工作完成后，审核组要编写审核报告，审核报告是现场检查和评价结果的证明文件，并需经审核组全体成员签字，签字后报送审核机构。

3) 审批与注册发证

认证机构对审核组提出的审核报告进行全面的审查。经审查若批准通过认证，则认证机构予以注册并颁发注册证书。若经审查，需要改进后方可批准通过认证，则由认证机构书面通知申请单位需要纠正的问题及完成修正的期限，到期再作必要的复查和评价，证明确实达到了规定的条件后，仍可批准认证并注册发证。经审查，若决定不予批准认证，则由认证机构书面通知申请单位，并说明不予通过的理由。

4) 获准认证后的监督管理

认证机构对获准认证(有效期为 3 年)的供方质量管理体系实施监督管理。这些管理工作包括：供方通报、监督检查、认证注销、认证暂停、认证撤销、认证有效期的延长等。

5) 申诉

申请方、受审核方、获证方或其他方，对认证机构的各项活动持有异议时，可向其认证或上级主管部门提出申诉或向人民法院起诉。认证机构或其认可机构应对申诉及时做出处理。

3. 部队实施质量标准体系认证的基本程序

1) 建立与完善航空装备维修保障质量认证机构

航空装备维修保障质量认证工作应由专门的机构来执行,该机构既可以独立存在,也可以是总部某认证机构的分支机构。该机构应获得国务院标准化行政主管部门批准认可,受空军装备部或总装备部统一领导和授权,归入国家的认证认可体系,有资格代表空军进行航空装备维修保障质量认证,所做出的认证结果具有相应法律效力。航空装备维修保障质量认证机构不以营利为目的,公正地按照国家和军队有关法律、法规的规则和程序进行质量认证活动,不承担质量认证合格的航空装备维修保障单位所应承担的责任。

2) 强化航空装备维修保障质量认证制度

(1) 认证条件管理。

航空工业总公司所属企业、军内具备生产能力的相关单位或者其他属于国防系统的生产企业,应具备以下条件:①生产的航空机务保障装备符合国标、军标、相关行业标准及其补充技术要求。②产品质量稳定,能正常批量生产,并提供有关证明材料。

(2) 认证程序管理。

参照 ISO9000 质量认证程序,航空机务保障装备的质量认证程序如下:

① 申请。军内航空机务保障装备的生产单位按照规定的要求向空军航空装备维修保障质量认证机构提出书面申请;生产航空机务保障装备的国防工业企业应通过本行业的主管部门(如航空一集团、二集团等),向空军航空装备维修保障质量认证机构提出书面申请及认证所需的有关资料。

② 抽样。即对企业申请质量认证的产品进行现场抽样、取样和封样,并由审检组或申请者送交指定的检验机构。

③ 检验。空军航空装备维修保障质量认证机构通知认证检验机构对样品进行检验,各项检验和检测完成后,按照规定格式填写检验报告,经授权人审核签字后,将检验报告报质量认证委员会。

④ 审批。空军航空装备维修保障质量认证机构对检验报告和检查报告进行审查。合格者,批准认证并颁发认证证书,进行注册管理,并准许使用认证标志;对不批准认证的发给书面通知,并向申请者说明原因和应采取的改善行动。

3) 加强认证后的监督审核与管理

在产品质量认证证书有效期内,由空军航空装备维修保障质量认证机构负责监督审核和管理。空军航空装备维修保障质量认证机构对证书持有者的质量管理体系每年至少进行一次监督审核，以使其质量管理体系持续符合规定要求。首次监督审核在获证 1 年后进行，以后每年进行一次。通过对证书持有者的质量管理体系的监督审核，如果证实其质量继续符合规定要求时，则保持其认证资格。否则，应视其不符合的严重程度，由空军航空装备维修保障质量认证机构决定暂停使用认证证书和标志，或撤销其获得的认证资格，收回质量认证证书。

7.3.5 航空装备维修保障一线质量标准体系及管理机制的建立

建立航空装备维修保障一线质量标准体系及管理机制，旨在运用全面质量管理理论、技术、方法和手段，对航空装备维修作业质量实施科学的统筹管理和细致的过程管理。特别强调以质量为中心，领导重视、全员参与、干部把关，通过质量检查、质量检验、质量考核等基本手段和方法，确保维修作业质量，打牢安全基础，达到长期保障飞行安全的目的。以下事项必须通盘考虑：

1. 主责岗位

主管部门：质量控制室。

管理干部：机务大队负责一个单位、一个部门或一项工作的各级机务干部。

重点岗位：质量检验值班员、质量检验员。

2. 相关岗位

维修管理和保障的所有岗位、全体维修作业及管理人员。

3. 工作内容

1) 基础工作

(1) 确定质量体系、质量目标和质量标准，包括控制与检验标准。

(2) 人员质量管理，包括维修作业人员的质量意识培育，维修作业人员的业务技术训练、质量管理能力的培训等。

(3) 质量信息管理，反映维修工作质量的原始记录、基本数据、维修过程等信息的收集、存储、统计、分析、预测与反馈。

2) 维修作业质量管理

(1) 质量控制。包括航空装备状态的控制、定期检修工作的控制、有寿机件控制、技术通报落实的控制、航空装备故障的控制等，按《航空机务质量控制工作细则》和《航空机务质量控制工作规范》中的有关方法和要求落实质量控制工作。

(2) 质量检验。包括专项质量检验和干部逐级检验，飞行日机务大队设置质量检验值班员 1 名，机械专项质量检验员 2～4 名，根据飞行任务设置其他专业专项质量检验员，质量检验值班员由机务总值班员确定，其他专项质量检验员由本专业督导确定。

(3) 干部检查。干部检查飞机分为中队配套检查和大队配套检查，每级每月合计检查飞机应不少于 5 架(运输机不少于 3 架)，维修日采取干部逐级检验。各类师对"员"所做的重要工作和关键部位进行复查和质量检验；专业负责人对本专业队人员所做的工作按工卡规定内容进行检验；大队、中队干部按工卡规定内容，对关键工作和疑难故障排除情况等进行复查和检验。

3) 建立管理责任制

(1) 值班员管理制。

机务总值班员由大队长、副大队长和飞发主任轮流担任，一般每间隔 1～2 组飞行日轮换一次。根据实际情况，由机务总值班员确定每一批的中间级值班员。

中间级值班员职责：一是起飞线值班员负责调度起飞线各单位机组机械师、机械负责人、军械负责人、特设负责人、电子负责人和中队质控值班员。二是加油线值班员负责调度加油线各单位机组机械师、机械负责人、军械负责人、特设负责人、电子负责人和中队质控值班员。三是中队机务值班员负责调度本单位机组机械师、机械负责人、军械负责人、特设负责人、电子负责人和中队质控值班员。四是塔台机务值班员通常由机务中队长以上干部担任，负责调度起飞线机务保障组人员，协助飞行指挥员工作。五是其他中间级值班员根据岗位说明书开展工作。

运输机、三代机等只有一线保障的单位，根据单位、机型特点可设相应中间级值班员，如中队值班员、排故值班员、质控值班员和停机线值班员等。

(2) 机械师负责制。

机械师负责制是指每架飞机固定机械师和机械员，其他专业人员根据维修保障任务情况，由各专业负责人分派。主管机械师由团首长任命，负责地勤机组管理，对所维护飞机的整体完好和放飞负责。主管机械师也可由机械专业队长兼任，运输机部队主管机械师通常由空中机械师担任，也可由地面机械师担任。

(3) 专业派工制。

逐步实现专业负责人对参训飞机的专业人员派工制，专业派工通常每 1～2 组飞行日调整一次，特殊情况可随时调整。各专业负责人根据参训飞机数量、专业人员力量、维修保障任务合理调配本专业人员。

飞行保障时，一般由各专业督导进行派工，各线值班员和专业负责人具体管理。专业人员可以打破中队编制界限，采用定点保障、定位维修。

完成派工后，各专业负责人应将维修保障剩余人员名单报机务训练助理，以便安排日常训练。

4．标准要求

1) 确定和落实机务大队质量方针和质量目标

按照空军航空机务质量方针(坚持质量第一，保证航空装备技术状态的完好、可用，保证作战、训练任务的遂行和飞行安全)，确定机务大队的质量目标。

2) 建立机务大队质量保证体系

机务大队质量保证体系，是指为组织实施机务大队质量管理，保证质量满足规定的或潜在的要求，由机务大队的组织机构、职责、程序、过程和资源所构成的有机整体。

3) 实施航空机务全面质量管理

航空机务全面质量管理的基本任务，就是在可靠性理论指导下，消除影响航空机务质量因素的负面作用，充分发挥其积极作用，达到控制和提高航空机务质量的目的。实施航空机务全面质量管理，必须做到全员管理、全过程管理、全方位管理，并且在实际管理工作中将它们有机地结合起来。

(1) 实施全员质量管理。全员质量管理就是组织机务系统的全体人员参与质量管理，完成质量管理所赋予的职责和工作任务。由于机务质量是机务大队所有人员工作质量的综合反映，其中任何一个人的工作质量都会直接或间接地影响机务大队维修质量。因此，只有机务大队全体人员都参与质量管理，形成全员管理，才能提高整个机务大队的质量管理水平和飞机维修质量。

(2) 实施全过程质量管理。全过程质量管理就是把质量管理贯穿于装备使用与维修的全过程。由于装备的固有质量特性是在研制、生产、大修阶段形成的，所以从接收装备开始，就要全面掌握装备的技术状态，为实施全过程质量管理做好准备。在装备使用过程的飞行机务保障、定期检修、日常检查、返厂大修、停放保管，直至退出现役报废等各项活动中，要不间断地通过装备质量检验和采取相应措施，对维修质量进行全程控制。

(3) 实施全方位质量管理。全方位质量管理包含两层涵义：一是对装备的各种质量特性进行管理；二是对影响装备使用与维修质量的全部要素进行管理。全方位质量管理在纵向上实行层次管理。机务大队部侧重制定质量方针、建立质量保证体系、进行质量管理宏观决策；各中队和修理厂侧重贯彻执行质量方针和质量管理决策，对实施质量保证体系进行运行管理；专业队以下侧重作业管理，具体落实机务大队质量要求。全方位质量管理在横向上，主要是控制装备和机务人员、保障装备与设施、备件器材与航空弹药、机务法规及环境等各项因素对机务大队维修质量的影响。不同的管理层次，对这些因素的控制应当自上而下逐级具体化，最后全部落实到飞机上。

5. 程序方法

1) 组织实施质量体系建设

建设质量体系，编制程序文件，制定各种质量图表、质量管理方案。常用体系文件包括：质量手册、程序文件和作业指导书。

2) 组织实施质量教育和专业训练

机务大队质量教育和专业训练，主要包括质量意识教育、质量管理知识教育、机务法规教育、航空装备使用维修理论与操作技能训练等。质量教育应区别对象，内容和要求各有侧重。质量教育要从新师新员抓起，从第一步工作抓起，并作为机务大队全体人员在职训练的一项经常性长期性内容，形成制度。

3) 组织实施装备使用与维修的质量控制

装备使用与维修的质量控制，是质量管理的重要内容，包括装备的使用质量控制和维修质量控制。

使用质量控制主要包括飞机完好状态的控制、飞机放飞条件的控制、飞机寿命和大修时限的控制、有寿机件的控制、飞机改装的控制等。使用质量控制的目的是：准确掌握机务大队装备的质量状况，为使用与保障决策提供依据；确保投入使用和放飞的飞机质量要求符合规定。使用质量控制的经常性工作是进行飞行机务准备，按标准对飞机进行检查、测试和充添加挂，以及进行定期检修、特定检查、试飞和落实技术通报等。

装备维修质量控制主要是在机械日、周期性工作、定期检修等各项维修活动中，通过对影响装备维修质量的作业人员、保障装备、保障设施和环境等因素，以及维修作业过程的控制，确保维修质量达到规定标准。坚持维修作业人员持证上岗、持卡操作，实行质量检验和干部检查飞机，是进行维修质量控制的有效手段和重要制度。

4) 建立健全质量管理责任制

建立健全机务大队质量管理责任制，是机务大队质量保证体系实现其质量管理功能的重要保证。机务大队质量管理责任制，要对机务大队各单位各部门、各级领导干部和全体人员，在质量管理方面的职责做出明确规定，使每个组织机构、每个机务人员都明确自己在质量管理方面的职责。贯彻落实质量管理责任制，要做到人人尽职尽责，扎实做好第一手工作，按质按量按时完成自己的工作任务，保证飞机维修质量保证体系的有效运行，把质量管理各项工作落到实处。

5) 组织实施质量评定和推动质量改进

为了正确评定机务大队维修质量，需要建立机务大队质量评定体系，明确具体指标。目前，机务大队维修质量指标包括：飞机完好率、飞机维修停飞率、飞行任务成功率、飞机误飞千次率、飞机故障率、人员在位率、工具设备完好率、完成标准维修工时率等，全面反映了机务大队质量状况以及使用与维修质量和效益。由于机务大队所属装备的使用与维修质量是由使用与维修的工作质量决定和保证的，为了从机务大队装备使用与维修的工作质量评定机务大队质量，还应当建立机务大队装备使用与维修的工作质量评定指标体系，主要包括：机务大队人员数量、素质、整体结构和综合能力；保障装备、保障设施的技术状况、使用和管理情况；更换备件、器材的型号、规格和质量状况；机务法规的执行情况和质量管理责任制的落实情况；以及维修作业环境的控制等。通过机务大队质量评定，发现机务大队质量问题，采取措施，归口上报处理，推动质量改进。

6) 加强维修信息工作

加强装备维修保障信息工作，是为了更有效地为装备质量管理提供信息服务，是机务大队信息化建设的重要组成部分。充分发挥质量信息在质量决策、质量保证、质量控制、质量改进等职能活动中的作用。

6. 检查督导

检查督导包括：检查、督导和管理，由机务总值班员、中间级值班员、各专业督导负责质量管理机制运行情况的检查督导，包括对质量检验值班员、质量检验员工作质量的检查督导。

1) 检查

日常质量检查、内部品质监审。

2) 督导

全面质量控制、质量管理责任、质量管理会议。

3) 管理

质量记录管理、不合格管理、异常情况管理、QC 小组、现场质量管理。

4) 岗位

以下岗位分别负责各项维修保障的质量检查督导：

(1) 机务总值班员一般由机务大队长或副大队长担任，特殊情况下可由飞发主任担任。负责对航空维修管理和保障的质量目标管理。

(2) 机务大队设置专业督导，飞发督导、军械督导、特设督导、电子督导、火控(雷达)督导一般由专业主任或专业队长担任，飞参督导一般由飞参主任或飞参师担任，质控督导一般由质控主任或质控助理担任。

(3) 质量控制室设置质控督导、计划指令助理员、管理控制助理员、统计报表助理员、信息网络助理员、技术档案管理员、文件资料管理员和机务中队(一、二、三中队、修理厂)质控人员等 11 个岗位。

① 质控督导主要负责质量控制工作的组织、协调和督导，一般由质控主任或助理员担任。

② 计划指令助理员主要负责各类计划、指令和表单的制定、下达和管理。

③ 管理控制助理员主要负责管理、控制、检验和技术档案工作，具体负责技术通报落实、有寿机件控制、周期性工作控制、特殊使用装备控制指令下达和跟踪管理。

④ 统计报表助理员主要负责机务统计、报表制作和保障实力，以及机务人员管理、机务等级评定、维修信息管理等。

⑤ 信息网络助理员主要负责机务大队局域网维护和管理、信息安全、管理信息系统推广应用、相关数据库维护，以及办公设备管理。

⑥ 技术档案管理员主要负责飞机及机载设备履历文件管理，一般由管理控制助理员兼任，或由士官担任。

⑦ 文件资料管理员主要负责文件、资料、表单管理，一般由计划指令助理员兼任，或由士官担任。

(4) 塔台航空机务值班员由经过培训、考试合格，获得塔台值班上岗证的中队以上机务干部担任，特殊情况下由副中队长担任。中队单独组织飞行保障时，由分队以上机务干部担任。

(5) 外场质控值班员由质控督导或质控助理担任。

(6) 各类值班员由机务总值班员确定，日常维修时主要包括：各专业督导、外场质控值班员、中队机务值班员、停机坪值班员、外场设备管理员、外场工具管理员、质量检验值班员、抢救车值班员、大队司机岗位；飞行保障时主要包括：各专业督导、塔台机务值班员、外场质控值班员、起飞线值班员、着陆线值班员、加油线值班员、停机坪值班员、外场设备管理员、外场工具管理员、质量检验值班员、充氧值班员、充冷值班员、高空装具师、抢救车值班员、大队司机岗位。

(7) 起飞线(加油线、中队机务)值班员下设机械、军械、特设、电子负责人、机组机械师和中队质控值班员，专业负责人一般由专业队长或者专业技术骨干担任，机组机械师一般由干部机械师或者士官代理机械师担任，中队质控值班员由中队质控师或者质控员担任。

(8) 飞机机组由机械师、机械员、特设师(员)、军械师(员)、电子师(员)岗位组成。

(9) 高空装具师下设高空装具员岗位，由高空装具师具体领导。

(10) 外场工具(设备)房设工具(设备)管理员、保管员各1名，由管理员负责。管理员一般由士官担任，保管员一般由义务兵担任。

7.4 过程监控体系

细密有效的反馈，严格的检查、监控，是精细化管理最重要的一个环节。如果缺乏对管理过程的有效监控，管理势必会回到粗放型的老路，精细化管理必须有监控。检查督导是提高执行力的关键。精细化管理强调跟进督导、末端落实，因为90%的问题出在基层、出在末端。管理精细的企业，大都强调管理者下沉，加强末端督导。通用电气公司前总裁韦尔奇的"深潜"运动，麦当劳老板倡导走动式管理，海尔集团采取了多层级、全覆盖、全过程、短间隔、早预警的检查督导方法，都体现了这种理念。过程监控体系要以目标计划体系为方向，以环节流程为重点，以质量标准体系为依据，对航空装备维修保障精细化管理活动实施全过程监控。

7.4.1 过程监控的主体内容

1. 质量监控

(1) 目标计划体系所涉及的质量目标、质量活动是否如期完成。在航空装备维修保障活动进行过程中，应及时对所进行的质量活动进行检查，并结合质量计划定期进行分析，督促相关责任人完成相应的质量活动。

(2) 质量活动是否满足质量标准体系要求。质量标准体系是在以相关国军标为依据，积累多年发展经验及教训的基础上形成的，具有绝对的权威性。因此，要严格对照质量标准体系对航空装备维修所进行的各项活动进行检查，以确保各项工作的质量，预防事故的发生。当出现质量标准体系中没有包括的质量保证活动时，要认真总结经验并经过实践检验后，将其上升为航空装备维修保障活动的质量标准要求，以指导今后的工作。

2. 进度监控

航空装备维修保障是一项特殊的军事活动，其一个显著的特点就是对进度的要求特别高。特别是在信息化条件下，要求航空装备维修保障活动能在极端条件和极短时间内，完成各项保障活动，以保证航空兵部队的持续战斗力。因此，要严格对照质量标准体系要求，严格监控航空装备维修保障活动的进度，对于没能按进度完成工作的情况，要认真分析原因，查找问题根源，治标更要治本，确保各项工作严格按进度进行，为部队完成任务提供先决保障。

3. 费用监控

航空装备维修保障活动要用到油、气、弹、电、航材等各种资源，每种资源都是用军费买来的，我们的军费是有限的，要把钱真正用到该用的地方去，不能浪费在无效的维修保障活动中。这就要求我们提高维修的质量和效率：一方面要保持装备不出或少出故障，一旦出现故障要及时、迅速地恢复装备的功能和状态；另一方面，航空装备维修保障部门要具有较强的维修能力，即维修设施、设备完好、备件、工具等数量充足，质量良好，维修材料完整，维修人员编配合理，培训良好，力争用最少的维修资源取得较高的经济效益，获得较高的效费比和最低的寿命周期费用。

4. 人员监控

人是航空装备维修保障活动的主体，据统计，80%的事故均来自于人为差错。因此，要加强对维修人员的监控，减少直至消除维修保障活动中的人为差错。

7.4.2 过程监控的组织实施

首先，在监控组织机构上，需要成立专门的实施精细化管理办公室(可分为几个专业工作小组)，负责指导、组织、协调、监督部队航空装备维修保障精细化管理工作的开展。在各单位都要设立若干个信息反馈员，每日将各类管理活动信息通过信息化管理系统及时上报。

其次，在监控的横向组织形式上，采取内部审核、互检、上级部门检查考核等多种形式。内部审核由组织内部专门的审核员，通过对管理关键环节和维修保障过程实施的状态和记录进行系统审核，重点检查是否有推诿、延误时间现象，检查是否按标准去做了、是否有"偷工减料"现象，检查是否落实到位，是否越位等。互检、上级部门检查考核，是根据互检的反馈意见，结合上级部门检查考核情况，对管理的各个过程进行重点考核。

第三，在监控的纵向逻辑形式上，主要分为事前监控、过程监控和事后监控。事前监控就是对照环节流程和质量标准体系，对开展各种航空装备维修保障活动的准备情况进行评估，以判定完成相应的目标计划的概率，进而采取相应的行动；过程监控是指对实施中的各种航空装备维修保障活动进行评估，以便及时发现存在的问题，提出整改措施，保证目标计划的顺利实现；事后监控是指航空装备维修保障活动结束后，对从开始准备到结束进行全过程的评估，及时总结经验和教训，为下一次活动的展开奠定良好的基础。

7.4.3 航空装备维修保障一线的过程控制

这里所说的过程控制是指航空机务维修质量，在人力、物资、经费、技术、信息及时间等输入因素共同作用下，产生的输出是可控制的，即对过程进行同步、连续的监控，在不符合技术规范的情况出现之前，立即采取纠正措施，进行持续改进。过程控制主要有检查监督和指导纠正两项职能。检查监督是按照预定的目标及标准检查工作，以保证计划任务的实现。机务大队领导和专业主任，要针对维修工作中出现的问题，根据目标及标准要求和工作经验，对维修作业过程中的关键段或关键点进行检查、指导和控制，引导机务人员改进工作，与机务人员共同研究纠正偏差的措施。

1. 过程控制内容

过程控制的重点内容是突破四个难点，抓好四个阶段。主要包括：检查监督和指导纠正。

"四个难点"，是指长期以来机务部队存在的难点问题，包括：质量安全管理、机务训练管理、维修技术研究和机务信息维护等，通过过程控制突破这四个方面的难点。

四个阶段的控制包括：

(1) 计划阶段的过程控制。通过制定计划人员的第一手工作及自查，专业督导审查并签字，机务总值班员审查和批准，以及接收单位或人员接收计划和反馈等，抓好计划阶段的过程控制。

(2) 准备阶段的过程控制。通过专业督导合理派工，进行技能问答，领取合格工具和维修作业人员明确工作任务等，抓好准备阶段的过程控制。

(3) 实施阶段的过程控制。通过树立服务意识，抓好第一手工作落实，干部检查，质量检验，放飞签字和及时果断正确处置特殊情况等，抓好实施阶段的过程控制。

(4) 总结阶段的过程控制。通过及时收集、填写或录入相关信息，检查信息反馈和问题处理单内容，以及准备总结讲评材料等，抓好总结阶段的过程控制。

2. 质量安全难点

1) 主要难点问题

质量安全意识不强、执行力不佳，制度措施不落实。主要表现为"六不"：不知、不细、不常、不查、不严、不实。不知，是指有的机务人员对业务技术、安全措施掌握不熟练，有的知之甚少。不细，是指有的机务人员工作不细致，离精细化维修要求很远。不常，是指有的单位质量安全分析、质量安全警示教育不经常。不查，是指有的单位、部门对安全措施落实、安全环境条件和质量安全工作检查督导不够。不严，是指有的机务人员执行法规、落实规章不严格，甚至违章操作。不实，是指有的机务人员工作不扎实，第一手工作质量不高，有的管理干部管理工作不到位，造成部队执行力不佳。

2) 解决办法措施

(1) 建立质量安全管理体系，编制程序文件，绘制各种质量安全图表，制定质量安全管理的制度、对策、措施和方案。

(2) 明确机务大队各部门质量和安全管理职责，建立健全质量和安全管理责任制。

(3) 设立质量安全控制段和控制点，扎实抓好质量和安全管理措施的落实。

(4) 对因各种原因未参加质量安全教育和作业训练的机务人员进行补课。

(5) 对飞行机务保障和维修作业现场实施动态质量安全管理。

(6) 定期分析质量安全形势，检查质量安全法规贯彻落实情况，适时进行质量安全整顿。

(7) 开展机务质量安全立功竞赛活动，实施质量安全奖惩。

(8) 进行质量安全工作总结和评估，研究改进和细化质量安全管理工作。

(9) 将技术通报、技术措施列入操作卡片，写入工作指令。

(10) 将质量安全作为考核评定的主要因素，打造质量文化、安全文化，使全体机务人员增强质量安全意识、形成质量安全习惯、争创质量安全业绩。

3. 机务训练难点

1) 主要难点问题

(1) 有的单位主官不重视机务训练，训练时间难以落实，有的以飞行保障代替业务训练，有的训干脱节和以干代训。

(2) 组训方式单一，训练效果比较差，有的业务学习就是机械式的抄书。

(3) 机务训练缺乏计划性，有的计划不落实。

(4) 有的机务大队训练中心作用发挥不好，有的训练助理员不履行职责或履行职责不够，有的单位只有形式上的培训，训练内容简单且不连续、不完整、没有针对性。

(5) 训练管理、训练考核不严格，缺乏考核激励，学与不学一个样，学好学差一个样，机务人员学习业务的积极性不高。

2) 解决办法措施

(1) 机务大队要建立完备的训练管理体系和考核激励机制，加强对训练工作的组织领导，协调好训练与其他工作的关系，解决训练中存在的问题。重视机务人员的任职教育和继续教育训练，不断提高训练质量；要拟定短期和中、长期训练计划，通过各种途径锤炼机务人员，为机务大队训练培养一大批既懂业务又懂管理的技术骨干。

(2) 实行训干结合。正确理解和处理机务大队自身训练与保障飞行训练的关系，充分利用保障飞行训练的间隔，相对集中时间，合理穿插安排、见缝插针开展可操作的多种形式的教育训练。如：在飞行间隙，通过讨论、提问、宣讲、表扬等方式进行教育训练。机务人员训练，实行先训后干，训干结合，使训练成为保障飞行训练的前提条件，保障飞行训练成为训练的实践锻炼，防止训干脱节和以干代训。

(3) 机务大队充分利用不进场保障飞行的零散人员，组织训练。合理安排训练时间、内容，建立学习档案，根据不同的培训人员实施培训，做到有计划、有组织、有内容、有目标，保证教育训练的开展和落实。

(4) 坚持按纲施训。严格按照《空军军事训练与考核大纲》实施训练，机务大队应加强训练计划的管理，精心组织实施训练，及时检查督促，建立客观公正的训练考核机制，保证训练时间、人员、内容和质量要求的全面落实。

(5) 根据不同需要，立足于提高维修保障能力，采取多种方式进行训练。如：外派到其他兄弟部队或航空企业学习，聘请兄弟部队或航空企业专家到部队讲课，运用比赛、团队游戏等方式训练团队意识，利用模拟技术增强训练实践等。

(6) 要想方设法改善机务人员的思想与心态，使训练先于工作，工作结合训练等理念深入人心、融入骨髓，看到训练带来的好处，变"要我训"为"我要训"。

(7) 加强基本建设。改善机务大队训练中心的配置，加大训练各方面的投入，包括经费、人员、设备等，充分发挥机务训练中心的训练管理功能。建设一支素质高、组训和任教能力较强的教员队伍。按空军训练管理规定，规范训练管理工作，配好管理人员，加强管理控制，建立正规的训练秩序。

4．技术研究难点

1) 主要难点问题

技术研究的条件不健全，技术研究不经常、不深入，机务大队无奖惩措施，各类人员排故能力弱，未形成全员参与技术研究的氛围和良好的技术研究管理机制。

2) 解决办法措施

(1) 机务大队配备完善的技术研究资料、设施，满足技术研究的条件。

(2) 每年根据上级科研任务和机务大队维修需求制定技术研究计划，明确研究任务，对完成任务好、取得技术成果和在报刊杂志等发表技术研究文章的人员，给予精神和物质双重奖励，对完不成技术研究任务的人员给予批评和相应处罚。

(3) 创建学习型机务大队，营造全体机务人员积极参与技术研究与革新的氛围。如：在网站上开辟"技术研究专栏"、开展"技术研究活动月"活动，每年评选并大力宣传表彰"技术研究之星"等。

(4) 成立由业务副大队长任组长，各专业主任为副组长的技术研究小组，吸收各专业骨干为组员，大力开展维修保障的技术研究，研究成果在网站"技术研究专栏"上定期公布。每月出一期《技术研究简报》。

(5) 建立故障分析报告制度，全面收集故障信息，加强故障分析研究，每个故障都要有详细的故障分析报告(包括排故详细步骤、故障原因分析、结论与建议三个部分)，技术研究小组负责每年编写《故障分析汇总集》。

(6) 建立故障等级分类，对一般故障、较大故障、重大故障的内容进行界定，明确专业主任、专业队长、师等各级专业人员的排故范围和责任，设置和应用《排除故障任务单》，见表 7-15，实行排故责任逐级报告制度，通过故障研讨、技术交流和相关培训，提升机务大队整体的排故能力，形成按级排故的工作机制。

表 7-15　排除故障任务单

工卡编号：**GK-F04-ZK**

贴条形码处

排　故　任　务　单

飞机号：　　　　　　专业：　　　　　　日期：

故障码		
排　故　方　案		执行情况及建议
排故方法与步骤：	排故人员：	
注意事项：	配套工具设备：	
相关备件型号：		
专业督导	排故负责人	审　核　人

5. 信息维护难点

1) 主要难点问题

收集的信息不准确、不及时、不完整、不规范、不共享，提供给领导的信息不适用、不连续，存储的信息不安全。

2) 解决办法措施

(1) 加强宣传教育，提高机务人员对信息收集和统计分析工作的认识，学会信息收集和统计分析的方法，明确各自责任，在工作中认真执行。

208

(2) 建立严格的信息收集和统计分析制度，明确统计的内容和方法，健全各种记录表单。

(3) 信息的传输、加工、存储必须排除各种干扰，做到规范化、标准化和真实可靠；采取奖惩措施、检查核对等方法和途径，保证信息的准确性。

(4) 通过明确责任人、限定时间段、畅通渠道、现场收集、及时记录、及时反馈、及时处理等方法手段保证信息的及时性。

(5) 质量控制室对信息进行加工处理，及时提供给大队长，信息内容不能过于繁琐或过于简化，应准确、清楚、简练，具备时效性。

(6) 信息维护者必须按规定维护和处理信息，不得因失职造成信息丢失，确保信息连续性。

(7) 开发信息系统和决策支持系统，建立数据库或信息中心，提高信息收集处理的信息化自动化水平，通过网络存储和传输信息，实现资源共享。

6. 过程控制程序

(1) 确定控制质量、安全和任务的目标及标准，选择关键性控制点。

(2) 检查和监督维修作业，收集样本及其他显著的数据。

(3) 积累、分析并记录收集的信息。

(4) 将记录的信息和事先确定的控制目标、标准和进度进行比较。

(5) 判断、测定和衡量实际工作与质量、安全和任务的目标及标准的偏差，并做出客观评价，为进一步采取有效控制措施，提供全面、准确的信息。

(6) 向质量控制室报告重大工作偏差，由质量控制室进行相关处理。

(7) 质量控制室复核和修改目标及标准。

(8) 检查纠正行为是否有效。

7. 过程控制方法

1) "四手检查法"

"四手检查法"是对任何一项工作质量、安全和完成任务情况十分有效的控制方法。

第一手：新夏北浩检查法、照相管理。

第二手：质量检验(抽检、全检和巡检)、视频监控，对作业方法适时指导。机务大队设置质量检验人员，赋予质量检验内容和相应权力。执行并填写《质量检验单》。

第三手：干部检查(一般指机务大队或中队专业配套检查)。执行并填写《干部检查卡片》。

第四手：综合检验(试验判断、大队决定、上报解决、协调解决)。

2) 控制节点法

(1) 选择控制节点。

一般应综合考虑三方面因素。一是影响机务大队规范化管理整体运行过程的重要事项或关键部位；二是产生问题的征兆或出现问题较多的事项或部位；三是根据实际情况强调某个事项或有特殊工艺要求、对上下衔接有重大影响的事项。

(2) 控制节点的实施。

首先，编制《控制节点标准表》(表 7-16)和《控制节点明细表》(表 7-17)；其次，编制控制节点作业指导书和多种技术文件；第三，对控制节点所有的工具设备要事先评估、鉴定，并做好点检、维护保养工作；第四，控制节点的人员必须经过培训，考核合格后持证上岗；第五，明确控制节点监控方法和要求，落实实施监控，并做好各类监控记录。

表 7-16 控制节点标准表

制定者		审批者		审批日期	
名　称		控制节点		制定日期	
控制因素					
控制内容					
控制标准					
控制理由					
测量规定					
数据报告途径					
纠正性措施					
操作程序					
审核程序					

表 7-17 控制节点明细表

制定者			审批者			审批日期		
序号	名称	控制点编号	控制点名　称	技术要求	检查方式	检查工具	检查频次	管理手段	备注
1									
2									
⋮									
n									

210

机务大队规范化管理的控制节点，从以下几个方面来实现：

(1) 流程的控制节点。

在流程管理中，对关键步骤设置控制节点，以保证流程的连通与流畅。流程控制节点设置原则：

① 相关性原则。综合衡量流程，哪些节点能联系到其他节点，并保证其他节点必须实现。

② 连续性原则。上下连通，没有断点，不会造成下一个工序异常。

③ 不漏项与责任原则。突出重点环节，以点带面进行控制，确保流程所有项都能按责任要求完成。

飞行保障流程中，应将"布置工作，组织进场"、"质量检验"、"填写履历本"三个环节设置为控制节点。如：图 7-11 中斜体部分。

(2) 表单的控制节点。

在各类表单中，为了保证某项工作的质量与安全，设置必要的控制节点，以《某型飞机 250-1、250-2 航燃爆弹挂、卸弹工艺卡片》为例，标灰处即为该流程的控制节点(参见表 7-18)。

表 7-18　某型飞机 250-1、250-2 航燃爆弹挂、卸弹工艺卡片

操作卡号：J7B-F10-JX

人　　数	3 人		工　　时	不少于 15 分钟
工具设备	挂弹工具箱			
消耗器材	洗涤油、酒精、低温润滑脂、保险丝			
质量控制点	1.4、1.5、1.6、1.7、1.8、1.10、2.1			
编 制 人	焦拥军			
审 批 人	×××			

序　号	工 作 内 容	依　据
1	挂弹操作内容：	装外[2006]99 号
1.1	通电检查 GG3-7 挂钩投放电路。	规程 FL-C1
1.2	军械干部按规定接收军械股送来的炸弹及引信。	《弹药管理与操作》
1.3	检查保险钢条胶套应良好，挂钩锁片要紧贴在钩上。	规程 FL-C3.3
1.4※	断开"地面电源"电门和军械所有电门，工作梯上应挂有"勿进座舱"警示牌。 **注：需军械专项质量检验员进行检验**	规程 FL-C4.3
1.5※	拆下 GJ3-1 挂架下方的前、后制动器和三段整流包皮，将 GG3-7 挂钩锁闭并将挂梁上的制动螺杆拧到最上位置，把保险钢条挂在爆炸钩上。 **注：需军械专项质量检验员进行检验**	规程 FL-C4.4

序 号	工 作 内 容	依 据
1.6※	将炸弹运到机翼下，使炸弹纵轴与挂钩纵轴一致，顶起炸弹，使弹耳挂在挂钩上。只有判明挡铁确实挡住弹耳之后，才可松手，严防炸弹落地。操纵挂弹车升降机构，使挂弹车下降离开炸弹 10cm 左右。 **注：需军械专项质量检验员进行检验**	规程 FL-C4.5
1.7※	将挂梁上前后制动器四个螺杆拧至炸弹表面接触，使炸弹纵轴与挂钩纵轴一致。用扳手按左前、右后、左后顺序均匀拧紧，但不宜太紧。安定器与挂架之间有一定间隙，爆炸机构的小挂臂应弹出，联锁信号机构应顶起，拧紧制动螺杆上的固定螺帽。 **注：需军械专项质量检验员进行检验**	规程 FL-C4.6
1.8※	装定航引-1 引信时间、调整旋翼(叶片作用方向与头部罩上的"\头"斜线一致，适用于炸弹头部；若装于炸弹尾部时，应将旋翼叶片调到与"\尾"斜线一致。 **注：需军械专项质量检验员进行检验**	规程 FL-C4.7
1.9	安装航引-1 引信。	规程 FL-C4.7
1.10※	连接爆炸保险钢条。保险钢条的弹簧挂钩确实钩住引信拉火环。 **注：需军械专项质量检验员进行检验**	规程 FL-C4.7
2	卸弹操作内容：	规程 FL-C5
2.1※	关闭座舱内所有军械店门及电源电门；工作梯上应挂有"勿进座舱"警示牌。 **注：需军械专项质量检验员进行检验**	规程 FL-C5.1
2.2	将保险钢条的弹簧挂钩从引信拉火环取出并拧好保险帽，用专用扳手旋下航引-1。	规程 FL-C5.2
2.3	取出保险钢条。	规程 FL-C5.2
2.4	将挂弹车推入并放置在炸弹下方，升起挂弹车托住炸弹。	
2.5	用专用扳手拧松挂梁上制动器的四个制动螺杆，将专用扳手释放挂钩。	规程 FL-C5.3
2.6	降低挂弹车，使炸弹离开飞机挂梁，然后拉出挂弹车及炸弹。	
2.7	将航引-1 恢复到出厂时延期时间装定 0.1s。	
2.8	将炸弹及引信交军械股。	《弹药管理与操作》
3	清点工具、设备。	航空维修一线管理细则

(3) 通用控制节点模板。

以 6S 实施管理关键控制点为例(参见表 7-19)，其他各模块以此为模板进行关键控制点的设置及细化。

表 7-19　6S 实施管理关键控制点

工作目标	知识准备	关键点控制	细化执行	程序图
1. 更好地贯彻机务大队全面质量管理方针，提高人员质量管理的主动性 2. 提高人员的整体素质和工作效益	1. 了解全面质量管理的相关知识 2. 了解空军相关的规章制度 3. 了解 6S 实施的内容、要点、难点和方法等	1. 成立 6S 推行领导小组 　机务大队指定质量控制室主任组织成立 6S 推行委员会，并且明确划分委员会成员的工作职责	6S 活动开展管理制度	1. 成立 6S 推选小组 ↓ 2. 确立 6S 活动计划 ↓ 3.6S 活动培训与宣传 ↓ 4. 执行 6S 活动计划 ↓ 5.6S 活动检查评比 ↓ 6. 分析问题，制定对策 ↓ 7.6S 成果发布
		2. 确定 6S 活动计划 　6S 推行领导小组负责制定 6S 推广活动计划，该计划通过大队领导审批后生效		
		3. 6S 活动培训与宣传 　为了让人员明确 6S 活动的目标和意义，调动人员参与 6S 活动的积极性，质量控制室和相关部门开展各种 6S 培训与宣传活动	机务大队培训管理制度	
		4. 执行 6S 活动计划 　各相关部门具体执行 6S 活动计划		
		5. 6S 活动检查和评比 　6S 推行领导小组监督各部门 6S 活动计划的执行情况，对各部门反馈的 6S 活动成果进行检查和评比	6S 活动检查评比表	
		6. 分析问题，制定对策 　6S 推行领导小组分析 6S 活动推行过程中发现的问题，并制定相应的对策		
		7. 6S 成果发布 　6S 推行领导小组负责定期发布 6S 活动取得的成果，并根据人员的表现情况和机务大队的奖惩标准实施具体奖惩	《6S 成果报告表》	

8. 控制图表和软件

1) 质量控制统计分析图

主要是指用于航空维修质量过程控制中的统计分析工具，采用定量分析方法进行，主要包括：

(1) 直方图。分析、掌握质量数据的分布状况。

(2) 因果分析图。表示质量特性与影响质量有关因素之间的因果关系。

(3) 管理图(控制图)。用于监控分析质量动态过程是否处于稳定状态的带有控制界限的图。应用控制图可以对工作过程状态进行分析、预测、判断、监控和改进，是质量控制的核心工具。

(4) 散布图。研究、判断两个变量之间的相互关系。

(5) 帕累托图(排列图)。从影响维修质量的诸因素中找出主要因素。

(6) 趋势图。按时间顺序标出特征值。

(7) 调查表。系统地收集数据信息资料，便于及时掌握维修现场的真实情况。

2) 控制表

对规范化管理进行全程表单化控制，即从开始到结束全部以表单的形式进行管理控制，也就是表单化过程控制。如：

(1) 质量检验标准表。

(2) PFMEA 表(过程失效模式与后果分析)。

(3) 任务进度表。

(4) 技术通报落实表。

(5) 有寿机件控制表。

3) 控制软件

随着软件的广泛应用，大量图表以软件的形式更加科学合理、更加方便直观地实现了控制手段，目前，机务大队采取的软件控制手段有以下几种：

(1) 发动机监控软件。实现对发动机主要参数的分析和监控，判明发动机是否处于良好状态。

(2) 飞参判读软件。实现飞机主要状态参数的分析和监控，判明飞机是否处于良好状态。

(3) 视频监控软件。实现对维修保障作业现场和有关工作场所的视频管理和监控，对主要维修资源实施可视化管理。

(4) 团级软件。空军维修管理信息系统，实现对维修保障主要方面的监控，为维修决策提供依据。

(5) 工具管理软件。实现对维修工具的条形码管理，方便借用、保管，提高作业人员的工作效率。

(6) 履历本管理软件。实现对履历本的条形码管理，方便借阅，能有效控制文本相符，防止差错，提高管理质量和效率。

(7) 卡片管理软件。实现对维修工作卡片的条形码管理，便于发放、保管和归档管理。

9. 召开会议

通过会议收集情况、调整部署、控制进度。做到日常例会天天开，部门例会每周开，任务性会议及时开，协调性会议适时开，总结性会议定时开，报告性会议按要求开。

10. QC 小组

"QC(Quality Control)小组"，即质量管理小组，是指以改进质量、降低消耗、提高保障力和机务大队人员的素质，运用质量管理理论和方法开展活动的小组。

QC 小组活动的全过程包括：成立小组、小组选题、现场调查、原因分析、措施制定、措施实施、成果验证、成果巩固，以及进入下一个 PDCA 循环。

(1) 现场型。现场型 QC 小组是以稳定维修质量，提高飞机质量，降低物资消耗和改善工作环境为目的而组成的小组。其主要成员以现场人员为主，这类小组的课题比较小，问题集中，活动周期短，容易出成果。因此，应该大力提倡现场型 QC 小组的发展。

(2) 攻关型。攻关型 QC 小组大多由机务大队领导干部、专业督导、专业负责人和各类师、员相结合组成。这类 QC 小组的课题难度一般较大，活动周期比较长，可以跨专业、跨单位组合。

(3) 管理型。管理型 QC 小组是以提高管理水平和维修质量为目的而组建的质量管理小组。它的成员以管理人员为主，通常以提高维修质量和管理效率等内容为课题开展活动。

(4) 服务型。服务型 QC 小组是以提高服务质量，推动服务工作标准化、程序化、科学化、规范化，提高维修保障的高效为目的，由从事服务性工作的人员为主组成。

11. 过程控制要求

(1) 识别规范化管理体系的所有过程。

(2) 明确内容和标准，明确责任部门或责任人。

(3) 确定有效运作和控制所需的准则和方法。

(4) 收集、整理、分析必要的资源和信息，以支持过程的运作和监视。

(5) 监视、测量和分析过程。

7.5　考核评估体系

考核是管理工作的指挥棒，"你考核什么，就会得到什么；考核到什么程度，就会做到什么程度"。这是现代管理学的一个重要理念。精细化管理考核体系是以绩效为核心，坚持过程考核与目标考核相结合。现代绩效考评制度，是以开发能力、改进工作为主要目的。考核不仅仅是对单位、个人干了什么，干得如何等业绩进行考核，更为重要的是对单位特别是个人所从事的各项工作所需要的知识、技能、能力以及工作表现进行评价。在精细化管理中，如果说流程是起点，标准是基础，绩效考核才能使管理活动形成闭环。没有绩效，流程和标准都可能落空，就不会真正形成贯彻力和执行力。从一些单位暴露的问题看，之所以执行不到位、末端不落实，主要是检查督导不力、跟进考核抓落实不够，不少工作往往是开头布置一下，结束时总结一下，成为"半截子"工程。

航空兵某师在士官精细化管理试点中，引入现代绩效管理理念和方法，从制定士官绩效管理计划入手，细化了111条量化考评标准，建立起一套比较科学实用的绩效考核指标体系。采取日常量化、达标考核、综合评定等方式全方位全过程考评，通过周班(排)务会和月连军人大会等形式，沟通反馈绩效考核情况，对排名靠后的士官重点帮带，制定改进计划，促进全面提高。重视运用信息系统，定性与定量、人评与机评相结合，网上实时发布考核结果，畅通面谈申诉和情况反馈渠道，使考评结果直观透明、公开公正。坚持把考评结果与士官选学送训、立功受奖和选取晋级挂钩，建立绩效激励机制，做到奖惩分明、结果兑现，树立鲜明导向，增强公信力，有效调动激发了士官队伍工作的积极性创造性。事实证明，科学有效的绩效管理绝不是简单的量化打分，它需要建立一套完整的绩效管理体系，有计划方案，有配套的组织领导和考核机制。更为重要的是，考评不是目的，而是通过考核找出问题、督促改进，通过考评激发热情、加强沟通、提高素质，最终增强整个团队的凝聚力执行力，提升单位的整体素质和工作绩效。

7.5.1　考核评估内容

考核的内容包括实际工作业绩、工作能力和工作态度三种。组织中的考核往往以实际工作业绩的考核为主，这是因为组织的命运系于成员的实际贡献，系于最终的成果。考核中唯有成果是可以直接衡量的，比成果(贡献)是公平的，

216

至少是可以接受的。在专业分工细致的今天，相当部分组织成员的业绩难以直接衡量。所以能力成为考核的重要内容。能力是业绩产生的内在依据、成果和贡献，知识经济时代尤其如此，企业的竞争力源于成员的创新能力、学习能力。而不良的工作态度对组织的破坏力极大，非智力因素决定成员对组织的贡献水平，绩效差往往不是因为能力，而是源于态度，有必要对工作态度进行直接调控。

对单位的考核：主要对单位完成年度训练情况、执行重大任务情况、应对突发事件情况等进行考核。在考核时绝不能搞"安全一票否决制"，根据墨菲定律，事故是不可避免的，军事活动与其他社会活动相比，其危险性更高，事故发生概率也更高。在考核过程中，针对发生的事故，要认真查找原因，若是人为原因造成的，则要严肃追究责任；对于因客观原因造成的事故，则要提出应对措施，避免事故再次发生。绝不能因为一个单位发生事故，而取消其各种评先评优资格，这样做只能导致单位为了保安全而采取各种各样的限制措施，其最终结果就是安全暂时保住了，战斗力水平也跟着下来了，这种以牺牲战斗力来换取安全的做法绝不可取，长此以往，军将不军。

对个人的考核：要区分岗位，区别对待。对于各级领导来说，除了考核其业务能力外，还要着重考察其所在组织的凝聚力和文化氛围，这两方面是不易量化的，却又最能体现出领导的管理能力，不能因为一个单位不出事，能完成任务，就认为该领导是优秀的，这还远远不够，还要看该单位官兵的整体状态如何，这才是重点。对于基层官兵的考核，主要从完成任务能力方面着手。

7.5.2　考核评估依据

(1) 以目标计划体系为导向。按照最初制定的目标计划体系，对航空装备维修保障活动各个阶段、各个环节的目标完成情况进行全面系统的评估。

(2) 以质量标准体系为对照。在对航空装备维修保障活动各个阶段、各个环节的目标完成情况进行全面系统的评估时，要以所制定的质量标准体系为对照，进行严格的评估。

(3) 如果评估的结果是所有环节、所有过程都符合质量标准体系要求，但是最终结果是没有完成目标，那就要对质量标准体系或者目标计划体系进行修正；如果考核的最终结果是完成了目标，但是某些过程和环节不符合质量标准体系要求，也要对质量标准体系或者目标计划体系进行修正，以检查是质量标准体系要求太高还是目标制定太低。

7.5.3 考核评估实施

1. 成立考核评估小组

最常用的考核人是直接上级。此外，也可能由同事、下属或者被考核人自己来考核。

2. 确定考核评价指标体系

要将质量标准体系细化为考核评价指标体系。

全空军参加考评的有各级部队、各级业务部门、各级职能部门，这些单位不仅大小不同、职能各异、年度承担的重点任务差别很大，而且即使同一类单位、职能部门之间，各方面情况也相差很大，如基层单位还有二代、三代机之分，同是二代还有不同机型之分，还有飞行团和场站之分。如何把这些不同的单位、部门放到同一起跑线上公平竞争，体现精细化管理的公正性呢？这就要引入评议制度，就像评价商品价值的方式一样，虽然各种商品的形态不同，但可以把商品分为使用价值和价值两种属性，抛开商品的使用价值，通过衡量商品的价值量来评价商品的价值及价格，以使各种商品内在价值可比。为此要制定科学合理的评价指标体系。要针对每一行业，每一岗位，每一部门制定不同的考核评价指标体系。表 7-20 为机务中队长评价指标体系，表 7-21 为各类师评价指标体系(此处仅为举例说明用，实际评价指标体系比此表复杂得多)，表 7-22 和表 7-23 为企业用的绩效评价表。

表 7-20 机务中队长评价指标体系

一级指标	分数	二级指标	权重
关键业绩指标	40	重大演习活动组织实施	0.25
		建言献策	0.15
		保障模式改革	0.20
		人员组训完成情况	0.25
		安全制度落实	0.15
日常绩效衡量	30	岗位职责履行情况	0.10
		工作关系处理	0.10
		激励与实现	0.15
		授权和指导下属	0.15
		沟通和影响力	0.15
		工作计划制定和实施	0.10

一级指标	分数	二级指标	权重
日常绩效衡量	30	对单位整体掌控能力	0.10
		工作任务区分	0.15
例外绩效事件	15	处理突发事件能力	0.70
		危机预案想定	0.30
未来绩效潜力	15	学习能力	0.35
		技能水平	0.15
		态度	0.30
		综合素质	0.20

表 7-21 各类师评价指标体系

一级指标	分数	二级指标	权重
基础业绩	20	爱岗敬业	0.2
		任务完成率	0.3
		纪律意识	0.2
		工作责任心	0.3
能力指标	30	工作效率	0.15
		岗位专业技能水平	0.3
		组织能力	0.2
		沟通能力	0.15
		执行能力	0.2
态度指标	25	团队协作	0.3
		工作积极性	0.25
		受领任务	0.3
		工作中进取意识	0.15
发展指标	25	务实创新	0.2
		目标成果发表(应用)	0.2
		所掌握技能提升	0.3
		个人计划培训项目	0.2
		工作与发展目标是否契合	0.1

表 7-22　工程技术人员绩效评价表

姓　名			部　门			职　等			
出　勤 奖　惩	迟到	旷工	产假	婚假	丧假	病假	事假	奖励	处分
加(扣)分									

项目	评价内容	配分	初核	复核	评语	
经验 学识	学识经验能触类旁通，且常能提供改进意见	20			初评	
	学识、经验较一般人良好	16				
	肯上进，接受指导尚能应付工作	12				
	不求上进，尚需继续加以训练	8				
	对工作要求茫然无知，工作疏忽	4				
专业 技能	极丰富的专业技能，能充分完成本职工作	20			复评	
	有相当的专业技能，足以应付本职工作	16				
	专业技能一般，但对完成工作尚无阻碍	12				
	技能程度稍感不足，执行任务常需请教他人	8				
	对工作必须技能不熟悉，日常工作难以完成	4				
责 任 感	任劳任怨，竭尽所能完成任务	20				
	工作努力，分内工作非常完善	16				
	有责任心，能自动自发	12				
	交付的工作需督促方能完成	8				
	敷衍了事，无责任感，做事粗心大意	4			分数	
工作 协调	与人协调无间，为工作顺利完成尽最大努力	20				
	爱护团体，常协助别人	16				
	肯应别人要求帮助他人	12				
	仅在必要与人协调的工作上与人合作	8			等级	
	精神散漫，不肯与别人合作	4				
积 极 性	奉公守法，足为他人楷模	20				
	热心工作，支持公司方面的政策	16				
	对本身工作感兴趣，不于工作时间开无聊玩笑	12				
	工作无恒心、精神不振，不满现实	8				
	态度傲慢，常唆使别人向厂方提不合理要求	4				
合计						
被评价人意见及希望：				评价人意见及希望：		

表 7-23 管理人员绩效评价表

姓名：　　　　　　　部门：　　　　　　岗位：　　　　　　　　　评价日期：

评价因素	对评价期间工作成绩的评价要点	评价尺度				
		优	良	中	可	差
1．工作态度	(1) 把工作放在第一位，努力工作；	14	12	10	8	6
	(2) 对新工作表现出积极态度；	14	12	10	8	6
	(3) 忠于职守，坚守岗位；	14	12	10	8	6
	(4) 对下属的过失勇于承担责任。	14	12	10	8	6
2．业务工作	(1) 正确理解工作指示和方针，制定适当的工作计划；	14	12	10	8	6
	(2) 按照下属的能力和个性合理分配工作；	14	12	10	8	6
	(3) 及时与有关部门进行必要的工作沟通；	14	12	10	8	6
	(4) 在工作中始终保持团队精神，顺利推动工作。	14	12	10	8	6
3．管理监督	(1) 在人事关系方面，部下没有不满或怨言；	14	12	10	8	6
	(2) 善于放手让下属去工作，鼓励他们乐于协作的精神；	14	12	10	8	6
	(3) 十分注意生产现场的安全卫生和整理整顿工作；	14	12	10	8	6
	(4) 妥善处理工作中的失败和临时追加的工作任务。	14	12	10	8	6
4．指导协调	(1) 经常注意保持提高下属的工作积极性；	14	12	10	8	6
	(2) 主动改善工作和提高效率；	14	12	10	8	6
	(3) 积极培训、辅导部下，提高他们的技能和素质；	14	12	10	8	6
	(4) 注意实施目标管理，使工作协调进行。	14	12	10	8	6
5．工作效果	(1) 正确认识工作意义，努力取得最好成绩；	14	12	10	8	6
	(2) 工作方法正确，时间和费用安排合理有效；	14	12	10	8	6
	(3) 工作业绩达到预期目标或计划要求；	14	12	10	8	6
	(4) 工作总结和汇报准确真实。	14	12	10	8	6

1. 通过以上各项的评分，该员工的综合得分是：＿＿＿＿＿＿＿＿＿＿＿分

2. 你认为该员工应处于的等级是：(选择其一)[　]A[　]B[　]C[　]D

A．240 分以上；B．240～200 分；C．200～160 分；D．160 分以下。

3. 评价者意见

＿＿＿＿＿＿＿＿＿＿＿＿＿＿＿＿＿＿

　　评价者签字：＿＿＿＿＿＿＿＿＿＿　日期：＿＿＿＿＿年＿＿＿＿月＿＿＿日

在制定评价指标体系时，要切忌以下问题：

(1) 引入过多评价标准以致管理者无法集中精力。

(2) 设计了互相矛盾的业绩评价标准，这些标准向相反的方向鞭策官兵，令管理者找不到真正的价值创造需要。

(3) 引入了仅限于口头的标准，达到这些标准不需要真正付出努力而只要在表格中画钩或者动动嘴皮子就行了。

3．确定考核评估方式

坚持全面考核和重点考核相结合的方式：部队以战斗力为衡量一切工作的根本标准，同时还要兼顾经济效益和社会效益。因此，在考核时，要以战斗力为中心，兼顾经济和社会指标。

在对绩效进行考核方面有几十种方法可以选择，其中最常用的方法包括：图解等级法、行为瞄定定级法、行为观察法、关键事件法、目标管理法和关键绩效指标法等。

在绩效考核系统的设计中考核结果的反馈可以用绝对和相对两种方式来评价。所谓绝对的评价方式是指根据工作绩效的要求和标准客观地评价员工绩效，每一位员工的考核结果相互独立；相对的评价方式是通过将员工与同事进行对比，考核结果表现出员工在一群同事中的相对位置。

4．考核的实施

在实施考核时，要坚持以下原则：

(1) 客观性。绩效考核的结果应能客观地反映被考核人在实际工作业绩、工作能力和工作态度等方面的情况，避免受考核人主观认识的影响。

(2) 公平性。绩效考核结果应反映出不同的被考核人的绩效差异，避免考核结果的普遍偏高或偏低的倾向。

(3) 公开性。绩效考核的程序、内容、方式、结果等方面的内容都应该保证公开，官兵可以清楚地了解组织内部的考核规则，将各个时期的考核结果和不定期的抽查、检查情况一律公示公开，接受广大官兵的监督、评议，确保考核结果公平公正。

(4) 激励性。绩效考核是绩效管理的中枢环节，考核不是绩效管理的最终目的，而是通过考核将官兵的实际工作表现反馈给官兵，帮助他们找到未来改进的方向和方法，进一步提高未来的工作绩效。将考核结果同评先评优等挂钩，可以激励官兵的工作积极性。

5．考核结果的应用

根据考评的结果进行激励，是精细化管理工作的重要内容。激励得当，对保持精细化管理的严肃性、对下一轮管理周期的运行，将起到重要的强化作用；

反之，精细化管理意识将逐渐淡化，精细化管理的推动作用将逐渐减弱。

不运用好考核结果，精细化管理就没有权威，就会流于形式。航空装备维修保障精细化管理的着力点是航空机务系统所有人员的积极性和主动性。因此，要建立推行航空装备维修保障精细化管理激励约束机制，对好的做法和经验，坚持物质奖励、精神鼓励、政治激励并举，及时进行总结、交流、表彰、奖励，在各部队进行推广；对各单位存在的问题，提出解决的建议或办法，以推进精细化管理工作的持续深入开展；对工作开展不力的单位实行首问责任制，对考评结果靠后的个人要实施适当惩罚。

实行适当惩罚，有利于调动更大范围官兵的工作积极性。据有关机构测算，一般情况下，对工作结果仅进行表彰先进，可以调动 1/3 左右、最多不超过 1/2 人员的争先创优意识；其他 1/3~1/2 人员局限于保持现状、完成任务、不出差错的工作标准，而且其中的 1/3 部分甚至因为各种原因不思进取，支差应付，即使受到上级的善意提醒也是振振有词，归因于客观情况。而实行适当惩罚，可以对后 2/3 的人员起到推动作用。其中最后的近 1/3 人员因为处在后进的边缘而发奋图强、力图远离末位；其余靠近后 1/3 的人员也因为后 1/3 人员的努力前进而随时可能使自己顺延坠入后 1/3 而不敢懈怠。这样就可以更大范围地调动绝大多数人员的工作积极性，最大限度地提高工作效能。因此，从一定程度上讲，对整体推动力而言，抓末位惩罚比表彰先进的推动力更大。所以，虽然实行末位惩罚有些"残酷"，但却有利于调动各级、各部门的工作积极性，有利于部队的快速和谐发展。

7.5.4 航空装备维修保障一线考核评估机制的建立

考核评估机制是运行机制的一个重要组成部分，主要采用绩效考核法，完成对机务大队的单位、部门和个人完成任务、改进质量、保证安全情况，机务大队全面建设、规范化管理情况和保障能力情况的检验和评估。

1. 绩效考核

绩效考核是机务大队管理的重要环节，通过绩效考核可以获得机务大队各保障单位和个人工作业绩的真实信息，通过沟通反馈改善绩效水平，提高人员素质，激励士气，同时考核信息也可以为机务大队干部任用提供重要决策依据。

从定义上讲，绩效考核是指考核主体部门根据岗位说明书和绩效考核标准，针对机务大队各单位、部门和个人所承担的职责和岗位，运用各种系统科学的方法，对考核对象的工作态度、工作能力、工作业绩，及其对机务大队的贡献或价值进行周期性的考核和评价，并将考评结果反馈给被考核人员的过程。

绩效考核的基本要求可概括为"十字标准",即公正、公平、客观、准确、全面。这 10 个字既是对官兵工作情况进行评价的总体要求,也是对其工作情况进行跟踪的总体要求。

公正。在考核评价过程中,没有掺杂任何考核评价人的主观偏见,能严格地依照工作标准要求,对其绩效进行评价,不把任何工作标准要求之外的价值偏好强加于他,影响对他的业绩评分。

公平。公平是一个横向比较概念,强调评价的标准要统一,不能多重标准或双重标准,避免对下属人员绩效成绩的评价因为评价人不同而扭曲。

客观。绩效考核只能用事实说话,不能掺加任何考核人的主观臆断和推测。考核人有不了解、不明白的事,只能通过深入的调查研究,准确地把握、了解事实之后再做评价。

准确。绩效评分要严格与被考核者的岗位职责实际相对应,既不能脱离绩效考核标准,也不能脱离岗位职责事实,随意评分。

全面。要对被考核人履行职责的全过程和全部职责,做出全面的评价,不能因为被考核人一时之失而以偏概全。

2. 绩效考核的作用

绩效考核不仅能确定每个机务人员对机务大队的贡献和不足,更能在整体上对人力资源管理提供决定性的评估资料,从而改善机务大队的反馈机制,提高人员的工作绩效,激励士气。与机务大队建设目标相匹配的绩效考核体系,可以提高部队的装备保障能力。具体表现为 6 个方面:

(1) 激发人的潜能,提高人员素质,充分利用现有人力资源。

(2) 激励机务人员更好地履职尽责和完成目标、任务。

(3) 提高维修作业质量,促进安全。

(4) 有利于机务大队掌握机务人员思想、技术等状况。

(5) 有利于各级领导和官兵建立良好的工作关系和沟通平台。

(6) 有利于机务大队整体保障能力的提升。

3. 绩效考核的评估体系

绩效考核的评估体系主要由绩效考核的对象、类别、方法,以及绩效考核的内容、指标、标准等 6 个部分构成。机务大队要组织绩效考核,必须先设计出评估体系。在设计时应该遵循两个原则:

(1) 紧密结合维修作业、飞行保障的实际,以及上级机关和装备部门的要求进行研究设计。

(2) 根据不同考核对象、考核类别,在设计考核内容、指标和标准时,要有所不同或侧重,考核方法应注重可操纵性。

1) 绩效考核的对象

(1) 个人绩效考核。

考核对象包括各类师(员)、专业队长、中队(修理厂)干部、大队干部。

(2) 建制单位绩效考核。

考核对象包括各专业队、机务中队(修理厂)、机务大队，机务大队质量控制室、机务训练中心、飞参和发动机综合监控室等。

2) 绩效考核的类别

绩效考核可分为季度绩效考核和年度绩效考核，两种阶段性考核类别。考核的时间安排和适用对象如表 7-24 所示。

表 7-24　考核类别和时间安排

考核类别	适用对象	考核时间安排		说明
季度考核	机务大队专业主任以下机务人员和建制单位	第一季度绩效考核	3 月 25 日~4 月 1 日	专业主任以上干部不进行季度考核。质控助理员按专业队长标准考核
		第二季度绩效考核	6 月 25 日~7 月 1 日	
		第三季度绩效考核	9 月 25 日~10 月 1 日	
		第四季度绩效考核	12 月底	
年度考核	所有个人和建制单位		12 月底	年度考核结合第四季度考核进行

3) 绩效考核的方法

(1) 组织方式。

采取逐级考核评比的方式进行：师装备部负责考核机务大队，机务大队负责考核机务中队、修理厂，机务中队负责考核评比专业队；师装备部负责考核机务大队干部，机务大队考核领导小组负责考核中队干部和各专业队长，机务中队(修理厂)考核小组负责各类师(员)。

(2) 考核方法。

个人季度绩效考核主要采用专业技术理论和法规考试、实际操作考核方式，以及干部检查、资料统计、查阅记录、上级考核组审定等方法进行。

个人的年度绩效考核是在综合 4 个季度的考核成绩的基础上，采用个人自评、民主测评、直接领导评分和上级考核组审定的方法进行。按照考评标准，采用 100 分制打分。

建制单位的季度绩效考核与年度绩效考核统一采用干部检查、资料统计、查阅记录、上级考核组审定等方法进行。严格按照考评标准，实行打分制(在标准基数分基础上加、减分)，单位考核评比标准基数分为 1000 分。

4) 绩效考核内容、指标和标准

(1) 季度个人绩效考核。

季度个人绩效考核共 3 项内容，8 项指标。

① 专业技术理论和法规考试。考核要素包括 2 项，即维修法规、业务技术。

② 实际操作考核。考核要素包括 2 项，即基本操作、重点难点项目操作。

③ 工作业绩考核。主要考核工作成绩和贡献大小，侧重于定量考核，用数据说话。考核要素包括 4 项，即履行职责、完成任务、业务学习、获得奖惩。

(2) 年度个人绩效考核。

年度个人绩效考核有 3 项内容，13 项指标。

① 工作态度。主要对工作及完成任务过程中所表现出来的态度进行评价，侧重于定性考核，注重日常化和长期性。其考核指标包括 4 项，即政治素养、军事素质、责任心、积极性。

② 工作能力。主要是对具体岗位所需要的基本能力及经验要求等方面的考评，侧重于定性考核，注重日常化和长期性。考核指标要素包括 5 项，即维修技能、组织管理、协调沟通、判断分析、革新创造。

③ 工作业绩。主要是考核工作成绩和贡献大小，侧重于定量考核，用数据说话。考核指标包括 4 项，即履行职责、完成任务、业务学习、获得奖惩。

(3) 建制单位绩效考核。

建制单位的绩效考核按考核对象分为专业队、机务中队(修理厂)、机务大队三个级别，根据建制单位的不同设计若干不同的考核指标。

专业队和机务中队(修理厂)的考核内容包括五个方面，单位考核评分的基准总分为 1000 分：

① 完成任务：基准分 200 分。

② 质量安全：基准分 350 分。

③ 规章制度：基准分 200 分。

④ 行为规范：基准分 150 分。

⑤ 保障计划资料：基准分 100 分。

机务大队的考核内容包括 5 个方面，考核评分的基准总分为 1000 分：

① 大队干部：基准分 100 分。

② 专业主任：基准分 100 分。

③ 质量控制室：基准分 500 分。

④ 飞参和发动机综合监控室：基准分 200 分。

⑤ 训练中心：基准分 100 分。

5) 绩效考核实施步骤

绩效考核是用合理的考核方法和衡量技术，按照确定的绩效考核标准，对机务人员和单位的工作绩效内容进行评定的过程，主要包括准备、实施、结果分析与评定、反馈4个环节。

(1) 准备。

准备工作是否全面、细致、周到，直接关系到绩效考核的实施，主要包括以下工作：

① 确立绩效考核评估体系。机务大队绩效考核工作具有面广、复杂、难度大等特点，要使考核工作有条不紊地开展，就必须确立合理地考核评估体系，即：绩效考核的对象、类别、方法，以及绩效考核的内容、指标、标准。

② 确立考核组织。考核领导小组和考核者必须明确，熟悉被考核者的表现、工作内容和工作性质；能客观公正地提供考核结果等。

③ 组织动员教育。召开全体机务人员大会，明确绩效考核制度的重要意义和目的，让全体官兵清楚了解绩效考核的相关信息，调动人员参加绩效考核的积极性。

④ 开展培训。通过对考核者进行绩效考核工作相关培训，统一思想，提高考核工作效益，掌握考核内容、标准、程序、方法和要求，减少考核中的人为误差。

(2) 实施。

机务人员绩效考核评估工作，依据制定的考核标准表实施。考核方法采取专业技术理论和法规考试、实际操作考核、工作业绩考核、个人自评和民主测评的5种方法进行。建制单位的绩效考核统一采用干部检查、资料统计、查阅记录、上级考核组审定等方法进行。

(3) 分析评定。

考核结束后，考核小组应该对人员的绩效考核结果进行分析评定。成绩评定采用百分制，考核成绩90分以上为优秀，80~89分为良好，70~79分为一般，60~69分为及格，60分以下为不合格。

单位的考评结果确定4个等级：优秀、良好、合格、不合格。单位950分以上为优，900~950分为良好，800~900分为一般，800分以下为不达标。当有多人参与考核，如民主测评时，则对同一指标要素的绩效考核结果不相同，为了得到综合成绩，可采用算术平均法。

当需要将不同指标的考核结果综合起来时，如从总体上评价被考核者的绩效，则综合成绩可采用加权平均法。例如：综合成绩=(工作态度成绩)×20%+(工作能力成绩)×30%+(工作业绩成绩)×50%。

最后由考核者给出评语，填写个人年度绩效考核情况总表。

(4) 反馈。

绩效的反馈是绩效考核工作中的一个重要环节，一般以两种形式反馈给被考核者。

第一种形式，书面形式。通过书面记录的形式将考核评定结果反馈给被考核者，如被考核者对考核结果无异议，则在书面记录上予以签字认可；如有异议的可向大队领导或考核组提出书面申诉。

第二种形式，面谈方式。也叫绩效面谈，通常在面谈中，与被考核者主要就被考核者在考核周期内的绩效情况进行面谈(必要时做好相应的面谈记录)，在肯定成绩的同时，找出工作中的不足并督促其制定绩效改进计划。此外，被考核者在绩效反馈过程中，对考核的评定结果予以认同和确认，有异议的可向大队领导或考核组提出书面申诉。

6) 考核结果的应用

绩效考核的目的关键在于对绩效考核结果的应用。机务大队的绩效考核结果，可以为机务等级和岗位津贴调整、人员补退、技术力量规划、作战实力调整、职务调整、干部选拔任用、人员的培训开发和改进工作绩效等方面提供有用信息。

(1) 结果公布。

① 各类师、员的考核结果应该由考核组组长(考核负责人)当面反馈给被考核人。考核组组长要与被考核人就考核周期内的情况进行面谈，做好绩效面谈记录，在肯定成绩的同时，找出工作中的不足并制定绩效改进计划。

② 专业队长以上干部的考核结果应该由大队领导、考核小组组长当面反馈给被考核者。

各类专业队长和各类师、员的考核结果要按专业、中队排序，制作考核成绩名单公开下发给各单位。中队以上干部的考核结果只反馈给本人，不公开考核成绩。

(2) 奖惩兑现。

绩效考核评估必须与激励机制挂钩，通过适当奖惩，增强激励作用。奖惩必须及时兑现才能达到有效激励作用，真正增强机务人员工作态度和提高工作能力。

(3) 归档管理。

分析人员技术实力，完善人员技术档案库，为作战实力调整，人员补退提供依据。各类员的绩效考核成绩由各中队归档管理，干部的绩效考核成绩由大队统一归档管理。

第8章 航空装备维修保障精细化管理信息系统

航空装备维修保障工作环节多、过程复杂、时间长，每项任务都需要工程、生产、质控和航材各部门协调完成。航空装备维修工作迫切需要更新维修管理理念，利用数字化技术来辅助维修，利用统一的数字化平台来保证维修保障文件的适时有效性、可靠性和质量控制的准确性以及历史信息的追溯性。我国幅员辽阔，人均资源有限，使得航空装备维修保障工作牵扯点多、线长、面广，再加上我军机型多、同一机型又分不同系列，使得航空装备维修保障工作更加复杂，采用精细化管理信息系统就成了信息化条件下航空装备维修保障工作的必然选择。

8.1 航空装备维修保障精细化管理信息系统的任务和结构

8.1.1 主要任务

1．调配装备

根据航空装备维修保障精细化管理信息系统提供的装备保障计划、装备损耗、装备质量状况等信息，及时进行装备的换装和调整，对装备的退役、报废进行科学管理，保持装备战斗力。在战时，根据部队作战任务需求和装备的实际损耗等信息，及时、准确地进行装备补充。

2．监控装备

航空装备维修保障精细化管理信息系统通过采集装备使用信息、装备检测信息、装备故障和维修信息等，及时掌握装备技术状况，为确定装备技术状况等级提供信息。同时，通过积累装备使用数据，掌握装备技术状况变化的规律，有助于完善装备使用、维修和保障资源安排等计划。

3．评价装备技术水平

通过对装备保障信息的分析，如维修使用的人员工时数据、备件以及其他器材的消耗情况等，评价装备保障系统的保障水平或效率，发现问题，从而修正备件储备量，合理安排人员编成等，以达到节约经费、控制资源消耗、提高装备保障效益的目的。

4．为装备维修提供信息支持

根据装备的维修信息，发现装备损毁、故障等方面的问题，及时反馈给装备维修管理、装备论证和研制部门，为装备维修和改进装备可靠性、维修性、保障性提供依据。

8.1.2 总体框架

航空装备维修保障精细化管理信息系统应具有如图 8-1 所示的总体框架。

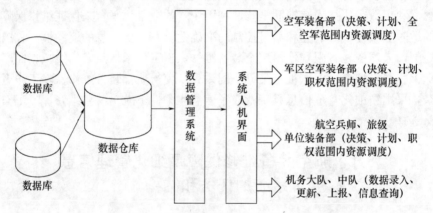

图 8-1 航空装备维修保障精细化管理信息系统体系框架

首先，该系统应建立一个由若干数据库组成的数据仓库，8.2 节将对其进行详细叙述。其次，系统必须对业务层、中级管理层、高级管理层进行区分，每个层级都只能对本辖区内的装备、资源进行管理，对于超出本辖区管理范围的，应该向上级申请；再次，每一层级都应有专人负责该系统，以便及时了解下级单位的申请和上级单位的指示，以及本单位装备维修保障计划的制定、修改、完善。

8.1.3 主要功能模块

根据航空装备维修保障精细化管理信息系统体系框架结构，系统应具有以下功能模块，如图 8-2 所示。

1．基础管理平台

主要包括消息管理和数据库管理。

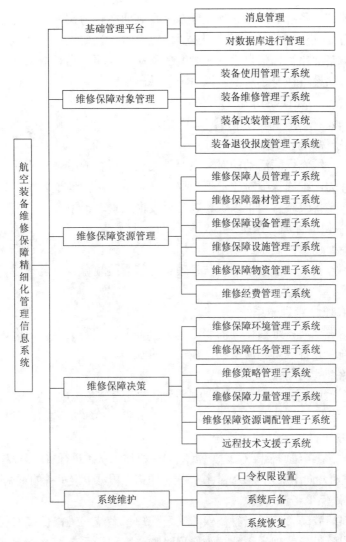

图 8-2 航空装备维修保障精细化管理信息系统功能模块

1) 消息提醒模块功能

战争的特点决定航空装备维修保障活动必须在短时间内使装备恢复战斗力，在缺少资源的情况下，能否及时有效地获得所需的资源就成了一个关键因素。俗话说，巧妇难为无米之炊，在装备需要某项资源而又缺乏时，想要快速恢复战斗力就成了纸上谈兵。于是产生了资源调配模块，但是当下级申请发出后，上级能否在第一时间做出反应就成了一个问题，为此，该系统必须具有一个消息提醒模块。当有上级或下级发来的消息时，本级负责航空装备维修保障精细化管理信息系统的人员必须能够马上得到通知。为实现这一功能，除了从制度上考虑 24 小时值班外，还要从技术上加以考虑，如增加一个与本级航空装备维修保障精细化管理信息系统相配套的移动式终端，当有消息时，不管在哪儿，只要移动设备在身边，都可以对消息做出反应。

2) 数据库管理模块功能

在本章 8.2 节进行详细介绍。

2．维修保障对象管理

航空装备维修保障活动的对象主要是飞机，所有的维修保障活动均是围绕飞机而展开的，维修保障对象管理主要包括装备使用管理子系统、装备维修管理子系统、装备改装管理子系统、装备退役报废管理子系统。

1) 装备使用管理子系统

内容主要包括：装备的动用、使用、保管、封存、启封、定级、转级、登记、统计、点验、配套设施建设与管理、管装爱装教育、安全管理、检查、评比与总结等。

2) 装备维修管理子系统

主要是进行装备维修计划的制定、上报、下达，确定装备定检、普检的时机，从而确保装备数量和质量维持在规定的水平。

3) 装备改装子系统

主要是上级装备机关制定装备改装计划，传送至装备使用单位，装备使用单位在接收到计划后，合理安排改装批次和时间，并将改装结果及时反馈给上级机关。

4) 装备退役报废管理子系统

通过实施监控维修保障对象数据库，对飞机技术状态进行实时监控，当装备到达退役标准时，向上级机关提出退役或报废申请，根据上级机关的意见进行处理。

3．维修保障资源管理

维修保障资源管理包括维修保障人员管理子系统、维修保障器材管理子系统、维修保障设备管理子系统、维修保障物资管理子系统、维修保障经费管理子系统。

1) 维修保障人员管理子系统

主要实现在装备研制阶段对维修保障人员的需求分析，在装备使用和维护阶段对维修保障人员专业类型及技术等级实力统计分析，对专业划分、维修人员编配、人力使用等进行优化。

2) 维修保障器材管理子系统

主要是进行备件需求量确定分析、备件库存量的规划、备件供应保障系统优化等。

3) 维修保障设备管理子系统

装备保障设备(也称保障装备)是指配属于部队用于装备维修保障的各种工具、小型设备、地面保障设备、测试设备、修理工艺装备、防护装具、专用车辆和方舱等。随着装备高科技含量的增加，对保障装备的要求也越来越高，因此加强保障装备建设与加强主装备建设具有同等重要的地位。维修保障设备管理子系统主要是进行保障装备的选配，即保障装备的定标与配备管理。

4) 维修保障物资管理子系统

主要是对航空煤油、液压油、滑油、氧气、氮气等进行管理，主要包括储存、运输、使用、质量标准等方面的内容。

5) 维修保障经费管理子系统

主要是制定维修保障经费预算，对维修保障经费进行预算控制，不断进行经费优化配置，从而使有限的经费发挥最大的效益。

4. 维修保障决策

该模块包括维修保障环境管理子系统、维修保障任务管理子系统、维修策略抉择子系统、维修保障力量管理子系统、维修保障资源调配管理子系统、远程技术支援子系统等 6 个子系统，对于每个子系统的功能，将在本章 8.3 节进行详细介绍。

5. 系统维护

各子系统维护模块具有修改口令管理、系统库维护、数据整理、系统后备和系统恢复等功能。

信息系统的一个要求是信息的获取要及时、准确、完整，为此，空军要专门制定航空装备维修保障精细化管理信息系统的使用要则，对各级单位、各级管理人员的职责进行明确，以解决在什么时间、将什么信息通过怎样的方式录入系统的问题，从而确保上级单位对本辖区内航空装备维修保障状况有一个科学、正确的认识。

8.2　数据库系统

在管理信息系统中，数据库系统是最基本、最核心的要素。管理信息系统中对数据的所有操作，包括查询、更新及各种控制，都是通过数据库系统实现的。对于航空装备维修保障精细化管理信息系统来说，最重要的就是要建立维修对象数据库、维修资源数据库和维修故障数据库。

8.2.1　数据库设计步骤

数据库的设计一般分为以下 6 个步骤，如图 8-3 所示。

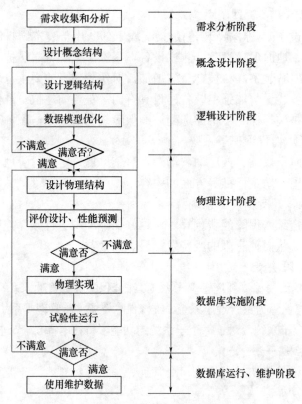

图 8-3　数据库设计步骤

1. 需求分析

这个阶段是数据库设计的基础。数据库设计人员需要全面了解用户的实际需求，包括信息要求和处理要求。需求分析的充分与准确，决定了构建数据库系统的速度与质量。这一阶段的成果是需求分析说明书，也是下面设计的依据。需要强调的是通常需求分析说明书的内容可从信息系统规划阶段和分析阶段的相关文档中获得。

2. 概念结构设计

概念结构设计是整个数据库设计的关键，它通过对用户需求进行综合、归纳与抽象，形成一个独立于具体 DBMS(Data Base Management System，数据库管理系统)的概念数据模型，用于表达数据与数据之间的联系。最常用的概念结构设计方法是 E-R 图。

3. 逻辑结构设计

根据一定的转换规则，将抽象的概念结构转换成所选用的 DBMS 支持的逻辑数据模型，并对其进行优化，根据优化结果，不断反复设计，直至达到用户

234

满意。在关系 DBMS 中，主要考虑的是如何将 E-R 图转换为关系模型。

4．数据库物理设计

物理结构设计是为一个给定的逻辑数据模型选取一个最适合应用环境的物理结构，确定数据的存取方法和存储结构。根据对物理结构的性能评测，不断反复，直至达到理想的物理结构性能。

5．数据库实施

设计人员根据逻辑结构设计和物理结构设计阶段的成果，运用 DBMS 提供的数据语言、工具及宿主语言，建立数据库，编制与调试应用程序，组织数据入库，并进行试运行，根据试运行的情况及时对数据库的前期设计工作进行改进。

6．数据库运用和维护

数据库应用系统经过试运行后即可投入正式运行。在数据库系统运行过程中必须不断地对其进行评价、调整与修改。

这个设计步骤是从数据库应用系统设计和开发的全过程来考察数据库设计的问题的。因此，它既是数据库也是应用系统的设计过程。在设计过程中努力把数据库设计跟系统其他成分的设计紧密结合。把数据和处理的需求收集、分析、抽象、设计、实现在各个阶段同时进行，相互参照，相互补充，以完善两方面的设计。

数据仓库是信息的逻辑集合，这些信息来自于许多不同的业务数据库，并用于创建维修保障智能，以便支持部队的分析活动和决策任务(见图 8-4)。表面

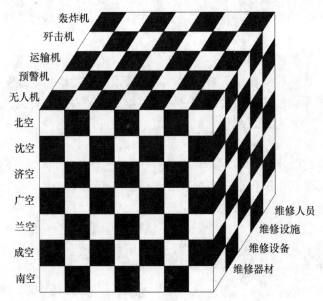

图 8-4　来自于多个数据库的多维数据仓库

235

上听起来很简单，但数据仓库表达了一种较以往信息组织和管理方式截然不同的思维方法。

数据库应具有以下基本功能，如图 8-5 所示。

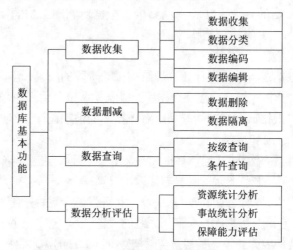

图 8-5　数据库基本功能

1) 数据收集模块

数据收集模块负责维修保障信息的录入，包括原始数据的收集、数据的分类、编码及向信息存储系统与问题处理系统传送信息等过程。所收集的信息的准确性、完整性和及时性，直接关系到系统输出信息的质量以及管理与业务活动水平。

按维修性数据的内容组成，可分为单位基本信息、人员信息、装备基本信息、维修资源信息等。在录入数据时，必须采用规范性语言，避免同一信息在不同单位具有不同的叫法，为此，空军应组织力量编写《数据录入手册指南》一类的材料，同时，该系统建立后，应组织相关开发单位对部队相关人员进行系统培训。

在信息应用收集工作中，必须按照统一的规范对各种原始数据进行科学的、合理的分类和编码，以保证信息处理和传输的准确性与效率，便于信息系统各部分以及信息系统与其他系统之间实现资源共享。

信息收集特别是原始数据的采集，目前自动化程度还不高，许多工作主要靠人工来完成。在信息收集中，重视人的作用和人—机的密切配合，重视非正式渠道的作用，具有重要的意义。

数据收集既包括文字，又包括图片、视频等，必要时，空军可组织力量对典型事故的处理拍成教育片存入数据库。

236

2) 数据删减模块

当装备更新换代，有老旧装备退出现役时，以前系统数据库所存储的大量关于退役装备的数据就成了系统的一个负担，必然会影响系统的运行速度和相应速度，因此，当有装备退出现役时，需要将关于该装备的海量数据从系统中删除或隔离出去，以提高系统的运行速率。该项功能仅有空军具有权限，以免各部队因为所了解信息的片面性而发生误删除。

3) 数据查询模块

接纳查询要求，检索有关信息。查询方法可以是多种组合条件查询，也可以是模糊条件查询。查询检索分为三类，即上级领导通过网络查询、该子系统管理人员查询和一般用户通过网络查询。通过设置口令，各用户只能使用自己特权之内的查询，如某地面维护中队管理员只能查看本中队范围内的飞机状况，而空军首长则可查看全空军所有部队的飞机状况以及各种维修保障资源的状况，但是对于维修故障数据库，则所有人员具有一样的权限。

4) 数据分析评估模块

数据分析评估模块负责对维修性数据的统计处理、计算评估。维修性设计缺陷分析模块又分为统计分布分析和定性分析。维修性设计缺陷是指使产品维修不能够简便、迅速、经济的事件或状态，如在具体的维修操作中发生的不可达、不可视，没有充足的操作空间，维修过程过于烦琐，工具更换过于频繁等。维修性设计缺陷统计分布分析就是观察系统维修性设计缺陷在各子系统或装置的分布情况，从而找到影响系统维修性的关键子系统、装置或零部件。

维修性设计缺陷定性分析就是分析导致设计缺陷发生的原因、设计缺陷对系统维修性的影响，根据原因采取补救措施，从而为改进产品维修性设计和生成装备维修性设计指南提供依据。维修性参数评估模块用来估算基层级维修级别下装备的平均修复时间。平均修复时间是指排除故障所需实际修复时间的平均值，是影响装备使用可用度的重要参数。度量方法为：在给定期间内修复时间总和与修复次数之比。

同时该模块还具有事故统计的功能，利用这一功能，空军装备部门只需敲击一下键盘就可生成季度、半年及一年事故分布情况，就可轻易获悉事故在不同机型、同一机型不同部队的特点，就可对事故原因(人为、机械等)有一个清晰的认识，还可轻易进行年份、机型的对比分析，从而为维修保障计划制定、维修资源预定提供科学依据。

8.2.2　维修保障对象数据库

航空装备维修保障对象主要是指各种作战飞机。建立作战飞机数据库，主要是从飞机状态能否满足作战任务需求及其满足程度的角度出发，其主要内容包括以下几个方面。

1. 装备自身技术状态

主要包括装备可靠性、维修性、保障性、装备服役时间等基本数据以及装备结构等数据。具体主要包括以下数据，如图 8-6 所示。

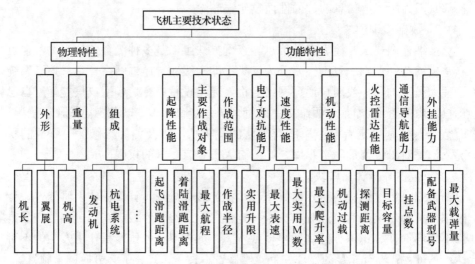

图 8-6　飞机主要技术状态分解示意图

2. 使用和维修因素

主要包括管理方式、使用方式、维修方式、维修次数等。

3. 地理和环境因素

主要包括严寒地区、酷热地区、潮湿环境、盐雾环境等。

4. 维修技术资料信息

主要包括维护手册、维修手册、零件图解目录、标准工艺手册、修理工艺，以及质量体系文件等。

技术资料管理工作还包含技术方案、修理工艺、培训教材等技术资料的编写工作，此项编写工作为技术资料从无到有的产生过程，有别于修理生产线上修理工作单的修订维修工作。

5. 航材管理信息

对修理业务中所需的各种航材实现全寿命集中管理，涵盖航材需求信息、航材存储信息、航材订货信息、航材出入库信息和航材请领信息等，全面反映航材的筹备、储存、供应、调配、处理与使用情况。并且要实现与单机版航材管理系统中航材信息的共享和数据交流。

6. 质量信息

1) 质量检验信息

质量检验工作围绕修理任务展开。在修理生产线上，发现质量问题后，先填写质量问题单，递交质量检验部门，然后由质检部门组织进行问题处理，经批示，交计划部门下发至生产线。通过质量问题单对修理工作中发现的质量问题进行整理、统计和分析，确定质量监督重点。

2) 质量控制信息

质量控制工作由质量控制部门承担，主要是实现航空装备技术状态和质量状况的监控，以及各类修理信息的采集、储存、分析、处理。

8.2.3 维修保障资源数据库

1. 维修人员数据库

维修人员数据库包括维修人员信息和维修分队信息两类，反映了装备维修人员和维修分队的人员组成、专业分布、维修能力等情况。

维修人员信息：包括姓名、性别、职务、出生日期、单位、文化程度、所学专业、从事专业、技术职称、受训情况、岗位资格等。

维修分队信息：包括分队编制信息、分队维修能力、分队机动能力、分队维修专业、培训管理情况等。

数据库系统是维修保障人员精细化管理的基础，它包括维修保障人员所有信息的统计整理、动态更新和查询管理。数据库系统保证了维修保障人员精细化管理有效地开展，有利于维修保障人员精细化管理的实施，是维修保障人员精细化管理跟踪、反馈、评价的重要平台。数据信息的准确性与真实性直接影响维修保障人员精细化管理的效果，数据信息的动态更新为维修保障人员精细化管理提供了客观、精准的资料，数据信息系统的构建要求部队、军事院校、地方武装部等部门配合完成。

1) 设定目标

(1) 具有完整的维修保障人员信息数据库。

包含在职部队维修保障人员的所有信息，军事院校、研究院所、军工厂等相关领域专家，以及特殊维修保障人才离开部队后的所有信息。

对于部队来说，要统计所有人员的基本信息以及专业技能信息，特别是维修强项信息，以便达到人才共享的作用，在有特殊技能的人才离开部队回到社会时，要通知地方武装部做好该人的追踪工作。

对于军事院校来说，要统计所有学员在校期间的基本信息以及学习情况，为部队提供基本参考，此外，还要统计与维修保障活动有关的所有教员基本信息以及专业特长，以便为部队维修保障活动提供技术支持。

对于科研院所、军工厂来说，要统计与维修保障活动密切相关的所有专家的基本信息以及专业特长，以便为部队维修保障活动提供技术支持。

对于地方人武部来说要负责将入伍(入学)的新兵(新学员)的基本信息输入维修保障人员信息数据库，包括姓名、性别、民族、籍贯、出生日期、身份证号、文化程度、家庭状况、党团信息等，同时，还要对从部队转业(退伍)的有特殊维修保障技能的人员进行跟踪，以便部队有需要时能在第一时间联系到本人。

(2) 将维修保障人员的信息数据全部收集、整理、分类。

形成完整的维修保障人员信息数据库，以便有效地帮助各级管理者全面了解维修保障人员信息，提高工作效率，使维修保障人员管理工作科学化、规范化，达到精细化管理的要求。

统计维修保障人员信息后，按照以下分类进行整理。①基本信息：姓名，性别，民族，籍贯，政治面貌(党员要求入党时间)，职务(职称)，照片，专业，出生日期，身份证号，特长爱好，联系电话。②专业信息：专业证书(英语、计算机及其他)，成绩。③家庭信息：家庭住址，邮编，父母及爱人工作单位，家庭电话。④工作岗位信息：岗位任职时间、地点、单位、职务。⑤奖惩信息：奖惩记录(立功受奖等级及原因，违纪及处分要有情况说明)。此外还应包括心理信息。

(3) 实现维修保障人员信息数据库分级登录查询管理。

维修保障人员、各级管理部门可分别登录，并根据相应权限进行相应的查询和管理。管理员可以对相应的维修保障人员信息进行修改，维修保障人员只有浏览个人全部信息及公共信息的权限。

个人可通过自己的用户名和个人密码登录浏览个人全部信息及公共信息，无修改信息权限。各级管理员可通过自己的用户名和个人密码登录浏览所在单位所有人员的全部信息及公共信息，并可对信息进行修改、补充。

(4) 实现维修保障人员信息数据库动态更新。

定期或不定期地对数据信息系统进行更新，以保证数据的准确性。数据信息系统应根据实际情况实现更新功能，当维修保障人员信息发生变化时，相关人员能及时整理上报并更新。所有更新信息应根据管理权限逐级上报审核、审查并修改。

定期更新：结合学员入学和分配、战士入伍和退伍等时机，由数据库管理人员对维修保障人员信息定期全面更新一次。

不定期更新：如维修保障人员信息有变化，随时更新，如人员调动工作时，要对其信息进行随时更新。

2) 工作标准

(1) 按时完成统计整理。

个人及各部门按时上报相关信息，并由各级管理人员统计汇总。要求在规定时间内，个人及各部门及时上报相关信息，各级管理人员负责通知各部门并督促其按时完成。

(2) 信息的准确性、真实性、完整性。

要求所有上报信息准确、真实且完整。要求个人及各部门保证信息的准确性、真实性、完整性，如果部分信息暂时无法统计或者不确定，应在系统中进行标记，以便日后进行完善。

(3) 信息更新。

要求定期或不定期的信息更新要及时，以便领导和上级部门对本单位实力有一个全面客观的认识。

(4) 分级管理的职责与要求。

各级管理员应认真履行工作职责，及时完成统计、上报及更新工作以及系统维护工作。

3) 考核体系

主要考核各项工作标准的完成情况及达标情况，总分为 100 分。考核结果分为优秀(80～100 分)、合格(60～79 分)、不合格(59 分及以下)三个等级。这些工作项目包括：

是否按时完成统计整理，总分为 30 分。在规定时间内，个人及各部门提前完成并上交，该项考核得 30 分；按时完成该项考核得 25 分；未按时完成该项考核得 15 分，并需在 3 天之内按要求完成。

信息的准确性、真实性、完整性，总分为 30 分。对于所有数据信息，将由各级管理人员定期随机抽样检查其准确性、真实性和完整性。如发现一处不达标扣除 1 分，两处不达标扣除 2 分，依此类推，最高扣 15 分，并责令相关个人及部门在 3 天之内达标。在数据信息的使用过程中，如果发现数据信息不达标，处理方式与随机抽样检查相同。

信息更新，总分为 20 分。按照要求完成定期及不定期更新，该项得分为满分。如果未完成定期更新，一次扣除 2 分，最高扣 10 分。如果未完成不定期更新，一次扣除 1 分，最高扣 10 分，并责令其在 3 天之内完成更新达标要求。

分级管理的职责与要求执行情况，总分为 20 分。各级管理员按照要求完成相应工作，一次工作不到位扣除 2 分，最高扣 10 分，并责令其在 3 天内完成。

维修保障人才精细化管理的数据信息系统是一个庞大的系统，各单位在操作过程中数据会有所不同，应适当调整，同时，应在具体工作中对其不断完善。

2. 维修保障资源数据库

维修保障资源包括航空装备维修保障活动中所需要用到的各种航材、各型弹药、各种检测设备、维修专用和通用工具以及油、气等众多资源。

维修保障资源信息包括资源名称、计量单位、生产厂家、单价、数量、质量、类别、来源、分布情况、出厂日期、技术状态、技术能力、使用频率、计量检定、寿命、日常维护等。

航空装备维修保障资源数据库应包含的基本内容如图 8-7 所示。加入地图资料是为了对资源所在的位置有一个感性的认识，这样就可以为后续的资源调配计划制定提供依据。

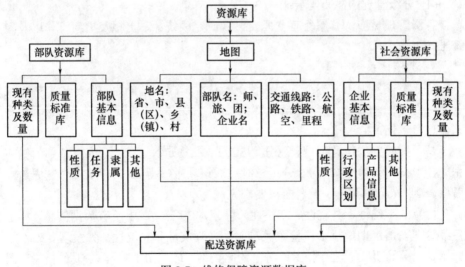

图 8-7　维修保障资源数据库

1) 部队资源库

包含部队基本信息。

(1) 部队性质。飞行保障单位、航材保障单位、油料(气)等保障单位、后勤保障单位。

(2) 部队任务。主要根据机种来进行划分，如飞行院校主要是培养飞行员，基地主要是进行改装培训等。

242

(3) 隶属。部队隶属于哪个团、旅、师、军区空军。

(4) 其他。部队演习、演练情况。

(5) 现有资源及数量。部队现有维修保障资源种类、数量，以及分布情况。

(6) 质量标准库。航空装备对各种维修保障资源的质量要求。

2) 社会资源库

包含企业基本信息(与部队维修保障资源有关的企业)。

(1) 企业性质。国有、民营。

(2) 企业形成区划。企业所属省、市、县(区)、乡(镇)、村。

(3) 企业产品信息。企业生产产品种类、规格。

(4) 其他。企业生产能力、与部队合作情况。

(5) 现有种类及数量。企业现有生产产品种类、规格型号及数量。

(6) 质量标准库。企业生产产品所依据的质量标准。

3) 地图

(1) 地名。省、市、县(区)、乡(镇)、村。

(2) 部队名。部队番号及驻地。

(3) 企业名。企业名称及所在地。

(4) 交通线路。公路、铁路、航空、里程(运距)。

8.2.4 维修故障数据库

航空装备结构复杂、科技含量高，涉及电子、机械、液压等多个专业，一旦发生故障，由于传统纸质装备维修记录不易保存和查找，加之装备维护人员的流动，使维修人员很难从已有的维修记录中找到有效的故障排除资料，一些重复性的故障仍耗费大量的时间，降低了装备的利用效率，严重时还会贻误战机。为了更好地保存原有的资料，同时也更加方便地查找所需要的资料内容，利用计算机强大的数据处理和查阅处理能力建立装备故障库有了可能，通过数据共享，我们就可以在几秒钟内查到该类装备自投入使用以来的所有故障记录，为设备维修、故障处理提供有效的帮助。

1. 数据库逻辑结构

首先按照机型对数据库进行划分，其结构如图 8-8 所示。

然后，按照飞机种类进行细分，以歼击机为例，其逻辑结构图如图 8-9 所示。

最后对飞机进行逐层分解，直至分解至设备级为止，以某型飞机为例，其分解结构如图 8-10 所示。

图 8-8　第一层故障数据库

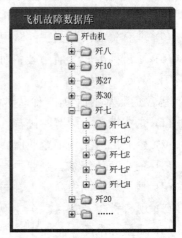

图 8-9　飞机故障数据库

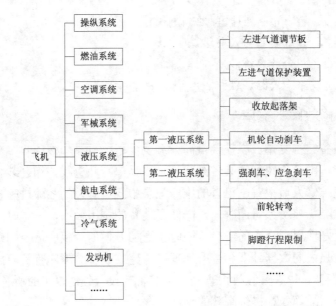

图 8-10　数据库结构

2．数据库基本功能

1) 故障数据录入

该项工作主要由基层一线部队维护人员完成，在航空装备发生故障，查明原因、排除故障后，要将本次故障发生部位、故障现象、故障原因、故障排除方法等信息按照所对应的机型录入相应的数据库，在将信息录入数据库前首先要进行检索，看此类信息有无登记，若已有记录，则只登记故障单位及次数即可，不必再重复录入信息。

2) 故障数据查询

当装备发生故障而又不能在很短时间内判明故障原因时，可进入数据库进行查询，可按照机型-故障系统-故障部件进行按级查询，也可输入故障现象和故障部位关键字在指定范围内进行查询，从而为故障排查提供强大数据支撑。

3) 故障报表生成

各级管理部门可根据数据库进行故障原因、故障次数、故障时机的统计分析，生成相关报表，从而对本单位装备的故障特点和规律进行总结和提炼。空军可根据此数据库对全空军范围内所有机型的故障特点和规律进行总结，从而为预防事故发生，减少故障次数、提高装备利用率提高科学依据。

8.3　决策支持系统

决策是指通过一系列计划方案的实施而达到人们的目标的过程。通常在达到目标的时候，我们拥有许多约束性的条件，比如人力、财力、物力等能力的限制，决策者在有限的资源下，从众多的可实施方案中选择一个最佳的方案，使得决策者的整体利益得到最大满足，这就是决策的过程。如果决策问题过程的属性和方法能够被人们用非常精确的数学方法所描述，则这个决策问题就是结构化问题；如果决策问题过程的属性和方法不能被数学方法所描述，而只能凭借管理者的经验和直觉去做分析，则是非结构化问题。而处于这两种情况之间的问题，就是半结构化问题。

决策支持系统(Decision Support System，DSS)是以运筹学、管理科学、行为科学和控制论为基础，以模拟技术、信息技术和计算机技术为手段，面对半结构化和非结构化的决策问题，支持决策活动的具有智能作用的人机计算机系统。决策支持系统能为决策者提供决策所需要的数据、背景以及信息材料等，帮助决策者明确决策目标并进行问题的识别，建立或修改决策模型，并提供各种备选方案，还可对各种方案进行评价和优选。系统通过人机对话进行分析、比较和判断，为决策者的正确决策提供有益的帮助。DSS 的目标：对管理者做决策提供技术支持。DSS 形成和发展的技术基础：运筹学模型已经发展得比较完善，多目标决策分析突破了单一的效用理论框架，计算机软、硬件和网络技术的快速发展，人工智能，特别是知识处理技术的发展，数据库技术、图形显示技术、各类工具软件的发展和完善。其典型结构如图 8-11 所示。

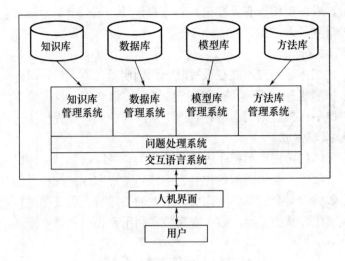

图 8-11　决策支持系统的结构组成

　　数据库管理系统，用于存储在决策过程中利用和产生的大量数据。决策过程根本上是利用历史数据，结合实际情况的数据，来给未来的情况做决策。数据是决策过程的重点，所以数据库管理系统是 DSS 非常重要的一个子系统，它必须满足系统对数据处理能力的要求，包括存储、运算、查询等。

　　模型库管理系统，用于存放各种模型。解决决策问题需要应用各种决策科学理论，通过各种应用模型来解决问题，在应用时它与数据库管理系统连接，来调用数据库中的数据。模型库管理系统是 DSS 的核心部分，也是最难实现的部分，通过编程语言编程或者建模语言建模实现。

　　方法库管理系统，用来存储决策中常用的分析方法和算法，包含解决决策过程中的方法。在设计方法库时，将一部分常用方法以子程序的形式，分类存入方法库中，由方法库管理系统进行集中控制和管理。方法库管理系统对标准方法进行维护和调用，主要完成诸如维修周期优化、最低备件库存量确定等数值计算和应用数据处理，用于推理决策。方法是解决问题的算法，它是模型的基础，一个或者多个方法服务于某个模型，通过模型加方法就能进行决策问题的计算。

　　知识库管理系统，由知识库和推理机组成。知识库的功能是储存有关知识，包括维修专业知识、决策知识、专家经验以及维修智能决策支持系统在决策运行中积累的经验。推理机按照指定的推理方法和检索策略进行推理，选择知识和应用知识，模拟人类思维的过程，进行知识信息处理，规划出解决问题的决策日程，通过数据接口传递给调度控制系统。

8.3.1 决策支持系统的特征、功能

航空装备维修保障决策支持系统是航空装备维修保障精细化管理信息系统的一个子系统。

1. 基本特征

决策支持系统主要是利用计算机高容量、高运算的特点为人们的管理决策问题做辅助作用，主要特点如下：

(1) 系统必须有很强大的数据处理能力。因为决策过程中会涉及到很多方面海量数据的调用，还有复杂的计算步骤，这要求系统的数据处理能力特别强。

(2) 系统只能是一个支持系统。它不能够代表人类为决策问题做最后的决定，只能提供可行的方案和分析的结果，最后的决定还得由管理人员来决定，所以系统是个决策支持系统。

(3) 系统在设计方面必须有利于用户的方便操作。系统的界面设计要人性化、易操作，不一定要懂计算机技术的人员才能使用。

(4) 人与系统的互动性较强。在使用系统进行某项决策时，需要使用者对系统进行操作，与系统进行互动，协作完成决策过程。

可以从以下三个方面进一步理解决策支持系统的概念。

其一，系统只是支持用户而不是代替用户判断。因此，系统并不提供所谓的"最优"解，而是给出一类满意解，让用户自己判断。同时，系统并不要求用户给出一个预先定义好的决策过程。

其二，系统所支持的主要对象是半结构化和非结构化的决策(即不能完全用数学模型、数学公式来求解)。它的一部分分析可由计算机自动进行，但需要用户的监视和及时参与。

其三，采用人—机对话的有效形式解决问题，充分利用人的丰富经验、计算机的高速处理及存储量大的特点，各取所长，有利于问题的解决。

2. 功能

(1) 随时提供与决策问题有关的组织内外信息。例如，内部信息包括各类资源要求、资源库存状况等；外部信息包括战场动态、政策法规、外军动态与科技进展等。

(2) 收集、管理并提供各项决策方案执行情况的反馈信息。例如，订单或合同执行进程、资源供应计划落实情况、维修计划完成情况等。

(3) 能以一定的方式存储和管理与决策问题有关的各种数学模型、计算方法，且上述数据模型与方法能容易地修改和添加。例如，维修决策模型、库存控制模型与资源调度模型等；回归分析方法、线性规划方法、最短路径算法等。

(4) 能灵活地运用模型与方法对数据进行加工、汇总、分析、预测，得出所需的综合信息与预测信息。

(5) 具有方便的人—机对话和图像输出功能，能满足随机的数据查询要求，回答"如果……则……"之类的问题。

(6) 提供良好的数据通信功能，以保证及时收集所需数据并将加工结果传送给使用者。

8.3.2　决策支持系统的主要形式

1．群体决策支持系统(Group Decision Supporting System，GDSS)

所谓群体决策系统是相对个人而言的。许多重大问题都需要群体决策。群体决策的过程是：根据已有的材料，根据群体成员各自的经验和智慧，通过一定的议程或会议等形式，集中多数人的正确意见，做出决策。群体决策支持系统就是为这种形式的决策行为提供支持。

群体决策支持系统可提供以下三个级别的决策支持。

第一层次的 GDSS，为减少决策者之间的通信，沟通信息，消除交流的障碍提供支持，如及时显示各种意见的大屏幕，投票表决和汇总设备，无记名的意见和偏爱的输入，成员间的电子信息交流等。其目的是通过改进成员间的信息交流方式来改进决策过程，通常所说的"电子会议系统"就属于这一类。

第二层次的 GDSS，提供善于认识过程和系统动态的结构技术，决策分析建模和分析判断方法的选择技术。这类系统中的决策者往往面对面地工作，共享信息资源，共同制定行动计划。

第三层次的 GDSS，主要特征是将上述两个层次的技术结合起来，用计算机来启发、指导群体的通信方式，包括专家咨询和会议中规则的智能安排，这样高水平的系统目前还处于预研制阶段。

2．分布式决策支持系统(Distributed Decision Supporting System，DDSS)

随着决策支持系统的发展，人们很自然地希望在更高的决策层次和更复杂的决策环境下得到计算机的支持，这种支持面向的对象已不仅仅限于单个的决策人，或代表同一机构的决策群，而是若干具有一定独立性又存在某种联系的决策组织。

许多大规模管理决策活动已不可能或不便于用集中方式进行，这些活动涉及许多承担不同责任的决策人、决策过程必需的信息资源或某些重要的决策因素分散在较大的活动范围内，属于组织决策或分布决策。分布式决策支持系统就是为适合这类决策问题而建立的信息系统。

DDSS 是由多个物理分离的信息处理结点构成的计算机网络，网络中的每个结点至少含有一个决策支持系统或具有若干辅助决策的功能。与一般的决策支持系统相比，DDSS 具有以下一些特征。

(1) DDSS 是一类专门设计的系统，能支持处于不同结点的多层次的决策，提供个人支持、群体支持和组织支持。不仅能从一个结点向其他结点提供决策支持，还能提供对结果的说明和解释，有良好的资源共享。

(2) 能在结点间提供交流机制和手段，支持人—机交互、机—机交互和人与人交互。能处理结点间可能发生的冲突，能协调各结点的操作。既有严格的内部协议，又是开放性的，允许系统或结点方便地扩展，同时系统内的结点作为平等成员而不形成递阶结构，每个结点享有自治权。

3. 智能决策支持系统(Intelligence Decision Supporting System，IDSS)

智能决策支持系统是决策支持系统(DSS)与人工智能(Artifical Intelligence，AI)相结合的产物，其设计思想着重研究把 AI 的知识推理技术和 DSS 的基本功能模块有机地结合起来。有的 DSS 已融进了启发式搜索技术，这就是人工智能方法在 DSS 中的初步实现。将人工智能技术引入决策支持系统主要有两方面原因：第一是人工智能因可以处理定性的、近似的或不精确的知识而引入 DSS 中；第二是 DSS 的一个共同特征是交互性强，这就要求使用更方便，并在接口水平和在进行的推理上更为"透明"。人工智能在接口水平，尤其是对话功能上对此可以做出有益的贡献，如自然语言的研究使用使 DSS 能用更接近于用户的语言来实现接口功能。

4. 智能—交互—集成化决策支持系统(3IDSS)

随着 DSS 应用范围的不断扩大，应用层次的逐渐提高，DSS 已进入到区域性经济社会发展战略研究、大型企业生产经营决策等领域的决策活动中来，这些决策活动不仅涉及经济活动的各个方面、经营管理的各个层次，而且各种因素互相关联，决策环境更加错综复杂，这些都给 DSS 系统的建设造成了很大的困难。在这种情况之下，一种新型的、面向决策者、面向决策过程的综合性决策支持系统产生了，即智能—交互—集成化决策支持系统(Intelligent，Interactive and Integrated DSS，3IDSS)。该系统具有以下几个特点。

(1) 集成化。在这种情况下，采用单一的以信息为基础的系统，或以数学模型为基础的系统，或以知识、规则为基础的系统，都难以满足上述这些领域中决策活动的要求。这就需要在面向问题的前提下，将系统分析、运筹学方法、计算机技术、知识工程、人工智能等有机地结合起来，发挥各自的优势，实现决策支持过程的集成化(Integration)。

(2) 交互性。决策支持系统的核心内容是人—机交互。为了帮助决策者处理半结构化和非结构化的问题，认定目标和环境约束，进一步明确问题，产生决策方案和对决策方案进行综合评价，系统应具备更强的人—机交互能力，成为交互式系统(Interactive System)。

(3) 智能化。 决策支持系统在处理难以定量分析的问题时，需要使用知识工程、人工智能方法和工具，这就是决策支持系统的智能化(Intelligent)。

8.3.3 航空装备维修保障精细化管理决策支持系统

装备管理的核心是各级装备管理者进行决策的过程，装备管理者根据装备保障信息及时调控装备的数量、技术状态；在装备全系统全寿命管理过程中，装备管理者根据装备保障信息，制定装备的发展规划和装备体制，实施装备管理。装备管理对装备保障信息获得越及时、越准确、越完整，其决策、控制就越正确、越有效。航空装备维修保障精细化管理活动的一项重要内容就是要针对不同问题进行决策，从基层的一线维修人员到最高层的装备部门无时无刻不在进行着决策，小到更换飞机上的一个零部件，大到决定采购一批装备，这些都是决策活动。如何使发生在不同部门、不同地域的决策活动更加科学、更加合理，是航空装备维修保障活动迫切需要解决的一个问题。依托航空装备维修保障精细化管理信息系统，构建航空装备维修保障精细化管理决策支持系统，是解决这一问题的首要选择。

1. 系统需求分析

航空装备维修保障精细化管理决策支持系统的用户主要分为三类，分别为初级管理者(机务中队、机务大队级用户)、中级管理者(师旅级用户及军区空军用户)和高级管理者(空军)。系统应针对典型用户进行需求分析。

1) 初级管理者
主要是进行维修方式决策、维修次序决策、故障排除方法选择等。

2) 中级管理者
主要是根据本辖区任务预计装备保障任务量，进而制定装备保障计划，并根据战场动态及任务调整及时更新装备保障计划；对装备保障力量进行部署和调整，使装备保障力量的编成、任务区分和配置符合作战任务对装备保障的要求；组织装备保障活动的顺利开展；控制装备保障行动；组织装备保障协同；任务结束后的装备保障活动；组织装备保障训练；进行装备保障训练评估，对辖区内装备技术状态进行评估。

3) 高级管理者
全面规划装备保障活动，根据全空军装备技术状态及作战任务要求，进行装备订购、装备发展计划制定，为军委和空军首长制定作战计划提供必要数据支撑。

2．设计目标

系统的设计本着满足航空装备维修保障精细化管理的需要，为航空装备维修保障精细化管理活动提供决策。通过本系统的建立，实现信息统一化管理、业务程序化处理和智能化的决策分析。

1) 统一的信息管理平台

航空装备维修保障活动的规划与管理，涉及的信息来源较为复杂，遍及航空装备全系统全寿命周期，通过建立统一的信息管理平台，对各种信息进行管理，利用信息抓取、存储等技术，实现信息共享。

2) 程序化的业务处理

通过规范航空装备维修保障精细化管理决策系统的业务处理流程，将不同来源、不同应用层次的信息进行有效整合以提高处理业务的效率和质量。

3) 智能化的决策支持

通过对各种业务数据分析和挖掘，为管理人员制定方案提供支持，为领导决策提供支持。

3．系统设计时应遵循的原则

决策支持系统的设计开发，必须满足以下基本原则。

1) 实用性

系统的开发就是为了更好地服务装备维修保障活动管理，能够满足航空装备维修保障活动管理的实际需求是系统开发的首要任务。系统必须要求实用性，能够更好地服务航空装备维修保障活动管理，能够为管理者带来工作上的方便，能够为航空装备维修保障活动管理带来实效。

2) 稳定性

尽量避免出现程序混乱的现象，这样不仅会增加工作的复杂程度，还会影响部队的日常训练。系统的运行必须稳定可靠，为航空装备维修保障活动管理提供坚强的后盾。

3) 先进性

在满足航空装备维修保障活动管理各种功能要求的基础上，系统的设计以及系统硬件设备，都必须拥有一定的先进性。技术和工艺是不断在发展的，必须让我们所开发的系统具有一定的先进性，这样才能保证系统在未来一定时期内能满足发展要求，从而增加系统的使用寿命，提高投资效益。

4) 安全性

航空装备维修保障精细化管理决策支持系统数据库里储存着部队的重要装备信息，所以系统的安全性必须要求高，除了要保证数据的一致性和有效性外，还需要拥有快速便捷的方式，能够对系统的全部数据进行备份和恢复。另外需要加强系统的不同权限的管理，保证权限的有效。

5) 完整性

航空装备维修保障精细化管理决策支持系统在部队的信息平台中是一个相对比较独立的系统，因此系统应从整体上有个完整的设计，完全遵守系统开发的各种原则，拥有完整的系统结构，为部队的维修保障活动管理发挥应有的作用。

6) 开放性

部队根据工作的细分和规划，会开发若干个信息系统，这些信息系统都会整合到部队的综合平台上。航空装备维修保障精细化管理决策支持系统应该根据部队信息平台的要求，设计时留有对应的接口，并与部队其他系统在共有的数据上保持一致。

7) 容错性

由于部分人员的操作会出现不规范，操作出错时系统会有对应的提示信息，在系统的设计上应该具有逆操作性和一定的容错性。

4．系统功能模块设计

该系统包括维修保障环境管理子系统、维修保障任务管理子系统、维修策略抉择子系统、维修保障力量管理子系统、维修保障资源调配管理子系统、远程技术支援子系统等 6 个子系统，每个子系统又由若干模块组成，如图 8-12 所示。

1) 维修保障环境管理

航空装备维修保障系统是一个开放的复杂巨系统，其各项活动的开展必然要受到社会环境、自然环境、军事环境的影响，航空装备维修保障活动的组织开展必须与周围环境相互协调才能取得最佳保障效益。通过维修保障环境管理子系统各模块，可实现对维修保障环境的分析、评估和模拟，从而为维修保障活动的开展提供科学的决策依据。

2) 维修保障任务管理

航空装备维修保障活动的开展都是为战斗任务而服务的，任务不同，维修保障活动的组织形式也必然不同，如战时维修保障活动与非战争军事行动中的维修保障任务肯定截然不同。因此，非常有必要进行维修保障任务的分析、评估与模拟，为各种任务条件下的维修保障决策活动提供科学决策依据。

3) 维修策略抉择

主要包括维修方式决策、维修次序决策、故障排除方法选择等。

维修方式是维修策略中的重要内容之一，系统要能够在处理故障数据和维修信息进行后，决策出系统究竟应该采用何种维修方式。

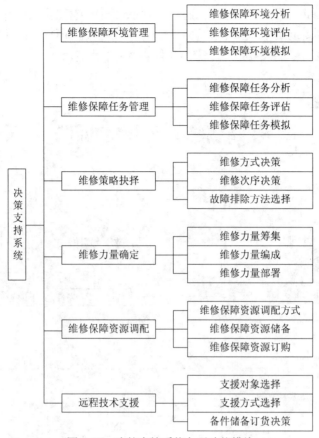

图 8-12　决策支持系统主要功能模块

　　比较经典的维修方式决策方法采用的是综合目标逻辑判断法。综合目标逻辑判断法可按 5 个方面：系统元件在飞机发动机安全运行的地位、维修经济性、维修特性、故障是否易于监测和故障特性，再用逻辑判断的方法进行评判。评判的具体步骤如图 8-13 所示。

　　系统维修次序的决策。当有多个系统元件发生故障时，必须根据故障的相关因素分析，对元件故障的维修次序进行决策。

　　对于复杂系统，通常可以分为若干子系统，子系统亦可再细分为次级子系统。根据维修任务的实际需要，一般可细分到具有一定功能的设备，一个设备的维修称为一个维修工作项目。将复杂系统分成 n 个需要完成相关维修任务的设备，则有 n 项维修项目(P_1, P_2, …, P_n)。通常，相关联的设备维修次序是确定的，而非关联的设备没有维修次序。非相关项目总是在第一时间开始维修，而相关项目总是要在前一项目维修完毕后开始执行维修。因此当维修项目确定后，预定维修的次序也即确定。在复杂系统的维修方案设计中，首先需要建立受维修次序约束的维修工作流，再优化计算配以合理的维修人力资源，使维修总耗时达到最短。图 8-14 是某系统的维修次序工作流。

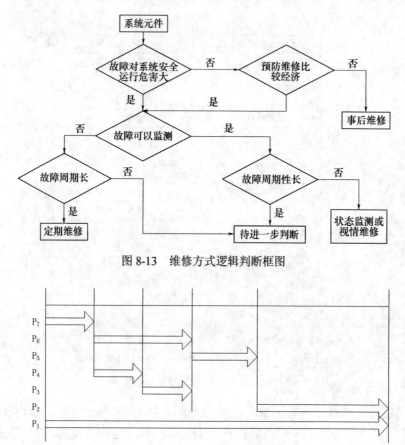

图 8-13　维修方式逻辑判断框图

图 8-14　维修次序工作流图

　　其中 P_1 和 P_7 是非相关项目，可最先开工，P_4 和 P_6 只能在 P_7 完成之后才开工，P_3 只能在 P_4 完成之后才开工，而 P_5 只能在 P_3 和 P_6 都完成之后才开工，P_2 只能在 P_5 完成之后才能开工，最后 P_1 和 P_7 在维修总耗时截止点以前都完工。

　　故障排除方法的选择。在确定了维修方式和维修次序后，就要进行故障排除方法的选择。当装备发生故障而又不能在很短时间内判明故障原因时，可通过维修策略模块中的故障排除方法选择功能调用维修故障数据库，按照机型—故障系统—故障部件进行按级查询，也可输入故障现象和故障部位关键字在指定范围内进行查询，从而为故障排查提供可供参考的故障排除方法。

254

4) 维修力量确定

不论何种装备保障力量，其构成的基础要素主要包括：装备保障人员、保障装(设)备、保障科学技术、保障设施、器材与物资、装备保障信息等。维修力量确定模块主要有维修力量筹集、维修力量编成、维修力量部署等功能。维修力量确定模块的关键是对作战保障任务、现有维修保障力量、保障条件等因素进行模型化，通过推理机的作用，给出维修保障力量的规模、数量、结构、质量和部署的合理建议，供维修保障指挥人员参考。其理想过程如图 8-15 所示。

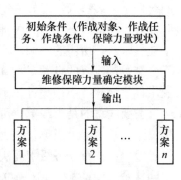

图 8-15　维修保障力量确定过程

5) 维修保障资源调配

航空装备维修保障活动需要消耗大量的物质材料，当发生故障时，还需要各种航材备件。但是，出于经济考虑以及故障的特点，基层单位不可能储备有所有的备件，特别是像发动机这一类的备件，以及其他价格昂贵而又不常用的备件。常常需要向上级主管部门申请，有时还需要到工厂订货。其逻辑结构如图 8-16 所示。

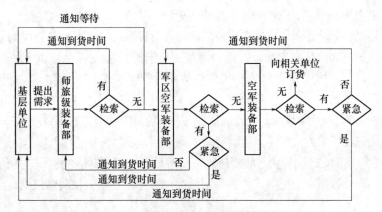

图 8-16　维修保障资源调配逻辑过程图

首先是机务中队、大队向师旅级装备部门提出备件、资源等需求，师旅级单位装备部门在接到申请后，先在本单位所管辖范围内检索相关资源，若检索到，则制定配送计划，并通知下级单位到货时间，以便下级单位制定相应计划，若本单位没有该类资源，则向军区空军装备部门提出申请，军区空军装备部门在接到申请后，同样进行检索，若检索到有，再根据需求单位需求情况是否紧急而选择将资源直接配送到基层需要单位还是配送到直接下级单位，如同样是配件 A，在正常训练情况下，配送到师旅级装备部门即可，而在战争准备阶段则要直接配送到基层需要单位；若检索到没有，则需要向空军装备部门申请，同时向下级装备部门通知等待，空军装备部门在接到申请后，同样要进行判断，若没有，还需要直接向相关部门订货。这一功能模块对时间要求非常苛刻，若不能及时获得所需的资源，反倒不如使用传统的备件申请模式。如可规定，对于全空军都没有的资源，从基层需要单位提出申请到空军装备部门向相关单位发出订货通知，不得超过 2 小时。

需要注意的是上级单位可根据情况越级向下级单位配送所需资源，但下级单位不得越级向上级单位提出申请，上级单位在给下级单位配送资源时，要根据下级单位执行任务级别而决定先后顺序，要优先给任务紧急的单位配送资源。如同样是需要资源 A，B 单位是换季维修，C 单位是对抗演练，在这种情况下，就要优先给 C 单位配送。在决定给下级单位配送的优先顺序以及是否越级配送时，必须要有相应的标准，不能凭个人主观判断。

在进行资源调配时，必须充分利用维修保障资源数据库，根据方法库和模型库，在推理机的作用下，对维修保障资源数据库进行数据挖掘，给出合理资源调配方案。

6) 远程技术支援

当装备发生故障，通过维修策略模块无法排除故障，而本单位经过努力仍不能排除故障时，可通过远程技术支援模块，对人力资源数据库进行充分挖掘，筛选出该装备维护方面的所有专家，并根据系统所显示的专家状态(执行重大任务、一般性工作、休假、休息等)，挑选出工作任务相对较轻的若干名专家，向该专家所在单位管理员发出申请，待接到回复后，通过视频会话或语音对话的方式，进行"专家会诊"，也可将故障现象、故障部位、已采用的故障排除方法等资料发送给专家，使专家通过离线的方式给予解答，待故障排除后，及时进行总结，将本次故障发生部位、故障现象、故障原因、故障排除方法等信息按照所对应的机型录入维修故障数据库，进行数据库的完善，为其他部队类似故障的排除提供科学依据。

8.4　航空装备维修保障一线精细化管理信息系统建设

8.4.1　组织与分工

信息系统建设是一项复杂的系统工程，对机务大队的各项工作必将带来深远的影响，它的建设质量直接决定着部队信息化作战能力的高低，因此，要始终坚持"一把手"原则，机务大队及各中队的主要领导要对信息系统建设给予高度重视并亲自参与，真正成为信息系统建设的组织者、领导者、指挥者。同时，要按照"责权一致、统一指挥、分工协作"的原则，严密组织信息系统的每一项建设，确保质量，确保安全。

1. 成立领导小组

机务大队要成立由大队长任组长的信息系统建设领导小组，主要负责机务大队信息系统建设和应用的总体规划，审查和制定系统中各个有关日常管理和维修保障的业务功能需求、技术规范、工作流程、性能指标和相关规章制度，协调解决信息系统建设中的重大问题，审核、部署信息系统建设的重要活动，如阶段计划、施工进度、经费给付、人员培训等。机务大队主管领导负责维修作业工作流程优化重组、维修保障数据质量管理及日常工作的组织协调和管理。机务大队质控室信息网络助理员是信息系统技术工作负责人，应按规范安排好系统配置、系统调试、系统维护、安全管理和人员培训等工作。

2. 组建实施小组

在建设实施期间，机务大队要成立相应的工程作业组、技术保障组、模拟运行组、组织协调组、质量监管组、宣传教育组等6个实施小组，由信息系统建设领导小组指定专人负责。

1) 工程作业组

组长由熟悉计算机工程技术又对外场工作有一定了解的人员担任，成员主要是计算机工程技术人员。该组全面负责工程建设技术方面的实施工作，负责信息系统设备的安装调试、技术维护等工作。

2) 技术保障组

组长由计算机工程技术人员担任，成员主要有信息网络助理员、各网络信息点负责人。主要负责数据库的建立和维护，协助工程技术组做好基础工作和其他日常工作。

3) 模拟运行组

组长由工程技术人员兼任，或由信息系统主要负责领导干部担任。主要负责筹划和安排人员培训，组织进行信息管理系统应用软件的试运行工作，运用科学测试手段进行压力测试，检验软件之间的对应关系，找出运行中存在的问题，研究解决办法。

4) 组织协调组

组长由大队领导担任，成员主要有各中队领导及信息系统相关负责人。主要负责信息系统建设中的行政管理、组织协调、实施运行等非技术性问题，协调好各单位之间、专业之间、上下级之间、个人之间的关系。

5) 质量监管组

组长由机务大队长担任，成员由信息系统建设人员组成。主要负责信息系统中各类数据与信息的质量，检查流程管理、工卡落实等执行情况，利用网络视频监控、即时通讯等各种手段发现维修作业中存在的问题，并通知当事人予以纠正。还负责制定约束用户操作的使用规则，并严格检查落实情况，确保维修作业保障管理标准化、规范化。

6) 宣传教育组

组长由机务大队政治教导员担任，成员由信息系统建设人员组成。主要负责宣传教育工作，收集整理有关会议记录、技术资料文档、图片、录像，拟定信息系统运行有关的规划、计划、规章制度等。

8.4.2 原则与要求

1. 建设原则

1) 全面原则

既抓好硬件建设，也抓好软件建设；既抓外场，也抓内场；既重视维修作业层的管理使用，也重视管理控制层的管理使用。

2) 动态原则

建设工作不可能一步到位，更不是一成不变的。前期建设要统一规划，后续建设要持续改进，动态发展。要舍得投入经费，及时维护、及时修理、及时完善。

3) 科学原则

要符合客观规律和管理要求，尊重知识、尊重科学。不能盲目建设，不能重复建设，不能片面建设。信息流程要符合信息传递与处理的规律，以信息传播流畅为标准，要尽可能理顺关系，减少人为因素造成的信息流向关系扭曲。

4) 发展原则

贯彻落实科学发展观，既切合当前实际，又着眼装备发展，既满足当前需要，又考虑未来发展。信息系统软件要尽可能地采用构件、框架等设计技术，提供开放性、高效率软件接口，强化模块独立性与数据独立性。

5) 实用原则

建是为了用，不是为了看，建设工作一定要管用、好用、耐用。建设既要满足应用需求，还要操作方便、稳定可靠、使用安全。

2. 建设要求

1) 加强组织领导，严密组织计划

推进信息化建设工作是一项打基础、管长远的复杂系统工程，领导干部要站在部队装备发展建设的全局和高度，扎实抓好各项工作落实。认真筹划，精心组织，精打细算，严格标准，落实责任，确保建设项目实用、好用、耐用。

2）积极组织协调，按时完成任务

党委统筹，机关联动，部门配合，齐心协力抓好各项建设。对建设中遇到的困难和问题，及时协调、主动配合、积极解决，高标准、高质量完成建设任务。

3）严格管理控制，确保质量效益

要重视对建设工作的过程控制，加强项目管理和现场监督，注重细节，严格把关，保证质量。严格经费管理，控制开支范围，做到专款专用，提高经费使用效益。

4）定期总结交流，不断积累经验

要定期汇总建设进展情况，及时总结好的经验做法，交流经验体会。

8.4.3　硬件建设

1．建设内容

1）信息网络建设

机务大队要在现有基础上，按照空军、军区空军统一规划，完善信息基础设施，补充缺项，构建横向互联、纵向贯通的信息网络。将信息系统延伸到指挥决策层和维修作业层。三代机到作业点，二代机到作业区，运输机到主责人。

(1) 内场片局域网终端接点。

网管中心→质量控制室→飞参判读室→大队长办→专业主任办→训练中心→修理厂和各机务中队(中队部、俱乐部、质控室、主管机械师宿舍)。

网管中心：机务大队局域网管理中心连接各终端机控制台，由质量控制室负责管理。硬件设备：服务器2台(1台备份)，显示器2台，资料柜1组，不间断电源1台及交换机4台，空调机1台。

质量控制室：办公室设6台终端计算机，履历本填写室、维修卡片管理室各设1台终端，履历本填写室安装摄像头1个，资料室预留1个终端接口。

飞参判读室：预留3个终端接口。

训练中心：多媒体教室设置网络接口和电子摄像监控器，其终端接口设置30个，多媒体教室、安全警示教育室及各专业教室各预留2个终端接口。

综合监控室：预留2个终端接口。主要用于发动机状态监控和维修资源、作业现场可视化。

资料室：每个机务大队设立1个资料室，用于资料存放、借阅，预留2个终端接口。

大队部：分管装备副团长、大队长、教导员和专业主任各设 1 台终端，副大队长设 2 台终端；大队会议室设 2 个终端接口，安装摄像头 1 台。大队部俱乐部设 2 个终端接口，安装摄像头 1 台。

机务中队(含修理厂)：中队质量控制室、中队部(中队长、指导员办公室)、俱乐部各预留 1 个终端接口，中队质量控制室配终端计算机和打印机各 1 台，中队长(厂长)办配终端计算机 1 台，俱乐部安装摄像头 1 台。

(2) 外场片局域网终端接点。

网管中心→修理厂厂房、工作间→机务指挥中心→塔台→外场用房(监控室、飞参室、油液分析室等)→工具保管室→机务人员休息室→机堡(停机棚)→航材股→军械股→导弹中队。

修理厂工作间：厂长办、调度室、工具保管室预留 2 个终端接口，工具保管室安装 1 个摄像头，附件、修理、军械、特设、电子专业工作房均只预留 1 个终端接口，定检厂房内预留 2 个终端接口，安装 1 个摄像头。

机务指挥中心：预留 3 个终端接口，安装 1 个摄像头。

监控室、飞参室、分析室等场所，各预留 1 个终端接口。

塔台：预留 3 个终端接口。

战斗保障值班室：预留 1 个终端接口。

维护工作室：预留 1 个终端接口。

高空房：预留 1 个终端接口。

外挂库：预留 2 个终端接口。

工具保管室：预留 2 个终端接口，安装 1 个摄像头。

机务人员休息室：每个休息室预留 2 个终端接口(共 6 个)。

机堡(停机棚)：每个机堡(停机棚)预留 2 个终端接口，安装 1 个摄像头。

航材股、军械股：预留 2 个终端接口，已建局域网的连接到服务器。

2) 硬件设备采购

在信息网络建成后，要按照军区空军的建设标准，集中采购各信息点的硬件设备，奠定软件应用的基础。

(1) 根据建设规划的要求，对核心硬件设备由军区空军进行统购，确保质量和兼容。

(2) 机务大队要结合部队实际，按照"保证质量、保证服务、保证安全、保证价格"的四个要求，完成其他设备的采购。

(3) 统一制作机务人员工作卡，配备条形码扫描设备，实现对机务人员的射频卡识别和工具、设备、文件、资料的条形码识别，实现各保障要素的数字化管理。

(4) 在主要场所安装摄像头等视频设备，实现对维修现场(含保障的各个单元)的视频监控，实现视频教学、视频会议等功能，实现机务工作的可视化管理。

3) 建设人才队伍

通过建设培养锻炼一批"会建设、会管理、会使用"的信息系统建设人才，为后续系统的改建或扩建、管理与使用奠定人才基础。要进行全员信息素质培训，军区空军轮训中队以上干部，师轮训专业队长，团轮训专业师、员。

2．建设标准

1) 网络机房标准

网络中心机房包括主设备间、基本工作间和辅助间。主设备间放置网络主交换机、路由器和服务器等设备；基本工作间为网管、维护人员的工作场所；辅助间供配电、值班等之用。基本工作间和辅助间也可根据情况，视情而定。机房环境的具体要求，请参照 GB 2887—89 的有关条款。

电源：220V，50Hz，配备 3~6kW 可连续供电 4 小时的 UPS 电源。

地线：单独接地，与 220V 电源地分开，地线电阻小于 2Ω，"零-地"之间的电位差小于 0.5V。

防火：安装烟雾报警和防火设施，配备灭火器等。

防盗：安装铁门、铁窗、铁栏杆和防盗报警器。

温度：15~20℃，安装空调。

电磁防泄漏：安装防电磁辐射设备，如配置电磁干扰器。

防静电干扰：参照 YD/T754-95 的有关条款。

2) 网络布线标准

(1) 以机务大队质量控制室为中心建设独立局域网，服务器和网络主交换机安装在机架上，一个出口对外，网管工作站和用户终端通过交换机和路由器与网络服务器相连。

(2) 建筑物之间网络使用光纤连接，局域网主干线选用 1000M/100M 以太网，提供 100M 带宽到桌面服务。

(3) 建筑物内部布线使用 PVC 线槽，沿墙边走直角，一般选用超 5 类以上的非屏蔽双绞线。

(4) 网络系统电源线选用优质线缆，一般不与空调共用一路电源线，并与网络线分线槽安装。

具体要求如下：

① 各局域网一般采用星形结构，设立一个网络信息中心，光缆由此中心向周边楼群辐射。

② 建筑物之间铺设光纤，可采用架空、直埋、管道铺设等方法，管道铺设方法最好。

③ 建筑物内部布线由水平布线和垂直布线组成。垂直布线系统视情可选用光缆，也可选用双绞线；水平布线系统均采用双绞线。

④ 光纤选型。光纤分多模和单模两种，根据设备选择光纤类型。一般情况下，应铺设 6 芯以上单模铠装光纤。

⑤ 光缆端设备。选用光收发器或终端盒时，应与光纤型号及网络设备光纤端口的技术要求配套。

⑥ 双绞线选型。双绞线应选用超 5 类以上的非屏蔽双绞线。

⑦ 接地点。布线系统要有一个唯一的良好接地点，地线电阻小于 2Ω，电源线的零、地间电位差小于 0.5V。

⑧ 布线施工。布线工程必须由专业施工队承担。

⑨ 工程验收。网络工程建设完工后，应通过上一级网络管理机构的验收评审，方可正式投入使用。

各级局域网结构化布线工程的具体要求，参照 YDJ44-89、YD/T823-1996、YD/T778-95、CECS72-95 等标准的有关条款。结构化布线系统可选用 SIEMENS、AT&T、LUCENT、IBM、阿尔卡特、AMP 等产品。

3) 网络安全标准

贯彻执行《中国人民解放军计算机信息系统安全保密规定》，制定网络使用管理制度，严格落实军队计算机信息网有关物理隔离、权限管理等安全保密技术措施。充分利用现有的技术手段，优先采用射频卡刷卡登录，也可利用用户名和密码登录，不同用户组具有不同的访问权限。WWW 服务器的访问控制分系统级、应用级和硬件级进行控制。在系统级，利用 Windows 操作系统的用户管理功能对不同用户分组授权并进行访问控制。在应用级，利用 IIS 系统的 IP 地址阻断功能，拒绝某些用户对 WWW 服务器的访问；同时，各部门对自己网站及有特殊访问权限的页面可以设置用户访问权限进行访问控制。数据库访问对用户进行分组管理。

(1) 信息安全。

网络设备级：设置密码，进行地址绑定(用户网卡 MAC 地址与机器 IP 地址绑定)，划分独立虚网，设置防火墙，安装系统监控软件，设置路由权限，加装保密设备。

系统软件级：设置密码，进行网络用户分组，信息分级和独立存放，防病毒入侵。

应用软件级：进行用户分级和访问权限控制。

(2) 实体安全。

网络中心机房配备防盗、防火、防雷击、防静电设备及电磁干扰器等设施，网络严格与互联网等其他民网物理隔绝。

(3) 运行安全。

网络服务器运行时每天进行热备份，设定一定时间进行数据的异地备份，系统日志文件定期备份，服务器运行期间不间断电源应保持完好。

4) 设备选用标准

(1) 服务器。

指挥管理信息网可选用三组服务器，第一组采用 Windows 2000 Server 或以上操作系统，主要作为军用文电服务器。第二组采用 Windows 2000 Server 或以上操作系统，主要提供 WWW、DNS、DOMINO、DHCP、WINS、FTP 等应用服务。第三组采用 Windows 2000 Server 或以上操作系统，提供 SQL Sever 等数据库应用服务。

① 数据库服务器。

选用 Windows 2000 Sever 或以上操作系统(HP 服务器)；

CPU：XEON-2.8GHz 以上；

SMP 结构；

高速 Cache≥1MB/CPU；

内存≥1GB，可扩至 4GB；

内置硬盘≥36GB/块，支持 RAID5、热插拔；

DVD/CD-ROM：16 倍速以上；

1000M 以太网卡和 100M 以太网卡各一块；

操作系统用户数≥32；

64 位操作系统，支持 32 位和 64 位应用。

② WWW、DNS、DOMINO、DHCP、WINS、FTP 服务器。

SMP 结构；

CPU：XEON-2.0GHz 以上；

高速 Cache≥512KB/CPU；

内存≥1GB，可扩至 4GB；

内置硬盘≥36GB/块，支持 RAID5、热插拔；

DVD/CD-ROM：16 倍速以上；

网卡：1000M 以太网卡和 100M 以太网卡各一块；

磁带：内置式 4mm DAT；

Windows 2000 Server 中文专业版；

带有灾难恢复系统。

③ 军用文电服务器。

CPU：P4-2GHz 以上；

高速 Cache≥512KB/CPU；

内存≥512MB，可扩至 4GB；

硬盘容量≥100GB；

DVD/CD-ROM：16 倍速以上；

1000M 以太网卡或 100M 以太网卡一块；

磁带：内置式 4mm DAT；

Windows 2000 Server 中文版；

带有灾难恢复系统。

(2) UPS 电源。

UPS 电源选用在线式，功率=网络中心的设备功率×2，续电能力在 4 小时以上。

(3) 交换机。

中心交换机选用 1000M、三层交换，分交换机选用 100M/1000M，支持虚拟子网和 SNMP、RMON 协议。接入交换机选用 10M/100M。一般选用华为3COM 或 TP-LINK 等。

(4) 路由器。

选用 2600 系列路由器，16MFlashCard、32MB 内存 IOS 操作系统软件。

(5) 计算机。

一般建议选用联想商用计算机。

3. 方法步骤

机务大队信息系统硬件建设要按照事物的客观发展规律，循序渐进，不能急于求成，不能盲目建设。要遵循科学的方法步骤，首先就要进行全面规划，然后进行系统分析、设计和实施，最后才能投入使用。

1) 系统规划阶段

机务大队信息系统硬件建设是一项耗资大、涉及面广、影响长远的系统工程，在进行建设前，一定要认真制定有充分根据的信息系统建设总体规划，这项工作主要由军区空军负责完成。要从战略的角度，在对所处环境、现行系统的状况进行初步调查的基础上，确定信息系统的发展战略，制定系统建设的总体计划，其中包括确定拟建信息系统的建设目标、建设内容及标准、分步实施计划(参见军区空军装外〔2006〕65 号文件《推进我区航空兵团机务大队建设实施方案》和装外〔2007〕24 号文件《进一步加强机务大队建设的若干措施》)。要统筹谋划机务部队的全面建设，避免重复建设，强调"整合"和"共享"，按照"总体规划、分步实施、急用先行、滚动发展"的思路，充分利用现有资源，确保信息系统建设高效、有序、协调发展。

2) 系统实施阶段

(1) 制定方案。

机务大队要按照军区空军建设文件(装外〔2006〕65 号、装外〔2007〕24 号文件)的有关要求，深刻领会上级的指示精神和建设意图，结合本单位的信息系统建设实际，组织成立机务部队信息系统建设小组，制定详细可行的建设实施方案，明确小组责任分工、职责、任务以及信息系统建设的内容标准。军区空军要对方案进行全面审核，内容主要包括机务大队建设方案、技术解决方案(通常由承建公司提供)、各信息点的设备配置清单、设备需求汇总明细表、分类汇总明细表、网络及综合布线工程合同，确保方案具体细化，切实可行。

(2) 组织施工。

结合本单位实际情况，组织建设小组人员对机务部队信息系统建设进行深入细致讨论，确定信息系统建设实施的方法步骤，分配好具体工作。根据网络建设的相关标准，结合本单位具体情况，确定出各场所信息点数量及安装位置，由工程作业组与技术保障组一起研究网络解决方案，利用 CAD 软件绘出信息网络拓扑图(参见图 8-17)。明确各信息点功能、应用要求，认真研究网络布线

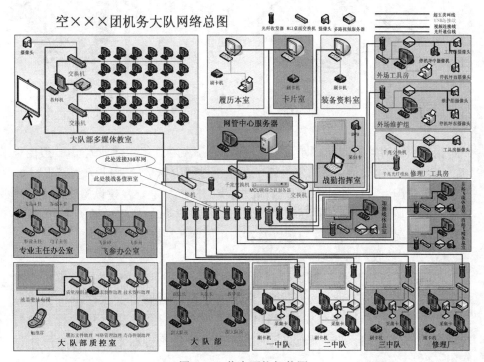

图 8-17　信息网络拓扑图

265

的环境特点,对网络各个部分的布线要求详细了解,并与相关部门(场站通信营、气象台等)及时交流,搞清已有的网络、电源、电话等的布线,最终确定并绘制信息网络综合布线图(参见图 8-18)。

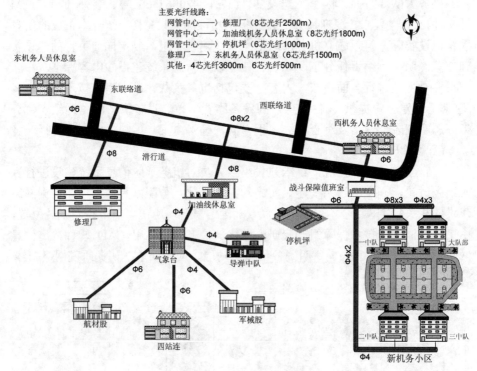

图 8-18　信息网络综合布线图

　　根据研究的具体成果和详细的系统建设实施方案,组织专业人员(一般由地方网络公司)进行信息系统的建设施工。施工过程中要尽量做到考虑周到详尽,严格按照实施方案进行,不得私自修改方案、降低标准。在建设施工的全过程要有大队人员监控管理,并要随时做好施工情况记录(包括建设场所施工照片、工程进展情况、发现的质量问题以及对施工方案的质疑)。

　　(3) 工程验收。

　　在信息系统硬件建设施工项目结束后,质量监管组要对照技术解决方案逐条进行工程质量验收,对未达到标准的建设项目要督促承建单位完善施工,尽快落实标准。同时模拟运行组要组织对信息系统进行预运行,及时发现和改进存在的问题,确保信息系统建设质量,确保系统可用、耐用、好用。

3) 系统运行阶段

在工程验收合格后，机务大队要组织相关人员对信息系统进行试用，规范各信息点的岗位人数、职责、工作流程，制定或完善相关的管理制度，信息网络助理员要加强同各信息点的联系和沟通，及时解决他们提出的问题，定期检查信息网络运行情况，逐步规范信息系统的使用。

8.4.4 软件建设

1．建设内容

1) 系统软件建设

(1) 机务大队要参照"软件选用标准"为各服务器和客户端计算机安装操作系统，中队质控室、大队网络管理室要配置1套以上服务器版和个人版操作系统光盘，要组织对全体质控人员的操作系统知识培训，确保质控人员掌握系统安装方法、了解系统常用操作。

(2) 机务大队要发现和培养一批编程人员，信息网络助理要熟悉常用的程序设计语言，要利用应用软件开发机会掌握软件开发的基本思路。

(3) 机务大队要加强对数据库管理系统的使用，使信息系统应用管理人员了解和熟悉常用的数据库操作(如查询操作)，提高其信息分析和应用能力。

2) 应用软件建设

(1) 信息系统应用人员要加强常用办公软件(如 Microsoft Office 系列软件、即时通讯软件)的学习和应用，提高其文电处理能力。

(2) 信息系统应用人员要熟练掌握各业务软件的使用，如空军《航空维修管理信息系统》、军区空军《航空维修作业管理系统》，提高运用信息系统解决问题的能力，提高工作效率，确保信息应用质量。

(3) 机务大队要协助军区空军完成《航空维修作业管理系统》的开发与应用，为全面推行工卡跟踪管理奠定基础。

(4) 机务大队要在各计算机应用场所安装信息安全防护软件，如杀毒软件、防火墙、保密软件等，确保信息应用安全。

3) 规章制度建设

要建立健全信息系统的各种管理规定，包括各信息点的管理使用、计算机网络管理规定、硬件设备维护办法等。要规范信息系统应用人员的职责、工作内容及工作流程，明确信息应用关系，提高信息系统的管理效率。

2．建设标准

1) 软件选用标准

(1) 网络操作系统。服务器的硬盘工作模式配置为 RAID5 模式，主要安装

Windows 2000 Server 中文版以上网络操作系统。

(2) 基本服务软件。安装数据库软件、WWW 服务器、邮件服务器、网页浏览软件。

(3) 机务大队质量控制室网络版系统服务器运行良好，机务中队(修理厂)质量控制室网络版系统客户端运行正常，建立了航空维修信息网上收集、处理、上传、下达的工作机制，作为日常质量控制工作的主要渠道。

(4) 网络软件选择：

① 系统软件。

网络操作系统：Windows 2000 Server 及以上版本。

网络数据库系统：SQL Sever 2000 及以上版本。

终端操作系统：Windows XP 及以上版本。

② 基本服务软件。

WWW 服务器：MS IIS 4.0 或以上版本。

网上浏览软件：Internet Explorer 6.0 或以上版本。

③ 工具软件。

个人办公软件：Office 2000/Office XP/Office 2003/Office 2007、WPS 2000/WPS Office。

前台开发工具可选用：Power Builder、Delphi、Develop 2000、VB、VC、JSP、ASP、PHP 等。

主页设计制作软件：Visio 2003、FrontPage 98/2000、Flash、Dreamweaver、Fireworks 等。

④ 网络管理软件。

网络管理平台使用 HP 的 OpenView，配合网络厂家提供的网管软件(如 CiscoWorks)共同使用。

2) 软件开发标准

(1) 开发人员角色及职责。

软件开发是一项系统工程，为保证软件开发的顺利完成、提高软件开发效率和改善软件产品质量，应当依照不同职责进行人员分工，明确其所负责内容。参照一般经验，软件开发人员应分为项目总负责人、项目设计人员、项目管理人员、程序编码人员、软件测试人员、软件维护人员共六类(参见表 8-1)。

(2) 软件开发文档管理。

开发文档编制与管理工作贯穿整个软件开发过程，开发人员要相互配合，才能使所编制的文档真正发挥作用。

表 8-1　软件开发人员角色及职责

序号	开发人员角色	主要职责
1	项目总负责人	(1) 负责项目开发的总体性工作 (2) 安排进行项目需求调研 (3) 组织对项目可行性实施论证 (4) 制定项目启动立项计划 (5) 指派项目组成员名单及具体分工 (6) 验收项目完成结果及总结讲评
2	项目设计人员	(1) 负责项目的详细设计工作 (2) 参与项目的需求调研 (3) 选择软件设计模式和开发采用技术 (4) 设计软件的功能模块结构和数据库结构
3	项目管理人员	(1) 负责监督项目工作完成进程 (2) 协助项目负责人完成项目论证和立项工作 (3) 制定项目研发计划及时间节点 (4) 分派具体研发模块到责任人 (5) 验收项目开发的阶段性工作
4	程序编码人员	(1) 负责软件模块的程序编码工作 (2) 协助项目管理人员制定项目研发计划 (3) 完成所分配的代码编写工作 (4) 撰写软件使用说明书 (5) 协助软件测试人员完成测试工作 (6) 修改测试过程中出现的代码错误
5	软件测试人员	(1) 负责测试软件产品的完好性和性能 (2) 参照软件使用说明制订软件测试计划 (3) 检测软件中存在的缺陷和错误 (4) 向程序编码人员报告检测结果
6	软件维护人员	(1) 负责使用和维护软件产品 (2) 按照软件说明书安装和配置软件产品 (3) 解决软件在使用过程中出现的问题和故障

① 文件的形成。

在项目开发过程中，通常应该生成 17 种文件，这些文件与开发人员的对应关系如表 8-2 所示。

表 8-2　软件开发人员及开发文档对应关系

开发人员	文件种类
项目总负责人	可行性研究报告
	项目开发总结报告
项目设计人员	可行性研究报告
	软件需求说明书
	数据要求说明书
	概要设计说明书
	详细设计说明书
	数据库设计说明书
项目管理人员	项目开发计划
	项目功能分工表
	开发进度月报
程序编码人员	程序源代码目录
	程序源代码文件
软件测试人员	项目测试计划
	测试分析报告
软件维护人员	用户使用手册
	软件安装手册

文件的形成是各个阶段开发工作正式完成的标志，因此必须及时编写相关文件并对这些文件进行严格的评审。开发人员在软件开发过程中，必须做到：

● 及时完成本人所负责文件的编写工作；

● 将开发过程中做出的决定和最新修改及时写入文件(具体参见表 8-3)。

文件中必须有编写者、评审者、批准者的签字，必须有编写、评审完成的日期和批准日期。

② 文件分类与标识。

为了便于文件的保存、查找、使用和修改，应该对文件按照层次加以分类组织。通常对文件按如下 5 个层次加以分类和标识：文件编号、文件所属项目标识、文件种类标识、每一种文件的不同版本号、保密级别。

表 8-3　软件开发文档对应的完成阶段

文件 ＼ 阶段	可行性研究与计划阶段	需求分析阶段	设计阶段	实现阶段	测试阶段	运行与维护阶段
可行性研究报告	___					
项目开发计划	___					
项目功能分工表		___				
软件需要说明书		___				
数据要求说明书		___				
测试计划		___				
概要设计说明书			___			
详细设计说明书			___			
数据库设计说明书			___			
源代码目录文件				___		
用户手册				___		
操作手册				___		
测试分析报告					___	
开发进度月报						
项目开发总结报告						___

3) 开发模式及工具选择

在软件设计过程中，为保证开发出来的软件产品具有较高的实用性和可行性，应当依据实际应用需要选择合适的开发模式。通常采用的有 C/S 模式和 B/S 模式，具体如下：

(1) C/S 模式。

C/S 模式，即 Client/Server 模式，是客户端/服务端模式的简写。该模式的特点是整个系统由客户端程序和服务器端程序两部分组成，其中客户端程序安装在多个用户终端机器上，提供与前台用户进行交互的界面，而服务端程序唯一安装在网络服务器上，提供终端处理运算功能。

这种模式的运作方法是：首先前台终端用户启动客户端程序，进行输入或操作，客户端程序针对用户输入或操作的行为进行相关预处理，然后将处理结果提交给后台的服务器端程序进行最终处理，最后客户端程序将服务器端程序返回的处理结果提交给终端用户。

C/S 模式的优点是处理工作由服务器集中完成，减轻了用户终端负担，提高了软件运行效率，但是由于需要在每个用户终端安装客户端程序，因而对软件升级和应用带来了很大的局限性(需逐台机器升级)。

适合开发 C/S 模式的技术主要有.Net 和 Java 两种，应用这两种技术的开发工具有：Visual Studio.NET、C# Builder、JavaBuilder 等。

(2) B/S 模式。

B/S 模式，即 Browser/Server 模式，是浏览器端/服务端模式的简写。该模式的特点是整个系统由浏览器端程序和服务器端程序两部分组成，其中浏览器端程序是安装在各用户终端的网页浏览器(如 IE、Mathon、Foxfire 等)，使用时用户输入网址即可，无需单独安装其他程序，这也是与 C/S 模式中客户端程序的最大不同。而服务端程序由配置在网络服务器上的一组动态网页组成，提供对用户终端的请求处理功能。

这种模式的运作方法是：首先前台终端用户启动网页浏览器，输入网页地址，并在网页上进行输入或操作，浏览器将用户的输入和操作转换为处理请求，将其发送给远程服务器上的 Web 服务器程序。Web 服务器将处理请求解析成处理命令，运行动态网页代码，执行相关操作后将结果以 HTML 格式发回给浏览器，浏览器最终显示给用户。

B/S 模式的优点是全部处理工作由服务器集中完成，用户终端除网页浏览器外无需安装任何附加程序，真正实现了零配置管理，程序的升级和修改仅在服务器上进行，不需要涉及各用户终端。但是由于全部处理集中在服务器上，当同时运行的用户终端数量过多时，会给服务器带来巨大的运算负担，从而降低了程序运行效率。

适合开发 B/S 模式的技术有 ASP.Net、PHP、Perl 和 Java 技术等多种，应用这些技术的开发工具有：Visual Studio.NET、Dreamweaver、JavaBuilder 等。

4) 射频卡技术规范

(1) 硬件要求。

射频卡采用 Philips Mifare1 S50 规格的射频 IC 卡，由军区空军装备部统一制作，配发给全体机务人员。主要技术指标如下：

容量：8Kb EEPROM，划分为 16 个扇区(0-15)，每个扇区 4 个块，每块容量为 16 字节。以块为存取单位。

数据保存期为 10 年，可改写 10 万次，读无限次。

工作频率：13.56MHz

通信速率：106Kb/s

读写距离：10mm 以内(与读写器有关)

读写器选用与之相适应的产品，应有 USB 接口，设置于机务大队质量控制室、机务中队质量控制室、机务人员外场休息室、工具保管室等场所。

(2) 存储内容。

射频卡包含的信息内容包括视读信息与机读信息两大部分。视读信息印刷在射频卡正面，其内容包括：姓名、岗位资格证书编号、近照(着春秋常服一寸免冠照片)，通常在机务人员服役期间不再修改。机读信息存储于射频卡内部芯片中，通过设在维修保障现场和机务大队、中队质量控制室的读写器读取和修改，其内容包括：人员ID(编号)、人员信息编码、维修岗位资格信息。

① 人员ID。

用于在计算机网络环境下，唯一标识军区空军范围内每个机务人员。在《航空维修管理信息系统》数据库中，利用jwry表中的"身份证号码"字段存储同样编号。软件运行时，利用射频卡中存储的人员ID，在机务人员数据库中检索到与之匹配的人员基本信息；维修岗位资格信息按照规定的数据格式存储于网络数据库中，按照人员ID检索维修岗位资格信息，并授予相应的操作权限。

人员调入机务工作岗位时，根据编码规则为其分配一个新ID，在本团服役期间不再变化。当机务人员在师、团间调动时，根据编码规则分配新的ID。

人员ID是网络环境下识别人员的关键信息，一旦被恶意修改将引发一系列问题。因此，射频卡的扇区1必须设置访问密码；SQLServer要合理配置"身份证号码"字段的访问权限，防止无关用户修改该字段。

机务人员ID为8位十进制数字，对于已获得维修岗位资格的人员，其人员ID与维修岗位资格证书编号相同，其他人员按照同样编码规则为其分配人员ID。分单位编码与顺序代码两部分。前三位为单位编码，标识机务人员所在师、团，根据师团代码表确定(参见表8-4)。第4、5位为年份代码，代表发证当年的年份，以06、07、08……形式表示。第6、7、8位数为发放证件顺序代码。

表8-4　师、团编码代表信息表

单位名称	单位代码	单位名称	单位代码
某军区空军装备部	600	某团	622
军区空军装备部某处	601	某团	623
某师装备部	610	某师装备部	630
某团	611	某团	631
某团	612	某团	632
某团	613	某团	633
某师装备部	620	某师装备部	640
某团	621	某团	641

单位名称	单位代码	单位名称	单位代码
某团	642	某团	661
某团	643	某团	662
某师装备部	650	某训练基地	670
某团	651	某基地	690
某团	652	某团	691
某师装备部	660	某航修厂	692

② 人员基本信息编码。

人员基本信息编码用于在非网络条件下，或机务人员在本团范围外履行职责(借还工具、仪器设备、资料，开展机务工作等)时，向计算机系统提供人员基本信息与维修岗位资格信息，据此授予相应的权限。主要内容包括姓名、性别、师(团)、中队、专业、职别、军衔、职务、文化程度、出生年月、入伍年月、岗位资格等级等。

人员基本信息变化时，首先在网络数据库中更新相关信息，然后在射频卡使用过程中更新人员基本信息编码。

③ 维修岗位资格信息。

射频卡内存储的机务人员维修岗位资格信息，是空军装备部统一制作的《维修岗位资格证书》的电子副本，用于在非网络环境中或本团范围外验证机务人员的维修岗位资格。维修岗位资格证书的内容变化时，应立即更新射频卡内的信息。

(3) 数据存储格式。

机读信息使用射频卡的 1~4 扇区，其中，第 1 扇区存储人员 ID，第 2 扇区存储人员信息编码和维修岗位资格信息，第 3、4 扇区存储维修岗位资格信息。姓名使用 GB 2312—80 编码存储，日期以 ASCII 码存储年份的后 2 位与 2 位月份，其他信息均使用 ASCII 码存储。

为防止人员 ID 被非法修改，第 1 扇区的信息应当进行加密处理。为确保机读信息在部队间的通用性，第 2、3 扇区的信息以明文方式存储。

各数据块的存储分工如下：

4#块存储人员 ID。

5#、6#块为存储校验信息等预留。

7#块为控制块，存储权限控制信息。

8#块存储专业、职别、文化程度、职务，以 GB 2312—80 编码存储姓名。

274

9#块存储单位编码、中队、出生年月、入伍年月、军衔、性别。

10#块存储维修岗位资格证书编号、发证日期、最近一次复核日期、复核情况、证书数量。

11#块为控制块，存储权限控制信息。

12#块存储机型、专业、维修岗位资格、日期。

如果持卡人同时具有多个机种、专业的维修资格证书，则以 12#块的格式存储至 13#-18#块。最多可存储 6 个机种、专业。

其他扇区为将来存储面相识别信息或指纹识别信息预留。

软件运行期间，根据人员 ID 或 9#块的前 3 个字节判断人员的单位，如果不属于本单位，则在办理相关手续时予以提醒并采用不同的工作流程。例如：外单位机务人员前来借用工具时，软件予以提醒并自动生成借条，打印、签字后即可完成工具借用。

5) 条形码使用标准

条形码用于识别工具、设备、指令卡片、工艺卡片、文件和技术资料。

(1) 硬件配备。

① 条码打印机。

机务大队卡片管理室、内场工具保管室、外场工具保管室各配备条码打印机 1 台。资料室与卡片管理室共用一台条码打印机，技术档案室使用空军已配发 TSC 条形码打印机。

② 条码扫描仪。

机务大队质量控制室、资料室、卡片管理室、中队质量控制室、内场工具保管室、外场工具保管室、外挂库各配备条码扫描仪 1 台。外挂库等场所可配备无线条码扫描仪或数据采集器。

(2) 条形码编码规则。

条形码使用十进制数字编码，其中前 2 位为分类码，如无特殊要求，一般使用 CODE-39 编码转换为二进制条码打印。分类码与编码长度参见表 8-5。

表 8-5 分类码与编码长度表

分　类	分类码	码长	备　注
工具	01	10	第 1 位 0 省略
仪器设备	21	13	
保障装备	22	13	
外挂装备	23	13	
文件	31	14	

分　类	分类码	码长	备　注
技术资料	32	13	
指令卡片	41	17	
工艺卡片	42	13	
航空机务工作计划表	43	13	
航空机务信息卡片	44	13	
航空机务信息登记本	45	13	
航空机务统计报表	46	13	
办公用品和设备	51	13	含计算机、外设、网络设备等
车辆	54	13	
生活用品	55	13	
其他	99	13	

各分类的编码格式如下：

① 工具。

工具使用 10 位十进制数字编码，每位编码代表的信息参见表 8-6。

表 8-6　工具十位编码信息表

位序	1	2	3	4	5	6	7	8	9	10
内容	分类码	单位代码			中队	专业	顺序代码			

在建立条码的同时，使用打号机打上条形码的后 6 位数字。条码磨损、脱落后，根据打号机记录的信息重新制作条码。

② 仪器设备、保障装备。

使用 13 位十进制数字编码，每位编码代表的信息参见表 8-7。

表 8-7　仪器设备、保障装备 13 位编码信息表

位序	1、2	3	4	5	6	7	8	9	10	11	12	13
内容	分类码	单位代码			中队	专业	顺序代码					

③ 外挂装备。

外挂装备使用 13 位十进制数字编码，每位编码代表的信息参见表 8-8。

表 8-8　外挂设备 13 位编码信息表

位序	1、2	3	4	5	6	7	8	9	10	11	12	13
内容	分类码	单位代码			中队	专业	机号			顺序代码		

④ 文件。

文件使用 14 位十进制数字编码，每位编码代表的信息参见表 8-9。

表 8-9　文件 14 位编码信息表

位序	1、2	3	4	5	6	7	8	9	10	11	12、13
内容	分类码	单位代码			年度		来文单位		文件种类		顺序代码

⑤ 技术资料、工艺卡片。

技术资料、工艺卡片使用 13 位十进制数字编码，每位编码代表的信息参见表 8-10。

表 8-10　技术资料、工艺卡片 13 位编码信息表

位序	1	2	3	4	5	6	7	8	9	10	11	12	13
内容	分类码		单位代码			中队	专业	顺序代码				册序	

⑥ 指令卡片。

指令卡片使用 17 位十进制数字编码，每位编码代表的信息参见表 8-11。

表 8-11　指令卡片 17 位编码信息表

位序	1	2	3	4	5	6	7	8	9	10	11	12	13	14	15	16	17
内容	分类码		单位代码			中队	专业	卡片分类编号		飞机号				顺序代码			

卡片分类编号由《卡片管理规范》确定。

⑦ 机务工作计划表、机务信息卡片、机务信息登记本、机务统计报表。

使用 13 位十进制数字编码，每位编码代表的信息参见表 8-12。

表 8-12　机务工作计划表等 13 位编码信息表

位序	1	2	3	4	5	6	7	8	9	10	11	12	13
内容	分类码		单位代码			中队	专业	分类编号		顺序代码			

分类编号根据《航空机务质量控制工作细则》中的序号确定。

⑧ 办公用品。

使用 13 位十进制数字编码，每位编码代表的信息参见表 8-13。

表 8-13　办公用品 13 位编码信息表

位序	1	2	3	4	5	6	7	8	9	10	11	12	13
内容	分类码		单位代码			中队	设备类别	顺序代码			件号		

⑨ 车辆、生活用品。

使用 13 位十进制数字编码，每位编码代表的信息参见表 8-14。

表 8-14 车辆、生活用品编码信息表

位序	1	2	3	4	5	6	7	8	9	10	11	12	13
内容	分类码		单位代码			中队	顺序代码				件号		

6) 维修信息存储标准

(1) 机务大队自行开发的软件，应当尽可能直接使用《航空维修管理信息系统》数据库中存储的人员基本信息。确实有必要在其他数据库中存储上述信息的副本时，应保持字段名、数据类型完全一致，以便实现数据同步更新。

(2) 存储航空维修信息时，表、字段和其他数据库对象的命名应当贯彻《航空维修管理信息系统》的命名原则。当《航空维修管理信息系统》数据库中有相似功能的表、字段时，应当采用同样的命名和数据格式。

(3) 机务大队要定期对信息系统对应的数据库进行备份，通常每日进行一次。同时，要根据数据库重要更新等时机视情增加备份，确保数据的完整、可用、安全。

3. 方法步骤

机务大队信息系统软件建设重点是应用软件建设，而应用软件建设是有开发周期的，按照软件工程的要求，软件开发过程一般经历"可行性论证→需求分析→软件设计→软件实现→软件测试→软件运行" 6 个阶段，每个阶段都有各自不同的内容，要保证开发的软件质量高、周期短，必须注重软件开发过程的规范性。下面以开发《航空维修作业管理系统》(由军区空军组织开发)为例，来阐述软件开发的过程。

1) 可行性论证阶段

军区空军软件项目负责人深入实际开展调查研究，掌握部队实际情况，同时与合作研发单位进行意向交流，编写可行性研究报告(参见 GB 8567—88)，主要包括新系统的分析说明、功能描述、接口、可靠性等内容。军区空军主管机关组织对可行性研究报告进行评审，确定通过后，软件项目负责人协同合作研发单位，编写项目开发计划(参见 GB 8567—88)，确定各自的开发内容及时间节点。

2) 需求分析阶段

军区空军和合作研发单位的软件项目负责人及程序设计人员到试点部队进一步调研，细化软件需求内容及说明，确定软件功能、性能、数据、界面、安全保密等各项要求，形成软件需求说明书(参见 GB 8567—88)；同时，起草用户手册和测试计划(参见 GB 8567—88)。

3) 软件设计阶段

当确定软件需求后，程序设计人员进行总体结构(确定采用 C/S 开发模式)、数据结构、人机界面和过程四部分的概要设计；细化测试计划中组装测试部分；详细设计并形成设计说明书(参见 GB 8567—88)；完成相关文档的评审。

4) 软件实现阶段

程序编码人员按照程序设计说明书，用选定的程序设计语言完成源程序编码。为保证编程工作正确顺利的进行，一方面程序设计人员必须仔细阅读系统设计的全部文档资料，充分理解程序模块的内部过程和外部接口。另一方面，编程人员必须深刻地理解、熟练地掌握和正确地运用程序设计语言以及软件开发环境和工具，以保证功能的正确实现。同时，要编制"白盒"与"黑盒"测试的测试样本；进行单元测试和排错；完成用户手册、操作手册和测试分析报告(参见 GB 8567—88)。

在各自完成相应功能开发的基础上，要进一步讨论确定软件整合的基本思路和方法，按照统一的接口完成软件界面的整合，实现统一登录和数据访问。

5) 软件测试阶段

测试是保证软件质量可靠的关键，软件测试的目的是发现程序的错误，以便修改完善。因此，软件测试人员要运用科学的测试技术与方法，通过"模块测试、组装测试、确认测试和系统测试"4 个步骤，发现和排除系统可能存在的问题。测试首先应遵循以下基本原则：

(1) 测试工作应避免由原开发软件的个人或小组来承担。

(2) 设计测试用例不仅要包括合理、有效的输入数据，还要包括无效的或不合理的输入数据。

(3) 不仅要检验程序做了该做的事，还要检查程序是否同时做了不该做的事。

(4) 保留测试用例，这将会给重新测试和追加测试带来方便。

进行系统测试的主要方法包括人工测试和机器测试，一般源程序要先经过人工方式进行，然后在计算机上直接运行被测程序，来发现程序中的错误。系统的测试工作一般有以下 4 个步骤：单元测试、组装测试、确认测试以及集成测试，每一步都在前一步的基础之上进行(参见图 8-19)。

测试完成后，软件测试人员要撰写测试分析报告(参见 GB 8567—88)，编程人员要结合测试情况，修正并最终完成用户手册和操作手册(参见 GB 8567—88)。

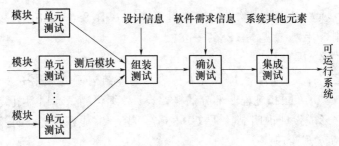

图 8-19　软件测试过程

6) 软件运行阶段

将经过测试后的软件正式投入到维修实践中，分发给各终端用户使用。在此过程中要注意以下两个问题：

(1) 新旧系统的转换，信息网络助理员要妥善安排新系统替换旧系统(指《航空装备指挥控制与数字化管理系统》)的时机，制定详细的新旧系统转换计划，确保平稳过渡。

(2) 当发现在测试和验收时未发现的错误，或存在有扩充功能和改装性能的需求时，软件维护人员要书写正式的"软件问题报告"(参见 GB 8567—88 附录 A)。经软件项目小组评审后，形成正式"软件修改报告"(参见 GB 8567—88 附录 B)，相关人员按"软件修改报告"修改设计、代码及配套文档，发布新版本(包括可执行代码及全套文档)并分发所有用户。

8.4.5　教育培训

在信息系统正式使用之前，机务大队要对全体使用信息系统的人员进行教育，使信息化的思想深入人心，形成一个"人人懂信息系统，人人会信息系统，人人用信息系统"的良好氛围。这是信息系统应用的首要环节，这个环节进行的好坏，直接影响下一步信息系统具体应用各项工作进展的效率。教育的内容包括：信息系统起源、信息系统定义、信息系统使用方法、信息系统使用注意事项以及信息系统的使用将会给使用人员的工作带来的变化。教育的内容一般由信息系统主管人员编写提供，报大队训练助理安排教育时间，再由大队主管根据训练任务对全体人员进行授课、提出学习要求，课后对听课人员进行考核评测。通报成绩不合格人员并对不合格人员进行重新教育，直到全体人员都达到教育要求。

信息系统应用教育时要注意的是向机务人员详细说明信息系统的概念以及使用信息系统的好处与优势，充分调动机务人员的积极性，使全体机务人员产生对自主学习新知识、新技术的浓厚兴趣，并引导有能力感兴趣的人员对机务部队信息系统进行研究。这不仅可以更好的促进信息系统的推行，还能形成一个有创新能力的信息系统改良团队。

信息系统的应用，不仅需要全体机务人员的全力支持，还需要一大批有专业技术和管理能力的人才来使用和管理信息系统，这类人员都必须经过信息系统应用专业培训，合格后才能正式从事信息系统的使用和管理。对信息系统人才的培训，主要包括以下两个方面。

1. 硬件使用维护培训

硬件使用维护培训主要是针对网络硬件设备使用维护、计算机及其他信息系统辅助设备使用维护的培训，通过培训使人员对网络具体构造、基本网络硬件设备、网络连接方法步骤、常见网络故障的处理、计算机硬件组成及一般故障排除、各种信息输入输出设备的使用和大小型 UPS 辅助电源的安全使用有足够的了解，以利于信息系统应用中各信息点工作人员对信息系统相关硬件的操作和维护。培训的对象主要是对网络硬件设备比较熟悉、计算机电脑硬件知识较丰富的信息系统使用人员，培训合格的人员一般安排在信息系统应用的各个信息点从事相应工作。培训的具体内容可以根据本单位制定的《网络维护工作规范》中对网络设备、计算机及其辅助设备管理的要求进行。

2. 软件使用维护培训

主要是对各类系统软件、各种通用应用软件及信息系统专用应用软件的使用维护培训。具体指 Windows 系列桌面操作系统(包括 Windows XP、Windows 2000、Windows 2000/2003 Server 等操作系统)、微软 Office 或金山 WPS 系列办公软件、Photoshop、Fireworks、AutoCAD 等图形图像处理制作软件、《航空维修管理信息系统(团级)》、《航空维修作业管理系统》的使用维护培训。培训的对象在信息系统应用前期可以是部分对软件了解较多的信息系统使用人员，后期可以组织全体机务人员学习培训，提高整体机务人员的信息化能力素质。培训人员一般是对软件使用维护有一定功底的内部专业人员，必要时可以聘请地方专业人员来部队授课或派遣部队相关技术人员到外单位或地方培训机构学习。软件使用维护培训与硬件使用维护培训可同步进行，硬件作为软件的基础，可以巩固软件使用培训的成果。

8.4.6 运行与维护管理

信息系统运行与维护属于信息系统生命周期第三大阶段。信息系统不同于其他产品，它不是"一劳永逸"的最终产品。它被开发完成并交付用户使用后，在运行过程中，还有大量运行管理和维护工作要做。如果运行管理不善，新系统仍然不能充分发挥其效益。为让系统长期高效地工作，必须大力加强对系统运行工作的管理。

1. 运行管理

信息系统运行管理是对信息的运行进行监督控制，记录其运行状态，保证系统正常运行，以便及时、准确地向一个组织提供必要的信息以满足管理决策与其他业务工作的需要。信息系统的运行管理的工作内容主要包括日常运行的管理、运行情况的记录以及系统的运行情况运行检查与评价。信息系统投入使用后，日常运行的管理工作是相当繁重的，主要有以下几项工作：

(1) 数据的收录。主要包括数据收集、数据录入及数据校验。

(2) 完成例行的信息处理及信息服务工作。常见的工作包括：例行的数据维护、统计分析、报表生成、数据的复制及保存、与上级的定期数据交流等。

(3) 记好运行日记，确保信息系统各种设备始终处于正常运行的状态之下。

(4) 管理好信息系统机房，包括除数据和计算机软、硬件与网络设备外的其他资源。

(5) 信息系统的人员管理，包括岗位设置、教育与培训等。

2. 安全管理

随着信息技术的发展，信息资源的开发与应用范围不断扩大，不论是在决策管理、管理控制、维修作业，还是日常维修保障、飞行训练保障等机务部队各个方面，都发挥着越来越大的作用。信息系统运行的内容中，既有日常业务处理信息、技术指导信息，也涉及到工作计划、决策信息、保障装备信息等部队有保密要求的信息，这些信息的泄露或遗失，有可能导致整个作战计划的失败甚至是整场战争的失败，因此，对信息系统的信息安全提出了更高要求，信息系统的安全管理成为系统运行的重要工作之一。要确保信息系统的安全性，主要采用以下方法：

(1) 严格落实上级信息安全和计算机网络使用的有关规定，确保信息管理软件运行的网络环境符合国家、军队的有关要求。

(2) 对信息系统应用的电脑等硬件设备进行保密及安全设置，对重要的数据及网络组成关键设备要留有备份并保存在安全位置。

(3) 发现安全问题，尤其是网络系统受到不明攻击，数据遭到破坏时，要时刻保持清醒的头脑，及时上报问题故障，并迅速采取应急措施在短时间内恢复网络通畅及信息系统正常。

(4) 加强对信息安全的学习研究，做到安全问题早发现、早处理、早解决。并对可能发生的安全问题做好预想预测。例如南方部队就要针对雷雨天气做好网络防雷措施，关键的信息点还要做好随时停电的准备。

3．网络维护

网络维护是指网络管理人员保证网络正常运行需要做的日常工作。管理人员要针对所管理的网络制定相应的网络维护规程，要制定每日/每周工作内容及每月/每季/每年工作计划并严格执行，具体维护内容请参考《网络维护工作规范》。网络维护工作要靠使用信息系统的全体人员共同努力才能很好的完成，并不是网络管理人员就能彻底解决的问题。一般来说，网络维护有以下具体要求：

(1) 网络管理人员要经常检查网络的运行情况，不能随便放过任何可疑情况，对网络设备的运行情况做到心中有数。

(2) 发现故障问题要及时上报大队相关负责领导并主动与相关部门协调解决，确保网络的畅通。

(3) 各信息终端负责人要有较强的责任感，要加强自己处理一般故障的能力。

4．数据维护

数据作为信息系统的一个非常重要的组成部分，它维护的好坏直接影响到信息系统的使用效率。数据维护一般都在数据库管理系统(Datebase Management System)的控制下结合数据库的维护进行。对数据的维护要注意以下几点：

(1) 信息系统的应用要讲究效率，就要求数据在有效的前提下尽量精简。即在数据维护过程中要尽量去除无用的数据信息，缩小数据容量，从而减少数据访问时花费的时间，提高系统运行效率。

(2) 要根据信息使用者对数据进行分层，确定数据的使用对象，这样既方便数据的查询，更可以对信息起到一定的安全防护。

(3) 作为信息系统最重要的一个要素，数据的安全是信息系统安全的重中之重，因此在使用信息系统的过程中要确保数据的安全。信息网络助理员应按规定对数据进行备份或刻光盘并保存在安全的位置。

5．系统维护

在信息系统的使用寿命中，信息的系统维护是贯穿其始终的一项重要工作，系统维护工作的目的是保证信息系统正常可靠的运行，并能使系统不断得到改善和提高。在对国内外众多信息系统使用维护过程的持续调查研究中发现，系统维护的成本在信息系统应用中所占的比例一直呈上升趋势，充分说明了系统维护工作的重要性。系统维护具体要做好以下 4 个方面的工作：

1) 纠错性维护

由于系统测试不可能揭露系统存在的所有错误，因此系统投入运行后频繁的实际应用过程中，就有可能暴露出系统内隐藏的错误，需要进一步诊断和修正系统中遗留的错误。

2) 适应性维护

适应性维护是为了使系统适应环境的变化而进行的维护工作。随着科学技术和信息系统使用寿命的延长，必然会对信息系统提出新的要求以适应新的软硬件环境，因此也必须对系统进行调整，使之适应应用对象的变化，以满足用户的要求。

3) 完善性维护

在系统的使用过程中，需要不断扩充原有系统的功能，提高其性能。

4) 预防性维护

信息系统的维护工作要做到主动预防，就需要对目前尚能运行的系统将来可能的调整做好预想，通过预防性维护为未来的修改与调整奠定更好的基础。

第9章 航空装备维修保障精细化管理的方案构想

2006 年美国空军启动了"21 世纪精细化管理"计划，提出 5 项改进重点，包括改进空军的整体工作成效、缩短决策响应时间、提高装备战备完好性、提高安全性和可靠性、节约能源，这其中有 3 项具体指标，一是各业务流程周期缩短一半，二是工伤率下降 75%，三是节约能源 5%。2009 年，以色列国防军在空军装备维修领域实施了代号为"收获季节"的"十年增效计划"，主要目的有三个，节约经费使用、提高工作效率、提升战备水平，以空军计划 10 年节约 82 亿美元。英国空军也在几年前就着手推行了名为"前方精益计划"的精细化管理改革，截至 2007 年，仅"狂风"和"鹞"式两型飞机的维修费用就节省了 14 多亿英镑。就连印度空军，也是 2006 年开始推行"精益后勤"试点，目前已在创建全资产可视化管理系统、业务流程标准化、降低库存成本、缩短维修周期 4 个方面，取得了初步成效，正在 130 个基地推行。2010 年，我空军将精细化管理引入军事训练领域，开始进行精细化管理与空军军事训练相接合的理论研究与实践探索，先后启动了"新飞行员改装训练精细化管理"、"飞行组织与管理"、"飞行质量与安全监控"、"航空兵团修理厂规范化管理和维修一线规范化管理"、"定检精细化管理"、"机务危险作业安全风险管控"、"支撑飞行训练三个阶段精细化管理的机务精细化保障"等试点探索。各试点单位从不同侧面和视角探索了精细化管理的实现途径，取得了一些初步成效，总的来看，施行精细化管理，能够较好地解决组织管理粗放、质量安全不稳、保障效能不高等困扰飞行训练与维修保障的"短板"和"瓶颈"问题。但是，全面推行航空装备维修保障精细化管理在部队的实施，需要切实可行的方案构想，需要细致周密的顶层设计，必须科学统筹通盘谋划。

9.1 航空装备维修保障精细化管理框架体系构想

航空装备维修保障精细化管理不是孤立的、某一具体单元的精细化，而是体系性的。结合航空装备维修保障的组成和基础，一个具备持续改进能力的精细化管理框架体系应包括 6 个子系统：基础系统、管理系统、业务系统、测量分析系统、改进系统和方法支持系统，如图 9-1 所示。

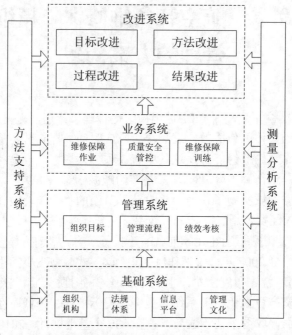

图 9-1　精细化管理框架体系图

9.1.1　航空装备维修保障精细化管理的基础系统

该系统包括组织结构、制度体系、信息平台、管理文化 4 个模块。

1. 组织结构

组织结构是对航空装备维修保障实施精细化管理的载体，组织结构设置科学与否，直接影响管理活动的执行效率和效果。空军航空装备维修保障系统的组织结构在纵向上主要分为 4 级，分别是空军装备部、军区空军装备部、师装备部和团机务大队。但从职能作用来看，可分为 3 层：决策层、管理层、作业层。其中，军区空军装备部和航空兵师装备部对应于管理层，对于新成立的基地(飞行学院)来说，管理层则达到三级：基地(飞行学院)、旅、机务大队。从横向上看，在决策及管理层面包括外场、航材、军通、工管等四大部门；在作业层面涉及机务、航材、军械等多个单位。按照精细化管理体系要求来衡量，还有一定的改善、优化空间，可通过压缩管理层级，缩短管理路径，保持合理的管理幅度，实现管理组织的扁平化，从而使系统的管理效能达到最佳状态。

2．法规体系

法规制度是规范工作秩序和提高工作效率的基础，也是航空装备维修保障系统实行精细化管理的客观要求，是精细化管理的重要组成部分。航空装备维修保障系统中的法规体系，既包括各类管理法规，也包括操作层面的规章制度，以及为保障精细化管理顺利推行的相关制度。精细化管理的法规体系建设，不仅要体现精细，还要强调全面，使维修保障的各项工作、保障人员、保障装备和现场秩序都纳入法规体系的管控范围内，从而实现管理过程的正规化、控制的精细化。

3．信息平台

精细化管理依托现代管理和信息技术手段，运用程序化、标准化和数据化方法，对管理过程进行计划、组织、协调、控制和监督，使组织管理各单元紧缺、高效、协同和持续运行，使得信息平台成为推行精细化管理的必要条件。自20世纪90年代，在航空维修保障系统中，就已经建立起了航空维修管理信息系统，对保障能力提升发挥了明显的支撑作用。然而，就目前情况看，虽然已经积累了大量翔实、完备的航空装备维修保障数据，但由于信息系统的功能比较单一，尚没有把这些数据真正变成精细化管理的依据，成为深挖管理根本问题的"掘进机"。因此，还需要结合新形势下航空装备维修保障的管理实践，改造或重建信息平台，使其涵盖管理、作业、训练及指挥控制等方面，最为关键的是要使这些信息系统通过网络互连，形成一个整体平台。

4．管理文化

精细化管理的落地生根离不开管理文化的土壤，而精细化管理文化的形成不仅要靠大量的教育、培训、宣传等活动，更要在实际工作中逐步培育，依托机务文化建设进行前伸后延。航空装备维修保障系统有着深厚的文化积淀，从20世纪50年代"四无"运动，到60年代的"夏北浩检查法"，再到本世纪提出的"双零"目标，都具有精细化管理的精神内涵。特别是当前，"零缺陷"管理理念已经融入到航空装备维修保障各项工作中，维修保障人员基本具备了"第一次就把事情做正确"的精确意识，这为航空装备维修保障精细化管理的顺利推行提供了有利的保证。

9.1.2　航空装备维修保障精细化管理的管理系统

该系统包括组织目标、管理流程、绩效考核三个模块。

1．组织目标

目标是精细化运行的前提。航空装备维修保障各项管理活动以及每一项具体业务和操作都要建立可测量的精细化目标，这种目标不仅能反映结果，而且更要反映过程的规范和效率。如飞机完好率、航材供应的满意度和及时率等。

组织目标的设定要合理，首先要考虑的是目标的实现能否有助于"能打仗、打胜仗"；其次是各级各部门的目标应是空军航空装备维修保障的总目标及逐层分解，总目标的实现有赖于各级各部门分目标的实现，如图 9-2 所示。

图 9-2　组织目标的自上而下分解与自下而上实现

2．管理流程

决策管理的基础是职责的清晰、合理。建立精细化管理体系，要系统地梳理每一项业务的流程，明确流程中每一环节的职责，按照精细化的要求进行职责的再分配，确保所有的事有人管，所有的岗位有事管。对冗余的流程进行删减，消除重叠；对不合理的流程进行系统优化，去除无效活动，改进低效活动；明确流程的归属，确保岗位与流程节点对应，彻底解决各层级部门间各自独立、相互推诿的弊端，提升运行效率。

3．绩效考核

航空装备维修保障设计的要素多，资源需求大，质量安全的要求高，一个环节的失误就可能带来重大损失，需要航空装备维修保障系统各级各部门，根据自身特点和目标任务，实行动态管理、动态考核，实现定性标准化、定量数据化、考核绩效化的效果，发挥激励机制的导向作用，从而保证航空装备维修保障系统沿着精细化的方向前进。

9.1.3　航空装备维修保障精细化管理的业务系统

该系统主要包含维修保障作业、质量安全管控、维修保障训练三个模块。

1．维修保障作业

维修保障作业是指为保持、恢复航空装备的可靠性，使其战术技术性能能够得到有效发挥所做的维护、修理和相关保障活动。该类业务工作主要由机务大队、军区空军航空修理厂等部队维修保障单位实施。

2．质量安全管控

质量安全管控是指为了确保航空装备维修保障系统的质量安全所做的相关

业务工作，包括计划管理、质量控制、质量检验、安全监察等方面。

3．维修保障训练

航空装备维修保障训练是指为提高维修保障人员技术水平和工作能力，根据其技术状况和完成维修保障工作所需的技术要求，对维修保障人员进行的培训活动。

9.1.4　航空装备维修保障精细化管理的测量分析系统

测量分析是连接管理、运行与改进的重要链条，贯穿于航空装备维修保障运行的全过程，是对航空装备维修保障系统各要素、各环节进行精确测量和精准分析。测量分析系统包括数据测量和数据分析两个模块。

1．数据测量

对航空装备维修保障系统进行精确测量是实施精细化管理的基础。测量的内容主要包括能反映系统运行的特征数据，如故障率、每飞行小时的维修工时、不合格率、缺陷等，这些数据中既有定量数据，也有定性数据，然后用统计工具对其进行描述和评估，获得对问题的定量化认识，为量化分析做好准备。

2．数据分析

分析是对通过测量获得的数据进行再加工的过程。分析阶段需要从中找出有用信息，查明影响流程进度和效果的各种原因。通过对测量阶段收集的数据，运用头脑风暴、因果矩阵、失效模式分析、方差分析等统计工具进行系统的分析，挖掘现象背后深层次的原因，通过精准分析找出哪些变量对结果有显著影响，哪些变量对结果没有影响，为改进阶段提供方向和依据。分析中最大的挑战之一是正确使用工具和方法，能够用简单工具找到原因的就不用复杂工具。

分析和测量两个阶段通常有很多交差，在对某一个原因进行深入分析时，很可能已有的测量数据远远不够，需要补充新数据。

9.1.5　航空装备维修保障精细化管理的改进系统

改进是测量分析的落脚点，是航空装备保障系统保障能力不断提升的有效保证。航空装备维修保障系统的改进，应围绕要解决的矛盾问题，从目标、过程、方法和结果4个纬度进行。

1．目标改进

由于航空装备维修保障系统的运行受诸多因素制约，系统目标的设立是综合考虑使命任务、装备水平、人员能力和条件基础的结果。随着精细化管理的推行，要不断地对系统目标的实现程度进行评价，对达成的目标要持续追求更高的境界。此外，当环境、条件变化后要预测目标的可实现性，适时做出调整，确保目标的导向作用。

2．过程改进

航空装备维修保障系统的效能取决于维修保障过程的能力水平，为保证系统效能的提升，需要定期评价过程实现结果的能力，特别是对系统效能具有核心作用的过程，及时发现问题，然后对不完善的地方加以改进。运用 QC、六西格玛等各种改进方法调整过程的输入、资源配置以及过程运行的规则，控制过程的异常波动，形成持续改进机制，从而保证精细化管理的稳步推行。

3．方法改进

方法的改进融于过程的改进之中，精细化管理的工具方法繁多，不同的管理范畴，其工具方法也有区别，如表 9-1 所列。

表 9-1　精细化管理工具的适应领域

管理范畴	主要适用管理理论、工具
现场管理	看板管理、6S 管理、全面生产维护
质量管理	六西格玛管理、ISO9000
绩效管理	战略图、记分卡、关键绩效指标
综合管理	卓越绩效模式、流程管理、约束理论
……	……

此外，这些管理方法实施的难易程度，以及对基础条件的要求也各不相同。因此，除了选择合适的改进项目外，还要定期评价方法的应用效果，及时调整应用策略，对有效的方法要固化到管理及业务工作流程中，形成长久的推进机制。要不断总结推进中的做法、成效，挖掘经验，并在航空装备维修保障系统内部充分推广，培育自己特有的精细化方法。

4．结果改进

结果的改进是目标、过程、方法改进的直接反映，要坚持预防为主，重心前移，加大对过程的改进力度，提升过程质量，以卓越的过程追求卓越的结果。

9.1.6　航空装备维修保障精细化管理的方法支持系统

精细化管理的工具、方法非常丰富。常用的就有几十种，大体上可分为 7类：一是判断分析问题类工具，主要包括流程步骤图、价值流图、SIPOC(供应者、投资、流程、产量和客户)等；二是分析问题确定差距类工具，主要包括KPI(关键绩效指标)、约束分析、风险分析、浪费分析等；三是确定改进目标类工具，主要包括价值流图和 B-SMART(平衡、具体、可测、可获得、注重结果、及时)等；四是确定问题根源类工具，主要包括"五个为什么"、帕累托图、鱼骨图等；五是制定对策类工具，包括成本效益分析、战略行动分析等；六是检视对策类工具，如目视管理、看板管理等；七是确定结果和进程类工具，如流程管理、PDCA 循环、OODA 循环等。归纳起来，从内容上看，分为战略分析工具、业务分析工具、质量控制工具、统计分析工具等；从形式上看，无外乎就是图、表、卡、看板、模型、公式等。

由于很多工具、方法都是为了解决特定类型的问题而被创造出来，因此，在使用这些工具和方法的时候，首先要弄清这些工具和方法的使用对象、范围和功能；同时还要与单位的实际相结合，生搬硬套必然无法发挥这些工具、方法的作用，而且还会适得其反地影响工作。

9.2　部队维修保障作业精细化方案构想

在航空装备维修保障系统推行精细化管理，具体操作起来，应从该系统各行业领域维修保障作业、维修保障管理、维修保障质量安全管控、维修保障训练 4 个方面入手。

对于航空兵部队来说，维修保障作业是航空装备维修保障活动的主要组成部分，要想搞好航空装备维修保障精细化管理，首先要搞好维修保障作业的精细化。这里所说的精细化作业，是指针对某一项作业中存在的陋习，制定相应的作业实施方案，对存在的问题、作业内容、作业标准、操作工艺要求、实施进度等进行详细布置，使每一件产品和每一项工作做到作业动作标准化、作业过程程序化、作业流程规范化。

9.2.1　部队维修保障作业精细化的目标

1．保障任务的精细化

指制定详尽的装备保障规划，以及年度保障任务预案，使各项机务工作对装备人员的保障需求逐一细化落实。需要详尽到每次飞行所需的保障力量、每个机组所需的保障人员等。

2．保障供给的精细化

指机务保障资源的配给和调拨能够在最短时间内迅速到位，并且每次机务保障活动都有详细记录，决策和执行活动责任明确，手续详尽可查。

3．保障反馈的精细化

指定期对每次飞行维护所需的人员配置、每项机务工作所需的保障资源、每天出现的故障信息等重要内容进行统计，计算机务装备保障的精确成果，并以此为依据优化机务保障资源和人员配置。

9.2.2 部队维修保障作业精细化的原则

1. 明确原则

在精细化维修保障作业中，保障目标必须是明确的，每名机务人员的任务分工、每项维护保障工作所必需的保障资源，都要进行明确量化。保障过程必须是明确的，坚持权责统一、快速决策、快速调配。实际动用了多少维护资源，仍有多少维护资源未用，都应做到细致规划。且取得的机务保障目标必须是明确的。

2. 效率原则

精细化首先是保障效率的提高。这就要求基层保障单位要更新工作理念，改进工作方法，提高工作效率，切实做到保障任务"日清日结"。更加重视保障资源的利用效率，变对保障结果足够重视的传统保障为效率反馈模式保障。通过掌握不同岗位、相同岗位不同人员的保障效率，适时调整保障政策与计划。

3. 实用原则

精细化维修保障作业可能导致改革初期保障工作量的增加，这是由粗放型向科学型发展的过程中所不可避免的。但精细化保障的改革出发点，还是在于提高保障效率，因此改革应循序渐进，尊重规律，注重总结经验，逐步将之引向深入。应该避免盲目铺摊子、下任务，坚持实用为先。

9.2.3 部队维修保障作业精细化的实施

1. 牢固树立精细化作业理念

要实施精细化作业，提高维修保障作业质量，首先要从思想上解决问题。精细化作业是以最大限度地提高每道工序中工作精度、最大限度降低部队管理及运营成本为主要目标的作业方式，同时它又是一种理念，一种文化。维修保障作业精细化不是做秀、整人、榨油，是为尽快提高工作质量、提高部队战斗力，是当前比较切实可行、成本较低的方法，是众多领域特别是企业成功的法宝。它在国内公司已成功推行多年，取得了显著成绩，很值得部队借鉴。为此我们要通过会议、板报等多种渠道，宣传实施维修保障作业精细化的重要性和必要性，使广大官兵充分认识到重要性，摒弃错误认识，树立"精细化"观念，树立"细节决定成败"、"1%的错误就会导致 100%的失败"观念，从而心甘情愿、快快乐乐地实施这项工程。

2. 严密组织精细化作业步骤

实施精细化作业是一项系统工程，涉及各种装备、各类人员、多个部门。

它采用的方法是精细、量化；推进的方式是先系统设计，再分步推进，最后逐步完善、整体实施。

1) 深入调查研究

要深入调查研究，充分了解部队维修保障作业目前现状、优势、劣势、存在问题及可能的解决方法，虚心学习国外部队和地方企业的先进技术、先进管理方法，并根据自身状况予以充分消化吸收。

2) 建立相应体系

根据部队维修保障作业实际，建立以质量为核心的目标体系，同时建立精细的控制体系：建立考核体系，并将考核体系落实到每天、每人、每件事、每道工序；建立分配控制体系，将分配体系落实到每件事、每道工序；建立组织控制体系，将责任、事项落实到具体个人。前1个体系和后3个体系是主辅关系，是目标和手段的关系。航空装备维修保障精细化作业追求的主要目标是零故障、零事故、零浪费。

(1) 零故障。维修保障精细化作业的目标是消除各种引起不安全的原因，在维修保障作业过程中每一工序都要求达到最好水平，达到最高精度，追求零故障。零故障以预防为主，如果每个人凡事先做好准备及预防工作，防患于未然，养成良好习惯，不搞双重标准，坚持精细的工作作风，走出"差不多就行"的思想和管理误区，做好自己的事情，达到"零故障"境界，就能实现"零故障"。

(2) 零事故。除了做到零故障，保证维修质量外，还要注意在维修保障作业中加强对人员的保护，在维修保障作业开展前，充分认识潜在的危险源，制定好相应预案，确保零事故的实现。

(3) 零浪费。维修保障精细化作业还应做到零转换工时浪费、零多余工序浪费、零故障浪费、零停滞浪费、零事故浪费。

3) 制定实施方案

在推进维修保障作业精细化过程中，要重点针对作业中难保证精度的工序、作业中存在的不良习惯，制定《航空装备维修保障作业实施方案细则》，对存在的问题、作业内容、作业标准、操作工艺要求、实施进度等进行详细的规定，使每一项工作、每道工序做到作业动作标准化、作业过程程序化、作业流程规范化。同时根据部队实际，制定《航空装备维修保障作业质量检验规范细则》，以确定各作业质量检验标准。此外，建立专人负责制度、定期报告等。

4) 严格计划执行

当各项计划制定好后，关键要抓好落实。首先进行动员，大力宣传，营造气氛，统一思想。对官兵进行培训，使他们知道实施精细化作业的意义、目的、措施及要求等。在实施过程中进行严格考核，奖罚分明。实施还需不断调整完善，使之更为完善合理。

3. 实施切忌精细化注意事项

一忌，把精细化作业变成繁琐管理、复杂管理。

二忌，不计成本推行精细化作业。

三忌，忽视管理模块和生产模块的匹配性和系统性。

具体实践中，一个很值得考虑和研究探索的思路，仅供航空兵部队维修作业一线参考：

其实，夏北浩检查法——三个负责、三想、四到、四个一样、两化、三要，就是航空装备维修保障一线精细化管理的一种优质方案。它不仅仅是精神层面的东西，它也是实实在在、真真切切的精细化管理，而且是超越了精细化管理的文化管理。

爱因斯坦说过：复利的威力比原子弹更大。一个组织中，如果一个员工掌握某项工作技能，能够准确地教会其他两个人，那两个人再精准地教会另外两个人，不出20层，就可以教会这个组织的所有人。任何一个组织都有许多优秀的员工，这些员工拥有许多良好的工作技能和有效的工作方式，如果他们能够通过明确程序的方式以工作手册等形式精准地教会组织内部的相关工作人员，组织就会不断发展壮大。用一句话来概括，组织内部的优秀因素通过 ORTCC 系统"利滚利"复制，就是找到了组织发展壮大的 DNA。事实上，我们很多组织失败的根本原因就在于没能在组织内部复制优秀元素的 DNA，即优秀员工的良好工作技能和有效工作方式得不到传承和发展，管理问题重复发生，成功经验无法积累。我们应该有这样的管理理念，成功的组织谋略无法克隆，但科学的管理规律和标准化的程序却是可以复制的，复制优秀员工的成功经验是实现精细化管理持续改善的有效途径。

9.2.4 航空兵部队维修保障作业精细化管理系统构想

航空兵部队维修保障作业精细化管理系统，应是一套客户/服务结构的软件，服务端安装在机务大队网管中心，客户端安装在各个信息点，客户端与服务端之间数据传输设有很强的信息加密技术，客户端并不能直接访问数据库数据。系统整体包括航空装备指挥控制、数字化管理和工卡跟踪管理三个子系统。

1. 结构组成

指挥控制子系统包括实时态势、资源检索、视频监控、即时通讯4个主要功能模块；数字化管理子系统包括综合信息查询、考勤休假管理、维修工具管理、文件资料管理、维修照相管理、飞发趋势监控等6个主要功能模块；工卡跟踪管理子系统主要包括维修计划管理和维修作业管理等主要功能。此外，系统还提供了预案制定、岗位资格管理、维修卡片管理等辅助功能模块，为机务部队的维修管理搭建了高效的信息应用平台。

2. 实时态势

实时态势显示模块可以在大屏幕上显示飞机的各种动态信息，能够让指挥员直观地了解飞机实力情况并可随时调看相关维修场所的监控视频来查看维修现场工作秩序。

3. 资源检索

为加强对各种维修一线信息的管理和统计分析，进一步明确维修人员工作内容标准等内容，提高机务保障的信息化水平，实现对航空维修一线中产生的维修计划、工作总结、维修法规、技术通报、战备资料、安全资料、维修故障、故障分析、维修岗位、工卡操作、流程执行、维修问题、应用程序和培训资料等14个资源的综合管理，特别是实现按多类关键字对库中资源的检索。机务部队在自身现有基础上对以上列出的14个方面的动态资源进行疏理后，经过分配统一编号、建立目录清单、统一存储规范，运用服务器FTP文件传输协议和该模块，可以在服务器上建立如下14个在使用中不断充实完善的动态资源管理库。

1) 维修计划库

在服务器上新建维修计划库文件目录，并在FTP服务器上建立相应虚拟目录，依据《维修一线细则》规定整理或制定各类维修计划，将大队日计划、日报表和各类维修计划分类存放到服务器上的维修计划库中，在该模块录入相关信息后就可以实现对各类维修计划的管理和查阅。

2) 工作总结库

与维修计划对应，这个库主要收录与维修保障相关的各类工作总结。

3) 维修法规库

通过对机务部队现有维修法规资料的全面梳理，将维修法规的电子版资料统一存放到服务器的维修法规库中，方便机务人员通过终端查询自己需要的法规资料。

4) 技术通报库

由大队质控室相关人员全面清理部队下发的各种技术通报，分专业按标准存放到服务器技术通报库中，新下发的技术通报可随时添加进此库中，以便随时查阅相关技术通报。

5) 战备资料库

这个库主要是收录与战备相关的装备实力、人员实力、战备教育、战备值班、重大任务等资料，以便各终端检索。

6) 安全资料库

这个库主要是收录与安全相关的安全周报、安全宣讲、安全问题、安全整顿、形势分析和安全措施等资料，以便各终端检索。

7) 维修故障库

以现有的团级软件为基础，清理整理所有故障情况，使用团级软件数据库中故障数据，分专业显示维修故障基本信息。

8) 故障分析库

建立健全机务大队故障分析库，此库中主要存放历年来的故障分析文章，包括本单位的故障分析文章、经验交流文章，在服务器上的故障分析库中分专业按类别存储相应的目录，机务人员可根据需要查询。

9) 维修岗位库

这个库主要是收录维修岗位的岗位说明书以及岗位工作内容，并根据实际工作需要不断完善，方便岗位人员随时在终端查询岗位相关的各种信息。

10) 工卡操作库

在现有工卡的基础上实现工卡的逐步完善，操作工艺卡根据具体工作实际和上级下发的各种技术通报不断进行完善，所有工作分指令卡、工艺卡、操作卡按专业和工作时间统一存放到服务器上的工卡操作库目录中，终端可随时对所有工卡进行查询。

11) 流程执行库

此库中存放所有工作流程，工作流程包括核心流程和一些辅助流程、子流程，涵盖了机务工作的全部内容，明确工作内容、工作标准、工作责任。流程按工作时机、流程编号分类存储，终端可按相应关键字查询。

12) 维修问题库

分类整理维修一线存在的各类问题，建立维修一线相关问题库，有利于管理干部和广大机务人员准确掌握和了解维修一线存在的实际问题，促进交流和讨论。

13) 应用程序库

将日常使用的各类软件分门别类整理，按照系统软件、通用软件、专用软件和培训软件分别打包存放到服务器应用程序库，软件包括机务部队日常使用的操作系统、办公软件、图形图像处理软件、影音播放软件以及各种办公设备的驱动程序。此模块记录软件的存放位置信息，以方便终端安装软件及办公设备。

14) 培训资料库

录入机务大队岗位培训中使用的各种培训资料，实现对视频教程、音频教程、演示文稿、讲义资料和体系文件的统一管理和资源共享。

4. 视频监控

视频监控模块是通过一套视频监控专用系统结合信息网络对内外场若干个信息点进行视频监控管理，此系统可同时显示这些维修现场的监控画面，也可显示单个现场的作业画面，并可通过摄像机云台控制摄像机监控部位，实现对维修现场的全面监控。

5. 即时通讯

即时通讯是一个高度可管理、低成本、易部署的 IT 平台工具，主要提供机务大队内部沟通服务，集成了丰富的沟通方式，包括文本会话、语音/视频交流、文件传输。它有利于增强团队的信息共享和沟通能力，提高工作效率，降低沟通成本。

6. 综合信息查询

综合信息查询模块用于检索数字管理系统涉及的全部信息。主要在触摸屏平台使用。

7. 考勤休假管理

考勤休假管理模块主要实现对机务人员的上下班考勤、休假登记等管理。

8. 维修工具管理

工具管理模块主要实现对内外场工具房的统一规范管理，进一步提高维修保障效率。此模块采用条形码与人员射频卡结合的方式对维修工具实施管理，管理员可以对工具的入库进行条形码管理并对借出/归还进行射频卡登记，将工具的借出与具体的机务人员绑定在一起，从根本上杜绝了工具丢失的情况。

9. 文件资料管理

文件资料管理模块主要实现对各类文件和资料进行数字化规范管理，进一步提高办公自动化水平和工作效率。

10. 维修照相管理

维修照相管理模块主要实现对拆装、调整等重要维修工作各关键部位的照片录入、比对分析和存档，以便及时发现和纠正错漏问题，确保维修工作质量。

11. 飞发趋势监控

飞发趋势监控模块主要实现对发动机状态的趋势监控。

12. 作业跟踪管理

作业跟踪管理是以维修工作为中心建立起来的信息平台，规范维修工作的控制方法和管理流程，通过维修方案管理、维修控制预测、维修过程控制、维修技术状态跟踪等管理，在维修对象、控制时间、工作指令、维修工作卡、维修保障资源等之间建立逻辑关联，使维修效能统计分析、维修过程精细化等成为可能。系统采用以工卡为核心的维修模式，可将质量控制与维修全过程跟踪管理相结合，即可对所有装备进行全面质量控制，又可实现全员参与的精细化管理要求。实现装备维修保障的全面信息化管理，为飞机快速转场使用、远程维修诊断等提供技术保障。

1) 基本作用

减少机务人员填写各种履历本、登记本的工作量；

构型管理完成装备各时间项的自动控制和状态跟踪；

工作预测为将要到期的维修工作进行自动报警提示，以便为飞机的维护工作提前做好准备；

工作指令管理实现维修的全过程跟踪管理；

通过串换件管理实现飞机构型的自动变更，保持与飞机实际结构一致；

通过故障编码、排故编码、故障逻辑分析树实现了维修经验的积累；

故障的闭环管理提高了修复性维修的工作效率；

通过可靠性分析辅助实现维修的动态优化。

2) 系统结构

采用先进的构型管理理念对飞机的部件、子部件进行电子化管理，将工卡挂接到飞机的各个部件、子部件，对工卡实现闭环管理，根据飞机飞行时间和起落数与部件寿命控制的关系进行部件、子部件周期性工作的自动控制和工作预测。通过故障编码、排故编码、故障逻辑分析实现了维修经验的积累，对故障进行闭环管理，提高修复性维修工作效率。系统结构如图 9-3 所示。

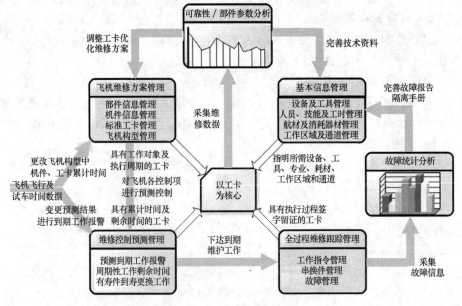

图 9-3　系统结构

298

(1) 飞机维修方案管理。

将飞机的部件、下级子部件按照机型飞机部件的计时关系及物理安装结构，维护其父子关系，设置部件的安装位置，并维护每个部件的工卡及工卡组，将这些构型元素维护成为一个树状结构，形成该机的飞机构型。按照这个方法先形成机型构型，再形成飞机单机构型，使每架飞机成为维修方案管理中的一个子元素，并关联到飞机的下级子部件，可以通过软件进行飞机维修方案的辅助决策管理。

(2) 维修控制预测管理。

航空维修作业信息系统可以很方便地对飞机部件进行维修控制预测管理。前期录入维修控制预测条件并将机件与工卡相挂接，后期使用中只要录入飞行时间、起落数，系统就可以根据相应控制条件辅助人工进行维修控制预测管理，减少人工控制时容易出现的错误和疏漏。

(3) 全过程维修跟踪管理。

系统采用以工卡为核心，以流程为中心的维修信息管理模式对维修工作全过程进行跟踪管理，工卡执行过程中的每个具体步骤都有完成人、复查人签字，而且还要将工作中测试出的实际数据值输入软件系统，系统根据规定的原则判断一些工作的完成情况。通过软件系统大队主官可以在任何终端了解维修工作目前执行到了具体的哪个步骤，可以为领导层正确决策提供强大的信息支持。

(4) 故障统计分析。

系统可方便进行故障信息统计分析，质控人员将日常维修中发现的飞机机件故障信息录入软件后，系统可自动对故障信息进行统计分析，得出周分析结果、月分析结果、季度分析结果和高发易发故障进行提示，以方便质控人员进行飞机机件故障预测，及时处理航材紧缺等情况。

(5) 基本信息管理。

通过单机构型管理系统可对飞机部件基本信息进行管理，前期数据初始化过程中由质控人员录入每架飞机及发动机的基本信息、飞机的所有下级部件、下级部件的子部件的详细信息及性能参数、工艺卡的全部工作步骤。飞机信息、发动机信息以飞机为根结点按树型结构展开，可以很方便地查看各种基本信息。

(6) 可靠性/部件参数分析。

系统专门有一个部件参数值管理模块对飞机部件参数进行管理，初始化的时候录入参数值的标准值，就可以将参数绑定到具体的机件上，外场维修时由机务人员输入实际测量出的参数值，系统自动进行比对，可以判断参数是否在允许范围内，并对机件的可靠性进行统计分析，得出分析结果。

3) 主要特点

采用了国际上比较先进的构型管理方法，对飞机的机件进行构型树管理，将飞机的所有机件分系统挂接在飞机的大构型下，并将所有机件控制信息与飞机飞行时间、起落数联系起来，减少了日常工作中需要输入的信息量，增加了信息的利用率。对于飞机上的有寿机件实施工卡挂接机件的管理方式，做到不需要人工判断，只需要给定条件，系统就会自动处理有用信息，给使用者最直观最有用的信息，减少了人为差错发生的机会，能够起到良好的管理控制效果。

4) 角色与职能(表 9-2)

表 9-2　角色与职能对应表

角色类别	主要职能
大队长	组织制定大队日计划 调整日计划 跟踪日计划 查看大队日报表 查看故障排除情况 查看故障报表 查看飞机串件情况 查看飞机换件情况 查看预测结果 串件审批 干部检查工作的签字
大队质控人员	工作预测 查看预测结果 控制项查询 预报所有飞机的定期检修时限和有寿件寿命 下发日计划 日计划跟踪 日计划关闭 生成大队日报表 指令模板管理 维修方案管理 装备使用管理
专业主任	整理 FRM/FIM 编码 制定排故方案 完善故障 审批标准卡片的修订 技术资料管理

角色类别	主要职能
中队长	跟踪本中队机务工作完成情况 调整本中队各机组成员 干部检查工作的签字 查看大队日计划 查看中队日报表
中队质控人员	接收日计划 跟踪本中队日计划 生成中队日报表 故障报告 下发故障卡片 记录故障分析数据
中队专业队长	督促机组及时报告本专业发现的故障 督促机组及时登记本专业的串换件 本专业故障统计与分析
各机组机械师	接收本机组的工作指令 对本人执行的换件进行登记 串件申请、串件完成、恢复串件 验收机械专业工卡，并标记完成 掌握维护飞机的技术状态及定期检修时限和有寿件寿命 及时报告本专业故障 参与制定排故方案，实施排故 督促机组成员及时报告故障和登记串换件 标记本机组工作指令完成
各机组专业师	对本人执行的换件进行登记 串件申请、串件完成、恢复串件 验收本专业工卡，并标记完成 及时报告本专业发现故障 参与制定排故方案，实施排故
专业员及修理厂专业员	对本人执行的换件及时登记 串件申请、串件完成、恢复串件 及时报告本人发现故障，并按排故方案进行排故 协助师完成其他工作

角色类别	主要职能
修理厂厂长	接收下发给修理厂的工作指令 换件登记 串件申请、串件完成、恢复串件 标记完成工作指令
修理厂质控人员	跟踪修理厂工作指令的执行情况 检查系统中故障和串换件信息的输入情况 生成修理厂日报表 接收大队日计划
修理厂专业师	对本人执行的换件进行登记 串件申请、串件完成、恢复串件 及时报告本专业发现的故障 参与制定排故方案，实施排故
修理厂专业队长	及时报告本专业发现的故障 参与制定排故方案，组织排故 串件申请、串件完成、恢复串件 及时登记本专业换件 对本专业工卡进行验收，并标记完成
机务总值班员	组织制定大队日计划 审批大队日计划 调整日计划 跟踪日计划 取消日计划 查看大队日报表 查看故障排除情况 查看故障报表 查看飞机串件情况 查看飞机换件情况 查看预测结果和工作预报 查看有寿机件寿命情况
塔台值班员	回传飞行时间、起落数(附数据表格) 查看有寿机件寿命情况 查看油液分析结果 查看发动机监控结果 查看飞参判读结果

角色类别	主要职能
外场质控值班员	整理上报故障
	传达机务总值班员指令
	记录飞发使用时间(含发动机试车)
	制定大队日计划
	调整/修订大队日计划
	下发大队日计划
	跟踪大队日计划
	关闭大队日计划
	汇总、整理生成大队日报表
文件资料管理员	执行工卡查询
	标准卡片管理
	归档大队日报表
技术档案管理员	串件查询
	换件查询
管理控制管理员	工作预测
	控制项查询
	定义控制项报表并输出
	有寿机件寿命查询
系统管理员	系统维护
	部门人员管理
	权限管理
	值班员管理
	数据库管理

5) 主要功能

系统主要包括以下 7 个主要功能：

(1) 构型管理。

主要包括：机型、部件、各型部件、部件参数；工作卡、工作卡组；机型/部件构型、单机/机件构型、机型系统构型；技术标准(最低放飞清单、工作通道、工作区域)等子功能。通过灵活可变的机型构型管理可对任何机型的飞机构型、部件、子部件及部件参数进行直观的树型结构管理，并对各型飞机的所有工作卡片分步骤进行电子化管理,工作卡片可以单独挂钩在飞机单机或机件上,也可将经常使用的工作卡打包成工作卡组挂接到机型上以方便卡片指令下发。

(2) 装备信息管理。

主要包括：飞机逐号、发动机逐号、机件管理；部件参数值管理、部件参数分析；飞机使用时间统计、发动机/机件使用时间统计等子功能。这部分主要功能是对飞机、飞机部件、发动机的各种维护使用信息进行数字化管理，软件系统以这里录入的初始时间为依据对飞机装(设)备进行寿命控制及参数分析。

(3) 工作日计划。

主要包括：工作预测(预测条件、机型预测、单机预测、查看预测结果、查看控制项)、日计划管理、日报表管理(生成日报表、查询日报表)、日改进管理、值班员管理等子功能。工作日计划是在空××团全面试点的基础上结合机务部队实际工作需要设计出来的一个功能模块，主要完成维修保障日、飞行训练日的日工作计划的制定和下发。

(4) 工作指令管理。

主要包括：指令计划、指令审核、指令跟踪、指令签收、保留执行工卡、串件管理；执行工卡查询、换件查询等子功能。工作指令管理是此系统中一个需要经常使用的模块，具体管理每日指令计划、审核、下发、签收，并对指令计划执行情况进行跟踪管理。

(5) 执行控制管理。

主要包括：工作控制台；飞机使用记录、使用记录统计；照片管理、技术文件管理等子功能。主要功能是对飞机、发动机使用时间进行逐日统计，并录入飞机设备相关技术文件，方便随时查询。

(6) 维修故障管理。

主要包括：故障技术标准(发现部件、故障编码、故障树)、故障维护、故障统计(成品故障统计、专业故障统计、系统故障统计、故障数据统计)等子功能。

(7) 系统维护。

主要包括：标准代码；人员管理、机组管理、权限管理(角色维护、用户维护)；退出系统等子功能。

6) 系统初始化

(1) 初始化内容。

部门人员及系统账号管理；

技术标准管理；

维护方案管理；

装备管理。

(2) 初始化步骤。

① 初始化用户信息。包括部门、人员维护、人员角色权限分配、人员登录

账号管理。

所需资料：部门、人员的基本信息。

② 机型技术资料初始化。包括机型基本信息维护、机型章节号维护(系统划分)、机型工作区域维护、机型工作通道维护、机型工作单元代码维护、机型故障类型、故障代码、排故代码维护、机型 MEL(最低放飞清单)维护。

③ 机型构型维护。包括系统管理的部件范围确定及部件基本信息维护(包括部件名称、型号、计时类型、总寿命、翻修期限、互换性维护等)；工作卡、工作卡组初始化、机型构型、部件构型。

所需资料：飞机履历本、发动机履历本、机件履历本、机型维修手册、机型维护规程等。

④ 飞机构型初始化。包括飞机以及各个机件生产厂商基本信息维护、飞机基本信息维护、机件信息、飞机构型、发动机构型、机件构型。

所需资料：飞机履历本、发动机履历本、机件履历本等。

(3) 初始化资料说明

① 飞机系统划分(章—节—主题)。系统划分是飞机资料之间的纽带，对飞机系统进行划分和编号是对飞机资料进行交叉索引、查询和统一编排的基础。因此，飞机系统划分(标准化飞机章—节—主题)可以说是飞机资料必须运用的第一个基础标准。章—节—主题贯穿到飞机资料的每一个角落。

② 飞机区域划分。主要是明确维修区域，方便维修工作的进行。

飞机工作通道(接近通道和口盖)：飞机工作通道是在区域的基础上进行进一步的划分。

需要有飞机区域和工作通道的完整资料，这样，可以明确飞机维护中工作涉及的区域和需要打开的口盖，并有利于确定工作顺序，以免没必要的打开或关闭口盖。

③ 放行标准。按系统整理放行标准；以最低设备清单的形式收集放行标准。

④ 故障报告/故障隔离手册(FRM/FIM)。按故障分类、发现部件、章节号分类收集故障；完成故障编码工作；建立故障编码与维护程序之间的关系。

⑤ 维护要求(维护大纲)。对每个维护要求需要有明确的间隔、相关的工作卡。

工作卡：需要有初始间隔和重复执行间隔。

⑥ 飞机维修保障设备和工具清单。包括工具、设备的分类、型号/件号、名称。

⑦ 机型部件清单。确定系统所管理的部件范围。包括履历件、有寿件。维护部件型号、名称、章节号等信息。收集有寿件的时限包括首翻期、维修间隔、

计时类型、总寿命和到寿后的处理方法等；根据有寿机件的时限和到寿后的处理方法，编写有寿机件控制工卡；将有寿件和控制工卡结合到管理系统中。

⑧ 飞机零部件组装目录手册(装机部件及其层次关系)。主要体现部件名称、型号、装机数量、安装位置、机件号；要体现各级部件之间的产品物理结构层次关系。

13．其他辅助功能

其他辅助功能主要包括预案制定、维修信息网站、岗位资格管理、机务等级管理、维修设备管理和维修卡片管理等 6 个功能。其中，预案制定主要实现根据上级下达的任务和指令，输入指定的条件后，自动完成装备保障决心资料和保障预案的生成；维修信息网站用于发布航空装备维修的相关信息；岗位资格管理实现对机务人员维修岗位资格的申请、审定、复核等全过程的管理；机务等级管理主要完成机务等级的申报、调整、统计、备份与验证和保健等级的申报、调整，以及相关信息的查询；维修设备管理主要实现对维修设备的统一规范管理，提供决策所需设备实力统计；维修卡片管理主要实现对维修卡片(含指令卡和工艺卡)的制定、发放、回收、销毁等全部流程的数字化监控，规范卡片的闭环管理。

9.3　部队维修保障管理精细化方案构想

航空装备维修保障管理是管理者依据管理对象的客观规律，运用现代管理科学的理论和方法对航空装备维修保障工作进行政策指导、组织、指挥和控制，协调维修保障过程中人员、部门之间的关系以及人力、物力、财力的合理分配，对维修保障过程各个环节进行预测、调节、检验和核算，以求实现最佳的维修保障效果和军事经济效益，提高航空维修保障系统的效能。航空装备维修保障精细化管理的最终目的是科学地利用各种维修资源，以最低的资源消耗，及时迅速地保持和恢复装备系统的作战能力，保障部队作战、训练和执勤等任务的顺利完成。

9.3.1　科学制定维修保障计划

装备维修计划是装备维修组织与实施的前提和基本依据，是对装备维修各项工作的内容、步骤和实施程序所做出的科学安排和规定，是维修工作与维修目标的统一。装备维修计划管理不仅仅限于计划的制定，而且包括计划的执行和落实，以及执行过程中的检查和分析，为下一计划更正确、更切合实际提出改进措施。

为了加强装备维修管理，合理有效地利用维修人力和资源，及时全面地保障装备完好，就必须加强装备维修计划管理。

1. 航空装备维修保障计划的基本要素

在具体制定计划时要掌握下列要素。

(1) 必要性——为什么要制定这项计划。

(2) 目标——这个计划要达到什么目的。

(3) 地点——在什么地方执行。

(4) 时间——什么时机执行和什么时间完成。

(5) 执行人——由谁执行及分工。

(6) 方法——如何实施。

(7) 措施——怎样解决实施中可能出现的问题。

(8) 检查和监控——分阶段检查点和监控(如计划的调整修订等)程序。

如果在制定计划时，对上述问题都能给出正确、完满的回答，则制定出的这项计划就比较完善周密，在实施时，才可能收到较好的效益。

2. 航空装备维修保障计划的编制程序

(1) 领会意图，明确任务。要深刻领会上级的有关指示，明确制定计划的意图、主要内容和目标。

(2) 研究信息，掌握情况。任务明确后，要广泛收集、研究有关信息资料，分析影响完成任务的一切因素，做到心中有数。研究信息，掌握情况，是正确制定计划的基础。例如，要根据过去和现在维修人员的技术水平，预测今后可能提高到什么程度，才能制定出切实可行的维修训练计划；根据科学技术水平，预测今后维修科学发展动向，才能制定出维修科研开发计划。这里，前提条件是对过去和现在情况要摸清楚，才能通过预测和决策定出计划。为此，要对大量的维修数据进行统计，经过数理分析，用数学模型表达出变化规律，才能确切地进行定性和定量的预测、决策。

(3) 列出项目，拟定指标。将掌握的情况经过分析判断，把有关内容按照轻重缓急，统筹安排列出项目，草拟进度和各阶段的具体指标和要求。目标的具体化需要通过各项具体指标来体现。可以说，指标是实现计划目标的集中体现。装备维修管理，既有定性指标又有定量指标、既有总体指标又有单项指标、既有任务方面的又有质量方面的、既有军事方面的又有经济方面的，因此，指标的选择应根据计划任务和需要而定。例如，属于任务方面的指标有完好率、修复率等；属于质量方面的有合格率、事故率、人为差错率、返工(报废)率等；属于经济的指标有维修费用、工时和材料定额等。

(4) 提出方案，优化决策。要提出实现指标和目标的具体措施方案，方案应是多种的、可供选择的可行方案。并尽可能地应用工程分析决策技术对其进行优化和评价，择优执行，以保证维修工作的高效率和低消耗。

(5) 上报审批，下达执行。计划草案拟定后，应按有关规定送上级主管首长和部门审批；计划批准后，应迅速下达执行单位。计划执行中，要不断检查计划执行情况，看是否符合计划规定的要求。如果发生偏差，则迅速反馈，采取措施，加以改进和调整。

3. 航空装备维修保障计划的编制技术方法

编制航空装备维修保障计划，不仅要依据客观经济规律和战争发展规律，同时，还必须有科学的编制方法。编制计划的常用方法有：

1) 平衡法

平衡法是编制装备维修计划的基本方法之一，所谓平衡就是指运用系统工程的手段，对整个维修保障系统进行整体协调和全局平衡。平衡法要求把装备维修过程中需要和可能两个方面，作为矛盾的统一体。装备维修工作中需要与可能之间经常从不平衡到平衡，继而又从平衡发展到不平衡。计划工作的任务，就是要经常地、自觉地保持维修的人力、物力、财力和维修需要与可能之间的平衡，使计划既具有积极的促进作用，又要留有适当的余地。

2) 定额法

维修定额是依据一定时期的科学技术和生产力发展水平，所制定的有关维修人力、物力、财力的标准。装备维修中定额的种类很多，如原材料消耗标准、备件供应标准、维修经费标准、维修质量标准等。定额法就是直接根据各种定额和标准来确定计划指标的方法。

3) 比例法

此法依据两个过程或相关指标之间长期形成的稳定比例，大致确定计划指标的方法。例如，在相同条件下，装备的大修台数和材料消耗有大致比例，参照上述比例安排材料的计划。

4) 比较法

比较法就是通过分析研究来确定计划指标的方法。一般有两种情况：一是不同时期的纵向比较，即与以往各年实际的发展水平、速度、比例、消耗、效果以及具体条件进行分析对比，以确定合理的计划目标；二是各部队、各部门或同类单位、同类项目进行横向比较，从中找出差距，挖掘潜力，确定可行的计划目标。

5) 分析法

分析法是既要考虑技术性能优劣的要求，又要考虑在经济上是否节约、合算。在装备维修管理中，较大范围的经费物资调整、大型装备的修理、维修工厂的选点和组建等，都需要进行技术经济的分析论证。

6) 网络法

网络技术是一种科学的计划管理方法。装备维修计划管理错综复杂，既有先后顺序，又有互相关联。运用网络技术，可以把整个计划作为一个系统，根据各个环节之间的逻辑关系，对人力、物力做出合理的安排，保证以最少的资源、最短的时间、最有利的方式为维修管理和技术人员选择最优的计划决策。

在编制维修计划时，上述技术方法应根据掌握到的信息情况和计划内容综合应用。例如，有使用的定额标准时，维修任务通常采用定额法；没有定额标准的维修任务，可用比较法和比例法；维修的工序计划可用网络法等。

9.3.2　准确预测维修保障需要的各种资源

在维修保障计划制定好后，就要根据计划任务，准确地对完成任务需要的人力、物力、财力等各种资源做出科学的预测，以最少的资源消耗完成最多的任务。在这一过程要充分利用航空装备维修保障精细化管理信息系统中的决策支持子系统。

1.　维修保障人员的确定

首先是维修保障作业人员的确定，在确定维修人员的数量和构成时，要根据装备的特点、使用和维修保障作业的不同，选取相应的预测方法进行预测。

1) 运用相似系统法进行使用保障人员需求预测

相似系统法，也称相似产品法。其基本思路是：首先选定与待预测装备比较相似的装备，然后根据相似装备的保障人力资源情况确定新研装备的保障人力资源。根据具体情况，可以选择相似的整装备，也可以选择装备中的相似系统，甚至是具体的某个子系统。

在确定了相似装备后，新装备的使用保障人力资源可由下式确定：

$$R = P * \theta \tag{9-1}$$

式中：P 为相似装备进行某一项维修工作所需的人力资源；θ 为修正系数。

影响 θ 取值的因素主要有：单位装备维修工作任务量、单位时间内执行某个维修任务剖面的次数、待维修装备数量及工作任务量的难易度等。关于 θ 值的选取，需要区分不同的情况。

(1) 当维修工作任务量基本相同，单位时间内执行某个维修任务剖面的次数基本相同，待维修装备数量相同时，取 $\theta = 1$，得到 $R = P$。即针对某一使用保障任务，可以将相似装备的维修保障人员数量及相应的技术要求原样用在待预测的装备上。

(2) 当单位装备维修任务量基本相同，单位时间内执行某个任务剖面的次

数、待维修装备数量不同时，有

θ =(待预测装备单位时间内执行某个任务剖面的次数/相似装备单位时间内执行某个任务剖面的次数)×(待预测装备总数/相似装备总数)

(3) 当单位装备维修工作任务量、单位时间内执行某个维修任务剖面的次数、待维修装备数量均不同时，有

θ =(装备总工作任务量/相似装备总工作任务量)×工作任务量的难易度

其中：

总工作任务量=工作任务量×单位时间内执行某个任务剖面的次数×
车辆总数

工作任务量的难易度是指完成使用保障任务时的难易程度，主要和工作的环境(如道路、天气、基础设施等)及装备自身设计(如车门大小、车体内部空间、存放容量等)有关。其值的大小往往要根据经验确定。

2) 利用维修工时进行维修保障人员需求预测

各维修机构(级别)维修人员的数量要求与该维修机构的维修工作有关，因此可通过各项维修工作所需的工时数的估算结果进行预测，其预测模型为

$$M = \left(\sum_{j=1}^{r} \sum_{i=1}^{k_j} n_j f_{ji} H_{ji} \right) \eta / H_0 \tag{9-2}$$

式中：M 为某维修机构(级别)所需维修人员数；r 为某维修机构(级别)负责维修的装备型号数；k_j 为 j 型号装备维修工作项目数；n_j 为某维修机构(级别)负责维修 j 型号装备的数量；f_{ji} 为 j 型号装备对第 i 项维修工作的年均频数；H_{ji} 为 j 型号装备完成第 i 项维修工作所需的工时数；H_0 为维修人员每人每年规定完成的维修工时数；η 为维修工作量修正系数(如考虑战损后增加的工作量，或考虑病假及其他非维修工作等占用的时间，$\eta > 1$)。

3) 利用维修工作量进行维修保障人员需求预测

除利用维修工时进行装备维修保障人员数量预测外，还可通过使用与维修工作分析，计算各不同专业职务总的维修工作量，粗略估算出各专业职务人员数量，其预测模型为

$$M_i = \frac{T_i X}{H_d D_y y_i} \tag{9-3}$$

式中：M_i 为第 i 类专业人员数量；T_i 为维修单台装备第 i 类专业工作量；X 为年度需维修装备总数；H_d 为每人每天工作时间；D_y 为年有效工作日；y_i 为出勤率。

2．保障作业设备的科学预测

1) 维修保障设备选配时应考虑的因素

实践证明，由于维修保障设备选配不当，致使一些设备长期闲置，有些设备则严重不足，给装备维修保障造成直接影响。因此，正确合理地选择维修保障设备是保障资源中设备管理工作的第一个环节，必须严格把好这一关，为装备选择技术上先进、经济上合算、工作上实用的、与装备相匹配的维修保障设备。保障设备的规划，应该在装备研制阶段，作为装备研制系统工程的一项内容统一研制和选配。除此之外，在装备列装投入使用后，还应注意把握以下几个问题。

(1) 要考虑各维修保障级别的设置及其任务分工。应优先考虑使用部队现有的维修保障设备，当现有设备数量、功能与性能不能满足装备维修保障需要时再考虑补充维修保障设备。

(2) 在装备设计中规划维修保障设备时，在满足使用维修保障要求的前提下，应优先选配通用的维修保障设备，特别是市售商品。

(3) 要综合考虑设备的适用性、有效性、经济性和设备本身的保障问题。

(4) 配在基层级、中继级的设备(工具)应强调标准化、通用化、系列化、综合化和小型化，在满足功能和性能要求的基础上力求简单、灵活、轻便、易维护，便于运送和携带。

2) 维修保障设备需求预测的流程

维修保障设备需求预测的流程如图9-4所示。

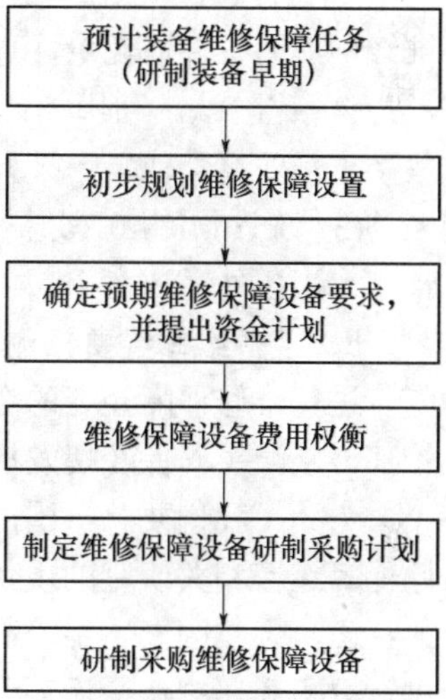

图9-4　维修保障设备需求
预测流程图

3．装备维修备件储备量的需求预测

装备维修备件是指用来替换装备中失效的零部件。备件是装备实施维修的重要物资资源之一，是平时保障装备良好的战备状态，战时保持和恢复装备战斗力的重要因素。维修备件的费用在装备全寿命周期费用中占了相当大的份额。据一般常用装备统计，备件的筹措费用占维修费用的40%以上。因此，要认真做好装备维修备件的科学预、决策，防止"缺备件损失"和"积压浪费"。

备件储备量是指某一装备需更换零部件在某一规定级别上的备份量。在涉及到具体备件的储备量时，需指明是哪种装备的哪种备件(或代码)在哪一级别上的储备量。影响备件储备量要求的主要有以下两种因素。

一是备件的消耗量。备件的消耗量决定了备件的储备量。影响备件消耗量的因素主要有零部件的耐久性和易损性、装备的使用环境、零部件的工作强度、装备中零部件的使用数量、维修保障的策略或方案、战斗损伤情况等。

二是备件保障度。备件保障度是指在规定的级别上和规定的时间内备件消耗量小于或最多等于规定储备量的概率。备件保障度的要求与装备使用需求对可用度的要求有关。备件保障度的权衡分析时，应考虑装备遂行任务的情况、备件储备供应的体制和方式、经费约束等因素。

4.装备维修备件需求率预测

通常利用过去的经验和类似装备的需求，预测未来给定时间内所需备件的数量。常用方法有：

(1) 直接计算法。通过装备在一定的保障期内预期的维修任务，以及每次维修预期的备件消耗量，直接计算出某种备件的需求率。

(2) 比较法。利用相似装备、相似维修事件所消耗的某种备件量，通过一些修正来估算其他装备某种备件的需求率。

(3) 统计预测法。分析历史数据，找出备件消耗规律，建立相应预测模型，预测未来备件需求率。

5.装备维修经费预测

进行维修保障经费的合理预测，是加强经费合理使用，对经费实施精细化管理，从源头确保经费发挥最大效益的重要手段。

为此，我们要总结国内外维修保障经费预测方面的成熟模式；分析国内维修保障经费相关研究的现状及保障活动中存在的主要问题；针对维修保障经费的特点、影响因素、保障范围、筹资渠道、拨付方式、职责划分等，从理论上进行分析和研究；最后还要以以往维修经费的实际使用情况，进行模拟预测分析，从而验证经费预测方法的有效性。

9.3.3 严密组织维修保障活动的开展

计划制定得再完美，如果不能有效实施，那也只能是镜中月、水中花，因此，严密组织维修保障活动按计划实施才是实施航空装备维修保障管理精细化的关键，为此，必须要做好以下几项工作。

1.增强依法管装意识

一方面，要认真梳理法规制度。在认真学习、深刻领会的基础上，依据装备管理法规的精神实质，本着科学、规范、简洁的原则，针对自身装备管理工作实际，分解、细化法规，分层规范装备管理工作内容，将各种规章制度划分成类别与条目，区分机关和基层的责任。通过梳理，将法规制度按类别划分为会议制度、计划制度、装备维护制度、装备操作使用制度等；按时间区分为年度计划、季度支部议装、月装备维护与安全检查、日装备试机与维护等。另一方面，要加大学习贯彻法规制度力度。装备机关要坚持下基层宣讲法规，基层要以多种形式开展爱装管装专题教育，利用新兵入伍、执行重大任务、换装等重要时机开展教育，结合各种装备集训宣讲装备法规。通过多途径、多方法的学习宣传，提高基层官兵知法水平，增强守法意识。

2. 细化管理流程

细化管理流程必须按照立足专业、注重细节、科学量化的要求，由机关组织各专业人员，在理解消化装备法规、装备技术说明书、装备维护规程、装备操作规程的基础上，制定各专业装备工作流程范本，经过试用和完善后再予以推广。

3. 因情而异精细管理

精细化管理最重要的就是必须针对不同的装备型号、器件以及不同的使用环境、不同季节等情况，采取不同的管理方法或实施不同的管理措施。一是要因装备型号与器件不同而有所区别。近年来，新技术、新工艺、新器件大量应用于航空装备，现役装备呈现出新旧并存、数量众多的特点。从装备类别看，既有歼击机、战斗机，又有专机、运输机、预警机；从装备科技含量看，既有三代机，又有二代机；从装备来源看，既有进口的，又有国产的。在实施装备管理过程中，就要根据其技术体制、技术性能等的差别区别对待。二是要因装备使用环境不同而有所侧重。如沿海要侧重防台风和防潮湿，西北地区要侧重防风沙。三是要因季节变换而有所调整。如夏季要侧重防高温，冬季要侧重防冻裂等。

4. 落实管理责任

一要"严"。应建立完善"按级管理、分级负责"机制和奖惩激励机制，将"严"体现在每日每项装备管理工作的规范化上，实现从装备机关领导至基层大队(中队)主官、分队长再到各类师(员)的闭环管理，使模糊的责任明晰到每个人、笼统的责任具体到装备的每个部位。二要"恒"。要持之以恒落实精细化管理，使基层官兵掌握程序和量化的工作方法，用新的管理思想替代旧的理念，用扎实的作风替代随意习惯。三要"实"。紧密结合装备管理实际，大量的航空装备维修保障管理工作划分为部件、细节、模块，复杂的事情简单化、流程化、定量化和信息化，避免装备问题发生时抢修、应急等现象，提高装备工作效能和维修效率，达到事半功倍效果。通过细致入微的精细化管理，将各项装备管理制度落到实处，促进装备管理质量有质的飞跃，各类人员能力有质的提升，最终达到提高部队的战斗力和保障力的目的。

5. 丰富管理手段

航空装备精细化管理模式建设要与部队信息化建设紧密相连。应构建以部队装备保障指挥系统为中心、各大队为基点的网络平台，修建信息传递高速通道，传递装备保障指挥信息、基层装备保障与管理信息，实现装备保障指挥辅助决策和信息传递自动化，装备保障抢修、装备维修、装备管理活动、器材管理与保障可视化。

9.3.4 航空装备维修保障一线安全管理机制的构建

安全是一种状态，即通过持续的隐患识别和风险管理，将保障人员伤害或装备损坏损失的风险降低，并保持在可接受水平或以下的状态。安全是各项工作质量的综合体现，贯穿在飞行机务保障和维修作业的全过程。机务安全包括：作业安全、训练安全、保密安全、信息安全、人身安全和装备安全等。机务安全管理是指为保证飞行安全和作业安全而进行的管理活动，是以地面维修安全保证空中飞行安全。安全管理的目的是全面规范安全管理内容，采取保证安全的综合性措施，有效防止和减少事故。

1. 主责岗位

安全工作由机务大队各级主官全面负责，质量控制室设置安全值班员。

2. 相关岗位

质量控制室及各专业主任；

训练中心主任；

团作训股、宣保股；

场站有关单位；

装备部装管科；

保密部门。

3. 工作内容

保证飞行安全和维修作业安全，是圆满完成作战、训练机务保障任务的前提。必须坚持预防为主的原则，通过加强安全管理，强化安全观念，培养优良维护作风，抓好条例、细则、规程和安全规则的落实。要依据《航空机务工作条例》、《航空维修一线管理细则》、《质量控制工作细则》等法规，制定机务大队各部门安全管理职责、建立健全安全工作责任制；制定安全工作规章制度和安全作业规范；对机务人员进行安全教育和安全作业训练；根据机务大队保障任务和保障环境条件进行安全预测，制定保证安全的对策和措施；对飞行机务保障和维修作业现场实施动态安全管理；定期分析安全形势，检查安全法规贯彻落实情况，适时进行安全整顿；开展机务安全立功竞赛活动，实施安全奖惩；对维修差错、事故征候和地面事故，认真组织调查和处理，根据上级要求参加飞行事故调查；进行安全工作总结和安全评估，研究改进安全管理工作。

1) 全面抓好安全管理

安全是各项工作质量的综合体现，必须把安全管理贯穿到机务工作的各个环节、各个方面和维修工作的全过程。坚持做到：

(1) 制定维修计划时，要进行安全预想，提出安全工作的目标、措施和要求。

(2) 实施维修作业时，要进行现场督促检查，及时发现、纠正危及安全的问题。

(3) 收集维修信息时，要归纳整理安全方面的资料。

(4) 讲评工作时，要讲评安全工作的情况，总结保证安全的经验教训。

(5) 组织业务训练时，要规定安全教育和演练的内容。

2) 坚持安全值班制度

质量控制室应指定一名助理员担任安全值班员，负责收集、上报安全信息，积累安全资料。主要内容是：

(1) 飞行事故、机械原因飞行事故征候、地面事故和维修差错。

(2) 危及飞行安全的故障和重大质量问题。

(3) 安全工作中的典型事例和经验。

(4) 上级有关安全工作指示、通报的落实情况。

(5) 下级安全工作的请示。

(6) 每次安全形势分析情况，部队安全工作中的倾向性问题。

凡发生问题，应立即上报。对经过、原因和责任，一时难以查清的，查清后立即补报。

3) 经常进行安全教育

要以增强机务人员的安全观念，落实条例、细则、规程、安全规则为目的，以预防危及飞行安全故障和维修差错为重点，针对人员、装备、飞行课目、气候环境等情况，有计划地进行安全教育。

安全教育的主要内容是：讲解机务工作的性质和对安全的特殊要求，学习安全基础知识、安全规则、预防危及飞行安全故障和维修差错的措施、飞机防护和抢救的知识，介绍安全工作的经验和安全操作方法，传达上级对安全工作的指示和有关通报等。

每年年初，要按上级指示组织好安全宣讲；每月要结合机务工作讲评进行安全教育；每半年要组织一次安全规则的学习和考核。遇下列情况，必须专门安排时间进行安全教育：

(1) 院校和训练团毕业学员、学兵分到部队时。

(2) 进行特定检查和其他较大工作准备时。

(3) 进行夜航、实弹、改装和其他重要保障任务时。

(4) 本单位发生危及安全的问题时。

(5) 接到上级有关的安全情况通报时。

4) 定期分析安全形势

大队长每月要召开中队以上干部安全形势分析会，分析航空装备的维修状况、人员的维护作风和业务技术状况、维修法规的落实情况等，找出在保证安全上的薄弱环节和危及安全的潜在因素，掌握可能导致事故的苗头，进行安全预想，研究措施。遇下列情况，应及时进行安全形势分析：

(1) 组织安全检查整顿时。

(2) 本单位发生危及安全的较大问题时。

(3) 执行重要飞行保障任务时。

5) 组织安全检查整顿

每飞行 3 至 5 个飞行日应按团首长的统一安排，进行一次安全检查整顿。在本单位发生重大问题和接到上级有关指示时还应专门进行检查整顿。通常的做法有：

(1) 学习条例、细则、安全规则和上级有关通报，检查思想、作风、维修管理和维修作业上存在的问题。

(2) 组织安全规则和业务技术考核。

(3) 组织对飞机、保障装备和维修设施的专项检查。

(4) 检查预防危及飞行安全故障、预防维修差错和加强重点机件、关键部位维修措施落实情况。

(5) 检查有寿机件控制和技术通报落实情况等。

每次整顿，要突出重点，讲究实效，着重解决一两个问题。

6) 开展安全竞赛活动

根据空军飞行训练奖惩办法，组织开展优质安全竞赛活动。大队、中队要抓好标准(样板)机，树立先进典型；及时宣扬好人好事，对连续保证安全飞行时间、起落达到规定标准的，在维修工作中发现重大故障隐患的，以及对保证飞行安全做出突出贡献的单位和个人，要及时给予或报请上级给予表彰和奖励。对玩忽职守，违章操作，发生危及飞行安全问题，造成损失和导致事故的，要严肃处理。

4. 标准要求

机务大队维修管理和保障追求的主要安全指标是：降低安全风险，消灭维修差错。安全管理的基本标准是：维修管理和保障作业要符合各种安全规定，落实工作内容，实现安全目标。

5. 程序方法

1) 完善安全管理措施

要根据本单位机型特点、任务要求和部队具体情况，制定各种安全制度和措施。飞行安全法规系列，从预防飞行事故的指导思想和方针、原则，到飞行安全组织及各级职责；从预防飞行事故征候计划的制定，到飞行事故征候的检查实施方法、报告程序；从安全教育训练，到安全纪律及奖惩等都有详尽的规定。使各类人员都有法可依，有章可循，为依法施管奠定基础。

2) 加强安全管理教育训练

广泛深入开展安全管理教育训练，强化机务人员的安全观念，提高安全管理技能，最大限度减少问题的发生。对不同岗位、不同职务的人员要进行专项安全训练，提高部队安全防范能力。

3) 严格执行赏罚规定

要按照《空军飞行训练奖惩办法》的要求，对保证空地安全做出突出贡献的单位和个人给予奖励。如：发放奖励费、银质奖章，评定技术骨干、技术能手和先进个人等。对违法违纪、影响部队安全的单位和人员严肃处理。做到奖得动心，罚得痛心。

4) 打造积极安全文化

安全文化是存在于单位和个人中的种种素质和态度的总和，它建立一种超出一切之上的思想文化理念。安全文化建设的重点是安全态度、安全氛围、安全行为规范的建设。

5) 完善正面激励机制

主要包括连续安全飞行奖励，保证飞行安全奖励，公开奖励被采纳的安全建议，保密奖励有效举报，评选并公开奖励季度安全团队、安全先进个人，为使处罚与安全文化建设达到和谐，遵循以下处罚原则：

(1) 责任原则。处罚主要针对责任人、责任部门的违章行为、管理责任，不可避免的因素不在处罚范围内，处罚的主要依据是差错事件的等级和责任。

(2) 减免原则。根据是否自愿报告，所报告事件发生的原因是否真实、准确、及时，建议措施是否合理、可操作，视情减免。

(3) 补救原则。在教育和规章约束效果不好且造成后果或遗有隐患时，必要的处罚可作为补救/挽救的最后手段，同时也作为重新评估责任人任职资格的手段。

(4) 警示原则。处罚信息的公布和共享，有警示其他人的意义，比单纯的处罚个人更有利于整体安全水平的提高。

(5) 公开原则。一定范围内公开处罚信息是警示、公平和公正的基础。

6) 推行公正公平机制

(1) 建立公平的干部竞聘机制。

(2) 严格考试标准。

(3) 建立客观公正的量化考核体系。

7) 建立学习型机务大队

(1) 组织技术攻关，建立技术研究组，定期组织技术难点研究和疑难故障研究。

(2) 加强业务培训，与维修保障并行组织在职业务训练。

(3) 定期通报质量安全情况。

6. 检查督导

各级管理干部要认真履行职责，按分工做好安全工作检查督导。质量控制室安全值班员，要认真收集、上报安全信息，积累安全资料。机务大队要组织各专业督导，对易造成人身伤害、装备损坏和发生事故的维修工作，要严密组织，仔细检查各项准备工作和有关设备的完好情况，安排好有关人员的协调配合。进行发动机试车、拆装机身后段和发动机、装挂弹药、实弹校靶、拆装弹射座椅和打火试验等工作时，必须有专业队以上干部在场，负责组织指挥、现场监护。

1) 事故处理程序

发生了飞行事故，机务大队应当按照上级事故检查组的指示和要求进行工作。

(1) 将事故飞机的履历本、证明书、飞机放飞单和机组、专业人员的工作日记集中起来，严加保管。

(2) 将机组和专业人员的工具箱进行封存。

(3) 提供事故飞机、机上发动机和有关机载设备的自然情况，近期所做的维修工作、发现排除的故障，以及当日飞行机务准备情况等。

(4) 提供事故飞机近期飞行的飞参数据。

(5) 提供事故飞机机组和专业人员的履历与思想、技术状况。

(6) 根据上级事故检查组的指示，组织机务人员做好配合事故检查的工作。

(7) 根据事故结论，认真查找机务工作中存在的问题，制定针对性的措施。

2) 维修差错的检查程序

发生一般维修差错，由中队长(厂长)负责组织调查；发生较大维修差错由大队长组织调查，师装备部应监控调查情况，必要时派人参加指导；发生机械原因飞行事故征候、地面事故，由师装备部负责组织调查，必要时派人参加指导。要查清差错、问题发生的经过，主观原因和客观因素，明确责任，根据差错、问题危害性的大小和责任者应负的责任，实事求是地进行处理。做到经过清、原因清、责任清、教训清，并从思想、作风、技术、装备和组织管理上制定防范措施。

3) 制造、修理质量问题的处理

(1) 航空装备在使用过程中发生的制造、修理质量问题，机务大队应及时报告师装备部，并按规定进行质量信息反馈。

(2) 发生危及飞行安全的重大质量问题时，对发生问题的飞机应果断停飞检查，原因未查清之前，飞机应停止使用。若涉及本大队其他飞机需要停飞检查，必须上报师装备部，经师首长批准并报上级备案。

(3) 发生一般质量问题，在技术和物质上具备条件的，由机务大队调查处理，处理后及时将情况上报师装备部，需要工厂参与检查处理的，由师装备部通知工厂(制造厂通过驻厂军事代表室)，厂方人员到达之前，应保持有质量问题的机件或设备的原状。特殊情况需要分解或打开铅封时，必须经军区空军装备部批准。调查结束后，军厂双方应联合写出调查报告，逐级上报至空军装备部。

(4) 对部队与工厂调查意见不一致的质量问题，由师装备部将双方意见报上级装备部门。对有问题的机件、设备及有关资料，应妥善保管，听候处理。工厂要借用，必须经军区空军装备部批准。

9.4　部队维修质量控制精细化方案构想

航空装备是航空兵作战的主要武器装备，其质量的好坏直接决定着航空兵部队的战斗力。航空装备的质量首先应具有良好的作战效能和较低的全寿命周期费用。由于飞机是载人飞行的长期反复使用的产品，其质量要求还需要特别强调可靠性和安全性。地面产品如果出现不良品，可降级使用，使用中出现质量问题，可停机修理。而飞行中的航空武器装备，如果出现质量问题，训练时就可能会造成机毁人亡的恶性事故，作战时则可能会贻误战机，危及战争全局。随着飞机使用范围的拓宽、使用时间的延长、使用条件的恶化，飞机特殊质量特性的要求也将不断增长。航空维修实践得出的一条基本经验是：航空维修是一种复杂的实践活动，航空维修质量管理是航空装备管理的核心。

航空维修质量控制是为保持航空机务工作的质量满足航空兵对飞机战斗与训练规定的使用要求所采取的一切作业技术和管理活动。广义的维修质量控制内容，主要包括维修质量计划、质量监控、质量检验、维修现场质量控制和维修信息控制。现行的质量控制对象，是指飞机的质量状况控制，主要内容包括：

飞机完好状况的控制、飞机特殊使用限制的控制、机载特殊装备的控制和油封保管飞机的控制等。

9.4.1 质量计划

1. 质量控制的基本原理

航空维修质量控制与一般产品的质量控制，在原理上是相同的，因此可以借鉴一般的控制原理来改善航空维修质量控制工作，使质量控制的具体形式能反映维修质量控制的特点和需要。

1) 反馈控制原理

系统的输出反馈回系统，并比较输出与系统标准输出间的偏离情况，来调节系统的输入，以达到控制输出的目的。在航空维修质量控制工作中，大量采用反馈控制原理来控制维修工作质量，如规定的各种报告、报表制度、一线机务工作卡片登记归零管理制度等。

2) 预测控制原理

据事前预测出的系统输出可能偏离标准的情况来预先调节系统的输入，以达到控制的目的。维修质量控制中，安排飞行日的机务工作计划时，许多地方都采用了预测控制原理。例如，根据飞机的质量状况和飞行任务的要求，安排好飞机的使用计划并决定每架飞机应做的机务工作，安排好备用飞机；根据飞机的质量状况，把飞机划分为可用、控制使用、停用等；根据飞行任务的特殊要求，追加特定的机务工作项目和检查内容，等等。

3) 自适应控制原理

控制必须自动适应环境的变化。当环境条件变化时，系统能自动地改变自身的结构和参数。对航空机务系统而言，环境条件主要表现在军委、空军的战略方针和战术、战训任务的变化，飞机型号和数量的变化，装备技术条件的变化，以及随时代发展航空机务系统内人员思想、文化水平、业务素质、奉献精神和事业心的变化。所有这一切，都要求机务系统能自动适应其变化，调节各种内外因素及相互关系，积极做好航空机务领域的各项工作。

2. 质量计划

质量计划是实施质量控制的一个重要手段，是部队维修质量控制精细化的重要内容。质量计划为质量控制提供预选目标和方案，并且为质量控制提供决策依据和行动规则。质量计划工作开展的好坏，直接影响到质量控制的效果。

1) 质量计划的制定

要制定质量计划，必须依据明确具体的、详略得当的质量目标。机务质量目标的内容是多方面的，可供选择的内容有：机械原因责任等级飞行事故率限度、维护责任事故征候率限度、重大维修差错率限度、专机、运输机机务质量特殊要求、新机改装与人员培训要求、新机形成战斗力的要求、机务人员配备与整体素质要求等。在某一年份内，或在某一特定的场合下，可根据国家和军队的外部形势要求有选择地规定某几个目标，也可以根据机务系统内质量工作的薄弱环节来确定质量目标。

制定计划时，首先必须领会上级的指示和要求，明确任务，制定目标。其次，必须全面分析航空技术装备状况、保障能力、装备使用条件和作业环境特点，以及油料、航材、弹药等供应保障情况，确定人力、物力最有效的运用方法。第三，要充分估计在执行任务中可能出现的各种困难和问题，预先有解决的办法和备份方案。一定要对事物及其可能的发展变化情况进行研究，必要时还应采用预测工具进行定量分析，以掌握工作的主动权。此外，计划工作还要做到任务明确，责任落实，重点突出，方法科学，措施有力。

2) 飞机、发动机质量计划

飞机、发动机是航空兵的主体技术装备，它的质量计划对航空兵战斗实力及飞行训练任务的完成关系重大。在航空装备技术领域，飞机、发动机的质量计划主要指梯次使用计划、送修计划、定期检修计划，需要机务大队以上各级质量控制部门制定与实施。此外，还有飞机、发动机批次性质量问题或重大质量缺陷的质量计划，如控制使用计划、停用计划、重大故障攻克计划、延寿计划等，需要上级主管机关和业务部门制定，必要时还需与地方有关部门协调制定。制定飞机、发动机质量计划一般应遵循以下原则。

(1) 寿命输通原则。飞机、发动机都有规定的使用寿命，不得超寿使用。飞机、发动机的正常使用以及不正常损失与调出，可看成是寿命的输出。飞机、发动机的调入补充，送修飞机、发动机返回部队，是飞机、发动机寿命的输入。在部队，飞机、发动机的寿命随时处于输出与输入的动态变化过程中，必须对总剩余寿命进行控制。不同部队、不同飞机(机上发动机)使用到翻修时限的平均剩余时间百分比，不得低于规定的控制线。所谓寿命输通原则，就是指总剩余寿命接近或低于控制线时，必须实行寿命输通，补充短缺的寿命，始终保持总剩余寿命满足规定要求。

(2) 寿命匹配原则。飞机、发动机及其主要部附件，由于它们的可靠性特性彼此互不相同，规定的使用寿命也互不相同。有的部附件还要受日历使用时限的限制。因此，发动机部附件使用寿命如何与发动机寿命相一致，飞机部附件使用寿命如何与飞机寿命相一致，飞机剩余寿命如何与装机发动机剩余寿命相一致，规定使用寿命如何与规定机件使用日历时限相一致等，是制定飞机、发动机质量计划必须解决好的问题，也是充分利用装备的寿命潜力，减少装备寿命无谓损失的重要标志。寿命匹配的实现是一个很复杂的问题，需要系统科学的知识和工程实践的经验，还需要考虑客观背景条件。

(3) 寿命梯次控制原则。部队实力的表现之一，是装备的多少和可用程度。在编飞机经常处于最大可用状态是机务质量计划和质量控制的重要原则。飞机(机上发动机)使用到规定翻修时限的剩余时间，相互间应保持一定差距，形成比较均匀的梯次排列：各作战部队、不同机种每一个梯次间隔段的飞机所占百分比数不得超过规定；保证在同一时间内进行定期检修和二级维修而停下的飞机架数不得超过部队实有飞机架数的 15%。

3) 后勤支援计划

由于机务系统是一个始终处于开放状态的系统，因而其功能的实现必然受到许多外部条件制约，特别是后勤支援条件的制约。机务系统的质量工作，离不开与后勤系统的协调。后勤系统对机务系统需求输入的支援状况如何，直接影响或制约着机务工作质量。因此，后勤支援计划是机务质量计划的重要组成部份，是机务质量计划赖以生存和实现的基本条件。

机务质量工作需要后勤支援的内容很多，主要的后勤支援计划有：

(1) 发动机和航材请领计划；

(2) 飞行训练中的后勤支援计划；

(3) 紧急战斗准备和转战的后勤支援计划。

9.4.2 质量监控

质量监控就是对航空技术装备质量及机务工作质量的变化情况，特别是对质量特性值下降情况所进行的质量监视工作。质量监控的目的，是在发现质量开始下降时，及时分析引起质量下降的原因，采取措施把引起质量下降的因素控制在适当的范围内，从而使飞机使用质量与机务工作质量得到控制。质量监控是质量控制的核心，质量控制工作能否有效地进行，取决于质量监控工作的好坏。对于航空机务系统而言，系统的工作质量所涉及的环节众多，尤其是一线机务工作所涉及的地域、作业、人员更为分散复杂，要有效地开展质量控制，没有有效的质量监控，就不能实现预想的目的。

1. 质量监控的工作程序和方法

质量监控工作所包含的内容，可以分解为下列步骤来实现：

(1) 确定要监控的对象(即监控目标)。对象可以是装备或部件的技术参数、质量状况，也可以是装备的使用情况，还可以是规定的某项维修工作。确定质量监控目标项目取决于四个方面：一是该项目对机务工作质量确有明显影响；二是其质量存在变化的可能性；三是其质量变化情况是可观察的；四是可以通过一定的方法来改变被监控目标的发展变化方向。

(2) 掌握质量标准(技术指标和机务工作要求)，确定控制界限。

(3) 随时监视目标实际质量值的变化情况。

(4) 判断目标质量指标是否在控制范围内。

(5) 当目标质量指标将要超出控制界限时，发出控制指令。

(6) 检查指令是否落实，并重新开始下一轮的监控工作。

常用的质量监控方法有两种，即统计监控法和实时监控法。统计监控法是一种宏观方法，监控目标的质量变化情况需要用统计结果来表述，用统计量来分析统计结果所反映出的质量特性。实时监控法是对监控目标状态的连续监视，实时判断质量特性是否超出控制界限，并在质量特性超过控制界限时及时采取控制措施。

2.飞机质量状况监控

为了做好质量监视工作，不漏掉任何一个应监视的项目，飞机质量状况检查工作要按规定的检查程序或检查路线进行。飞机质量状况监控的目标主要有：

(1) 飞机完好状况。监控飞机的良好状况是航空机务系统工作质量最集中的表现。因此广大一线机务人员在日常机务工作中，要时刻对飞机完好状况进行监视。

(2) 飞机特殊使用限制监控。当飞机制造质量、翻修质量、事故修理或加改装影响了飞机结构强度时，应对使用飞机的飞行课目、载荷、装载量和寿命等要求做出特殊的限制。对飞机特殊使用限制进行监控，要掌握受限原因及所限制的飞行条件，要监视其飞行任务，坚决制止超限使用。

(3) 机载特殊装备的监控。机载特殊装备，是指仅有少数飞机装载的特种设备或为执行特殊任务而对少数飞机加载、改装的专用设备。对特殊装备的监控，要掌握有特殊装备的飞机号码、特殊装备名称、数量，并加强特殊装备的维护保养工作，定期进行检查，使之经常处于良好状态。

(4) 油封保管飞机的监控。对油封保管飞机，油封前，应完成飞行后检查和到期定期检修工作，排除全部故障，保持飞机良好；在油封保管期间，要按规定进行飞机的维护保养工作，发现油封不良应重新油封；长期油封保管的飞机，其发动机要按规定的时限启封、运转、重新油封。

3.飞机维修工作时限监控

维修工作时限，是指进行预定性维修工作的时限，包括定期检修工作时限、有寿机件更换时限、落实技术通报时限等。飞机达到预定维修工作时限的时期，是一个渐变的工作时间或日历时间的累积过程，而且机件的工作时间与日历时间通常不相匹配，因此要实行监控。

4．维修保障能力监控

在航空系统内部，维修保障能力主要指机务人员构成、维修所需地面设备、车辆等。这些条件影响并制约着机务工作质量，因而必须进行监控。机务人员质量监控，主要包括机务人员实力监控和机务人员技术状况监控。车辆的监控，包括飞机测试车、机务指挥车、工程修理车以及其他配属机务部队的特种车辆；仪器设备的监控，包括部队所使用的各种检验测量仪器设备、监控与诊断仪器设备、地面维修保障设备以及修理工艺装备等。

9.4.3　质量检验

航空维修质量检验，是指按照有关条令、条例、规程，以及有关技术文件对维修工作规定的具体要求，利用一定的方法和手段，对维修工作实施情况和完成质量进行检测，并将检测结果同该项维修工作的有关标准或要求进行比较，判断该项维修工作质量是否已满足规定的要求，从而把住维修工作质量关。其目的主要是：确认每一项维修工作质量是否符合要求，监督维修实施过程的状态是否保持质量稳定，并提供质量信息，保证飞行安全。

1．质量检验职能

质量检验是质量控制的有力手段。其职能主要有以下三个方面：

1）把关职能

它是质量检验最基本的职能。质量检验的目的，是对维修工作的实施情况和已达到的质量水平实施检测，以鉴别其是否符合规定的要求，防止由于质量问题或一线机务人员的工作质量问题而降低飞机的使用质量，防止各类机械原因和维护责任导致的质量事件发生。

2）预防职能

采用各种先进的检验方法，可以最大限度地发现各种潜在的飞机质量问题和维修工作质量问题，从而把问题解决在质量事件出现之前。航空机务领域中的质量检验工作，就是要把机务工作中的缺点和差错及时暴露出来，在机务领域内部加以解决。预防为主是全面质量管理的一个重要原则，它必须体现在质量管理的一切工作领域，而质量检验是体现预防为主思想的一个重要方面。

3）反馈职能

把质量检验中搜集与记录的数据、资料等汇集在一起，进行综合分析，然后反馈到上级航空机务部门、工厂等，使有关部门更深入地了解航空产品的质量情况和产品的维修情况，及时处理各类质量问题，为改进和提高产品质量与维修工作质量提供依据。

提到"检验"，人们常将它与"把关"等同起来，因而长期以来，把关一直是检验部门行使的主要职能，而预防和反馈职能往往被忽视。把关和预防，两者是辩证统一的，预防的目的是为了把好质量关，而有时把关本身就是积极的预防。质量检验不是单纯的成品质量检验，它还包括质量形成过程中各道工序的质量检验。工序质量达不到规定的质量要求时，不得转入下道工序。这不仅可以把住质量关，而且能积极地预防质量事件发生。此外，通过质量检验得到更多的质量信息，不但有助于航空机务质量控制，也有助于质量检验工作自身的改善。因此，对维修工作质量的复查和检验要贯穿于维修实施的全过程。

2．航空维修一线质量检验

1) 维修一线质量检验形式

维修一线质量检验的基本形式包括自检、干检和专职检验三种形式。

自检是其他各种质量检验形式的基础。维修工作质量是在维修人员具体操作过程中形成的，离开了操作者及时对自己工作质量的检验，有些问题就难以把住关。此外，维修一线操作工作分散，工作量大，项目繁多，有些项目的操作程序也很复杂，有的装配项目缺少外观检查手段，很难事后检查内部装配情况，离位检查在众多情况下是行不通的。因此，要坚持强调一线操作人员对自己从事的每个操作步骤、每道工序、每项检测内容负责，严格按规章操作并进行检验，确实做好第一线工作。

干部检查飞机，是对整机维修质量和机务人员技术水平的全面检查和考核，是机务系统内进行的最高形式的质量检验工作。干部检查飞机时，不可避免地要检查部分重要机件的质量状况和一些关键性维修项目的工作质量，并对其质量进行评审，因而干部检查飞机也包含有质量检验的性质，可以把它看成是质量检验的一个组成部分。但是，干部检查飞机又不同于一般检验人员的质量检验工作，它不可能也不必要对每一项维修工作一一进行质量检验，而是在机组、专业组质量检查的基础上，再对整架飞机维修质量进行的全面考核。干部检查飞机的重点体现在"全面"上，是多项目的检查，是多专业干部配套进行的全方位检查，在检查飞机及其维修工作质量的同时，还要对机组人员的技术情况和规章制度落实情况进行实际考核，因此属于组织管理的范畴，不同于岗位检验所具有的验收性检查属性。

专职质量检验是近年来开始使用的一种新的检验形式。它较之传统质量检验形式，具有不可比拟的好处：一是职能更加明确，有利于拓展质量检测的范围和深度，把自检、互检、干检所不及的检测项目列入质量检验的对象，从而在发现质量问题与消除隐患方面能更好地发挥作用，使质量检验的把关职能进一步落到实处；二是专职质量检验人员除完成规定的检验任务外，还要有计划地参与整机维修质量的配套检查，向中队长(专业主任)提出改进工作建议，并同时承担部分质量管理的责任，因此是对质量管理工作的加强；三是专职质量检验人员在执行检验任务的同时，还承担有质量信息收集、核查、反馈的任务，从而也加强了质量信息工作。

2) 维修一线质量检验的实施

质量检验是一个过程，一般包括如下步骤：

(1) 明确质量要求。根据航空产品的技术标准、工艺规程，以及飞行使用过程对该产品的要求，制定维修注意事项与具体操作要求，使相应项目的维修工作和质检工作有据可依。

(2) 检测。即对飞机机件状态和维修工作的实施情况及其质量进行检查与测量的工作。事实上，每一位机务人员都在经常地对飞机的质量与机件状态进行预定的及非预定的检测工作，严把飞机质量关与放飞关。质量检验是在操作者做好第一手工作基础上进行的。检验者的质量检验工作是本原意义下的质量检验，是质量管理检验职能得以发挥的重要环节。正因如此，检验者必须承担起质量检验的职责，严格按检验的要求办事。

(3) 比较。即把检测出的结果同该项维修工作的技术标准、质量要求等进行比较，看其是否满足规定要求。以问代检之所以不能算作是一种检验手段，是它未能进行实地检测工作，缺乏对质量状况的真实了解，问得的质量不能代表实在质量，检验方法缺少科学严谨性。

(4) 判定。根据比较的结果，直接判断维修工作质量是否达到规定要求，并做出符合客观实际的定性结论。判定阶段在比较阶段之后进行，但两个阶段有时需交替进行，即对复杂的质量问题反复地进行质量比较和判定。判定要坚持"以事实和数据为依据，以标准和规定为准绳"。

(5) 处理。根据判定的结果，对达到规定质量要求的项目予以通过放行，对检验不合格的，不得转工序、出厂，飞机更不得放飞，对飞行员反映的或机务工作检查时发现的故障及其他质量问题，要及时向有关部门和人员反馈信息，敦请及时查明原因，并予以彻底排除或解决，其后还必须进行相应的复查工作。

(6) 记录。记录要贯穿于质量检验的全过程，把检测出的数据和情况以及判定和处理结果，完整、准确、及时地记录下来，并向有关机构和人员报告或反馈，以便改进和提高。

3) 质量检验应遵循的原则

(1) 实行自检、干检、专检相结合。三种检验形式各有特点和适应范围，都能在一定程度上起到把关作用，因而都应加以利用，不可偏好，更不能舍近求远，误失检验时机。自检是质量检验的基础，干检与专检是质量检验工作必要的补充。在机载检测装备和地面自动检测设备普遍不足和落后的现实条件下，应抓好自检工作，并与干检和专检工作相配合，减少质量检验工作不必要的重复。

(2) 实行工序检验和完工检验相结合。工序质量检验应该说是一种最严格的质量检验。它在每一工序之后紧接进行，先由操作人员自检，自检合格后即请求干检或互检，检验不合格不转入下道工序。在维修工作中，许多作业项目内容庞杂、工序繁多，有的还一环扣一环，应严格对其工序的实施质量进行检验。而完工检验是在项目各工序完成之后进行的检验。工序检验和完工检验应结合实施，二者不可偏废。

(3) 严禁以"问"代检和以"干"代检。正确实施质量检验，就应严格按规定的内容、时机、方法，使用规定的工具、量具或仪器进行。检验者应通过实看、实听、实测、实量的操作来进行，不得以一线操作者的口答为据；同时，干部的一线操作工作亦需要检验，检验者可以是上一级也可以是下一级，不得以干部从事的工作为由就不受检验。

3. 质量检查

质量检查是航空机务系统质量检验工作的一种派生形式，是质量控制的一个重要组成部分。在航空机务领域中，质量检查和质量检验是两个交互使用的概念。质量检查与质量检验活动经常穿插展开，意义也彼此区别。质量检验是指对操作者完成的一手工作经由检验者进行的检验，其中也包括干部检查飞机与专职检验人员进行的质量检验。质量检查则有两层含义：一是通过察看、检测、诊断、监控、试飞(试车)等手段，判断航空技术装备的技术状况是否符合技术标准；二是针对航空技术装备的质量状况，有目的地对某些机件和系统的质量进行定期与不定期的预防性检查。由此可见，质量检验主要针对一手操作工作质量问题，质量检查则主要是针对飞机的质量问题的。

1) 质量检查的内容和方法

按照机务部门的习惯提法，质量检查的主要内容和方法如下：

(1) 质量检查整顿。利用节后开飞、季节更替和飞行课目变化的机务工作转换时机，有目的、有计划地组织质量全面大检查。如春节后开飞检查，换季大检查，风沙和大雨后检查，停飞检查，油封检查等；重大质量事故、维修责任事件后或贯彻落实技术通报规定而开展的维修工作整顿。质量检查整顿工作，一般是由各部队装备部门根据上级有关指示精神，制定整顿计划并提出要求，必要时组织工作组指导协助，具体由机务大队负责组织实施。

(2) 专项特定检查。通常由空军、航空兵师(旅)在某一时期内，针对全空军或师(旅)范围内存在的某项或某几项有倾向性、严重危险性的故障，有组织地进行专门特定检查。检查的时机，一般是在有倾向性的问题暴露之后，随即开展对相关机件和关键部位的普查和维护保养，发现和排除同类故障隐患问题，预防同类质量问题再现。专项特定检查具有较强的时限性和区域性要求，一般均应按期在规定的范围内进行，并及时报告检查结果。

(3) 专机、运输机质量检查。在编专机和运输机机型多、同型机批量少、驻地分散、维修技术力量相对较弱，而承担的任务特殊，特别是专机任务具有重要的政治意义与社会影响，机务保障责任重大。这些特点决定了其质量检查的任务重于其他机种，质量检查工作也较频繁深入。

(4) 飞机基本维护整顿。飞机的基本维护是主动预防故障、保持飞机固有可靠性的日常性维护保养工作。其内容，从表面上看并不完全属于飞机质量检查的范围，但与质量问题相关，也是衡量机务工作质量高低的标志之一。对飞机的容貌、地面设备使用保管、维修一线秩序等情况开展检查整顿，能改善机务工作作风，激发机务人员的进取心与责任感，因而也关系着机务工作质量的提高。

2) 飞行使用检验

飞行使用检验是质量检验的特殊形式。它是对质量的综合检验，以是否适合用户需要为依据。这种检验与产品制造部门和维修部门进行的内部质量检验不同，是由产品的使用部门来完成的，是产品质量的最终检验，也是最彻底的质量检验。航空装备外场部门不是飞机的直接使用部门，但承担有飞机技术保障的职责，对飞机及其装备的技术质量行使管理权，因而也涉及飞机的飞行使用检验职能。

飞行使用检验，对使用者而言，是借用仪表与主观感受对飞机使用质量进行判断，并不要求凭借技术标准，也不要求实际测试。飞行使用检验的结果，大多数情况下是提出问题或疑问，需要机务人员进一步查证，只有少数时候才对质量问题给出肯定性判断。一般而言，对科研试飞项目的飞行使用检验，确实具有质量检验的原始含义，是质量问题的证明与判断；对飞机及其装备定型后的日常飞行使用检验，则是对飞机质量与维修工作质量的检查，以发现其存在的质量问题。后者是飞行使用检验的常用形式。机务质量工作的历史证明，维修工作质量的提高，是在应用飞行使用检验成果的基础上，不断地认识和解决飞行中暴露出的质量问题而得来的。飞行使用检验是一种由飞行员直接进行的、对机务工作极有帮助的补充检验手段。机务部门若要借用此种质量检验方法来提高机务工作质量服务，就应采用一套与飞机使用相配套的质量检查形式。当前采用的与飞行使用检验相关的机务质量检查方法主要有：空情监听与处置、机载专项检测装备与仪表、飞行后查证和直接参与飞行检查等类型。

9.5　部队维修保障训练精细化方案构想

航空装备维修保障是现代战争中一项十分重要的活动，对于装备保持良好的战备完好性有着决定性的作用。对航空装备维修保障人员进行训练，使其具有熟练的专业技能，基本的战术素养，全面的综合素质，是圆满完成装备维修保障任务的基本保证。因此，外军积极构建完善的装备维修保障训练体系，建设完备的装备维修保障训练资源，开发先进的装备维修保障技术与设备，制定完整的政策法规体系，推行一系列行之有效的做法与举措，有效地保证了装备使用与维修队伍的素质，提高了武器装备的战备完好性水平。这样做的好处是显而易见的，首先，部队利用良好的装备维修保障训练可有效提高平时的装备完好性水平；其次，部队运用战时应急装备维修保障训练提高战斗力；第三，部队利用装备维修保障训练提高维修保障经费使用效益。部队使用与维修保障人员业务能力越强，维修保障的时机和方案越合理，许多原本需要送修的故障装备与设备能够在驻地实施维修，减少送修与送修后重新获取该装备与设备所需的各种费用，明显提高维修保障经费使用效益。

9.5.1　部队维修保障训练内容的确定

装备保障训练内容需求是装备保障训练内容更新发展的源泉。没有需求，就没有训练内容发展的方向与目标。合理的需求，对训练内容的变革发展起着导向、牵引和检验作用。需求分析作为装备保障训练的初始阶段和重要组成部分，决定着装备保障训练的质量。

通过借鉴吸收美军基于威胁、能力和效果的分析方法，结合我军装备保障训练需求分析技术起步晚、发展不成熟、方法模型紧缺等实际，提出了基于任务+能力的装备保障训练内容需求分析模型，其概念模型如图 9-5 所示。该模型以任务为逻辑起点，以任务和能力映射关系、能力向内容的转换为主线，采用任务规范化描述和能力量化的方法展开需求分析。

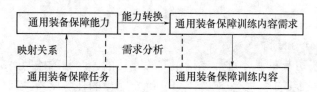

图 9-5　基于任务+能力的航空装备保障训练内容需求分析概念模型

1. 基本思路

基于任务+能力的航空装备保障训练内容需求分析模型，就是要面向未来保障任务，着眼于体系保障的整体性、不确定性、对抗性等特征，寻求从"战略目标"到"保障任务"再到"保障能力"的定性定量映射关系，建立一个从目标到保障能力再到能力差距的需求分析过程，从保障力量运用的角度分析不同任务构想下的保障能力需求，为保障训练内容构建提供分析方法和决策支持。

2. 分析过程

按照"目标—任务—能力—差距—需求"的顺序，分析完成目标所需的保障任务、条件和标准；根据保障任务，设计保障训练想定；分析不同想定情况下的保障能力需求，包括能力的构成、目标要求、资源支持、影响因素等方面；对现有保障能力构成进行评估，包括保障能力的有效性、适应性、不确定性和关联性评估，找出现有能力与想定需求之间的差距，并提出相应的分析建议；最后根据能力差距，确定保障训练内容。其分析过程如图9-6所示。

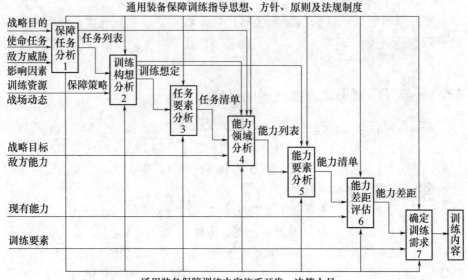

图9-6　基于任务+能力的装备保障训练内容需求分析过程模型

3. 内容确定过程

1) 保障任务分析

保障任务分析的基本过程包括根据战略目的、面临的威胁与环境、保障对象的状况、可能的行动及影响等因素，确定对象的任务层次，即确定训练的对象层次及担负保障任务的战略、战役或战术层级等信息；分析确定任务，针对输入的一系列要求在第 1 步确定的层面上对训练对象担负的保障任务进行分析；任务分解与细化，对得到的保障任务分解细化至一定的层面，形成保障任务列表，以便于理解和下一步的分析。保障任务分析的层次树如图 9-7 所示，保障任务列表如图 9-8 所示。

图 9-7 保障任务分析层次树

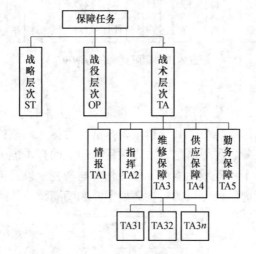

图 9-8 保障任务列表

2) 保障训练构想分析

在任务列表基础上分析保障力量在实施保障过程中的保障环境、采取的保障策略、具备的保障资源情况，以及保障力量具备的能力范围，形成初步的保障训练构想：明确保障目标、主要的训练方式、预期训练目的以及各保障力量之间的关系。保障训练构想分析的层次树如图 9-9 所示。

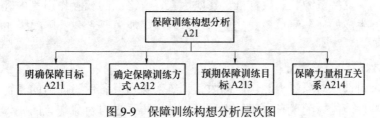

图 9-9 保障训练构想分析层次图

3) 保障训练任务要素分析

针对保障训练构想，分析需要完成的保障任务，生成任务清单。包括任务描述(任务执行实体、保障目标、样式、行动和过程等)、任务条件(影响任务执行的因素、任务执行可能涉及的想定条件等)和任务指标(任务的衡量尺度和标准，也就是在一组条件下，任务必须达到的效果)。保障训练任务清单如图9-10所示。

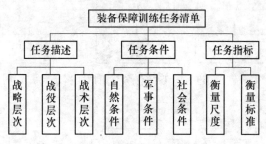

图9-10　保障训练任务清单

4) 保障能力领域分析

为实现保障训练构想所需完成的保障任务，根据任务+能力的映射关系，分析各领域需求的保障能力。其分析依据是战略目标、面临的任务、保障构想及需要完成保障任务、保障概念、敌方对保障对象的打击能力以及其他相关资源。分析结果是一个各领域的能力、相应任务与特征，以及能力对目标的支持程度分析。保障能力领域分析的层次树如图9-11所示。

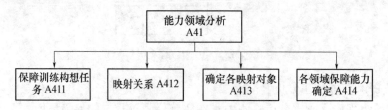

图9-11　保障能力领域分析的层次树

5) 保障能力要素分析

保障能力要素分析，主要包括能力的描述、完成任务所需的能力的结构、保障行动、支持资源、效果标准、影响因素及其之间的相互作用等内容。通过分析能够生成如任务清单模式的能力清单。保障能力要素分析层次树如图9-12所示。

6) 保障能力差距分析

通过对训练对象能力测评，即收集训练对象所具备保障能力的表征信息，对某一种保障能力的现有水平做出判断。然后再通过对对象现有的整体保障能力与目标能力的比较，判断二者差距是否适合进行训练。对于适合进行训练的对象进一步进行各个能力要素的差距分析，得到差距的大小和集中程度等信息，为训练内容的确定奠定基础。能力差距分析的层次树如图 9-13 所示。

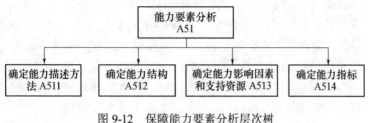

图 9-12　保障能力要素分析层次树

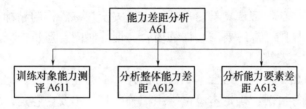

图 9-13　保障能力差距分析层次树

7) 训练内容确定

通过对比分析确定训练对象能力差距，综合考虑装备保障训练内容本身以外其他训练因素(人员、环境、资源、方式方法等)的影响，将能力差距转化为训练内容，最终确定装备保障训练对象需要训练的内容。训练内容确定的层次树如图 9-14 所示。

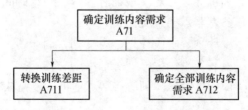

图 9-14　训练内容需求确定的层次树

9.5.2　部队维修保障训练的实施

装备维修保障训练一般分为训练准备、训练实施、训练结束三个阶段。

1. 装备维修保障训练准备

装备维修保障训练准备包括开训前的年度训练准备、阶段训练准备和专项训练活动准备。组织好训练准备是保证部队圆满完成训练任务的前提和基础。装备维修训练、准备的内容通常包括思想准备、物质准备、组织准备、施训准备。思想准备就是指传达任务，发动思想，使官兵了解装备维修保障训练的工作内容，增强对完成好训练任务重要意义的认识。物质准备就是分发教材、配发器材、补充物资、修整场地设施等，确保训练任务顺利展开。组织准备就是根据训练任务和军官、骨干的配备情况，通过调整、配备军官和训练骨干，加强训练的组织力量和施训力量。施训准备主要是备课示教，组织示范，统一施训，培养骨干。

组织装备训练准备的主要工作包括：了解受训人员情况及相关装备准备情况；确定训练相关内容；制定装备训练计划；布置装备维修保障训练工作；组织集训抓好先行试点；实施各种保障；检查训练准备情况等。

1) 了解训练任务

年度开训之前，应认真学习、理解上级关于训练工作的精神。重点把握训练指导思想、原则、训练要求、训练内容、训练时间、质量指标、措施与要求及上级主要活动安排等。

确定组训相关内容。结合本单位干部、骨干的任教能力，训练、设施及训练经费、器材等情况，确定本单位组织相关内容。主要内容是：装备维修保障训练的任务与目标，参加训练的兵力和训练任务区分，训练的步骤和方法；需要协调的事项；有关训练保障事项和训练物资的分配、训练时间分配、装备维修保障训练的起止时间；需要上级解决的问题等。

2) 拟制训练计划

装备维修保障训练计划是对装备维修保障训练工作所做的整体安排，是具体实施训练的基本依据。拟制训练计划是组织领导与管理训练的一项重要工作，科学制定和正确执行训练计划，对实现训练内容、训练时间、训练质量的规范化和圆满完成训练任务有着重要意义。

训练计划包括年度计划、阶段计划、月计划、周计划。

年度计划是对年度装备维修保障训练活动的总体安排，它主要明确参加训练的人员，明确各阶段的维修保障训练内容、时间、质量指标和基本要求、保障措施等。

阶段计划是对某一阶段训练活动的具体安排，主要明确某一阶段的训练内容、时间、质量指标及具体要求和保障方法。

月计划主要明确本月每周装备维修保障训练的内容、时间、组织实施方法和基本要求、保障措施。

周计划是对每周训练的内容、方法和基本要求做具体安排。

3) 召开会议，部署装备维修保障训练工作

为了及时部署装备维修保障训练工作，各级应适时组织召开训练会议，部

署训练工作，主要内容包括传达上级训练指示，学习训练有关的法规、要求，部署安排训练工作，研究落实训练的措施，进行思想动员等。

4) 组织集训，抓好先行试点

教学，是装备维修保障训练活动的关键环节。通常实施按级任教，辅之以专长任教。军官和专业骨干，既是训练的组织者，又是训练中的教练员。为了提高他们的任教能力，应在训练准备阶段，根据训练的重点、难点和弱点组织短期教学法集训。

为取得经验，指导训练，在训练准备阶段，还应当组织先行试点。先行试点，是指为了获取训练经验而进行的训练实践活动，是抓训练活动的重要方法。在组织试点工作中，应做好以下几项工作。

(1) 确定试点内容和单位。首先，确定试点内容，通常应为新的训练课题、训练的难点和薄弱环节等。其次，确定试点单位，试点单位应具有一定的代表性，其基础、条件与其他单位差距不大。

(2) 制定科学的试点方案。试点方案是关于试点工作的总体设想，精心设计好试点方案，是确保试点工作顺利进行的重要前提。试点方案的内容通常包括指导思想、试点内容、方法与步骤、完成时限和试点成果、措施等。在拟制试点方案时，要注意广泛征求意见，确保方案符合实际、切实可行。

(3) 要积极参与试点工作。试点方案确定后，应当深入试点现场，积极参与试点工作，督促试点单位按试点方案制定具体实施计划，做好试点的各项准备工作。要全面掌握试点进展情况，及时反馈方案与实际不相符的内容，以利于及时改进。同时，要注意积累试点的经验教训，以便为试点总结做好准备。

(4) 要做好试点经验的总结工作。抓试点只是手段，以点带面才是目的。在进行总结推广试点经验工作过程中，要及时拟制试点报告，帮助试点单位写出经验材料，抓好示范课目的强化训练。

5) 组织训练保障

训练保障是搞好训练的物质基础。训练单位必须依据训练法规要求，重点抓好训练保障的组织计划和管理，加强监督，确保训练保障工作的顺利进行。主要内容包括训练经费、训练物资保障、训练教材，训练器材、训练场地与训练勤务保障等。训练保障工作应当做到计划周密、及时有效、精打细算、勤俭节约、先急后缓、突出重点。

6) 检查开训准备

为保证顺利开训，使装备维修保障训练准备工作落到实处，应对训练准备情况进行全面的检查、督促、指导和帮助。检查方法主要有综合检查方式、单项检查方式。检查的重点内容是：

① 训练动员教育落实情况，官兵对装备维修保障训练的认识和反映。

② 组织准备方面，主要是装备维修保障训练的组织领导和首长分工，计划的制定情况。

③ 教学准备情况，主要是教练员、示范分队的培养，教材、教案的落实情况。

④ 物资器材准备情况，主要是各种装备、器材的完好率、修复和保养情况，请领、发放器材的到位情况，训练场地设施的建设情况等。通常采取实地抽样考查、实物专项抽查方法进行。

在检查中，要注意发现问题，解决困难，并将检查的情况综合整理，指出不足，确保能全面落实各项准备工作，促进装备维修保障训练能顺利展开。

2. 训练实施

装备维修保障训练实施阶段，就年度装备维修保障训练而言是指部队开训到训练结束这一阶段，中间包含阶段转换期。在训练实施阶段应主要完成组织、指导、监督、检查部(分)队的装备维修保障训练。

1) 掌握训练情况，发现解决训练问题

在训练实施的全过程中，应注意采取多种方法和多种渠道，确实掌握训练情况，通常采取以下几个途径：①查阅文件、资料，包括训练文书、训练登记、统计报表等；②召集有关人员进行汇报；③进行实际调查。通过上述三个途径，主要掌握参训人员情况、训练时间及训练内容情况、训练经费、器材、物资使用情况、训练质量指标完成情况、训练奖惩情况、训练管理工作情况等。在充分掌握训练情况的基础上，应及时进行分析研究，从中发现训练中存在的问题，进而解决训练中存在的问题。

2) 进行登记、统计

进行训练登记、统计是掌握训练情况，分析训练质量，实施训练管理的重要手段。必须严格做好登记、统计工作，做到真实、准确、及时、规范。训练登记，通常应按照士兵、军官、单位和重要训练活动、训练考核、训练、保障等分类记载，主要登记训练的兵力、时间、内容、质量等情况。

训练统计分为月统计、阶段统计和年度统计，分别统计月、阶段、年度训练的兵力、时间、内容、质量、物资消耗及其他训练情况等。统计训练情况，应采取按建制单位统计与按专业系统统计相结合的方式进行。

3) 组织训练检查和考核

训练考核评定是实施训练质量管理的基本手段。对各等级专业技术兵(士官)的考核，通常由施训单位在课目训练结束时或阶段训练结束内进行；对军官的考核，通常由上两级单位在课目训练结束时或训练阶段内进行。单个人员训练课目考核成绩不合格时，必须进行补考，补考成绩为补考内容的最终成绩。

技术等级考评按权限进行。初级技工等级考评每年一次，由师、旅保障部门组织，在专业训练结束时进行。中级技工等级考评每两年一次，由军级装备部门组织，在专业训练结束或年度训练结束前进行。高级技工等级考评每三年一次，由军区装备部门组织，在年度训练结束前进行。

4）成绩评定

对施训者的成绩评定同样是对施训水平的评定。成绩评定包括训练成绩的评定和等级评定。组织考核评定时，要认真做好考核、评定准备，严格按照成绩评定标准，准确评定成绩。考核结束后，应根据考核成绩和考评结论，进行讲评和总结，及时公布考核结果，评价成绩、问题，总结经验教训，提出要求，并将考核评定情况总结上报，登记存档。同时，按训练奖惩规定实施奖惩。

训练成绩按"二级制"和"四级制"两种方式评定。个人单课目成绩采取"合格、不合格"二级制；个人和单位年度综合成绩采取"优秀、良好、及格、不及格"四级制。

单个人员年度军事训练综合成绩，由单个人员训练课目成绩综合评定。标准为：优秀——训练课目合格率不低于90%；良好——训练课目合格率不低于80%；及格——训练课目合格率不低于70%；不及格——达不到及格标准。

单位年度军事训练综合成绩由军官和单位训练课目成绩综合评定。标准为：优秀——军官的训练课目合格率不低于90%、单位的训练课目合格率100%；良好——军官的训练课目合格率不低于80%、单位的训练课目合格率不低于90%；及格——军官的训练课目合格率不低于70%、单位的训练课目合格率不低于80%；不及格——达不到及格标准。

3. 训练结束阶段的工作

1）进行训练总结

训练结束时，应及时地进行总结，找出经验教训，为以后更好地开展训练工作提供有力的借鉴。

2）整理训练档案

训练档案是反映训练情况，记载训练成绩的重要资料，也是总结训练经验教训的基本依据。为此，在平时搜集训练资料的基础上，对各种资料进行系统归类、组卷、编目，立案归档，以备查用。

3）组织训练器材回收

搞好训练器材回收、移交和维修是训练结束后的一项重要工作，对保障以后训练工作的顺利展开具有十分重要的作用。在回收训练器材时，应当根据训练器材的配发情况，对训练器材进行检查。对不能使用的予以调换；对旧品进行回收、维修，对丢失者，要查清原因并妥善处理；对移交的器材要严格交接手续，防止丢失；对贵重器材，只要有条件必须集中统一保管，确保器材的使用效益。

9.5.3 航空兵部队维修保障训练精细化管理机制的构建

航空兵部队机务训练管理是保证维修保障训练工作落实、提高机务人员素质的基本手段，机务大队应该扎实抓好，不断改进训练管理。

1. 主责岗位

分管机务训练的副大队长，训练中心主任。

2. 相关岗位

机务大队长、教导员，副大队长、专业主任、训练助理。

3. 工作内容

机务大队的训练管理内容主要包括对日常训练、上岗训练、换装训练的管理。管理人员由训练助理担任，在机务大队副大队长领导下开展工作，履行以下职责：

(1) 负责机务人员持证上岗管理工作，组织军地院校和航空装备训练基地毕业学员、学兵上岗训练的具体工作。

(2) 按照制定的上岗训练内容及考核标准，组织机务人员上岗标准的培训。

(3) 承办岗位资格申请、考核、审查、评定和证书颁发工作。

(4) 负责机务训练情况，登记、统计、上报，填写机务人员技术档案。

(5) 配合各级装备机关完成岗位资格复审工作。

具体做好以下工作：

(1) 贯彻执行航空机务训练法规和上级指示。

(2) 制定机务大队航空机务训练计划，布置航空机务训练任务。

(3) 组织、指导、检查、监督并参加航空机务训练，考核、评定训练质量，登记、统计、总结、报告训练情况，推广训练经验。

(4) 协调航空机务训练与其他工作的关系，决定有关航空机务训练的重要事项。

(5) 组织、指导机务大队航空装备维修技术训练中心建设、使用和管理情况。

(6) 组织、领导航空机务训练中的思想政治和训练保障工作。

(7) 上级赋予的其他训练工作任务。

(8) 与质量控制室助理员一起，配合行管副大队长完成机务人员的考勤管理、休假管理和绩效考核等。

4．标准要求

1）加强组织领导

机务大队领导应当把训练纳入本单位军事训练体系，加强对训练的领导，想方设法协调部队训练与其他工作的关系，解决训练中存在的问题。机务大队要专门指定一名副大队长主抓训练。

2）实行训干结合

正确理解和处理机务大队自身训练与保障飞行训练的关系，充分利用保障飞行训练的间隔，相对集中时间，合理穿插安排机务人员训练，实行先训后干，训干结合，使训练成为保障飞行训练的前提条件，保障飞行训练成为训练的实践锻炼，防止训干脱节和以干代训。

3）组织零散人员训练

机务大队充分利用不进场保障飞行的零散人员，组织训练，逐步实现同一工作日与维修保障并行组织业务训练。要合理安排训练时间、内容，建立学习档案，根据不同的培训人员实施培训。

4）模拟训练

充分发挥模拟器室、多媒体教室和计算机网络的作用，组织好机务人员训练。

5）坚持按纲施训

严格按照《空军军事训练与考核大纲》实施训练，加强训练计划管理，精心组织实施训练，及时检查督促，建立客观公正的训练考核机制，保证训练时间、人员、内容和质量要求的全面落实。

6）开展岗位和科技练兵

结合机务大队训练，开展以岗位为基础，以作战保障为重点，以研练高科技条件下的信息化战争保障方法为突破口，以机务大队实际情况为出发点的岗位和科技练兵。通过岗位和科技练兵，增加训练上岗能力和科技含量，推动机务大队训练向前发展，并将练兵成果及时转化为现实的机务保障力。

7）加强基本建设

改善机务大队训练中心的配置，加大训练各方面的投入，包括经费、人员、设备等，充分发挥机务训练中心的训练管理功能。建设一支素质高、组训和任教能力较强的教员队伍。按空军训练管理规定，规范训练管理工作，建立正规的训练秩序。

5．程序方法

1）确定训练目标

确定训练目标的步骤通常是：

(1) 分析机务大队的任务。

(2) 研究上级下达的训练指示和应达到的训练目标。

(3) 草拟机务大队的训练目标和希望取得的训练成果。

(4) 运用既有的训练经验和训练原则，修改或补充训练目标。

2) 制定训练计划

机务大队训练计划分为长期计划(一年)、短期计划(季度)和近期计划(月份)三种。制定训练计划的具体程序：明确任务；规定训练指标；确定机务大队当前执行任务的熟练程度；决定训练课目的先后顺序；拟定相应文字计划。

3) 分配训练资源

训练资源有：经费、时间、人员、设施、弹药、教具、器材、装备及燃料等。

4) 组织实施训练

落实训练计划是搞好训练管理的核心环节。实施训练的标准有：内容准确；设计合理；讲求高效；力求真实；确保安全。

5) 进行考核与鉴定

按《空军军事训练与考核大纲》进行考核。考核分为内部考核与外部考核两种。考核内容主要有：训练管理程序；施训程序；个人与机务大队执行任务和完成课目的实际情况。

6. 检查督导

(1) 机务大队设置机务训练值班员，训练助理、训练中心保管员，机械、军械、特设、电子、质控、飞参、附件、修理专业教员等 11 个岗位。机务训练值班员一般由训练中心主任或机务中队以上干部担任。

(2) 专业教员由思想素质好，业务技术过硬，维修经验丰富，表达能力强的人员担任。大队每年进行一次专聘，发放聘书，对聘任期间按照一定标准给予课时津贴补助，专业教员要认真分析专业人员技术力量特点，针对薄弱环节进行训练，要制作专题课件并报训练助理处存档。

(3) 由机务训练值班员或训练助理负责组织当天未参加机务工作的人员进行业务训练，或组织协调新师新员、换装人员、补训人员培训，以及技术带教工作。

9.6　院校维修保障人才培养精细化方案构想

教育兴则民族兴，院校强则军队强。军队院校教育在军队建设全局中具有十分重要的地位和作用。党中央和中央军委历来高度重视军队院校建设，始终把院校教育放在优先发展的战略位置。近年来，在党中央、中央军委的正确领导下，军队院校全面建设取得了长足的发展和进步，特别是经过 1999 年、2003 年和 2012 年三次调整改革，数量规模已基本适应军事人才培养的需要，为军队建设和军事斗争准备做出了重要贡献。当前，空军建设已经站在新的历史起点，不断发展变化的国际战略环境和日益拓展的使命任务，更加凸显了人才建设在空军建设发展全局中的基础性、关键性地位作用。为此，院校航空装备维修保障人才的培养必须走精细化的路子，为建设一支与履行新世纪新阶段我军历史使命要求相适应的强大的人民空军，提供有力的人才保证和智力支持。

9.6.1 院校维修保障人才培养面临的挑战与机遇

1. 从挑战的角度看

(1) 作战任务的转变对航空装备维修保障人才培养提出了更高的要求。

我军所担负的"两个遂行"任务决定着航空装备维修保障人才培养的目标和方向，要求航空装备维修保障人员不仅能够保障战时作战行动，而且平时还要能保障非战争军事行动；不仅要具备应急保障能力，还要具备常态保障能力。因此，航空装备维修保障人才培养应始终以作战任务为牵引，以保障任务为"指挥棒、风向标"，以"能打仗、打胜仗"为人才培养的根本目的。

(2) 装备保障模式变革对航空装备维修保障人才培养提出了更高的要求。

装备保障模式变革是信息化条件下装备保障发展的必然趋势，是实现装备保障力量由数量规模型向质量效能型转变，由人力密集型向技术密集型转变的必然要求。装备保障模式变革给航空装备维修保障带来了根本性、全局性的转变。航空装备维修保障以适地、适时、适量精确保障为目的，逐步转向精细化、集约化的保障方式，要求航空装备保障人员不仅具备扎实的信息技术知识，还要善于运用信息技术组织维修保障；不仅要具备信息化知识学习能力，更要具备将信息力转化成为保障力的能力。当前，要以装备保障模式变革为契机，着力破解装备保障人才培养过程中存在的问题，创新人才培养模式，建设一支适应信息化条件下局部战争的航空装备维修保障人才队伍。

(3) 科学技术的发展对航空装备维修保障人才培养提出了更高的要求。

随着科学技术不断发展以及在航空装备上的广泛应用，当前传统的保障模式、保障手段已明显滞后于保障任务需求，难以精确、高效地完成信息化条件下装备保障任务。为了开拓航空装备维修保障新途径，提高维修保障效率，确保保障任务顺利完成，以计算机技术、人工智能技术和网络技术为代表的现代高新技术广泛应用于维修领域，形成了"以网络为中心的维修"、"基于状态的维修"等现代维修思想，以及以"智能维修技术"为代表的现代维修技术。科学技术的发展为航空装备维修保障开辟了新天地，提供了新方法和新手段，同时对人才培养提出了更高的要求。

2. 从机遇的角度看

(1) 明确的保障目标使得航空装备维修保障人才培养"有的放矢"。

为了顺应战争形态转变，针对保障任务的变化，航空装备维修保障确立了构建军民融合、平战结合的保障体系，基本形成打赢信息化条件下局部战争装备维修保障能力，巩固提升遂行非战争军事行动装备保障能力的总体目标。围绕这一总体目标，航空装备维修保障人才培养以官兵的全面发展为宗旨，确立了既培育红思想，又练就硬作风；既能保障，又会作战；既通指挥，又善管理；既精技术，又强体魄的人才培养目标。这一培养目标的确立为今后航空装备维修保障人才培养指明了努力的方向，勾画了未来的"蓝图"。

(2) 多年的培养实践使得航空装备维修保障人才培养"有据可依"。

多年来，装备建设和应急作战准备装备保障能力形成的实践，为航空装备维修保障人才培养摸索了路子和方法，总结了人员培养成才规律，积累了宝贵的人才培养经验。"十一五"期间，通过"直选新训"、"四方育才"、"特招引进"和岗位练兵等方法手段，航空装备各层次保障人才培养取得显著成效，基本能满足当前条件下的装备保障任务需求。航空装备保障指挥军官、技术军官和技术士官"三率"均保持较高水平，能够独立遂行作战保障任务的技术士官数量稳步提升。这些实践经验将成为当前及今后航空装备维修保障人才培养最直接、最实用的借鉴。

(3) 丰富的社会资源使得航空装备维修保障人才培养"有潜可挖"。

随着地方经济的蓬勃发展，其丰富的人力和教学资源，为航空装备维修保障人才培养提供了便利。一方面越来越多的地方人才融入到保障队伍中来。随着征兵政策的不断改革，许多大学生或具有一定技术专长的社会青年应征入伍，为培养航空装备维修保障人才提供了后备力量和可塑之材。另一方面，越来越多的地方教学资源被部队挖掘利用，丰富了航空装备维修保障人才培养手段。

(4) 先进的技术手段使得航空装备维修保障人才培养"有技可施"。

随着信息技术的发展，先进的技术手段被广泛用于人才培养实践之中，增强了教学的效果，提高了人才培养的效益和质量。利用模拟仿真技术进行教学训练，不仅能解决训练器材不足、部分课目实施难等问题，而且把抽象、单调、枯燥的教学活动变得生动化、具体化、现地化；利用音频、视频、信息网络技术进行远程教学训练，实现异地同步、师资力量的共享；利用课件、软件和影像等进行多媒体教学，实现教学活动形象化、多样化。航空装备维修保障人才培养要以先进技术为抓手，大胆尝试、勇于创新，从而实现人才培养成效最大化和质量最优化。

9.6.2 院校维修保障人才培养的原则

1. 培育学员正确价值观是院校人才培养的基本要求

青年学员处于价值观形成的关键时期。在社会经济深刻变革、思想观念深刻变化的时代背景下，如何帮助青年学员不受社会上错误思潮和腐朽文化影响，树立正确的价值观念，在思想深处夯实固本铸魂的"桩子"，是军队院校人才培养的基本要求。

现在的军校学员基本上都是"80后、90后"，对党的奋斗历程和历史功绩缺乏系统了解，对坚持党对军队绝对领导的理性认识不足，对一些根本原则制度不太熟悉。针对这个实际，最根本的是搞好党的创新理论武装和优良传统教育。因此必须把政治理论课教学的主渠道作用发挥出来，强化军魂意识，着力抓好中国特色社会主义理论体系进教材、进课堂、进头脑的工作。用科学理论廓清模糊认识，帮助学员认清西方敌对势力鼓吹"军队非党化、非政治化"和"军队国家化"的险恶用心，增强对党的信赖。

对人民群众的感情和态度，是人的一个基本素养，是核心价值观形成的"根"。如何培养青年学员的这个"根"？关键是通过教育和实践，做到知行合一，不断强化宗旨意识。要大力宣扬那些战争年代浴血奋战、和平时期无私奉献的典型，激励学员牢固树立"人民子弟兵"的意识，保持政治本色，续写前辈光荣。同时，把共建育人纳入人才培养总体方案，突出"共建和谐社会"主题，组织学员走上街头、走进社区、走近群众，在弘扬雷锋精神中唱响时代旋律，广泛开展主题突出、特色鲜明、富有成效的共建活动。当然，服务人民必须要有真本领。作为院校，最核心的是要帮助广大学员学习成才，充分具备将来治军带兵的过硬素质。

古人说"养兵千日，用兵一时"，对今天的学员而言，首要的是强化军人职能意识，让"当兵打仗、带兵打仗、随时打仗"的观念深入头脑，锤炼敢打必胜的英雄气概和战斗精神。

2. 把好部队需求的脉是院校人才培养的前提

需求把握不准，供给就必然盲目。搞清楚部队"需要什么样的维修保障人才"、学员"需要学到什么"，是推动院校维修人才培养发展的前提。

目前院校培养目标设计、教学质量标准、课程体系结构、教学方法手段等方面，与空军航空装备维修保障模式改革内涵与需求不适应，与部队对保障人才需求不适应，与学员学习需求不适应，这是制约保障人才培养质量的关键所在。一方面部队对院校培养多年的学员不满意，用起来不顺手，另一方面，学员对自身发展不满意，感到多年所学没有太大作用，英雄无用武之地。

为此，院校要不等不靠、主动作为，建立部队、院校和机关"三位一体"的教学新模式，一方面，沟通上级机关，了解保障人才队伍建设政策动向。另一方面，组织精干力量深入部队搞调研，沉到一线摸实情，全面、动态地掌握部队对维修保障人才的需求状况，并据此不断完善课程体系、组训模式、培训流程和教学管理。惟有如此，才能把好部队需求的脉，实现院校人才培养与部队需求的同频共振、无缝链接。

3. 以提升学员岗位任职能力为核心

不管世界形势如何发展，院校教育如何改革，其核心不能改变，那就是对学员岗位任职能力的培养。

和平年代，硝烟不再，军人如何才能在未来战争中立于不败之地？作为院校要积极探索作战预实践教学的路子，积极创造情境式、嵌入式训练环境，把学员推向各种"战场"接受锤炼。

院校要围绕军事斗争准备任务和体系对抗训练，组织学员考察战场、见识一线战备，观摩使命课题训练，参与处置异常空情各种演习对抗。

院校要利用自身科研优势，研发空军作战保障量化分析系统，建成以主要学科专业实验室为支撑的作战保障实验室群，常态化组织学员依托仿真实验评估系统，进行维修保障作战方案预案的制定及评估验证，实现核心课程教学的理论与实验结合、定性与定量结合。

4. 瞄准未来战争增强人才培养的前瞻性

面对千载难逢的战略机遇期，面对新军事变革的严峻挑战，能不能以前瞻的眼光，在更高的起点上培养和造就适应未来战争的大批高素质新型维修保障人才，将直接关系到我军能否跟得上世界军事发展的潮流，能否在未来信息化战争中立于不败之地。

当今世界的军事领域，作战理论、作战样式、作战手段等日新月异，军事人才的"保质期"、"保鲜期"越来越短。从马汉提出海权论到出现第一支海军舰队，用了10年时间；从富勒提出机械化战争理论到第二次世界大战的"闪电战"，用了7年时间；而2001年美军提出网络中心战到2003年首现于伊拉克战争，仅仅2年。显然，没有人才培养上的先行一步，要想赶上飞速演变的战争节奏，无论如何是不可能的。

今天在打什么仗？明天会打什么仗？作为培养未来战斗力主体的军队院校，必须树立超前的人才培养理念，立足当前、着眼长远，立足今天、着眼明天，立足平时、着眼战时，科学设置课程内容，不断改进教育训练方法手段，确保我们的学员不会输在打赢明天战争的起跑线上。

增强人才培养的前瞻性是贯彻以人为本的内在要求。新型维修保障人才培养是一项复杂的系统工程，必须坚持以科学发展观为指导，在现实与未来的交汇点上思考和决策，才能真正获得创造与创新的支点。科学发展观的核心是以人为本，最终目标是实现人的全面自由的发展。作为一种社会理想和价值追求，人的全面发展是人类教育的目标和归宿。在军事人才培养中贯彻以人为本，就要强调人在军事发展中的主体地位和作用，既尊重人的社会价值和个性价值，又要尊重人的独立人格、利益需求和能力差异；既把人塑造成权利的主体，又要把人塑造成责任的主体；既着眼于军事斗争准备的现实需要，又要面向军队建设与发展的未来需求。要实现上述目标，必须增强人才培养的前瞻性，放开眼界，选准方向，定好目标，培养一大批新型维修保障人才，以人的全面发展带动军队建设的科学发展。

增强人才培养的前瞻性是军事人才成长规律的客观要求。今天的军事教育培养的是明天的人才，后天的战斗力。如果说武器装备可以实行跨越式发展，那么人的素质则难以在短期内实行跨越。军事人才培养战略，需要从一个较长的历史跨度来筹划，无论是培养目标的制定，还是培养重点的确立，都要按照一定的时序步骤进行，使之具有科学合理的时序性，才能确保近期预想产生应有的远期效果。"紧跟部队装备、紧跟部队训练、紧跟部队工作"，是我们多年来形成的军事人才培养模式，在一定的历史时期曾发挥了不可磨灭的作用。但时至今日，其局限性日趋明显。鉴于此，培养高素质的新型军事人才，必须破除有什么武器装备培养什么人的传统观念，树立战争需要什么样的人才就培养什么样人才的新观念，加强人才培养的预见性和长效性，对军事人才的需求、规模、类别、结构及其变化规律、发展趋势等做出科学预测。这既是客观规律对军事人才培养的基本要求，也是我军人才培养的战略选择。

增强人才培养的前瞻性是打赢未来信息化战争的必然要求。在未来信息化战争中，敌我双方的较量将更突出地表现为高素质人才的较量。与发达国家的军队相比，我军现代化建设的差距不仅表现在武器装备、编制体制上，而且表现在军事人才的科技文化素质等方面。要想打赢"明天的战争"，必须增强人才培养的前瞻性，充分考虑未来信息化战争对军事人才的需求，摒弃那种只追求眼前利益、急功近利而不顾长远需要的短期行为和狭隘观念，以部队未来建设和未来可能发生的信息化战争为服务对象，着眼于掌握未来高技术武器装备和未来战争的需要培养人才。

增强人才培养的前瞻性，必须坚持与时俱进，树立科学发展理念。要确立"放眼世界、赶超一流"的前沿理念，敢于把追踪世界前沿作为我们的基本目标；确立"时间差就是素质差"的超前理念，用人才建设的超前性实现人才素质的先进性；确立"人才不再培养就贬值"的开发理念，不断推动人才素质结构更新。要瞄准军事人才培养的新发展，适度超前建设人才队伍，从人才队伍总量需求、结构需求、素质需求层面上，培养具备较强发展潜质的未来型人才。

增强人才培养的前瞻性，还必须坚持需求牵引，搞好顶层设计，切实瞄准未来信息化战争的迫切需要，在搞好各类岗位分析的基础上，从战略层次上筹划各类军事人才的教育和培训，筹划不同层次、不同专业、不同岗位军事人才的培养目标、培养方向和培养数量，统一设计各类军事人才的知识结构、培养层次和素质要求，统一规定各类干部成长发展的"路线图"和"关节点"，力求使不同职级、不同类别的干部在院校培养、岗位锻炼、选拔任用等重要环节上与军事斗争准备相协调。

9.6.3　院校维修保障人才精细化培养途径

院校维修保障人才精细化培养途径构想如图9-15所示：

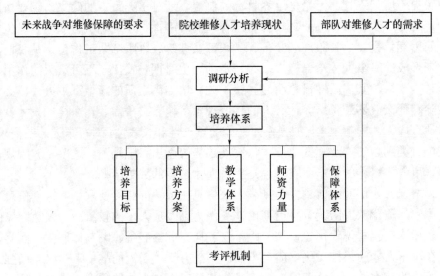

图 9-15　维修保障人才精细化培养途径构想

1. 以战争为导向，科学界定维修人才培养目标

培养目标是教育的出发点，也是教育的主线，它决定着将受教育者培养成什么样的人的根本问题。因此，应按照岗位专业能力标准和岗位职责，根据培训学员在作战、训练、管理和政治工作等方面的新需求，明确岗位任职能力的生成路径和任职发展的成长路线。通过对任职岗位的系统调查与分析，准确把握岗位特点及要求，紧紧围绕岗位任职实践能力进行培养，突出任职最直接、

最管用、最顶用的知识和技能。要围绕作战保障、组织训练、部队管理、政治工作等能力，完善人才知识能力素质结构，并区分一般能力、核心能力和拓展能力，着重突出培养打赢信息化条件下的核心军事能力，形成以"面向战争、面向部队、面向战场"为价值取向的人才培养目标模型。

中央军委颁发的《2020 年前军队人才发展规划纲要》，紧紧围绕主题和主线，为军队人才建设描绘出了清晰蓝图。加强院校维修人才培养，必须积极适应新的形势要求，围绕主题主线来思考、筹划和建设。

军队院校维修人才培养目标的制定，要紧盯部队实际需要，紧盯战场，紧盯未来战争对维修保障的客观要求，从思想政治、专业知识、组织指挥、身体素质等几个方面进行考虑，如图 9-16 所示。

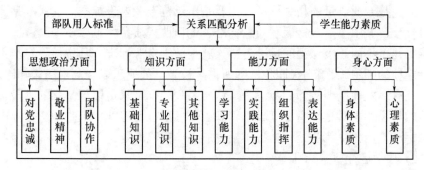

图 9-16　人才培养目标

思想素质：着重培养学员听党指挥，为民服务的意识，以当代革命军人核心价值观来塑造学员，结合主题主线教育，使学员牢固树立党对军队绝对领导的军魂意识。社会经济的迅速发展，人们价值观的多元化，都给部队带来了巨大的冲击，面对身边的灯红酒绿的诱惑，面对有家不能回的现状，作为当代革命军人，必须时刻保持对党的绝对忠诚，在任何时候任何情况下，都要牢记军人誓词，用自己的行动履行对党、对军队的誓言。

专业知识：使学员具有扎实的基础知识，丰富的专业理论知识，较强的动手能力，具有熟练从事航空装备维修保障方面工作的能力，成为应用型、复合型的工程技术人才。

组织指挥：航空装备维修保障是一项复杂的系统工程，良好的管理是保证其顺利开展的前提，因此，组织指挥能力也是院校人才培养的一个重要目标。组织指挥能力的培养除了理论教学外，更重要的是实践的锻炼，院校要想方设法从多个方面锻造学员的组织指挥能力。

身心素质：信息化条件下的战争具有时间短、强度大、任务重的特点，要想适应这种战争特点，必须使学员具有良好的身心素质。既能承受较大的体力负荷，又能承受巨大的心理压力。

2．建立和完善人才培养质量标准体系，改革考核方式方法

人才培养目标确定后，就要根据目标制定相应的人才培养质量标准体系，对于院校来说，人才培养质量标准体系包括以下几个方面：

1) 教学输入质量标准

教学输入质量是整个教学质量的基础，是整个教学活动的起始阶段。教学输入主要包括专业建设、课程建设、生源条件以及教学资源(包括师资力量、教学实训设备等)几个方面的内容，因此教学输入质量标准可以从以上几个方面来制定。

首先是专业质量的相关标准，主要是指示范专业建设标准。其次就是课程质量标准，其中包括合格课程质量标准、优质课程质量标准以及精品课程质量标准等几个不同等级课程的标准。再次就是教学资源标准，师资质量标准主要包括学校的师生比、中高级职称教师所占全校教师的比重以及高学历教师比重，另外还有"双师型"教师的数量等，这一系列的标准都可以用量化的手段来表现；教学设备主要是教室及其设施管理工作标准以及专业实训基地建设标准；生源标准则由招生就业处根据每年招生的具体情况而定。

2) 教学运行质量标准

教学运行质量是影响教学质量输出的关键点，也是教学活动的中心环节。主要有理论教学质量标准、实践教学质量标准、人才培养方案标准以及教案标准等，理论教学是职业教育的基础部分，主要包括教学内容、教学方法和教学手段，实践教学是军队院校培养技能型人才的重要组成部分；此外还包括成绩考核质量标准，如作业标准、考务标准等。课程考试和技能考核是检验教学效果的重要途径，也是激励学生刻苦学习的重要措施。

3) 教学输出质量标准

教学输出质量是检验教学活动效果好坏的一个重要标杆，也是教学活动的产出阶段。主要包括学生毕业标准和毕业论文(设计)标准这两个方面的内容。其总体结构如图 9-17 所示。

3．对照目标和标准，科学构建教学体系

教学体系是培养目标得以实现的重要手段，精细化的教学体系主要包括专业设置、课程体系、教学方式、教材选定等四大方面。

1) 专业设置

专业设置的优化和细化是精细化人才培养的重点。在对部队和未来战争对人才需求标准和学校实际情况调研的基础上，对专业的设置进行合理优化，建

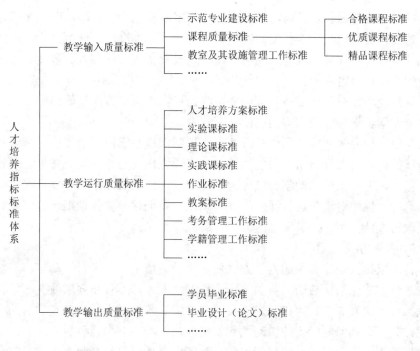

图 9-17　人才培养质量标准体系

立与需求匹配的对应专业或对原专业合理细化分类。在同一大专业背景下实现分层分类的模块，同时对相应模块进一步细化，以战争和部队需求人才的专业要求和能力结构为细化标准。如同德国对人才培养提出"不同类型、但是等值的"指导思想，对不同类型的人才培养模式进行精细分类指导，更有利于人才的培养和教育的发展。

2) 课程体系

课程体系的构建是根据专业设置及专业分类的不同方向进行细化、量化和标准化，形成不同种类的课程体系。由专业带头人、专业教员、部队一线的技术专家和管理人员组成课程建设项目小组，在定期专业调研的基础上，按照航空装备维修保障岗位的职责要求和素质结构，通过任务分解和能力分解，确定开设的课程，形成课程体系。对现有课程体系，要进行"重新洗牌"，做好相应的加减法。这里尤其是要重视实现跨学科复合课程的设立，增加学员课程选择的自主性，实现对复合专业类型人才培养的需求；同时，还要对相应的课程内容进行深入的细化研究，以达到人才培养的教学内容要求。在进行课程设置时，必须突出军队特色，重视实践教学环节。特别是主要专业课的课程安排上，凡能设实训环节、有条件增加实训部分的课程，都要增加实训环节，而且形式要多样。在进行课程设计时，学校要统一制定课程建设的标准。即从哪些方面进行建设？要建设到什么程度？评价标准是什么？标准尽可能数据化、量化、细化，具有可操作性。其次，要明确课程建设负责人、评估人。最后，对课程建设的成效进行客观的评价，并予以正式的反馈，指出需要改进的地方。目前，在军队院校还没有职业资格认证证书，我们可以借鉴地方院校好的做法，规定相关专业学员毕业前应取得的相应证书，否则不予毕业。并且要把这一条写进学员手册，以此来严格要求学员。其次，加强课程教学内容的改革，将职业资格考试的内容融入到日常的课堂教学中，将课程建设与考取职业资格证书相结合。最后，专业教员帮助学员做好考证的规划。如在第几学期可以考取什么证书，有针对性地对学员进行课外辅导。总之，要把这项工作做细，落到实处，才能取得成效。

3) 教学方式

传统以传授知识为主的教学方法使得学员习惯于不思考、不动脑，显然，这种教学方式无法适应新形势的要求。精细化人才培养体系要求改变这种教学方法，以"启发式"、"讨论式"及"开放式"等教学手段，确定学员的主体地位，充分调动参与学习的主动性和积极性，培养独立学习和思考能力，切实把传授知识、研究问题、培养能力和提高能力素质有机结合起来。这也符合教育部在《国家中长期教育改革和发展规划纲要(2010—2020 年)》提出的"学思结合"启发探究式的人才培养教学方式。

4) 教材建设

教材是教学实力的体现。组织具有丰富教学经验的教员共同商讨、编写航空装备维修保障专业的系列教材，反映航空装备领域发生的变化。加强对教材选用的管理。根据教员教材的使用情况以及历年学员对教材的反馈情况，精心选择优秀的教材。教材的选用由课程责任教员把关。由多名教员共同任教的课程在选择教材前应该组织教员进行讨论。

4. 精干教员队伍，打造优质课堂

美军院校历来重视师资队伍质量建设，要求文职教员必须具有硕士以上学位，军职教员必须具有学士以上学位，初、中、高三级院校的教官必须有部队任职资历和时限，且 90%以上拥有硕士或博士学位，70%是军职教员，30%是文职教员。为提高教学的针对性，规定军职教员必须定期与部队军官进行轮换交流，实现了军校教学与部队训练的有机结合。概括来说，美军院校在教员队伍建设上一是采取军职与文职、专职与通用相结合的办法，形成了综合型的教员队伍；二是坚持职业制和轮换制相结合，经常保持教员队伍的合理流动；三是提高对教员的素质要求，不断使教员队伍结构科学化、现代化；四是严格对

教员的考核，形成争先创优的竞争气氛。

随着军事院校教育事业的不断发展，我军院校已形成了一支规模可观的教员队伍。在学历层次上，高学历教员比例有了较大提升，具有硕士及以上学位的教员已占到教员总数的三分之一，在队伍构成上，文职教员约占教员总数的50%，在教员选拔、培训、交流、考核、代职等方面，逐步走上了正规化、制度化的轨道，较好地满足了适应新时期军队建设和军事人才培养的要求，但面对新军事变革和信息化战争的挑战，我军教员队伍在梯队结构、职称比例、学历层次、部队实践等方面还有待进一步优化、提高。

通过对比，我们发现，我军教员明显缺乏部队实践工作经验，为此，我们要做到以下几点，以完善和优化教员队伍。

第一，积极引进部队人才。引进原则是打破"非高学历不要"的做法，我们既然要培养学员的任职能力，更应引进一批有具有丰富专业技术背景的军官，特别是部队高级技术人次，同时还应制定相关政策，真正做到使这些人才能够"引得进、留得住、用得上"。

第二，让现有教员干部参加进修和培训。与机关协商，与部队开展合作，明确规定军校教员要在一定的时期内到部队相应的岗位上锻炼一定的时间(如在4年内必须到部队代职半年等)，如此，不仅能丰富教员的实践工作经验，也能使教员更加了解部队、更加了解战争对人才的要求，使院校在课程设置、人才培养上更具针对性。

第三，组织教员干部参加部队演习。和平环境下，检验部队战斗力的重要途径就是军事演习，院校要与机关多沟通，积极选派教员干部到演习一线去，亲身感受现代战争对航空装备维修保障的要求，对维修保障人才的要求。

院校教员队伍建设的最终目标是构建"院校专家、部队教官、外聘教授"三位一体的教员队伍体系，形成以优秀中青年教研人员为基础、以学科带头人为骨干，以首席教授为代表的高素质教研人员群体。

5．加强实训设施的建设，完善教学保障体系

教学活动的展开，离不开教学保障体系的支持，对航空装备维修保障人才的培养，很大程度上要靠教学实践活动。从现有实训设施看，仅能满足学员了解装备的需求，不能使学员对航空装备维修保障活动的复杂性和系统性有更加深入的了解。为此，院校一方面要加强实训设施建设，积极模拟部队维修保障活动的各项工作；另一方面，要利用院校自身优势，大力开发虚拟维修保障训练系统，使学员对航空装备维修保障活动有一个全面深入的了解。

6．加强第二课堂建设，完善学员科技创新体系

第二课堂建设要依托基础教学内容和实验教学平台，搭建"全员化"科技

创新活动载体，大力开展课外科技立项活动以及专业课程竞赛、自主实验、社会实践实习等活动，培育和选拔优秀学员参加"精英化"课外科技创新活动，展现学员创新实践成果。同时，作为一项系统性的工作，使第二课堂不仅要在活动载体上力求新颖，还要在制度建设、组织队伍建设、创新文化建设、科研思想教育和精英团队建设、创新基地建设、科研助手等方面下功夫，通过各方面的协调工作，使得第二课堂既为学员提供进行课外科研的平台，又着力营造全员化的科研氛围，提升学员的综合素质，形成具有特色的学员科研创新文化。

7. 质量综合化评判

人才质量综合化评判，体现了部队对院校人才培养质量的最终评价，是人才满足部队需求的重要保障。长期以来，对学员的毕业鉴定是院校单方面行为，评什么，如何评，更多是指令化的，形成了传统评价中的"一言堂"局面，无法全面、深刻、多层次地衡量学员的发展情况，也不便于学员更全面地认识自我。鉴于此，必须建立由单项评价与综合评价相结合、教员评价与自我评价相结合、院校评价与部队评价相结合的多元化鉴定形式，以任职能力为核心，重点考察学员的知能转化与实际运用能力。按照《学员综合素质考核规定》制定考核方案，从思想政治、军事基础、专业业务和身体心理等方面，对学员的作战指挥、组织训练、部队管理、政治工作能力等进行综合考核，并注意加大实践应用能力考核比重。采取实践操作、现场作业等方式，突出对学员知识灵活运用和解决问题的能力考核，最大程度地满足部队建设的需要。学员毕业时，及时向部队通报评定结论，提出使用建议。

9.7 航空维修保障企业精细化方案构想

"产品如人品，质量不好就是人品不好"，"质量就是最大的政治"。这是一家军工企业对"企业质量观"的核心表述。在他们的宣传展板、横幅标语、车间墙壁、企业文化手册，甚至挂在零部件上记录产品型号的标识牌上，都能看到这句话。细细分析这句话，可能有人会觉得不太合逻辑，但如果我们了解这个企业的工作，是与军用航空发动机维修联系在一起，与部队战斗力联系在一起，乃至与国家和民族安危联系在一起，你还会感到不好理解吗？这是一种更高的境界，因为他们的产品质量，承载着一个重要军工企业应该具备的品质，他们所追求的质量内涵已经超越了一个普通企业对产品质量的定位。

1986年美国"挑战者"号航天飞机升空74秒后发生爆炸，7名宇航员遇难，罪魁祸首竟是一个有裂纹的塑料密封圈；邓小平同志曾告诫我们：飞机质量就是百分之百，百分之九十九点九也不行，非百分之百不行……质量问题是影响战争胜败的问题。航空维修业是伴随着飞机诞生而产生的一个特殊行业，与军队有关的航空维修企业更是一个特殊的群体，不但要完成军方交给的各种维修任务，更要保证企业的发展壮大。近几年，中国在各个领域逐步与世界接轨，为航空事业的繁荣开拓了道路，使得国内航空装备维修业的发展前景更为广阔。在全球经济一体化的影响下，中国的各行各业与国际的接洽越来越频繁，航空业这一具有国际性质的行业及其附属产业更是无法避免。中国加入世界贸易组织之后，航空装备维修业属于较早对外开发的行业之一，随着国门的打开，国外航空维修企业与原设备制造商(OEM)纷纷进入中国航空维修市场，其凭借着资金、技术和管理的优势，使弱小的国内维修企业的发展空间更趋狭小。

9.7.1　设立清晰的企业目标

没有对企业战略目标的清晰，就无法发展出好的产出标准。没有产出标准，就无法发现成功的实际驱动力和建构力。而不了解实际的驱动力，就不能确保它们相互配合以推动合作和团队协作。是否需要在整个企业都从战略清晰开始？并不一定。可以先在一个领域、职能单位或部门引入。

精细化管理标准可以首先被引入企业的某个部门中，该部门存在着必要的资源和支持并且最有可能获得成功。在一个试验单位的成功常常是具有感染性的。积极的态度是获得成功的前提，这样引入精细化管理标准的行动也将会在企业的其他部门赢得管理层的支持。

不论是选择从整个企业开始的战略还是仅仅从一个职能部门开始的战略，问题仍然是如何使战略思考和目标变得清晰。对澄清的抵抗可能会来自那些执著于过去行为的管理者，尤其是他们常常非常不情愿考虑停业或停产。然而澄清战略恰恰包含这一点：确定企业在哪里拥有(或者可以获得)一个竞争性优势以及在哪里不具有。而必然的结果是在具有优势的领域进行投资并退出不具有优势的领域。这些常常是不受欢迎的(而有些时候也是令人讨厌的)决定。为了试图避免这些决定，管理者可能乐于让他们的战略保持模糊——因为模糊的战略不会带来令人讨厌的决策。

例如，一家制药公司决定其战略的一个部分是"员工应该具有主人翁意识"。这对高级管理层显而易见是很好的。管理者也因为它不会带来威胁而会同意它。但是它有什么实际意义呢？顾问被请来试图包装并向员工推销这一理念。由于缺乏清晰性，这一理念被员工们取笑并被管理者们忽略。它完全没有任何影响，因此它当然不会带来任何战略决策，不论这种决策受欢迎与否。

战略清晰对于面对变化和竞争是必要的。清晰在企业致力于实现什么目标(一个清晰的价值命题)以及它为什么要实现这一目标(一个清晰的独特的卖点或者一个清晰的对相关能力的陈述)的问题上都是必需的。这一清晰性将表明，企业应该和不应该进入哪些行业；企业在什么地方需要资源而在什么地方需要缩减资源。澄清战略常常是痛苦的，总存在着成功者和失败者。

一旦在标准的帮助下战略得以澄清，就需要开始在企业中传播其结果了。企业经过澄清的方向需要广泛的传播，需要有一个回馈的过程，也需要一个解释和鼓励的过程。一般而言，通过逐渐渗透会比一蹴而就的方式更好地达到沟通的目的。人们需要时间去吸收方向和标准的改变，需要时间去思考这些变化对他们的影响。对于管理者和员工而言，要让他们真正地遵循一个清晰的战略，首先要使他们相信这一战略，而这意味着他们必须了解对于他们的企业而言这为什么是一个制胜的战略。

仅仅有单向的沟通，说明战略是什么以及描述评价的标准，是不够的。应该有互动的机会——为了了解怀疑和挑战，也为了获得高级管理人员的个人许诺。这种个人的信任往往最好是通过一些员工与其直接管理者举行会议来实现的。高级管理团队的任务是要说服他们下级的管理层。这样，个人的投入就在整个企业得以证实了。

作为一家军队装备修理保障企业，5720工厂于2008年获得了全国质量奖，这与该厂坚决贯彻落实空军和空装党委的决策指示，瞄准"国内领先、国际一流的航修企业"发展目标，坚持"快人一步"发展战略是分不开的。当10年前该厂军品生产任务严重不足，企业经营跌入低谷时，工厂领导在机关的指导下，紧盯军队武器装备发展需求，不等不靠，自筹资金建起了国内第一条新机修理线。由于他们目标明确，超前谋划，当装备部队的第三代战机陆续到寿命时，他们靠自主创新，打破国外技术封锁，及时形成了新机修理能力，实现了从修理第一代战机到第三代战机的跨越。

9.7.2 明确影响目标实现的内外部因素

1. 企业外部环境分析

外部环境分析是要找出对企业集团有益和可能存在风险的关键因素或环节。外部环境又分宏观环境和行业环境。

1) 宏观环境分析

宏观环境一般从经济、政治法律、科技、文化等四个方面分析。可以运用关系饼图的方法列出相关关系，然后逐一分析，如图9-18所示。

2) 企业环境分析

在企业集团行业环境分析中，迈克尔·波特的竞争力模型图比较有名，行业中5种竞争力量参与竞争，使企业面临严峻的形势。5种竞争力量如图9-19所示。

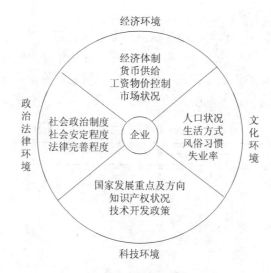

图 9-18 企业的宏观环境图

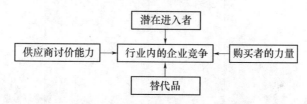

图 9-19 行业环境中五种竞争力量

在 5 种竞争力量中，行业内的企业是最直接的、现实的竞争对手，他们的情况将直接影响企业的生存局面，因此制定战略时首先要对行业情况进行详细分析和研究；购买者是企业产品的市场，是企业能否生存的源泉，企业争夺购买者就是争夺生存空间，一旦购买者流失，企业产品将失去竞争力，企业也会面临一定的危机；供应商是企业生产原材料和部组件的提供者，如果供应商的力量强大，就会在讨价还价方面有比较大的发言权，就会要求提高原材料或部组件的价格，压缩企业的利润空间，从而降低企业的竞争优势；潜在进入者是当这一行业具有一定的发展空间或具有较高的利润时，其他企业就会设法进入这一行业，加剧企业间的竞争，因此企业集团在选择产品或产业时要认真分析，设法使新进入者面对比较高的门槛；替代品是企业生产的产品，经过一段时间后，其功能可以由其他产品所替代，如新药品代替原有药品、MP3 代替收音机、移动电话代替部分固定电话等，这无疑将压缩原有产品的市场空间，这对企业也是一个巨大的挑战。因此企业集团制定战略，必须综合考虑全面情况，使其具有长远发展的后劲。

2．企业内部环境分析

一般要进行管理、市场、财务状况、竞争能力等分析，这些都有成熟的方法。如资产负债率、速动比率、市场占有率、利润增长率、保值增值率、资产收益率等都有规范的算法，在此不赘述。内部因素评价矩阵可用于综合评价企业内部的优势和劣势。内部因素评价矩阵见表 9-3。

表 9-3　企业内部环境因素评价矩阵

内部关键因素	加　权	评　分	因素分数
企业优势			
1. 管理方面			
规章制度			
执行能力			
整合能力			
……			
2. 经济实力			
企业规模			
盈利能力			
资产负债率			
速动比率			
……			
3. 科技开发能力			
科技人员比率			
重点实验室			
科技成果和专利			
科技带头人			
……			
4. 产品市场占有能力			
市场占有率			
产品利润率			
……			
劣势或弱势			
1. 管理方面			
……			
2. 市场方面			
……			
3. 人才方面			
……			
总计			

356

评分的分值可以根据情况设定，如可设为 4、3、2、1 等，也可以按百分制设置，只要方便计算即可。

9.7.3 企业实施精细化管理的基本步骤

1．培训

为尽快推行精细化管理，有效的培训是必不可少的。

企业要明确培训的具体要求，可由专业培训中心具体组织实施，培训一般应采取互动的方式进行，包括理论培训、调研和分析总结三部分内容。

理论培训的主要内容有：品牌建设需要精细化管理来支撑、企业文化与精细化管理、航空装备维修保障对产品的质量要求、质量管理的方法与相关方的责任、关注成本管理的每一个细节、材料管理、费用核算与考核，客户管理、精细化管理的生产组织等。

理论培训后进行调研、分析与总结阶段。

2．确定试点

在确定试点时，应遵从以下原则：

(1) 选择工艺比较成熟，自动化程度较高，能满足精细化生产"零缺陷"要求的产品；

(2) 选择竞争较激烈的产品；

(3) 选择现场机械设备布置合理、材料核算准确、工艺流程清晰的产品；

(4) 选择流水线生产的产品。

3．确定精细化管理的领导小组和工作小组

为保证精细化管理的工作落到实处，而不是空谈，企业应成立以公司总经理为首的领导小组及以公司负责企管副经理为首的工作小组。

4．制定企业精细化管理的体系构造

参考日本丰田企业的精细化管理，精细化管理的体系构造如图 9-20 所示。

5．营造适合自身的企业文化

当前有句流行语：三流企业人管人，二流企业制度管人，一流企业文化管人。正如美国《财富》杂志曾指出的：没有强大的企业文化，没有卓越的价值观、企业精神和企业哲学信仰，再文明的管理战略也无法成功。可见，强化企业文化管理是多么重要。

运用企业文化，加强企业管理，促进企业发展，已成为一些军工企业领导的共识。因为在企业管理中，文化的管理功能是用企业的核心价值观凝聚管理层和员工，创造企业的个性，为企业提供使命、动力以及追求方向和激情源泉。文化管理所形成的规范力，可自然约束员工的思想和行为；文化管理形成的经

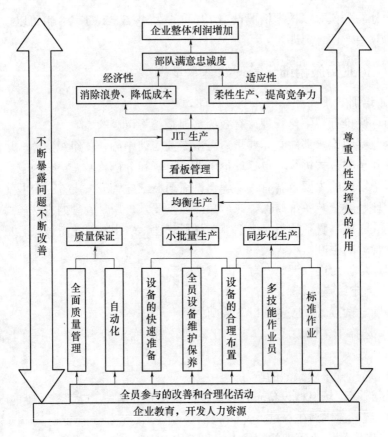

图 9-20　企业精细化管理体系构造

营理念、企业哲学，可以起到很好地整合企业精神资源和物质资源的作用，优化资源配置。文化管理的要义是为企业确立一套做人做事的行为价值标准，以此来判别事物的好坏对错、成功失败、美丑善恶；判别哪些事是应该做的，哪些事是不应该做的。世界 500 强企业胜过其他企业的根本原因，就在于这些企业善于用企业文化管理并为自己的企业文化注入活力，以保证企业长盛不衰。

　　企业的文化管理是文化制度化与制度文化化的内在统一。文化制度化是将企业价值观转化为实际可操作的管理制度的过程，制度文化化是将制度理念化为员工的思维、习惯和行为，通过员工的认同继而化为员工个人价值观，最后实现企业价值观与员工价值观的融合，形成心往一处想，劲往一处使的共同价值追求。

　　由此可见，企业文化管理是企业发展的深层次核心推动力，是企业"一只看不见的手"，无处不在、无时不有，汇集在企业的观念和行动中，潜移默化地发挥着巨大作用，决定着企业的兴衰成败。

实施企业文化管理，对航空装备维修保障企业来讲，会更加有助于坚持以人为本的管理理念，全面提升员工综合素质，充分调动员工的积极性和创造性；会有助于科学、规范管理，不断提高生产力、竞争力和保障力；会有助于塑造企业良好形象，营造文明和谐环境；会有助于保持企业生产经营秩序协调稳定，促进企业经济效益提高，推进企业又好又快发展。

许多优秀企业的实践证明，只要企业以实现员工的全面发展为目标，打造企业文化，营造和谐的内外部关系，通过组织丰富多彩的活动，强化企业核心价值观教育；通过各种宣传媒介，广泛传播企业文化；建立图书馆、完善文体设施、实行医疗救助基金、送温暖基金等制度，加强对职工的人文关怀；坚持季度形势报告会制度和职工满意度问卷调查制度，高度重视员工诉求等举措，形成企业和员工的良性互动，就必然能促进企业的和谐稳定，一定会为企业又好又快发展提供不竭动力。

9.7.4 企业推行精细化管理应努力的方向

1. 规则意识的持续改善

规则意识，这是目前绝大部分企业管理者最欠缺的东西。欠缺的原因表现在两个方面，一是"不知道"，二是"不愿意"。"不知道"的问题这些年来已有所改观，目前的主要问题是"不愿意"，不愿意放权，总是对规则不放心，对下面的人不放心，非要天天盯着亲力亲为。其实"不愿意"的根本原因不是放不下权力，而是没有真正认识到精细化管理的好处。精细化管理不仅仅是"帮你管理"，而是"替你管理"，可以一劳永逸地解决大部分管理难题，在为你创造价值的同时，也为你节省了大量的时间精力。通过精细化的规则，可以让企业从人的简单集合变成一台可以自动运转的机器，你所做的只是按下开关而已。

2. 发展需要的持续改善

很多企业制定了非常详细的规则制度，对细节的重视到了无以复加的地步，但结果却并不明显，过于细的规则反而增大了执行的难度，浪费了大量资源。这是对精细化的曲解，精细化决不仅仅是"细"，而是"精"，即符合客观规律，切实有效，不是为细而细。企业管理确实有一些普遍规律，但具体到不同行业、不同企业，情况千差万别，自己的规则必须符合自己的实际需要。几十人的小公司和几万人的大公司不能用同样规则，也没有任何一种工具、方法是适合所有企业且立竿见影的。我们推行精细化管理的目的，旨在让企业了解自身，制定出符合自己客观规律的规则。

3．人员训练的持续改善

杰克·维尔奇当年在 GE 推行六西格玛，用了 15 年的时间，使得这一管理思想深入到企业每一个人的骨髓当中。我们企业在推行精细化管理中，切不可浮躁速成，需要对员工持续地训练，不断改善其工作技能和方法，以达到思想和工作技能的高水平。精细化管理模式下的员工，每个人的工作性质也许不同，但都属于同一个系统的不同环节，为系统服务是目的，具体工作是手段。对员工精细化管理规则的传授，绝不仅仅是让其明确自身的行为规范，而是让其明确自身在整个系统中的作用，自己的工作会为整个系统带来什么价值，自己的失误会给整个系统带来什么损失。这样才能不断加强员工的自我约束和合作意识，保证系统正常运行。

4．考核监督的持续改善

考核监督的公平性自古以来就是人们最关注的问题，不公平的考核监督会损伤员工的积极性，破坏内部团结，影响工作效率。而精细化管理在这个问题上是有先天优势的，由于事先将工作的标准、流程、考核方式做了详细的规定，事后非常容易进行对照评价，让员工心服口服。但一定要避免的是管理者出于人情等原因，跳出规则之外进行奖励或惩罚，这可能会大大降低规则的权威性，让企业倒退回人治阶段。

5．文化建设的持续改善

企业文化是最难建立，也是最难模仿和复制的企业财富。企业文化不是空中楼阁，它其实来源于符合企业实际的规则和制度。这些规则和制度在反复执行过程中，会强化为一种潜意识，不需要思考，也不需要训练，自然而然知道怎么办。当规则转变为文化，甚至不需要太多条文，不需要太多监督，每个员工都会习惯成自然，这是一种最高境界。当然在过渡阶段，是必须有条文和监督的，但管理者要明白，条文和监督是手段不是目的。

9.7.5　企业推行精细化管理必将带来的转变

1．随意化到规范化的转变

对于大多数的中小型企业来说，管理缺乏规则是非常常见的，尤其是一线员工工作随意性大，任由员工自己的判断或喜好工作，缺乏具体的工作指引，在具体的工作规则、考核监督等方面往往会以管理者的主观判断作为基准。事实证明，传统经验型管理模式随意性大，往往问题重复发生，管理者疲于救火。在航空装备高新技术高速发展的今天，必须按照现代模式来管理和掌控一个团队，以规则为基础，按制度办事。虽然，以往的企业都有大量的制度，似乎也是按制度办事的，但对制度的不同理解和认识正是传统管理与现代管理的根本区别。传统管理模式下的管理者会把严禁这严禁那，几点上班，几点下班理解为管理制度，这是对管理制度认识上最大的误区。现代管理制度中最关键的不是约束性的规定，而是引导性的规定。引导性规定是基础性规定，约束性规定只是支持性规定。按照制度办事主要是指按引导性规定办事，即每一件事如何开展，开展的步骤是什么，标准要求是什么，用什么工具进行。在企业管理发展过程中，按规则办事，消除工作的随意性，才能从整体上提升一个团队的综合实力。

2. 经验型到科学型的转变

中小型企业的管理者对于经验的依赖程度还是非常高的。在很多时候一个关键员工的离职，如业务的、生产的、技术的关键员工离职，都会给整个企业带来毁灭性的打击，因为企业的关键技术、生产流程、业务资料等被这些关键员工所掌握或垄断，他们把企业的核心资源装在自己的大脑中，成为组织不可替代的人，事实上经验型管理对于企业的持续健康发展是非常不利的，现代企业利用科学管理来规范和保证企业的发展是最为重要的。当代管理学大师迈克·波特就提出过这样一个论断：现代的管理必须要完成从经验主宰向科学主宰的转化，谁不能做到这一点，谁就会被淘汰。在他看来，在未来的企业建设中，科学管理是最重要的，而眼下大多数公司、集团都还停留在"经验优先"的阶层，这实际上是阻碍它们取得重大突破的真正原因。

3. 外延式到内涵式的转变

我们的企业对规模的追求有一种天然的爱好，许多企业家认为大才能生存，才能活得更好，才能有更大的社会博弈能力，才更有面子。这与西方企业对企业规模的认识完全不同，企业也好，国家也好，并不是规模决定话语权，关键要素才是话语权。日本的企业绝大多数都是中小型企业，他们员工人数超过1000人的企业才几百家，与我们的企业规模相比，差距也很大，但效益却不可同日而语。外延式管理和内涵式管理的区别就在于，管理者是注重扩大规模还是提高效率，是追求质还是追求量，是重视结果还是改善过程。不幸的是，重结果轻过程、重规模轻效率的管理现象普遍存在。在更多的时候，管理者对于结果的重视是远远超过过程的。这样的管理理念，到后来很有可能会在集体当中固化成为一种消极的思维模式，那就是"结果第一"，但往往结果却无法保障。没有过程保证的繁荣往往是非常短暂的。

4. 粗放式到精细化的转变

日本著名企业家稻盛和夫在谈论到中国经济的时候提出过这样一个建议：中国企业家一直都在寻找精细化管理的道路，他们同时也都知道自己正处于一种什么状态。但是到了真正需要动手落实的时候，很多人却退缩了，理想很完美，落实不到位，最终得到的结果其实和原来还是一样的。在他看来，中国的管理者并不是没有精细化的思维，只不过由于种种原因，他们都没能将精细化管理落实下去。那么，我们的企业都容易出现哪些问题呢？首先，在企业规则上，领导者并没有建立起良好的制度，员工得到的指导非常有限，容易形成"员工犯错误，领导补漏洞"的惯例，没有完整的管理体制，造成危机四伏。其次，工作的标准细则没有完整地固化，员工在具体的任务执行过程当中遇到意想不到的难题，常常会按自己的理解解决，或者由上级处理，但很少将处理的方式固化为组织以后处理类似问题的准则，下一次不同员工遇到相同的问题时依然是无法处理，或者处理效果无法保证。第三，许多规则在制定过程中缺乏实际推演，反映到具体的实际操作过程当中，具体操作的人难以理解，这就会造成执行力差的结果，甚至在一些企业，他们的规则、文件都是"一次性"完成的，往往会显得艰深复杂，普通人难以理解，更不用说执行了。第四，在大多数公司当中，科学的例会制度没有被完整地建立起来，这样的现状其实是非常糟糕的，团队管理如果不能对会议有效管理，就等于信息交换不充分、不科学，甚至会"中断了信息交换"，层级关系之间的沟通就受到了极大的阻碍。在很多时候，许多企业都将注意力集中在了"事前做好规划、事后做好总结"上面，殊不知，在任务执行的过程当中，用例会的方式来交流反馈，及时做出多方面的调整控制，实际上对于团队协作的帮助是非常大的。

一流企业的管理者，他们总是能够运用精细的流程和制度来约束、驱策其他的团队成员。相反，如果我们看到某一个企业，管理者总是忙个不停，那么我们可以说，他的管理规划出现了问题，长此以往，如果企业要想取得巨大进步，将会是非常困难的。

9.8　部队探索实践精细化保障的初步成效

9.8.1　总体情况

从 2010 年起，空军先后在 6 个单位分别进行了团修理厂规范化管理和维修一线规范化管理，定检精细化管理，机务危险作业安全风险管控，支撑飞行训练三个阶段精细化管理的机务精细化保障，以及以"一厂三中心"为抓手的精细化保障。各试点单位从不同的侧面和视角探索了精细化保障的实现途径，取得了一些初步成效，总的来看，抓好机务精细化保障，能够较好地解决维修管理粗放、安全基础不牢、保障效能不高等困扰机务保障质量安全的"短板"和"瓶颈"。

一是摸索出了维修一线精细化保障模式。探索形成了"以维修机组为主体、以工作流程为中心、以维修卡片为载体、以信息系统为平台"的精细化保障模式，对航空机务保障进行全过程、全要素有效管控，为实现精益维修、精确保障、精细管理和精准控制奠定了基础。空××旅以飞行训练三个阶段精细化管理为引领，构建形成了以 2 个核心流程(飞行机务保障、外场维修)为主导，以 5 类支持流程(定期检修、人员训练、保障装备管理、质量控制、维修管理)为辅助的维修保障流程体系，涵盖 45 个管理工作流程、926 个工作节点、1448 个工作标准和近 1000 个操作卡片。空××师××团树立"机组围着飞机转，其他保障围着机组转"的服务理念，改变工具管理方式，变工具自主借用为主动配送，工具借用到位时间由 8 分钟缩短为 3 分钟；围绕机组资源管理，建立了 23 项管理控制机制，设置了 55 个关键岗位，优化了计划控制、维修作业、质量控制、机务训练等 9 个方面 68 个关键流程，分专业编写了 4 册可视化作业指导书。

二是建立了质量安全风险管控机制。从规范风险管理控制、优化安全作业训练、完善安全监察机制、引进先进技术手段等多方面入手，识别风险源、穷举风险点、量化风险值，制定应对措施；模拟危险作业项目仿真训练，规范训练考核程序；明确安全监察工作流程，细化安全监察工作要点；引进磨粒分析仪、线路检查仪、超声波检测仪等先进检测设备，提高故障缺陷检出率。去年，组织空××师进行机务危险作业安全风险管控试点，确定了 5 项管控内容、4 型飞机危险作业项目，识别出 20 项试车风险点、30 项座椅维护风险点、22 项武器装挂风险点，先后排查了 72 项安全隐患和薄弱环节，杜绝了维修差错。空××旅关注安全管控细节，编写了发动机试车、座椅维护等 7 项危险项目标准化作业流程，规范操作标准、考核程序及训练方法；加装试车监控方舱，对发动机试车进行可视化全程监控；按安全度对座舱电门实行红黄蓝 3 色标识管理，做到了电门位置检查一目了然；机械师与安全员通过 5 种旗语和手势实行检验复核，把好放飞最后一道关口。

三是走开了以"一厂三中心"为抓手的精细化保障路子。以全面加强修理厂定检修理能力、拓展机务指挥中心功能、强化机务训练中心职能、实行保障装备集中统管为切入点，对修理厂在规范化、精细化上持续用力，对机务指挥中心在信息化、智能化上拓展升级，对机务训练中心在专熟化、精深化上不断探索，对保障装备管理中心在制度化职能化上寻求突破。某军区空军在试点探索中初步形成了"夯实一个基础(现场管理基础)、控制两条主线(维修要素和过程)、操练一个循环(计划—实施—检查—改进)、建立一套体系(团修理厂规范化管理体系)"的团修理厂精细化管理模式。其他单位在试点探索中以能力素质需求为牵引，升级改造航空机务维修技术研究中心，探索实践了"网络+模拟+实装"的流程化训练新模式。各试点单位拓展了机务指挥中心功能，对维修保障全过程实施统一指挥，使其具备了指挥调度、资源调配、维修控制、技术管理、信息处理五大功能作用；对所有保障装备实行集中统管、专人负责、定置管理，实现了保障资源的统一调配和精确控制。今年以来，空××旅飞行日平均在场时间缩短50分钟，某型飞机再次出动准备时间由26分钟减至19分钟，飞机300小时定检由7～8天缩短至5天，定检、换发所用工时分别减少127个和28个。空××师某型飞机机务准备时间缩短了1小时以上，定检换发时间分别缩短20%、30%，每年减少200余架次机械日工作。

9.8.2　实践动态

目前，空军航空机务系统正在积极开展以"物有标准、事有流程、管有系统、人有素养"为目标，完善法规标准体系、优化工作流程体系、改进维修作业体系、健全质量安全监管体系、构建精细化管理信息系统，为全面推进精细化管理奠定基础，并从飞行机务保障、飞机定期检修、飞机状态控制、人员训练考核、保障装备管理五个方面入手，进一步探索维修保障精细化管理的实现途径。

一是飞行机务保障精细化。优化飞行保障流程标准，精简细化飞行前机务准备、飞行实施和飞行后准备与讲评三个阶段的保障流程及工作标准，配套调整人员岗位，具体明确岗位职责，实现飞行保障全过程流程化、标准化、规范化。拓展机务指挥控制功能，对机务指挥中心进行信息化升级改造，完善航空维修保障支持系统，将飞参、油液分析、发动机监控等数据信息纳入指挥中心管控，实时掌握工作动态，组织协调各项保障，充分发挥指挥调度、资源调配、维修控制、技术管理、信息处理五大功能作用，实现维修保障和指挥调度快捷高效。推行飞行机务保障标准化作业，编制飞机外部检查、设备通电、充填加挂等标准化操作卡片，明确各项作业的质量检验和安全监察项目及要点，规范作业内容、操作方法、质量标准，杜绝人为差错，确保飞机质量，把住安全关口。

二是飞机定期检修精细化。细密控制定检内容，按照飞机维护规程等技术文件，结合飞机技术状态，逐架飞机明细定检项目列表，编制检修项目工艺卡片，明确检修项目的内容工序、方法标准、质检要点、维修工时及所需工具、设备、器材，确保定检工作内容的有效落实。优化定检作业流程，按照定检项目工作性质、专业归属进行分类组合、配置资源，界定工作单元，按照简捷、高效原则，对定检工作进行梳理分析，优化再造工作流程。完善运用定检精细化管理软件，对定检全过程进行精确控制，提高工作效率。加强定检现场管理，全面推行"6S"管理(工作现场的整理、整顿、清扫、清洁、安全、素养管理)，对工具、设备、机件等要素进行合理分区、有序摆放、定置管理，正规作业秩序，促进优良作业习惯养成。健全审核改进机制，对维修工时、工作单元、作业流程等视情适时分析，优化调整；建立审核机制，成立专业审核队伍，制定审核标准，定期对旅(团)修理厂进行全面审核，持续改进，不断提升定检精细化管理水平。

三是飞机状态控制精细化。完善飞机状态控制指标，列清有寿件控制项目；确定罗盘、力臂等危及飞行安全的重要机载设备的总寿命、翻修次数；拓展状态监控的项目和范围，明确飞机状态监控数据指标；逐架飞机建立技术档案，对飞机技术状态进行全过程全寿命控制。拓展飞机监控手段方法，分组织管理和技术标准两个层面，建立健全飞机状态监控体系；引入先进检测技术，配备先进检测设备，将发动机状态监控方法向飞机综合状态监控延伸，三代机监控手段向二代机推广。精确控制飞机维修质量，针对不同状态飞机制定不同维修计划，合理安排维修内容，缜密编制维修工作卡片，明确质量检验要点、标准及方法，确保工作和质量检验有法可依、有据可行。

四是人员训练考核精细化。规范岗前培训严格持证上岗，建立导师负责制，严格导师资质要求，明确导师带教责任，规范带教内容，细化带教步骤，严格训练时间、内容、进度、质量等指标落实，把好独立上岗准入关。细化在岗训练坚持按纲施训，修订《空军军事训练与考核大纲》机务保障分册，分级、分类、分科目细化内容，制成标准化训练卡片；制定年度人员训练计划，将训练科目细分成日训单元，严密组织严格施训。精心深化训练加强专题研究，遴选尖子骨干，拟定深训课题，明确深训目标，采取脱产研究、送学送训、聘请专家授课等方式，深化理论学习、研究疑难故障、破解技术难题，提升能力水平。量化考核标准健全考评机制，细化各类"长、师、员"岗位能力训练和等级评定标准，完善资格考核、能力评估、等级评定等考评机制；依托机务训练中心，开展"网络+模拟+实装"的训练与考核，量化分析训练时间、内容、进度、质量等指标，动态监控全员额、全过程的训练组织与考核管理，准确掌握机务军官士官的技术能力状况。

五是保障装备管理精细化。定位集中管理管住数量，定位存放区域，集中保障装备，分类清点统计，逐台逐件建立技术档案。实行专人负责管好质量，明确专职责任，规范日常维护，定期检查检测，掌控技术状况，及时检修送修，确保质量可靠、随时可用。运用信息系统精控使用过程，健全出入库管理制度，运用管理软件，对新品入库、日常借还、定期检测、维护保养、报废更新等环节进行精确管理，解决保障装备型号多、数量大、管理难等问题。

这里，谨介绍两个部队在维修保障精细化管理方面的积极探索和创新实践情况。

——兰州军区空军某部队航空装备维修保障精细化管理的探索与实践

(1) 明确所保障机型精细化管理的预期目标。全面引进精细化管理理念，以专业化为前提，以系统化为保证，以数据化为标准，以信息化为手段，强化维修保障规范化、标准化建设，建立健全维修保障流程、标准、制度和监督、考评机制，改进维修保障管理不严、不细、不精的状况。实际推进时，要求维修保障各系统、各专业、各单元制定并严格执行精细化管理标准，从维修保障的源头和细节抓起，全面深化维修保障精细化管理，对每项工作、每个环节、每个过程实行流程管理、标准化作业，做到严格控制、严格考核、严格监督。通过试点实践，积极探索维修保障精细化管理的正确途径和科学方法，力求实现"三个转变"：一是从"粗放型"向"精细化"管理转变，将管理工作的重心前移，将执行工作的落脚点下移，将检查工作的频率加快；二是从"突击型"检查向"经常化"管理转变，要求官兵做到"领导在与不在一个样，检查与不检查一个样"，建立精细化管理长效机制；三是从"领导层"向"全员化"管理转变，树立"精细化管理人人有责"的管理理念，营造"人人参与管理，人人从我做起"的良好氛围。着力在构建新的维修保障模式、建立健全质量安全管理体系和高效顺畅的运行机制方面取得实质性突破，切实形成以"维修控制差异化、维修决策科学化、维修管理精细化、安全检查独立化、训练考核体系化"为主要特征的该型飞机精细化管理和精细化保障新模式。

(2) 明确所保障机型精细化管理的基本内容。立足该型飞机固有设计制造质量和维修保障特性，突出质量意识、效益意识和人本理念，深入分析制约该型飞机维修保障能力和质量效益提高的突出问题，精心制定精细化管理方案，科学确定精细化管理内容，力求精细化管理的最大成效。一是优化维修内容，坚持以可靠性为中心，着力解决因维修过渡和维修不足造成工作效率低、保障资源浪费和装备寿命损耗、可靠性降低等问题；对各维修实际和维修内容进行合并、调整、优化，制定了 7 类维修保障基础工作包和 21 套工作卡片及质量标准卡片，解决以往维修内容设置不合理、交叉重叠多的问题；将以往的机群控制改为单极差异控制，将 3～4 个飞行日集中组织实施机械日改为 35±5 飞行小时周期性工作，大幅度减少维修停飞架日。二是规范工作流程，运用《团修理厂精细化管理信息系统》，对定检、换发等较大维修工作进行流程管理和卡片操作，依据项目流程，自动下达工作指令，分配工具设备和标准工时，实时监控工作进度和质量，实现维修工作流程化、管理精细化；编写《维修管理手册》、《飞机维修精细化管理工作细则》等6项质量管理技术规范，为实现维修管理精细化、维修作业标准化提供依据。三是细化标准内容，针对《飞机标准》中基本维护保养内容较为笼统、质量评估操作性不强等问题，将标记线、清洁润滑、固定保险、防护包扎等基本内容，细化为具体项目，编写《飞机基本维护标准》，规范了具体内容、部位、数量、用材、时机和标准，作为对《飞机标准》的细化补充。把《飞机标准》评价点和多发性、危险性故障预防措施融入到维修保障工作内容中，细化为质量标准卡片和工作卡片，使机务人员能够直接用《飞机标准》衡量第一手工作质量。

(3) 明确所保障机型精细化管理的主要举措。

一是以精确保障为目标，探索飞行保障组织管理和维修保障模式，努力提高装备维修保障质量效益。具体做法：①调整维修组织结构。随着所保障机型机载设备的不断更新，各专业维修内容交叉重叠多，专业之间工作忙闲不均，保障资源浪费大、保障效率低下。充分考虑相关专业之间维修内容的兼容性和工作量的相对平衡，将原来6个专业整合为5个专业，保障机组人员由原编制的16.5人精简至14人，精简的人员充实到维修管理机构和修理厂，使得管理力量配置、专业分工和机组编配更加合理。②健全维修管理体系。坚持以体系管理保证维修质量，提高维修工作的针对性，规范维修秩序，夯实质量安全基础。在原质量控制室的基础上，对机务大队维修管理机构进行重组，成立维修与训练管理室和安全监察室，强化计划管理、技术管理、质量管理和安全管理"四个职能"，让维修管理更加精细化、专业化。在维修管理室增设系统工程师，根据单机技术状态、技术通报和上级指令要求，以及任务和气候变化等特点，与专业主任共同分析维修保障需求，研究解决技术难点和装备质量问题，为单机量身定做维修工作计划。增设专职安全监察员，开展维修法规、技术措施落实和安全作业的监督检查，跟踪问题整改，实施全程监控，实现监察时机由事后查处向事前预防、监察力量由领导干部向专职队伍的转变。依托"航空维修保障支持系统"，使得维修管理进一步精细精确，努力实现维修信息集成利用、维修计划科学生成、维修指令闭环控制的运行机制。③完善机务指挥控制职能。快捷高效的维修管理和指挥控制必须依靠功能完备的信息系统作支撑。

结合信息系统建设，对原机务指挥中心进行功能拓展，建立航空机务指挥控制中心。在机务人员休息室配备网络中转服务器和显示屏，实时显示维修保障、安全监察和维修指令等信息。在指挥调度值班室设立机务总值班员、质量控制值班员、专业主任等席位，配备航空机务指挥控制台，安装"航空维修保障支持系统"等软件。各类值班员通过相关设备和功能软件，实时掌握维修保障工作动态，接受并下达工作指令，调配保障资源，发布保障信息，协同组织各项保障，使维修保障和组织管理更加快捷高效。

二是以流程管理为突破口，创新团修理厂精细化管理模式，努力提高定期检修质量和工作效益。针对团修理厂定检、换发等较大维修工作量大、质量标准要求高等特点，树立向管理要质量、要效益的思想，以航空机务"一厂三中心建设"试点为契机，大力推进修理厂精细化建设。①进行基础设施整治。按照精细化管理要求，重新调整厂房布局，对厂房和工作间进行调整、整修，对机库和有特殊要求的工作间进行防静电处理。对网络系统进行升级改造，为专业组增配办公终端，实现工作内容卡片和数据记录电子化。在厂房内安装大型LED 显示屏和视频监控设备，动态显示工作流程、工作进度，视频监控工作现场作业情况。②优化重组资源配置。打破原有 7 个专业工作界面，细化重组了25 个专业组，专业分工更加精细。坚持把先进维修手段运用作为提高维修能力、确保质量安全新的增长点，将飞参处理、油液分析、无损检测和计量等力量整合起来，组建综合监控室，完善制度措施，前移安全关口，提高事前预防能力。③实施专职质量检验。突破传统的自检、干检质量检验做法，成立专职质量检验队伍，健全"干、检"分离的质量精细化管理机制。对质量检验项目和照相管理部位进行梳理，编制质量检验卡片和操作卡片，实现了较大维修工作全程质量检验和管理监控。

三是以落实飞机标准为契机，持续开展飞机质量检查评估，不断提高飞机维修质量和机组管理能力。紧盯飞机标准落实和精细化管理目标，研究制定落实飞机标准的具体实施办法，在《飞机标准》落实与维护保障、维护管理、"人-装"结合上取得实质性突破。①全面检查整改。标准化是精细化管理的基础工作，充分利用各种时机，着重在查清问题、找准差距、整改提高中强化飞机标准落实。以机组、专业组和中队为单位，对照《飞机基本维护标准》、《飞机维修质量检查手册》和质量标准卡片，逐架飞机、逐个专业分片划块查找差距，逐级制定措施，逐架飞机整改提高。每个中队先行确定一架飞机，集中开展整治，将标准内容和要求固化在一架飞机上，确立为"标准样板机"，组织全员观摩学习，用样板带动，全面展开整改，保证标准在每一架飞机上落实。②开展常态化质量检查评估。针对检查评估中标准掌握差距大、检查方法不统一等问题，着力在完善制度、创新方法上求突破。建立检查评估队伍，集中组织培训与考核，利用干部检查飞机、执行重大任务、装备换季等各种时机，视情灵活抽组配套检查。根据标准评估指标和权重，按系统和部位对发现问题的性质，以及技术状况、维护保养、使用情况、持续改进和一票否决等进行归类，制定《飞机维修质量评估检查卡片》。改变以往配套检查的做法，采用"同一部位定人检查、多架飞机同时检查"的流水作业方式，既做到每架飞机同一部位检查标准统一，又做到多架飞机同步检查，避免多人同时检查一架飞机相互影响，提高检察质量与效率。③严格质量监控。信息化是精细化管理的主要手段，运用所保障机型的《飞机维修质量评估与动态监控系统》，有效解决飞机维修质量评估统计难、计算难，问题梳理、整改监控落实难，维修质量监控难，以及"人-装"结合部紧密等问题，实现了飞机维修质量由人为定性到标准定量评估的转变。④健全责任机制。建立顺畅的运行机制是精细化管理的前提。坚持在过程管理上下功夫，强化"人管装备"思想，把责任制贯穿工作始终，通过推行"四个责任制"（干部承包飞机责任制、性能参数机组专业负责人承包责任制、基本维护分片划块承包责任制和维修工具、设施设备承包责任制），把《飞机标准》目标要求，技术指标和机务保障人员，以及飞机各系统、部位、机件有机结合，建立对应责任关系，促进机务人员运用飞机标准衡量第一手工作质量的自觉性。广泛开展质量达标"优质机"、"优质中队"评比竞赛活动，及时给予通报表彰和物质奖励，增强机务人员学习标准、运用标准、落实标准的积极性和主动性。

四是以能力素质需求为牵引，升级改造航空机务维修技术研究训练中心，努力提高机务人员在职训练质量和保障能力。立足部队实际，深入探索机务人员在职训练和训练管理的新途径、新方法，对原机务训练中心进行升级改造，完善训练设施，开发训练软件，筹措训练器材，扎实开展：①网上训练。对维修法规、制度措施、安全规定、技术措施、理论研究、教学软件等资料进行分类整理，录入"机务训练集成管理系统"相关功能模块，机务人员依托管理系统和网络平台开展自主训练、交互式训练、维修法规与专业理论考核和交流讨论等。通过视频实时传输方式，开展远程教学，实现教员在教学飞机上授课、学员在教室受训的目的，解决了机上空间小，难以开展集中带教等问题。②模拟训练。通过模拟训练系统现场进行发动机试车、各专业通电检查和常见故障排除等模拟训练与考核，解决机上训练对装备和天气等因素的依赖，降低设备耗损，保证了训练安全。③实装训练。在实装教室通过示范带教和个人时间，提高机务人员实际动手能力，有效解决了外场实装分解操作难，受环境、设备等因素影响大的矛盾。

五是以先进管理理念为指导，构建航空维修保障装备管理中心，努力提高保障装设备管理能力和使用效益。建立航空维修保障装备管理中心是实现保障装备集中统管要求和全寿命、全过程管理目标的重要保证。2012年7月开始筹建该中心，新建了保障装备库，对原有外挂库进行综合整治。按照小型工具、地面设备、专用车辆、外挂设备等不同类别和用途，分4个库区，进行集中摆放、定置管理，依托军区空军航空中心修理厂，对在队所有保障装备和台、柜、架进行了集中整修。建立健全了组织管理机构，为每个库区配备了网络终端，制定了《航空维修保障装备管理规范》和各专业《保障装备定期维护手册》，规范了保障装备保管、检查、使用、维护、检定、修理、信息统计与分析制度。运用网络平台和《航空维修保障装备管理系统》，对保障装备新品入库、日常借还、定期检测、维护保养、故障处理、异地保障、报废更新等环节进行精细化管理，实现了保障装备集中统管、精确调配、精细管理，有效减少了资源浪费，提高了装备使用效益。

实践证明，该部队通过推行精细化管理，机务保障能力和维修管理水平明显上了新台阶。主要表现在以下五个方面：

其一，维修质量明显提高。通过优化调整各维修时机工作内容，实行卡片管理，并将飞机质量标准和多发性危险性故障预防措施"嵌入"到工作卡片中，全面实行持卡操作和全过程质量检验，全面落实飞机质量标准，开展维修质量评估等精细化管理措施，有效杜绝了工作漏项、标准措施落实不到位等问题。突出单机维修计划管理，实施单机差异控制，避免了维修过度和维修不足等问题，提高了飞机维修质量，飞机故障率明显下降，故障检查率由90.2%提升到94.7%。

其二，保障效益大幅提升。改机群控制为单机控制的精细化管理，减少了机群维修停飞率，提高了飞机出动率，保证10~14架飞机参训常态化，场次利用率明显提高。将机械日改为35±5飞行小时周期性工作，维修周期更加合理，维修过度问题得到较好解决。根据统计，每年减少 200 多架次机械日工作，减小了维修工作对飞行训练的制约，为完成全年战训任务争取了主动。

其三，维修管理得到强化。构建新的维修管理体系，形成了分工合理、职责明确、界面清晰的专职化维修管理机构，机务维修管理由依靠领导干部和质量控制室向依托机制与专职化管理机构转变。计划管理更加科学，人员业务训练、考核、等级评定等工作更加规范，质量控制、信息管理水平明显提高。成立独立的安全监察队伍，安全管理工作中执行、监督、反馈、追溯等环节逐步正规，有效杜绝了较大维修差错以上问题的发生。

其四，能力建设逐步加强。通过优化保障流程、调整保障力量、整合保障资源，维修保障管理和作业更趋精细化，有效减少了维修保障工时，提高了保障能力，机务准备时间缩短了 1 小时以上，飞行后检查由原来的 1.5～2 小时缩短到 1 小时以内，装备换季由原来的 5 天缩短到 3 天，大大减少了维修工作量，降低了劳动强度。团修理厂实行定期、换发等较大维修工作流程管理，有效缩短了飞机在厂周期，维修效率明显提高，维修停飞率下降了近两个百分点，定检、更发时间分别缩短了 20% 和 30%。

其五，配套建设更加完善。通过开展"一厂三中心"建设，有效整合了维修保障资源，拓展了训练方法手段，探索创新了维修保障管理新模式，维修管理、训练管理和保障装备管理更加精细规范，维修保障组织指挥更加快捷高效，机务训练水平和人员能力素质明显提高，保障装备使用效益大大增强，质量安全基础更加牢固，部队综合保障能力进一步提升。

——沈阳军区空军某部队航空装备维修保障精细化管理的探索与实践

主要做法如下：

(1) 维修作业精细化。进行了 7 项探索：①完善飞机整治标准。按照"样板引路、全面推开"思路，广泛开展了样板机整治活动。在整治内容上，注重由抓好基本维护向性能参数延伸，由抓好外场整治向内场延伸；在整治范围上，注重由抓好"样板机"向整治其他飞机拓展，由抓好飞机整治向保障设备拓展。组织部队制作飞机基本维护可视化手册、多媒体软件，制定了基本维护、性能参数调整标准和保障装设备整治标准，建立飞机整治档案，并依据标准全面整治飞机和保障装备。通过整治，飞机质量性能进一步提高。②推行标准化作业。组织发动机试车、联合收放、座椅维护、航炮维护、发动机拆装、实弹装挂退卸和高压辐射等 7 项危险作业专项整治，编写标准化作业流程，规范操作标准、考核程序以及训练方法，制作多媒体教学课件，采取一步一动的方式进行视频教学，通过多种方式促进标准化作业的全面推行，提升安全管理水平。③应用先进技术手段。坚持将技术手段创新作为提升能力、保证安全的重要途径，在充分发挥已有飞参判读、油液分析、发动机监控等先进技术手段作用的基础上，引进先进理念，拓展监控范围，开发飞机重要系统监控软件，形成了对多个机型航姿航向、电源、力臂/飞控等重要系统的监控能力。④改进飞机基本维护。组织部队根据驻地气候条件，改进基本维护方法，如对插头进行防水包扎，用不同颜色热缩开关对座舱电门进行热缩包扎，改进减速伞假锁撞环，提高了维修针对性，同时也有效地预防了误操作。⑤完善照相管理制度。针对定检换发大拆大卸工作多、易发生差错的特点，组织部队制定照相管理工作规范，梳理各型飞机重要机件拆装监控点，加大重要部件拆装、重要部位维修、重大质量问题监控力度，在操作场所悬挂照相管理部位显示板，制作可视化图册，加强重要机件拆装过程质量监控，杜绝维修差错和衍生问题。⑥规范各类人员工作流程。组织部队分层次制定专业队长以上骨干预先机务准备、机械日、飞行日等时机的工作流程，对规范机务保障工作，更好地发挥各级各类干部职能，加强机务保障正规化建设起到了积极的作用。⑦飞机鉴定常态化。依据飞机维护规程、飞机质量评估标准、单机维修质量整顿内容等技术要求，逐架飞机建立技术档案。综合考虑飞机服役年限、飞行使用时间、大修出厂日期、平均无故障间隔时间等因素，合理排定鉴定次序，所有可参训飞机循环滚动鉴定。针对空勤反映问题、突发疑难故障、执行重大任务等情况，在实施周期性常态化鉴定的基础上，对重点飞机进行集体会诊、专项鉴定。每次飞机鉴定结束后，及时将状态参数和鉴定结果录入技术档案，保持对飞机技术状态掌握的连续性。

(2) 维修管理精细化。主要进行了 7 项探索：①普及先进理念。首先从解放思维观念、破除思想障碍入手，通过"走出去、请进来"等办法，采取参观见学、专家授课、视频教育、专题讨论等多种方式，大力宣扬精细化管理的内涵本质，学习精细化管理理念，普及先进维修管理的思想与方法。②开展流程管理。引入流程管理机制，构建形成了以飞行保障和外场维修核心流程为主导，以定期检修、人员训练、装设备管理、质量控制和维修管理五大类支持流程为支撑的维修保障流程体系，涵盖 45 个管理工作流程、926 个工作节点、1448个工作标准和近 1000 个操作卡片。③推行 6S 管理。围绕"整理、整顿、清洁、清扫、素养、安全"6S 要素，全面推行 6S 管理模式，整理施工现场、整顿工作秩序、清洁作业环境、完善维修设施、落实规章制度、强化安全文化建设。建立耗材集中保管室，对消耗用品集中保管，定期清理，以旧换新，杜绝耗材浪费、请领难、误工误事的问题；对仪器设备和维护设施全部进行定位摆放，统一编号、逐件建档、专人负责、定期检查，形成了件件物品有人修、台台设备有人管的良好局面；彻底整治定检现场脏乱、维护作风散漫、工具器材混杂、仪器设备失管等现象，不断促进维修人员作风养成，使定检现场管理进一步规范。④现场管理规范化。对照维修一线管理细则，细化"飞行三个阶段"保障程序和作业分工，进一步规范各类人员岗位职责，健全完善工作制度，推行定人、定位、定岗、定责。充分发挥安全监察室职能作用，大力纠治违章违纪问题，确保法规制度落实到工作中。依据飞机维护规程，逐项优化整合各类操作卡片，明确维修内容、工艺标准、操作要领和注意事项。建立飞机故障树，编制飞机故障诊断处置流程，规范飞机排故方法步骤、质量要求，明确故障处置权和飞机放行权，推进飞机故障排除由盲目随意向科学规范转变，确保飞机排故和放飞质量。⑤在内外厂推行精细化管理模式。在修理厂推广运用定检精细化管理，通过综合运用网络、软件、卡片等管理工具，对定检维修项目、作业流程、人力资源、物力资源、工时等维修要素进行精细化管理，以信息化为手段对实施过程精确控制，构建了一套科学合理、简捷高效的定检维修模式。同时，将定检精细化管理模式延伸和拓展到外场，向日常工作、训练的方方面面融合转化，实现管理制度化、过程正规化、控制精细化，基本上实现了对维修过程的严格控制和对工作单元的闭环管理。⑥加强机务指挥控制中心建设。以指挥控制中心为核心，建设覆盖机务大队各保障单元的信息网络，形成覆盖维修全域、保障全程的视讯监控系统。规范指挥控制中心图板设置，统一悬挂新夏北浩检查法、上飞机工作"十不准"、飞机放飞"十不准"、机务中队以上干部检查飞机情况显示板、机务大队优质飞机评比显示板、机务大队创破纪录成绩榜、机务大队队长以上干部硬功榜7块图板。在维修场所设置信息终端方舱，及时传送飞参、发动机监控等信息数据和飞行保障情况。依托航空维修保障支持系统，实现了维修保障全时域、全过程、全要素统一指挥控制，有效提高了指挥控制能力。⑦新建保障装设备管理中心。对飞机外挂设备和一、二线保障装设备进行清理清查，对入库设备进行集中维护保养，按照类别分区放置，并明确了职责制度，规范了工作流程。装设备管理中心的建成，改变了在保障装设备使用管理上存在的机构缺失和重使用轻管理的现状，解决了多年来保障装设备失管失控的问题，实现了对保障装设备的统管。

(3) 质量控制精细化。主要进行了 5 项探索：①搭建信息平台。立足信息主导，坚持建用并举，研究开发机务保障辅助决策、定检精细化管理、飞机重要系统监控、飞机发动机维修预测等信息系统，实现实时掌握工作动态，全面监控维修质量，智能预测质量安全趋势，前移了安全关口。依托 PMA 实现了维修工卡电子化和在线读卡操作，最大限度地发挥了信息系统作用。②严格飞机装备使用控制。紧盯影响和制约完好率提高的关键因素，制定下发提高飞机完好率 7 项具体措施，聚集合力齐抓共管。加强不完好飞机监控管理，每月通报各单位影响完好率因素，及时督促部队定检换发、故障排除进度，做好停放飞机维护和恢复工作。坚持每月逐个单位分析预测发动机使用需求，派人定期走访工厂了解掌握在厂发动机资源，及时协调解决紧缺发动机和航材。严格根据年度飞行时间指标、训练任务和装备情况，对飞机、发动机使用情况进行科学分析预测，合理制定飞机使用计划，强化装备按计划使用，提高控制进度，缩短维修周期，飞机完好率不断巩固提高。③保障效益最大化。合理安排飞机定检、焕发，第一时间安排出厂飞机试飞，对大修飞机坚持按时送、跟踪问、及时接，严防因调控不到位和大修周期长影响飞机参训。明确各型飞机定检工作时限，优化整合定检工作流程，预先筹措所需航材，提前检查调试仪器设备，强化维修组织管理，确保按时限完成定检工作。发扬故障不过夜精神，及时组织排故，对疑难故障立即组织技术攻关，必要时协调相关厂所进行远程技术支援，最大限度降低故障对飞机完好架日的影响。④手段应用制度化。充分发挥飞参判读、油液分析、无损检测、综合监控等先进技术手段在提高维修质量、保证飞行安全方面的重要作用。坚持每个起落进行飞参判读，每个飞行后机械师查阅本机飞参数据，每组飞行日中队干部、专业队长要对所属飞机飞参判读情况进行一次抽检，每 20 个起落飞参人员要对飞参数据进行一次趋势分析。确保机载飞参设备不完好、飞参数据不合格的飞机不得参训。⑤量化管理质控工作。坚持用标准评估工作，用量化实施管理，对照工作职责分工，完善量化管理内容标准，将量化管理拓展到信息化建设、装备使用、数据质量和人员能力等质控工作的各个方面。

(4) 维修安全精细化。主要进行了 2 项探索：①安全教育经常化。典型问题定期宣讲，师装备部每季度、机务大队每月，梳理剖析本单位及兄弟部队发生的问题，撰写教育材料，主要领导亲自宣讲。在季节、课目转换、执行大项任务等重要时机，坚持用典型案例提醒官兵，增强教育针对性。制作典型案例可视化教学片，融直观性、趣味性、警示性于一体，在机务大队各工作、生活场所，有计划有重点地循环滚动播放，强化感官映射。②维修作业警示化。收集整理空军历年来人为责任问题典型案例，制作警示图板，在停机坪、试车场、武器校靶场、特种工作间等不同场所的醒目位置张挂置放。对精密仪器设备操作、重要机件拆装、系统调整校验、武器校靶等复杂工作，按照规定的工作流程和操作要点细化分解，制作成标准化指导图示，张挂在对应的工作场所。借鉴国家通用安全管理办法，结合机务工作特点和环境条件，设计制作安全警告标识，张贴在试车场、座椅工作间、修理工作间等危险作业场所，在潜移默化中促进安全养成，做到常警告，打烙印。

(5) 人员训练精细化。主要进行了 8 项探索：①区分层次集训。师装备部组织集训专业队长以上干部，机务大队负责培训各类师和士官，通过集中学习、专家授课、经验交流和结业考核等形式，进一步提高机务环节干部的组织管理和工作谋划能力，以及各类师和士官骨干发现排除故障的能力。②开展全员岗位练兵。紧贴任务、紧贴装备、紧贴岗位，突出全员性和实用性，组织岗位练兵比武竞赛，比赛选手赛前随机抽取试题，通过对维修法规、业务理论、检查程序、操作技能、先进技术手段运用和机组快速出动等内容的考核，检验部队岗位练兵成效。③组织开展上"硬功榜"考核。以业务、法规为主要内容，采取理论考核、答辩、实际操作等方式，师每年对专业队长、团每半年对各类师、员进行考核，以期促进机务人员学习业务、苦练技能的积极性和主动性。④开展创破纪录练兵比武。突出全员性、实用性、可操作性，设置创破纪录项目；充分利用各种时机，采取多种形式，积极开展经常性群众性创破纪录练兵比武；在显要位置悬挂创破纪录成绩榜，经常组织机务人员攻擂达榜，调动广大官兵岗位练兵的积极性主动性。⑤建立机务人员维修技能训练室。针对当前机务人员业务训练手段单一、教学资源分散、培训周期较长、质量效益不高等突出问题，大胆探索、反复研究，积极整合训练资源，不断创新培训模式，开展了机务人员维修技能训练室建设，使其具备业务理论学习、基础技能培训、模拟和实装操作训练、专项技能考核等功能，改善部队训练条件，丰富训练手段，提高训练质量效益。⑥开展"答辩式"考核。摸索建立了一套"答辩式"考核办法，开发机务人员答辩式考核系统，组织编写考核题库，坚持每季度组织一次"答辩式"考核，采取现场抽题、现场打分、现场评判的形式，逐人进行考核答辩,有效激发了官兵学习业务知识的积极性。⑦建立激励机制。业务考核成绩张榜公布,实行"阳光激励",不断激发官兵学业务、钻技术、争上游的训练热情。坚持组织岗位练兵比武竞赛,对在竞赛中取得优异成绩的单位和个人进行重奖,用鲜明的激励导向,持续引导发酵,不断催生广大机务官兵爱岗敬业、强军习武新动力。将机务干部执行重大任务、参加理论培训、比武竞赛成绩、理论研究成果等,作为评定技术骨干、晋升技术职务、调整技术等级的基本依据,克服技术干部晋升论资排辈、到年限自然晋升等习惯做法,充分调动机务干部履职尽责的积极性和主动性。⑧典型引领示范化。坚持组织"夏北浩"优秀中队、机组和人员评比,持续深化"树典型、学典型、做典型"的热潮,不断促进机务人员"严、慎、细、实、高"的优良维护作风养成。充分利用网络、军营广播、灯箱等宣传媒介,全方位宣传典型的先进事迹,用典型的先进事迹教育人感染人激励人,发挥典型的带动和辐射作用;对业务技术精、排故能力强、保障安全好,以及在战训保障、岗位练兵和学习夏北浩等工作中表现突出的优秀机务人员,采取交任务、压担子的方式,进行重点培养、重点帮带、重点扶持,促进个人成长进步。

9.8.3　探索案例

[案例一]　精细化管理思想在航空机务安全管理工作中的应用
事故的"冰山理论"揭示了一个重要的事故预防原理:要预防严重死亡伤害事故,必须预防轻伤害事故;预防轻伤害事故,必须预防无伤害事故;预防无伤害事故,必须消除日常不安全行为和不安全状态;而能否消除日常不安全行为和不安全状态,取决于日常管理是否到位。抓好日常安全管理,就是要抓好细节管理,关注安全细节,坚决反对和抵制常常出现在大家眼皮底下,却不易引起人们的注意,并被不少人容忍的"低标准、老毛病、坏习惯"。机务工作许多时候都是重复着近乎枯燥的巡检工作,然而一个螺丝的松固、一个参数的调整、一个设备的校验、一个数据的采集,处处都能折射出细节产生的效应。在工作中,从一些不经意的细节中杜绝安全隐患就可能防止各类事故的发生,也许在飞机设备旁多站一站、听一听、看一看,就有可能避免一次重大的飞行事故;从一滴漏油处警觉起来,就有可能消除一个隐患,避免一次事故征候的发生,保证飞机的飞行安全。可见注重安全,工作细心是何等重要!

[案例二]　精细化管理理论在航空机务质量管理工作中的探索
强化精细意识,建立制度化的目标管理体系。一是转变观念,营造精细化

氛围，树立向管理要质量的发展观念，形成关注细节、注重质量的行为习惯和作风养成，加强精细化管理的宣传力度，在办公场所设置流程图板，配发精细化口袋书，营造"事事有精细，处处有流程"的工作氛围；二是细分管理层，优化维修工作流程，增设网络管理员，把信息技术引入到部队管理领域，通过对保障过程中信息资源的开发、处理和运用，能够实现对管理目标的实时控制，为正确决策提供支持，以提高管理效益和管理决策的准确性和快捷性；三是以保障流程为基础，编写辅助管理软件，通过辅助管理系统准确控制全过程，实现辅助决策功能，实时检索人员、装(设)备情况，消除管理死角，打破地理界线，实现远的拉近管、散的集中管，提高工作效率。

强化岗位意识，建立专业化的岗位职责体系。一是建立等级认证制度，区分岗位层次，将维修人员按工作层次划分为简单拆装、复杂拆装、分解检测、质量检验、组织管理等5个类型，明确个人所属层次及对应工作单元，定期开展岗位技能考核，不断提高人员能力素质；二是定期组织思想教育，强化职责意识，为激发广大官兵业务学习的积极型，营造"比、学、赶、帮、超"的氛围，明确绩效考评标准，量化人员综合绩效，实施按绩奖惩，并定期组织质量安全和岗位职责教育，强化"按章操作、遵章守纪"意识，查找存在问题，提出解决办法，为提高定期检修质量打牢基础。

强化信息意识，建立高效化的维修网络体系。一是建立信息化网络平台，及时准确地为决策提供历史或现行数据，实时、客观、公正地对工作绩效和制度落实情况进行考评，使管理人员以定性分析为主向、以定量分析为主过渡，实现科学决策、精确评估；二是建立维修技术互助网，充分发挥工厂技术先进、经验丰富的优势，建立技术支援网，缩短定工周期，提高定检质量和排故能力，同时对专业知识和法规制度进行网上培训考核，使官兵之间进行远程交流和互动，提供便捷的学习教育和参管议管平台。

掌握量变规律，建立飞机定检档案。一是建立飞机定检电子技术档案，为每架飞机建立定检电子档案，实时查询、记录各系统性能参数和重要机载设备的检测数据，增强检测的针对性；二是落实技术通报和指令性要求，详细统计技术通报、指令性要求和电话通知，明确时限、要求和方法，并结合指令卡，优化定检流程；三是建立修理厂(定检中队)模拟机组制度，将飞机基本维护和预防危险性、多发性故障措施拓展到定检、更换发动机工作中，提高老旧飞机整体维修质量，确保训练安全，同时开展普查飞机、发动机故障隐患活动，提出整改措施，确保高质量完成各项维修保障任务。

掌握技术状态，管好仪器装(设)备。一是建立重要保障设备电子档案，每年定期进行飞机检查、修理、喷漆和损坏部件更换工作，做好详细记录，确保地面保障设备的正常使用；二是建立测试仪器档案，按时维护保养常用仪器，定期对不常用仪器进行通电检查，保证设备可靠使用；三是开展技术革新活动，大力开展技术革新、小发明等活动，激发广大官兵的积极性和创造性。

把握重要环节，抓好预防性工作。一是改变检查周期、深度和方法，通过发动机监控、油液分析、飞参判读和无损探伤等维修手段，加强飞机、发动机故障的预测预防，做到实时监控，并对具有损耗规律的设备，采用检测发电机输出电压、绝缘电阻值和碳粉变化量等方法监控参数变化，及时发现和预防故障；对主要承力结构件、拉杆、螺栓等部件，采用目视与探伤检测相结合的方法，杜绝操纵失效和机件断裂等故障的发生；对飞机、发动机内部的机件导管，结合拖发、拖尾工作，检查调整间隙，固定易震动部件；对液压油和滑油质量，采取实时分析监控的手段，确保发现问题及时更换。二是防止故障缺陷升级，拆装机件前要清洗好导管接头，防止灰尘杂物进入系统；拆下的机件要及时用塑料薄膜包裹，送交相关专业存放和分解检测；拆件后的外漏部位要及时用锡箔纸包扎，防止系统裸露污染；对于长期停放的飞机，定检前要做好通风排水和清洗工作，并从各油泵放油口放出水分和杂质；更换液压油时，先完成液压油的更换，再进行性能检测，防止油箱中的杂质分散到系统中。

[案例三] 生产现场的"PDCA"循环方法

P——计划阶段　　D——执行阶段

C——检查阶段　　A——处理阶段

主要步骤和方法：

阶段	步骤	主要方法和内容
P	1. 分析现状，找出问题	调查表、分层法、排列图
	2. 找出产生问题的原因或影响因素	因果图
	3. 找出原因中的主要原因	排列图、相关图等
	4. 针对主要原因，制定解决问题的方案	预期达到的目的(What) 在哪里执行措施(Where) 由谁来执行(Who) 何时开始和完成(When) 如何执行(How)
D	5. 按制定的计划认真执行	
C	6. 检查措施执行的效果	直方图、控制图
A	7. 巩固提高，总结成功经验	利用成功经验修改或制定相应未来工作的标准
	8. 把未解决或新出现的问题转入下一循环	为下一循环提供质量问题

(1) 计划阶段。车间在生产计划阶段执行的是生产指令系统，由生产计划处统一下发指令，车间建设"指令就是命令、现场就是战场"等执行力文化为中心的文化建设，加强全体人员指令意识和服从意识，不折不扣地服从并圆满完成生产任务，车间召开班组会议，对任务进行分解，责任到人，细化到工位，实行工位负责制。

(2) 执行阶段。车间加强认真文化和拼搏文化的宣传，加强质量管理系统的执行，"把小事做对、做好、做到极致，把工作做细、做精、做到专业"的认真文化，使生产线操作员严格按照生产工艺和安全操作规程操作。建立健全班组长负责制，实行全过程监控，使产品质量问题苗头消灭在萌芽状态。

(3) 检查阶段。实行"检验上工序、做好本工序、确保下工序"的过程检验思路，自检首先做好首件检验，做到本工序分毫不差，确保下工序可以允许有合理误差范围。互检主要检查上工序是否执法严格，质量要求和关键尺寸是否合理，存在的机器精度误差是否给下一工序留有余地，是否影响产品最终质量。

(4) 改进阶段。车间实行班务会的形式，经常性地交流经验，发表自己的看法，取长补短，加强各工位、各工序之间的沟通交流。确保下一批次产品进行有效的改进。

[案例四] 生产现场的质量控制与改进

1. 增强相关人员的质量意识

(1) 车间通过每周例会和质量现场分析会的形式来宣贯产品质量的重要性，强调人与产品质量的关系，每个人的工作不到位，都可能导致产品不合格。例如，操作人员未按规定操作；设备维护不到位，造成精度不足；产品生产环境维持不到位，导致洁净度、相对湿度等控制不到位；设计人员在产品设计时，对产品性能指标验证不足；未充分考虑产品加工方法；作业指导书(或相应文件)编写不到位；原材料控制不到位，等等。

(2) 定期参加厂质量科组织的"警示"影片观看，组织相关人员观看，尤其是一线操作人员。

(3) 上岗前，对相关人员进行质量意识教育，与组长和操作员签订"质量责任书"，以约束其质量行为。要让每个人知晓其所负的质量责任，并且评价其有能力完成相应的质量工作。

2. 在设计和检验环节把住质量关

(1) 切实做好与产品设计有关的评审，满足 GJB 9001B—2009 中相应条款的要求。技术骨干与设计人员进行充分沟通协调，力争做到产品设计充分。

(2) 注重对参与设计人员和生产人员进行新知识培训，派人利用服务部队的机会了解部队的需求。

(3) 减少人员的流动性，对工作出色的战士，在士官选取套改时积极提出选改意见，争取减少人员流动性。干部转业政策性强，可采取干部转业自谋择业再返聘到岗位的方式，解决岗位人才流失的情况。

(4) 充分发挥检验人员对产品研制、生产过程的监督检查作用。编制完善作业指导书，使其检验要点及检验方法都规定到位，使检验操作有依据。

3. 充分发挥生产班组的质量管理

(1) 生产准备。在生产前一定要做好生产准备，你是否已了解当天的生产任务；是否掌握所生产的产品技术状态要求和工艺要求；检查设备是否处于正常状态；工装、刀具是否符合要求；检(量)具是否有效；核对材料、零部件是否符合要求。

(2) 首件三检与过程自检。认真执行首件三检和过程自检是防止产品质量缺陷，特别是批量质量事故的重要手段之一。在生产过程中，工装夹具的位置度、刀具的磨损、操作工的疲劳等都会使加工质量发生漂移，并影响到产品质量。所以必须通过定时或定量的自检和专检来加以控制，以保证产品质量的稳定性。

(3) 工艺规程和工艺纪律的执行。在生产过程中严格按照工艺卡要求进行作业，对特殊的技术状态按照技术通知和市场技术状态表认真核对后执行。

(4) 使用设备进行操作时，必须按照设备操作规程和安全操作规程进行加工操作。做好设备的日常维护保养工作，保证生产、检测设备的正常使用。

(5) 认真做好 5S 管理活动，营造一个规范、整洁、安全、有序的生产环境，是保证产品质量的良好基础。

(6) 做好各种质量记录。各种原始质量记录大都源自生产班组，它是反映产品质量的直接证据，是统计、分析并改进产品质量的基础数据，所以必须认真记录，妥善保存。

[案例五] 制定标准流程的方法

1. 建立流程发起团队

建立认同并掌握精细化管理理念，了解流程制作过程的流程发起团队，具体提出流程制作的要求，从总体上确保建立成体系的高质量流程。

2. 建立可以对具体流程进行讨论的制作团队

建立三人以上、五人以下的流程制作团队，该团队包括流程制作的组织者，流程的执行者或是从事过该工作的人员，还可以包括对该流程规范的工作有重要影响的岗位。参与流程讨论的人员应认同并掌握精细化管理理念，熟悉该工作以及流程制作过程。该团队应充分利用讨论的方法来优化流程。

3．流程的特点和应包括的具体内容

流程必须是标准化、量化、细化、专业化的，同时根据机务部队的特点，所制作的流程必须是精简的，不能为了给安全无止境地上保险而制作一些重复的或难于执行的措施。具体细节应该是全面的，并设想了各种可能，且有具体的应对措施，以保证具体实施过程中的可操作性。

4．制定各类人员的工作具体责任区间

现有流程内容多是纯技术性质的，少有涉及具体人员的具体分工步骤，更不用说责任划分了，流程应细化到对具体步骤的分工、达成效果、是否需要复查等。流程所用语言应尽量简洁准确，不允许制定无法完成的工作。这种责任区间要合理，可被执行，具有现实意义。

5．确定完成每项工作的具体时间跨度

确定的时间跨度要有利于骨干掌握流程进度，发现问题和相关制约因素，同时也可以对流程进行更进一步的改进：如果一个流程执行中产生无可避免的流程外时间花费，就要对流程进行再造优化；确定的时间跨度有利于各级布置任务，避免布置超出机组可完成的工作量而使机组赶工，增加风险；确定的时间跨度有利于对飞机的工作进行单独控制，合理安排工作，避免工作扎堆，同时避免工作安排少，导致时间利用率不高的问题。比如机械日工作，大项工作占用多少时间？能够进行多少时间的维护检查？如果一项工作超时，制约环节在哪里？该环节是否为不可控的环节？如果可控，如何控制？如果该项维护最终未达标，问题出在哪个环节？下步应该怎么办？是培训人员还是优化、更正流程？必须明确的是：确定各环节工作所需时间的最终目的不是为了问责，而是为了实现全过程的可视与可控。

6．确定每项工作的时效性

比如，通电检查结束后多长时间内用于飞行可以不再进行该项通电？确定每项工作的时效性必须对天气、气候、飞行和在飞机上开展了相关工作的因素做综合考虑，属于一项复杂的工作，且没有标准。但是它对制定管理流程，改进工作效率有着直接的决定性意义。这一项目是平时机务保障之所以反反复复做工作的原因之一，也是外场机务保障施行精细化管理的难点之一。

[案例六]　实行精细化管理不可绕过的两个问题

1．如何处理与现行规章制度的关系

航空维修保障采取精细化管理的目的是使机务保障管理工作更科学、更高效、更安全，而现行各项规章制度早已制定并一直在执行，在订立之初也并没有融入精细化管理的理念，因此不可避免地存在与精细化管理的理念、方法相冲突的地方，因此现行的规章制度必将会成为限制精细化管理运用的束缚。如

何协调两者之间的关系？主要有这么几个方面，一是精细化管理理论流程制作与再造的过程必须尽量遵守规章制度的具体规定，尽力做到不与之相冲突、违背；二是认真思索规章制度中关于编制、人员分工的部分，思考可能的管理模式，尽量不受规章制度的束缚。在这两点的基础上把维持机务保障的高质量、高安全和进行精细化管理理念、方法的推进结合起来，最终通过精细化管理在机务保障的全面推进实现机务工作的全维度可视与可控，使精细化管理成为对质量和安全的最好保证。

2. 如何面对上级领导、机关的指示要求

各级领导和机关往往会针对某一事件提出各种指示、各类新的规定和制度。这些指示、规定和制度产生的过程带有一定的不确定性，往往使下级基层单位对其科学性和严谨性持保留的态度。应该如何面对上级的这种指令和要求？对基层部队来说，除了坚决执行外没有别的方法。但是如果各级领导和机关在下达指示和提出要求时能以科学为指导，制定出真正切合部队实际，有根有据的措施来，部队执行起来才会真有积极性，才能真正收到成效。

[**案例七**] 运用标准化建设实现维修差错预防

1. 维修管理标准化

(1) 制定有效的安全规则，建立运行事件相应制度和事件根源分析制度，对维修操作人员的心理素质和特定环境下的行为特征等个体因素进行科学分析。

(2) 以可靠性为中心，精细管理程序。细则、规程和各种操作卡片等是航空维修部门和规范单位和个人行为的准则，在修编规程或细则时，要充分考虑维修作业人员的心理和个性特点，尽量减少差错发生的机率，使各项维修活动更加有序、高效。

(3) 加强组织管理，合理配置系统维护人员，并营造压力适度的工作环境，培养维修操作人员认真严肃的工作态度。

2. 保障流程标准化

维修作业流程，就是将维修过程中"人-机-环境"因素按顺序、方法、资源的关系统筹优化后得出的一套职能健全、资源优化、信息畅通、权责明确的维修保障机制。维修保障中强调的工作程序、检查线路就是上述因素优化的流程化作业手段，通过规范这种作业流程，可将维修作业中孤僻、习惯的人为错误有效地得到制止，从而达到标准化作业要求。

3. 操作作业标准化

将本专业(或按专业分类)的防差错设计具体措施整理成册，做出预防维修差错的原则性规定；对维修作业检查内容优化设计形成程序化作业模式；对飞机检查线路化设计，防止因为个人因素造成漏检等作业手段，都是在维修作业过程中，提高第一手工作质量，尽量避免维修差错的重要手段。

4. 质量检验标准化

维修过程中的质量检验，是根据维修差错发生的特点和规律，选择检验方式、时机和内容，把维修差错消灭在萌芽状态，在开展自检、互检和干检的基础上，把维修差错进行科学的分类，在此基础上，结合工作实际，对多发性和危险性差错的维修工作，设定较高检查频率和较深的检查制度，形成一套完备的、制度化的质量检验规范，比如形成《航空维修保障质量检验要点》等手册，强化质量检验工作，提高预防维修差错水平。

5. 检查评估标准化

采用标准化的检查评估手段是对维修作业的结果进行验收评审的重要依据。空军制定的《飞机单机维修质量评估标准》和《空军装备质量评估标准》，将维修作业中的各种参数要求量化、具体化，并对重要拆装、危险性作业、发动机试车等大项维修工作，划分工作单元，明确责任分工，规范业务流程，建立具体质量标准，突出体现了维修保障中的精细化管理理念，有效避免了维修作业中的不规范、不合格和维修差错问题。

参 考 文 献

[1] [日]门田安弘. 新丰田生产方式[M]. 王瑞珠，译. 石家庄：河北大学出版社，2001.

[2] 倪颛，倪国良.2000 版 ISO 9000 族标准质量管理体系审核指南[M].北京：中国标准出版社，2002.

[3] [美]迈克尔·D·波顿. 通用筹码与海尔策略：从杰克·韦尔奇到张瑞敏的管理思想传递[M]. 文岗译. 北京：民主与建设出版社，2002.

[4] 张存禄.企业管理经典案例评析[M].北京：中国人民大学出版社，2003.

[5] 周星如，等. 竣工质量管理[M].北京：国防工业出版社，2003.

[6] [英]鲍勃·菲尔普斯. 标准管理：一流企业精细化管理实践[M]. 黄如金译. 北京：经济管理出版社，2005.

[7] [日]大野耐一. 丰田生产方式[M]. 谢克俭，李颖秋，译. 北京：中国铁道出版社，2006.

[8] 全国干部培训教材编审指导委员会.中外企业管理经典案例[M]. 北京：人民出版社，2006.

[9] 陈晓红，罗新星，韩清波.管理信息系统[M].北京：高等教育出版社，2006.

[10] 张恒喜，等.数字化维修理论与技术[M].北京：国防工业出版社，2006.

[11] 潘云良，苏芳雯.海尔管理教程[M].北京：中共中央党校出版社，2007.

[12] 刘成，等. 精益六西格玛实战[M].上海：学林出版社，2007.

[13] [美]哈格，等. 信息时代的管理信息系统[M]. 严建援，等译. 北京：机械工业出版社，2007.

[14] 郭建胜，等. 航空装备信息管理系统[M].北京：国防工业出版社，2007.

[15] 中国民用航空局.中国民航改革开放三十年[M].北京：中国民航出版社，2008.

[16] 芮明杰.现代企业发展理论与策略[M].北京：清华大学出版社，2008.

[17] 李学忠，张凤鸣，姚晓军.空军安全发展论[M].北京：国防工业出版社，2008.

[18] 刘千里，等. 航空装备维修保障信息化理论与实践创新[M].北京：蓝天出版社，2008.

[19] 姜煜林.ISO 9000 族标准在高校教学质量管理体系中的运用[M].北京：科学出版社，2008.

[20] 卢晓鹏，唐薇，陈正茂.武器装备质量管理和风险管理[M].北京：海潮出版社，2009.

[21] 邝孔武，王晓敏.信息系统开发与管理(第 2 版)[M].北京：中国人民大学出版社，2009.

[22] 甘仞初，等.管理信息系统[M].北京：机械工业出版社，2009.

[23] 李智舜，吴明曦，等.军事装备保障学[M].北京：军事科学出版社，2009.

[24] 张航江.部队装备管理概论[M].北京：国防大学出版社，2010.

[25] 徐志坚，王翔.管理信息系统案例精选[M].北京：北京师范大学出版社，2010.

[26] 武维新，季晓光.飞机维修保障模式改革研究[M].北京：国防工业出版社，2011.

[27] 宋华文，孟冲.装备维修保障经济学[M].北京：国防工业出版社，2011.

[28] 空军组织编写.美国空军 21 世纪精细化管理[M].北京：蓝天出版社，2011.

[29] 陈庆华，等. 装备维修计划管理与决策[M].北京：国防工业出版社，2012.

[30] 张景臣.军事装备维修保障概论[M].北京：国防工业出版社，2012.

[31] 徐航，陈春良，等.装备精确保障概论[M].北京：国防工业出版社，2012.

[32] 陈兆昌.精益生产模式下工业生产过程监控研究[D].沈阳：沈阳工业大学，2007.

[33] 高岷.民航飞机维修企业维修故障分析及质量改进方法[D].郑州：郑州大学，2007.

[34] 申天海.航空维修信息管理系统的设计与实现[D].北京：北京邮电大学，2009.

[35] 黄璜.美国军事院校任职教育研究[D].重庆：西南大学，2009.

[36] 李文东.油田物资企业内部控制及精细化管理系统的设计与实现[D].吉林：吉林大学计算机科学与
      技术学院，2010.

[37] 叶典寿.某航空维修公司质量持续改进的应用研究[D].兰州：兰州大学，2010.

[38] 袁春.基于故障树的燃调系统维修决策支持系统的设计与实现[D].北京：电子科技大学，2011.

[39] 曾宪峰，等.军事院校教学质量监控体系的构建与研究[J].科技信息，2008，(35).

[40] 贺宇.美国陆军装备维修训练特点及对我军的启示[J].装备指挥技术学院学报，2008，19(3).

[41] 窦强.某型装备维修保障管理信息系统的设计与实现[J].海军航空工程学院学报，2008，23(6).

[42] 秦宇飞.飞机损伤修理远程技术支援系统的设计与实现[J].机电产品开发与创新，2009，22(2).

[43] 李晓宇，等. 论 ISO 9000 质量标准体系与精益生产[J].企业活力，2009，(9).

[44] 何荣刚.统计数据查询系统的设计与实现[J].计算机技术与发展，2009，19(2).

[45] 魏玉凡.装备维修信息化系统研究[J].中国电子科学院学报，2009(10).

[46] 白金鹏.飞机总体设计用数据库的开发与应用[J].飞机设计，2009，29(5).

[47] 杨辉.ISO 9000 质量管理体系与企业精细化管理[J].印刷质量与标准化，2010(3).

[48] 王壮华.加强精细化管理的实践探索[J].软件产业与工程，2010，1(1).

[49] 李宇，等. 精细化管理在装备保障单位中的应用[J].中国修船，2010，23(5).

[50] 张晶，等.装备日常维护精细化管理流程设计[J].机械制造，2010，48(549).

[51] 黄海，等.析美国空军的精细化管理[J].世界空军，2010(11).

[52] 王岩磊，等. 装备精确保障模式及建设构想[J].海军装备维修，2010(2).

[53] 陈良玉，等. 信息化条件下装备精确保障初探[J].西安通信学院学报，2010，9(4).

[54] 刘勤义.谈谈质量管理体系与认证之间的关系[J].军用标准化，2010(2).

[55] 尹志杰，等.军用标准化发展研究[J].空军装备研究，2010，4(4).

[56] 欧阳汉峰等.在信息化部门建立 ISO 9001 质量管理体系的实践与思考[J].科技传播，2010(10).

[57] 孙晓川.基于全面质量管理理论的高等院校教学质量管理研究[J].山东教育学院学报，2010(6).

[58] [美]内森·汉森. 美国空军 21 世纪精细化管理背后的真相[J]. 庞旭，译. 教育训练参考，2011(4).

[59] 袁东根，等.航空装备日常维护精细化管理流程设计[J].空军装备，2011(11).

[60] 杜红军，等. 装备教学课堂精细化管理浅析[J].空军第一航空学院学报，2011，19(6).

[61] 文增会，等. 积极推行基层机务保障中的精细化管理[J].海军航空兵，2011(5).

[62] 吴金锁，等. 质量管理精细化、缺陷归零之我见[J].航空维修工程，2011(3).

[63] 侯双博，等. 精细化管理在航空机务保障中的应用[J].空军指挥学院学报，2011(4).

[64] 史松坡，等. 航空装备维修保障精细化管理研究[J].空军军事学术，2011(4).

[65] 黄秀泉，等. 新模式下开展定检精细化管理的探索与实践[J].空军装备，2011(6).

[66] 刘传旭，等.美军装备武器质量管理浅析[J].军事百科，2011(1).

[67] 徐玲.基于文化管理的教学质量监控体系建设研究[J].长春教育学院学报，2011，27(7).

[68] 张仪哲.航空维修管理信息系统[J].大众科技，2011(6).

[69] 舒正平，等.装备维修保障管理信息系统建设研究[J].装备指挥技术学院学报，2011，22(2).

[70] 邱卫新.基于 DoDAF 的装备保障远程技术支援体系结构模型研究[J].雷达与对抗，2011，31(4).

[71] 王金兰，等. 平衡记分卡在地方院校管理中的应用[J].淮海工学院学报，2011，9(2).

[72] 刘增勇，等. 车辆维修装备精细化管理问题研究[J].中国管理精细化，2012，15(15).

[73] 蒋洁，等. 固定资产投资建设精细化管理流程体系的实施[J].管理与实践，2012(12).

[74] 张培影，等. 基于精细化管理的 ICU 流程再造与质量提升实践[J].医院管理论坛，2012，29(9).

[75] 郭方超.试论安全质量标准精细化管理在企业管理中的实践与创新[J].科技创新与应用，2012(11).

[76] 马建铎，等. 关于航空中心修理厂推进精细化管理的思考[J].空军装备，2012(1).

[77] 徐国荣，等. 空军部队实施精细化管理需要关注的问题[J].空军军事学术，2012(1).

[78] 刘登斌，等. 装备全过程质量监督精细化管理探析[J].空军装备，2012.

[79] 崔会全，等. 空军航空机务保障装备质量认证研究[J].空军第一航空学院学报，2012，20(3).

[80] 王晖，等. 装备保障指挥决策支持模型体系构建[J].装甲兵工程学院学报，2012，26(3).

[81] 樊军.飞机典型飞行事故数据库系统设计[J].测控技术，2012，31(5).

[82] 赵坤. 美军装备维修训练特点、发展趋势及启示[J].军事交通学院学报，2012，14(10).

[83] 庄敬荣. 信息化条件下装备保障人才队伍建设存在的问题及对策[J].空军装备，2012(3).

[84] 芮明杰. 论 ISO 9000 质量标准体系与精益生产[J].现代企业发展理论与策略，2008(2).

[85] 吴宏彪，赵辉.精细化管理持续改善[M].北京：北京理工大学出版社，2013.

[86] 龚其国.精细化管理三定律[M].北京：北京理工大学出版社，2012.